目击者文化指南

# 建筑艺术
# Architecture

（英）乔纳森·格兰西　著

特此鸣谢托马斯·柯森对此书的大力支持

李　静　张立华　张海宏　译

DK

wing on

伦敦，纽约
墨尔本，慕尼黑和德里
A Dorling Kindersley Book
www.dk.com



中华人民共和国国家版权局著作权合同登记图字：2010-01-617号
丛书策划：刘　权　丁海秀
责任编辑：李荣强　苏文良
图书在版编目（CIP）数据
建筑艺术/（英）格兰西著；李静，张立华，张海宏译. —北京：旅游教育出版社，2010.8
（目击者文化指南）
ISBN 978-7-5637-1984-6
I. ①建… Ⅱ.①格… ②李… ③张… ④张… Ⅲ.①建筑艺术—世界—指南 Ⅳ. ①TU-861
中国版本图书馆CIP数据核字（2010）第092116号

目击者文化指南
建筑艺术
（英）乔纳森·格兰西　著
李　静　张立华　张海宏　译

项目策划：北京时尚博闻图书有限公司
网　　址：www.book.trends.com.cn
出版单位：旅游教育出版社
地　　址：北京市朝阳区定福庄南里1号
邮　　编：100024
发行电话：（010）65778403 65728372 65767462（传真）
本社网址：www.tepcb.com
E-mail：tepfx@163.com
印刷单位：北京利丰雅高长城印刷有限公司
经销单位：新华书店
开　　本：920×1060　1/32
印　　张：15.75
字　　数：522千字
版　　次：2010年8月第1版
印　　次：2010年8月第1次印刷
定　　价：68.00元

# 目录

# 导读

建筑是一个非常庞大的学科。其出现时间之久远，其影响之广泛，可以追古溯今，可以无所不包。那么，我们又怎能想到把那些高耸入云的通天塔、巨大的穹顶以及轻盈的飞扶壁折叠于方寸之间，使之正好能放入我们的手提包、公文包或者背包中？然而，我们不仅做到了这一点，而且也实现了我们的梦想，那就是取悦尽可能多的读者。当然，有些读者会问，为什么这本书没有涵盖某座庙宇或某座大教堂？是的，作为一本包罗世界建筑的指南类图书，应该将所有令人叹为观止的伟大建筑收纳其中，但是，我们不得不明确的一点就是——就我们所生活世界的本身，也不能将所有事物还其应有的地位。

但是，这本书还是尽可能地描述了我所亲自到访过的所有建筑，这也是本书自始至终贯穿的一条最简单的逻辑。当然，也有些不能为我们亲眼所见的建筑被纳入此书，那仅仅是因为以我们不能亲眼所见，就将这些伟大的建筑排除在外，是不恰当的，更

是不礼貌的，而且这些建筑往往是构成建筑史不可或缺的重要组成部分。此外，本书还少不了这样的一些建筑，它们不仅令我魂牵梦绕，还令我久久不能释怀。

**圣地细览**
游客在游览和赏析建筑遗迹的同时，还可以深入地了解这些建筑的细节部分，比如，位于墨西哥的奇琴伊察城（Chichén Itzá, Mexico）水星台（Platform of Venus）的羽蛇神头像，就是您不可错过的游览细节。

如果用“感恩”这个词来形容的话，都不足以表达我对这些建筑顶礼膜拜的心情。例如古代伊拉克的“塔庙”（ziggurats，亚述古庙塔）就是这样的建筑，因为可能在未来很长的一段时间内，我们都很难获得在那里安全旅行的机会，所以更显弥足珍贵。最后，这本书还涉及了一些我们再也没有机会参观的建筑，因为它们在很早以前就被摧毁了。这些建筑的设计理念是如此重要，以至于如果忽略了它们，将使我们犯下不可原谅的错误。

**布达拉宫（中国西藏）**
宏伟的建筑既能孤傲地雄踞一隅，又能与熙熙攘攘的闹市街道比邻而居。

关于这些建筑的具体日期，我们也尽了自己最大的努力，使这些建筑的日期与其具体竣工的时间相吻合。可能不一定完全准确，原因有两点：一是由于各种史料记载之间的相互违背；二是有些建筑的具体日期，我们根本无法考证。

1450年，也就是文艺复兴开始的时候，在某些个别艺术家的作品开始受到广泛认可的同时，建筑师的名字也逐渐引起了人们的注意，并且日益变得清晰。但这并不是说，此前没有对建筑师的相关记载，如果说有的话，只是微乎其微，甚至是微不足道。伊姆贺特普（Imhotep）就是早期非常著名的一位建筑师，金字塔——人类历史上第一座大型的石制建筑，就是出自他的设计。因此，他也被奉为智慧之神。但是，自此以后，谦虚这个字眼，似乎就很少能够与建筑师的名字联系在一起。

我们试图尽可能地将世间众多建筑包含在本指南中。即使这样，许多国家的建筑还是很遗憾地被排除在外。道理很简单，如果把世界所有的建筑都纳入此书的话，恐怕就得需要一本与一栋大厦般大小的书籍才

**时代大师**

勒·柯布西耶（Le Corbusier）以其非凡的创造力及诗人般的想象力，诠释和驾驭着20世纪机器时代的建筑格局。

能够容纳下这么庞大的内容。而且，虽然某些国家或地区就其在世界建筑发展史上的作用而言，的确催生了一些伟大的建筑奇葩，但由于数量较少，所以不具有决定性的作用。当然，这么说，并不是所谓狭义的“地方主义”。如果非要将这些内容纳入其中的话，我想解决的办法有两个：要么将这种类型的建筑单列成册；要么就是出版一本比此书还要厚的书籍。所以，本书放弃了这两种形式上的解决办法，而将主要精力放在那些能够不言自明、具有举足轻重地位的建筑体系上。

本书所列举及示例的主要是那些傲然耸立的不朽建筑。因为，这些建筑可以很容易地被我们确定、描述和理解。当然，这些建筑并不是孤立的，它们要么交融在街道市井中；要么与其他建筑比邻而居。

**建筑冲击波**

是不是所有的古典建筑典范，在其年代也如同现代的伟大杰作，就好比是巴塞罗那的高迪巴特罗之家一样（如下图所示），都可以视为是对传统的挑衅？

# 建筑概览

Details of the North Wing of the Ca
on the Principal Floor.
Scale 8 feet to a
.6. Plan of the principal Story of the North wing
of the Capitol, as proposed to be altered.
inches to a foot
eferences
ate Chamber
obby
ecretary of the Senate.
ommittee room.
ntral Lobby, or Vestibule
of the Senate Chamber.
taircase.
ibrary.
Depots of papers.
tairs of the Gallery.
Court.
A
B
C
D
E
F
G
H
I
K
Fig. 5. Elevation of the Top of the Dome.
Fig. 3. Section of the Staircase on the principal floor.
Fig. 4. Section of the Central Lobby of the Senate Chamber
Fig. 2. Plan of the Staircase.
Fig. 1. Plan of the dome of the North wing of the Capitol
the manner of carrying up the Chimnies, proposed.

# 什么是建筑？

**建筑开始的时候就好比“把两块砖垒好” 这么简单，德国建筑师密斯·凡·德罗（Mies van der Rohe）如是定义建筑。乍看起来，对建筑所下的这个定义似乎简单得有些不切实际，但我们不得不承认，密斯是正确的。这个定义至少包含了两层含义：首先，建筑是一个创造过程；其次，这种创造活动的成果不仅是一栋栋矗立在我们面前的实体建筑，还包含了某个时期、某种风格及其所体现的技术与艺术的总称。**

某天，游客或许将能重返伊拉克，能够亲眼目睹位于乌尔（Ur）的伟大“塔庙”。从某种程度上来讲，高高地耸立在沙漠天空下的这一令人震撼的古代遗迹，它不仅仅或者不止是由巨大日晒土砖堆砌而成的阶梯式金字塔。这又是怎样的一堆土砖呢！ 多么令人鼓舞的设计！位于乌尔（Ur）的伟大“塔庙”是不能仅用建筑一词就能描绘界定的，因为，当时建造它的动机并非是作为居住或储存粮食的地方，而是将其作为艺术品，作为当时人类最伟大的人文设计来敬仰人类的神灵，并邀请神灵沿着这些神奇的砖梯来莅临他们的城市——乌尔。过去，“塔庙”是作为连接天堂与现实的巨大天阶，它是人类与神沟通的桥梁，并祈望人类能够得到神灵的护佑（当然包括乌尔），能够五谷丰登。除此之外，它还向我们预示了建筑是如何摆脱功能性职能的限定，从而可以兼具多种功能，即通过对砖坯的塑造（以及随后及其他地方，通过对石头、大理石、混凝土、铁、钢、锌和钛等不同材料的选择和锻造）来展示人类的艺术性、想象力以及思维的发展方式。所以，就这一点来说，它也具有举足轻重的地位。

## 开始阶段

大约在7 000年前，人们开始群聚而居，进而发展出城市的雏形，也有可能形成于更早的新月沃土时期（the Fertile Crescent）。这个月牙形区域是指从地中海的东海岸延伸至波斯湾的区域。尽管不断有新的说法或者新的发现，但据我们所知，最具有古老象征意义的城市仍然出现在今天伊拉克的南部，最先在这里，人们开始定居下来。这一看似简单的行为，却促使他们能够创造出更多的剩余食物，在冬季，将这些食物储藏起来。因此，使得他们有更多的剩余时间来创造各种礼仪和丰富多彩的节日活动。此外，他们在创造了庇佑他们的神灵的同时，也赋予国王相

◁ 美国华盛顿国会大厦北侧蓝图，19世纪早期由本杰明·亨利·拉特罗布设计。

**乌尔的“塔庙”**
严格意义上来讲，古代人建造高耸建筑的目的，就是为表达人们对高高在上神灵的尊崇、取悦和抚慰之情。所以，这些建筑无论从其必要性或功能性上来讲，都是非常重要的。同时，这也导致了我们今天难以理解当时建筑的主要原因。

同的权威，来保护臣民的人身自由和财产安全。

因此，就有对公共场所、庙宇、宫殿和瞭望塔建造的需求。泥屋自然不会用来供奉神灵和神甫；当然，士兵和国王也不会住在泥瓦房屋内，所以，上百万的砖块就被用来代表各自不同的身份，建筑也因此孕育而生。从此，文明、城市与建筑就相伴相生地蓬勃发展起来。

建筑师密斯·凡·德罗（1886—1969），这位对古老文化怀有无限探索激情的现代设计师，将“意愿转化为划时代空间”作为对建筑的界定。毫无疑问，任何人只要站在希腊式神庙、哥特式教堂、纽约摩天大楼或纳粹大球场之前，都会自然而然地理解密斯这句话中的含义。他是在告诉我们，人们建筑他们想要的建筑，或者说，他们不仅可以决定建筑的外观，还可以选择使用砖瓦还是石头。也就是说，建筑对历史的诠释，丝毫不亚于其他任何一种方式或手段。

通过对建筑跨时间和跨地域的分析，不同民族和制度下的历史就可以被解读，或者从某种程度上来说，可以被理解。因此，如同艺术一样，我们所理解的不仅仅是这些国家的文化，我们还可以了解这些国家的政治与经济。

## 形式与功能

当两块砖头能够很好地契合在一起，并最终成为一座伟大的建筑，自此，这些建筑在追踪星辰轨迹的同时，也将人类与天空联系在了一起。所以，建筑从一开始，就代表了这种或那种现世及未来的野心。从每一个完美契合的细节到最后高高耸立的摩天大楼，其目的都无外乎是要提升人类的精神。因此，通过建筑，我们还可以对人性洞察一二：那就是我们总是在试图提升我们的人性，不断使自己摆脱世俗和现世的困扰。当然，也并不完全如此，这是因为，虽然建筑是自觉的艺术创作过程，但是，它的首要功能是满足人们遮风挡雨的需求。建筑与艺术最明显的区别之一，就是因为每一座建筑都有其应履行的功能；而艺术作品则很少设有厕所，除了杜尚（Marcel Duchamp）创作的喷泉（fountain，1917）是个例外。或者就此延伸，建筑还需要设有檐槽、排水管道、电线、煤气、电力、暖气、照明、通风、窗户和空调等辅助设施。从这个层面上来讲，建筑还是一台复杂的机器。

## 光影与建筑

另一位伟大的现代建筑大师勒·柯布西耶（Le Corbusier，1887—1965）

**美索不达米亚的古建筑**

从人迹罕至的沙漠废墟中，我们试图推断和解释古代社会的颜色、活力以及人们每天鲜活的生活。同样，它也可以折射我们人类的今天。

将建筑定义为“精湛的、恰当的，并且能够将庞杂的体系在瑰丽多彩中体现”。在此，他将密斯的“把两块砖垒好”和“意愿转化为划时代的空间”定义又添加了另一维度——“光的规范”。

所有的建筑设计师都是光学专家。站在一座古老的希腊神庙前，随着太阳的移动，你会观察到这座古老的神庙是如何被光影赋予空间以灵动的生机，是如何展现一天中情绪的变化。静静地坐在勒·柯布西耶设计的朗香教堂（Ronnchamp，见上文右图），体悟那种光线的恣意流淌，小心地穿过建筑的缝隙与斜道、窗子与竖井。不断变化的光影舞动了整个建筑，并将这种灵动也折射到参观者的身上。

同时，月亮和星辰等因素在古代寺庙及哥特式大教堂的建设艺术性和规划中，也起到举足轻重的作用。想象一下吧，在胡夫大金字塔（Great Pyramid of Khufu）抛光且陡峭的表面上，月光与星辰又是怎样的角色呢？这些光线与建筑之所以能够谱写出这样一曲绝妙且和谐的乐章的原因就在于，埃及金字塔以及哥特式大教堂在建筑规划设计时，就把星辰等因素考虑在其中了。

## 机器时代的来临

第一次世界大战无情地剥夺了超过8 500万士兵和无辜平民的生命，也就是在“一战”后不久，越来越多的欧洲建筑师开始思考如何才能摆脱旧社会制度的桎梏，因为在他们看来，是过于复杂、混乱和腐朽的生活方式才导致了这场战争。

所以，他们认为建筑就应该如同最理想的疗养院一样干净、洁白并具有可居住性；就其功能而言，可以像白色远洋客轮一样，搭载着人们远离布满尘垢的欧洲，开始一段健康之旅。同时，这也是现代运动诞生的时刻，是一个卓有远见的伟大时刻。他们认为建筑不应该承受过多的历史负担，而是应该让它能够像一台性能卓越的机器一样运转流畅。勒·柯布西耶认为，房子就应该是一台机器，一台可以居住的机器。

然而，无论是勒·柯布西耶、密斯·凡·德罗还是那些勇敢的现代建筑师都未能彻底地摆脱历史的束缚。事实上，这两位挑剔的建筑师还是深深羁绊于传统当中，虽然他们都竭尽所能地使自己在原有基础上走得更远。对于那些的确认为建筑可以变为像纯粹的机器那样的建筑师而言，就如同他们设计巨大的混凝土住宅一样，是以其他人的生命为代价来换取他们

**光的利用**

传统大教堂对光影的运用，比如墨西哥南部的莫雷利亚大教堂（Morelia，20页图）和勒·柯布西耶的朗香大教堂（图左），二者无疑都为人们留下这样的感觉：视线被不自觉地引领向上；它是一种人类行为背景下的顶礼膜拜。

对自己巨大失误的认识。

建筑无小事。建筑需要有自己的灵魂。建筑是一个连续体，它将摩天大楼、大教堂与那些完美组合在一起的砖石构建的阶梯神庙、“塔庙”联系起来。

当然，任何最新的发现和创新都不能否认的一点是，在不同的历史条件下，允许并鼓励建筑以跨越的形式发展。哥特式大教堂由于对尖拱的使用，使其中庭高耸，从外观上看，就像大片彩色玻璃宙，就其规模和质量而言，足以引领一代建筑的神话。升降电梯或自动扶梯（以利沙·奥提斯，Elisha Otis，1853）与钢铁（亨利·贝塞麦，Henry Bessemer，1856）的结合，共同打造了纽约和芝加哥的地平线。当下，建筑物可能延伸到你所想象不到的高度，当然，从第一部电梯（由维尔纳·冯·西门子，Werner Von Siemens，1880）发明以来，人们便可以轻轻松松地从任何高度的建筑物上上下下。

**开天辟地**

随着工业时代的来临和国家与城市的竞争，摩天大楼屡创新高。1931年，纽约的帝国大厦（The Empire State Building，右图）成为该项记录的保持者。

## 现代混战

20世纪末，计算机和新材料的发明，使得建筑师可以比以往任何时候都能肆意地发挥自己的想象力和创造力。计算机可以精确地告诉建筑师这里有多余的曲线，那里可以产生时尚的投影，最主要的是，它可以提前让你得知此项工程的预算。此外，位于设计工作室的计算机可与建材商店的电脑联机，时时进行沟通，从而可以确保每一块建筑材料都与自己所处的位置大小相吻合。所以，才会有“电脑被证明是解放建筑师的工具，对其他人而言，只不过是另一件多余的玩具”说法的出现。

建筑不仅是建筑师一个人的作品，当然还包括委托他们承建此项工程的人：神甫、国王、皇帝、皇后、工业界巨头、商业名流、开明的投资商甚至还有执迷不悟的魔鬼政客等。也许这也可以视为是对密斯的将“意愿转化为划时代的空间”的部分注解。

或许在我们学会对这些建筑欣赏或者直觉地崇拜时，它们曾经也许只是某个暴君的玩物。尽管他们中的大多数已被我们遗忘，在某种程度上，他们也是幸运的，因为他们所建造的伟大艺术杰作可以部分抵消其最初的某些残忍意图。过去曾经的野蛮与痛苦，成就了如今我们所欣赏的美丽与宁静的艺术作品。

同样，许多最优秀的建筑作品，都采用了谦逊的创作形式。那些参观圣保罗大教堂（St Paul's Cathedral）的人，最先记起的可能就是雷恩爵士（Sir Christopher Wren，1632—1723）。尽管这座伟大的教堂穹顶被公认为是世界上最好的穹顶，然而，那些环绕在圣保罗大教堂周围的小教区教堂（于1666年伦敦大火之后修建），就宛如一串可爱的项链，那才是展示雷恩最佳创作才华的代表作品。

建筑还应该是比例和谐的典范。在圣史蒂芬·沃尔布鲁克教堂（St. Stephen Walbrook）内，雷恩希望打造一座与圣保罗大教堂的希腊十字完全不同的设计布局形式。因此，他采用了逐渐缩小比例的形式来建造这座穹顶。站在街道上观赏这座建筑，这座袖珍的教区教堂带给你的不仅仅是喜悦，它会让你体悟到，人们会喜欢上某座建筑的原因所在。

**演化与革命**

位于纽约的古根海姆博物馆（Guggenheim Museum，下图），无论就其建筑的有机形式，还是就其对未来建筑发展的推动作用来看，都对建筑的空间和使用方式做了新的诠释。

**历史遗迹**

坐落在伦敦劳埃德公司大楼（the Lloyds of London building，右图）内一座大教堂似的中庭内的卢廷大钟（the Lutine bell），在这座高大的现代商业寺宇环绕下，看起来显得有些渺小。

## 重返未来

建筑的发展史就是人类伟大创造力的见证之一。它见证了我们人类如何不断地从纷繁复杂的世界中建立秩序的手段。建筑与我们息息相关，是我们居住和工作的地方。无论卑微或崇高，即使是在建筑的最细微处，都令我们无限地欢心鼓舞：楼梯的拐角处、阳光穿过玻璃窗洒落在地板上那些迷人的图案、炎炎夏日降温材料的凉爽触觉、游廊里跳动的节奏以及含蓄的穹顶等。总之，建筑都在尽其所能地提升我们的精神，同时，它还是我们雄心壮志的舵手、我们的护佑者、我们的上帝和我们的梦想。

# 建筑的构建体系

**制砖业之初也就是建筑业的开始。据我们所知，第一座伟大建筑就是砖石结构，也是我们人类第一次奢侈的尝试，第一次用建筑的形式来表达自己的愿望、信念、目标和文化。事实上，我们当今所知的任何一座伟大的建筑都是由砖石建造的。**

2002年，我有幸能够在伊拉克展开深度旅行。就是在那位自认为是古老的美索不达米亚（Mesopotamia，第一位用砖石建造不朽的建筑，并由此开创了建筑与城市的开端）国王的继任者，伊拉克的统治者——萨达姆·侯赛因（Saddam Hussein）统治的最后时刻，我到访了伊拉克。

当围村与城镇防御体系还在世界各地大行其道的时候，耶利哥（Jericho，约旦古城）是第一座名副其实的建筑居所。然而，还是美索不达米亚让我们感到建筑的确实存在，这是因为，在这里我们可以亲眼看到，可以用双手触摸到它，更重要的是我们所触摸到的那些日晒过的砖石是那样的真实和历久弥新。

## 探寻世界第一座城市

在一个异常酷热的上午，经过几个小时的旅程周折，我终于到达了伊拉克，并在办公室里见到了总督纳西里耶（Nasiriyah）。此行的主要目的，就是为了能够获取可能是世界第一座城市艾利度（Eridu）的参观许可。总督的新闻专员建议我还是去参观乌尔的“塔庙”，它距离我要参观的地点仅几英里。当然，这种诱惑对于我来说是难以抗拒的，尽管这里曾被萨达姆大修过，但它还是古代建筑中最具代表性的建筑之一。我还是会前往艾利度，因为它一直都是我魂牵梦绕的地方。它真的是世界上第一座城市吗？自1991年以来，它就因其特殊的地理位置（正好位于当地军事行动的核心地带）与伊拉克其他地区乃至世界切断了联系。此时，到处都散落着海湾战争的残骸：未爆炸的炸弹、火箭弹还有美军撤出后遗留在沙漠里数百吨的贫化铀弹药。尽管如此，我还是希望到那里去。

在一名武装人员的护送下，我终于抵达了艾利度。那里的温度高达50℃（122°F）。我们周围到处都是反射阳光的灼热沙子。

不过，就在这里，当我拨开炙热的沙子，亲手触摸到了古城艾利度的“塔庙”，即使它现看起来也就像是堆泥土和沙子。

◁ 女王伊丽莎白二世（The Queen Elizabeth Ⅱ）的迎宾大厅（Great Court）位于伦敦大英博物馆（British Museum），是由玻璃和钢铁构建而成。2000年，由福斯特及其合作者共同设计完成。

从这座古建筑的地基到最高层至少有16个不同层次的寺庙，最早的则可以追溯到5 000年前。这里就是建筑的诞生之地，那时这里水土丰饶，盛产椰枣，当然也是人类定居生活开始的地方。“塔庙”的核心部分，也就是它的建筑结构的核心部分采用的是土砖结构，是由一块块砖石精心垒制而成。

艾利度的历史是由伊拉克考古学家和大英博物馆的专家共同拼凑而成，时间是在1946年至1949年之间。或许将来还会有其他古城或寺庙被发现，但它足以和其他文明的开端相媲美。当然，不可否认，世界其他地方也可能出现了另外一种建筑材料，它也曾经引导了建筑的发展，但所有的都不及这里——底格里斯河和幼发拉底河流域（the Tigris and Euphrates rivers）所创造出如此规模的砖结构建筑。令人高兴的是，这座庞大的早期建筑不是一下子就建成的，但它的确很牢固和持久。相比之下，木材会逐渐腐烂、钢铁会慢慢腐蚀、混凝土会出现裂缝，而唯独砖石却牢固持久。此外，砖石还是一种保温材料，它也是帮助人类建筑房屋的主要材料。

事实上，砖石从未过时或者成为不入流的建筑材料，它一直是世界各地用来建造最美丽的建筑的必选材料之一。

即使那些最激进且最有影响力的建筑师，比如20世纪20年代大力推崇混凝土建筑的建筑大师勒·柯布西耶，也于20世纪50年代开始倾向于使用砖石材料。而且，砖石也做到了与时俱进，自19世纪起，制砖业开始越来越多地采用现代的工业化生产流程。如今，泥砖已被建筑师广泛地应用于新的建筑装饰领域，而不再仅仅是作为建筑

**泥砖之城——希巴姆，也门（Mud-brick city，Shibam， Yemen）**
这座被称为“沙漠中的曼哈顿”的16世纪城市，采用的就是令人震惊的泥砖结构，至今仍可居住。

**一成不变的场景**
在世界上许多地方，泥砖还被广泛地使用，比如在现今的突尼斯（Tunisia），砖瓦匠们还是用黏土和水来制作泥砖模型，晒干后再移到后院的砖窑内进行烧制。

材料。然而，如果你真的热爱建筑，这些现代化流程生产出的泥砖所带给你的喜悦已远不及温暖的人工烧制泥砖。最古老的建筑，或许才是最真正的建筑。

## 木质材料

只要有森林和树木的地方，木材自然也就会被用做主要的建筑材料。木材质地强韧、温润柔和且线条流畅，但最终还是逃脱不了腐烂、收缩和裂缝的命运；此外，就是具有易燃性。很难找到一座未经修复而能超过750年的木质建筑，最长的也不过1 000年左右。许多人可能会说，就整体而言，我们也没有奢望大多数的建筑能够持续这么长时间。又或者，有的人可能会落入日本人的思维方式而认为："对古老建筑进行整修应该成为一种仪式，这样不仅能确保这些建筑总是保持原貌，还可以确保它们不会有丝毫的破败痕迹。"在此书中，你会发现大量的木质建筑，这些建筑设计非常大胆和精巧。这里示例的一些木质建筑是非常令人吃惊的作品。至今，我仍然对位于剑桥郡（Cambridgeshire）的伊利大教堂（Ely Cathedral）心怀敬畏。支持这些巨大窗子的是8根强大的橡木树干，每根树干都重达10吨左右。而这些木质窗子自己本身的重量更是高达200吨，但它们却看似轻巧地"漂浮"在中世纪的大教堂上。据记载，这是工匠威廉·赫尔利（William Hurley）的作品，他本人是爱德华三世（Edward Ⅲ）的皇家木匠。这座建筑于1342年开始建造，耗时14年才完成。本书最后涉及的木质建筑是位于纽美亚（Noumea，新喀里多尼亚岛的首都是法属殖民地之一）的堤堡文化中心（Jean Marie Tjibaou Cultural Centre），它也是木质建筑。木材仍然是一种优良的建筑材料，尽管发生火灾的危险几乎永远存在。

## 石头材料的使用

石头作为建筑材料在世界各地都得到比较普遍的应用。从古埃及到古希腊和古罗马，我们不仅看到石头作为建筑材料被广泛应用，而且越来越大胆地被使用。我们有目共睹的是古埃

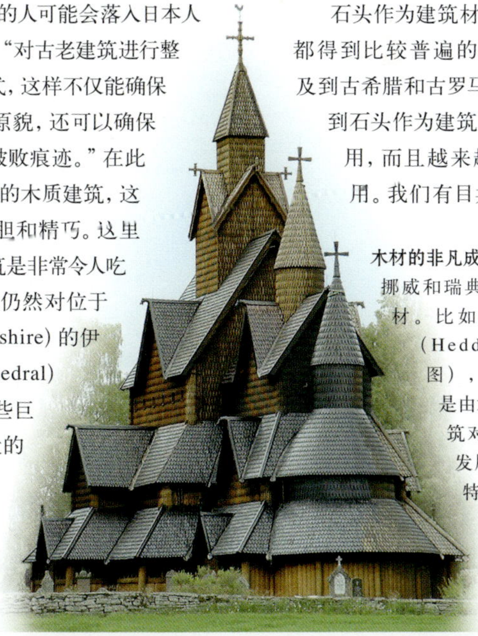

**木材的非凡成功**
挪威和瑞典两国都盛产木材。比如挪威的海达尔（Heddal）教堂（左图），该教堂就完全是由木材建造。该建筑对中世纪的建筑发展作出了非常独特的贡献。

**木材的新用途**

堤堡文化中心是伦佐·皮阿诺（Renzo piano）的建筑作品，它能够唤起人们对居住在新喀里多尼亚岛传统茅屋中土著人的记忆。

及人大量使用巨大的石块，在当时，他们用滚轮等简易的工具将这些石块运送到建筑工地。尽管古希腊人可以巧妙地处理这些石头的形状，但是，仍然认为这种材料质地过于坚硬且缺少柔韧性。希腊神庙是横梁式建筑或者联梁式建筑结构的典范，采用柱式结构（就希腊神庙而言就采用了不同的柱式结构），柱子底部被埋入地下，上有横梁相连接（就檐部而言），古希腊人利用这种简单的建筑形式创作出最伟大的建筑艺术，并且这种形式很有可能就是从木质建筑发展而来的。虽然，这种说法受到理论家和历史学家的质疑，但是，也许它是正确的。

然而，却是古罗马人发现了石头具有延展性的特性。这并不是说，石头可以像面团或泥子那样被挤压成各种形状，但是，正如本书所示，如果人们了解垒制的顺序，石头确实具有灵动的品质，确实可以获得令人难以置信的特殊效果。

尽管古希腊人以其设计的拱门而闻名，但古罗马人却使其成为他们建筑的标记，也就是我们熟知的罗马式拱门。如果没有罗马式拱门的出现，就不会有罗马圆形大剧场（Colosseum），不会有高高跨越河流的桥梁，更不会有高架渠的出现。推而广之，一个拱门可能拓展成半圆形拱顶进而

覆盖整个房间；如果两个拱门相交则组成了一个穹棱拱，这在许多罗马式大教堂中得到非常普遍的应用；如果将拱门进行拉伸和旋转，就为穹顶的发展奠定了基础。

欧洲哥特式建筑大师将石材转变为令人兴奋的建筑材料。世世代代以来，雄心勃勃的主顾、富有想象力的建筑师和才华横溢的能工巧匠通过添加飞扶壁来延展这些拱门，从而使其可以更高，使拱顶的形式发展成为更加复杂的相互支撑的交叉拱。

到了后来的中世纪教堂，看起来就像是用石条镶嵌的玻璃殿宇，只有足够的野心才能验证石头建筑技术的局限性。然而，野心也的确证明了石头技术具有局限性，比如1284年，法国博韦大教堂（Beauvais cathedral）唱诗班的穹顶就倒塌了。大主教纪尧姆·德·格雷兹（Guillaume de Grez）筹建这座教堂的初衷是要在欧洲打造一座最高的教堂。要达

**建筑雅典卫城**

雅典卫城（Acropolis）的主体建筑可以追溯到伯里克利（Pericles）的雅典“黄金时代”（大约公元前460—前430）。据说，当时伯里克利建造雅典卫城所使用的并不是奴隶，而是一些无业的雅典人作为工匠，从而确保了每一个雅典人都可以有饭吃，这一举措在当时是非常受欢迎的。此外，他还大量使用脚手架和滑轮等工具来帮助运输那些巨大的石块。

**古罗马的拱门**

位于西班牙塞哥维亚（Segovia，下图）的罗马高架渠可以从距离899米（2 950英尺）远的弗里乌（Frio）河向城内输水。该高架渠建于图拉真（Trajan）王朝时期，它是古罗马保存最完好的一座“具有地方特色”的建筑。

到此目的，需要将穹顶抬升至距地面至少5米（16英尺）之高。最后，由于距离地面太高，导致穹顶崩塌。此外，1573年，一座更富野心的大教堂的中央塔，在建筑过程中就倒塌了。仅唱诗班穹顶和教堂的十字形翼部的最上层是这座雄心勃勃建筑最终完成的部分。所有这些都在向我们讲述着一个看似傲慢的故事，然而，我们不得不承认，这些高高在上的唱诗班穹顶，它们确实令人叹为观止。古希腊人是否也曾思考过建造这样建筑的可能性？或许他们根本就没有设想过，但应该说，他们还是比较满意实现的目标。也可以说，他们实现了让高地更高的目标，可以攀至天堂的目标；欧洲平原大量野心勃勃的神职人员也不断地尝试用石头来建造耸人听闻的宗教圣地。

**哥特式石雕工艺**

即使其后的重建获得了坚强有力的支撑，博韦大教堂高耸的穹顶仍然向世人传递了其建筑者的雄心壮志。

## 在混合材料中添“罗马砂浆”

古罗马的建筑者们还有自己的锦囊妙计，即“罗马砂浆”。这是由石灰、黏土或火山灰质（pozzolana，火山灰尘）与水混合而制成的建筑材料。如果再将其与碎石料、鹅卵石、沙子、砾石和泡沫混凝土混合，那么，一种附着力强、延展力好、易使用、防火性能卓越的材料就大功告成了。这种材料适于在空间跨度大的建筑中使用，例如在罗马万神殿（Pantheon）的采光塔中就被大量使用。

其他的一些古罗马工程和建筑的核心结构也是以“罗马砂浆”材料为主。但是，总体来说，这种真正缔造了这座帝国的材料伴随着主体的消失也不复存在了。现代混凝土是由被尊称为英国土木之父的工程师约翰·斯密顿（John Smeaton）于1756年在英格兰发明的，尽管在当时，这种材料还没有被人们广泛认可，直到20世纪，混凝土才被广泛地使用。就在这个时候，建筑师尽其所能地使这种水硬性石灰变得光滑平整。因此，特别是在经过抛光处理后，它简直可以和石头相媲美。但直到20世纪50年代，勒·柯布西耶才使粗犷的混凝土成为一种时髦的建筑材料，而且直至今天，无论是出于艺术或其他方面的考量，水泥仍然是世界建筑的首选材料。

与此同时，也就是在19世纪中期，法国花匠约瑟夫·莫尼耶（Joseph Monier）发明了强化水泥。他的实验始于改造他的花盆，他发现在混凝土中预埋铁丝网可以加强混凝土的牢固性。于是，在1867年召开的巴黎世界博览会（Paris Exposition）以后，先是工程师，而后是各种纷至沓来的建筑承包商，最后，建筑师们的身影也频繁出现在其门前。

尤其是到了19世纪，不断有新的技术变革和新材料问世，建筑师们在选择材料时通常都会感到不知所措。所以，无论这种新材料多么完美，他们几乎都拒绝试用。虽然他们一直对新材料采取的是对抗的态度，但就混凝土而言，虽然也同样采取了咄

**隐蔽的水泥**

罗马万神殿的穹顶的确是由水泥建造而成，尽管在当时它还只能被认为是一种装饰材料。

咄逼人的态度，最后建筑师也不得不屈服于它卓越的性能。

## 钢铁的革命

在现代化建筑材料中，混凝土最主要的一个竞争对手就是钢铁。事实上，在当今建筑材料的使用上，钢铁远远要比水泥使用得多。尽管早在公元前1600年，钢就从铁元素中提炼出来，但当时它还主要被认为是一种柔软材料。直到19世纪，它仍然主要用做建筑的装饰材料或用在一些跨度较小的架构中，但其韧度还远远不足以建造摩天大楼。如今，恰恰是钢铁成为建造摩天大楼的主要材料。在钢铁发明和改进的短短几十年内，纽约缔造的举世瞩目的地平线酒店就成为现代世界的一个奇迹。

**严酷的现实**

埃德加·胡佛大厦（the J. Edgar Hoover Building）位于华盛顿特别行政区的联邦调查局（FBI）大楼总部，就是采用了具有野兽主义（Brutalist）的立方体形式和粗犷的混凝土为主要材料，以凸显其强硬的建筑风格。

如今，每生产出1吨钢材，生钢就占其总份额的60%。仅就这一点来说，钢铁还是一种环境保护型材料（当然，不包括其生产制造过程）。而且，在回收利用的过程中，就其韧度和强度来讲，丝毫没有受到影响。看起来，它永远会是建筑摩天大楼的“亲密友

## 什么是钢铁？

1856年，英国人亨利·贝西默（Henry Bessemer, 1813—1898），第一次通过他的“贝西默转炉法”采用去炭的方式生产出韧度极强的合金，并将生铁炼成了钢。可以说这项技术对建筑业产生的影响不亚于一场革命。与石头建筑相比，钢筋混凝土显然要轻许多，所以，摩天大楼时代的到来也指日可待。

伴”。1956年，弗兰克·劳埃德·赖特（Frank Lloyd Wright）发表了一份耸人听闻的建筑草图，他想要建一座1 600米（1英里）高，共有528层的办公大楼。但是，没有人确切地知道一座钢架结构的建筑到底可以达到一个什么样的高度。伊利诺伊（The Illinois）是他所要建筑大厦的名称，但最终还是化为泡影。因为，建造这样一座摩天巨擘，建造的费用暂且不论，仅就电梯的运行而言，即使是在今天，也没人能够确保在如此高的建筑内，能为乘梯者提供一个舒适的运行速度。而唯一可以证明的一点就是工程师和承包商具有建造高楼大厦的能力，而且这一点是毋庸置疑的。

## 进入未来

对于今天的建筑师来说，可选择的新材料可以说是顺手拈来，如将塑料中加入玻璃纤维制成的氯丁橡胶（合成橡胶）、人造石、强化玻璃纤维混凝土、钛等材料，甚至还有“海洋材料”——这是由德国建筑师沃尔夫·海波特（Wolf Hilbertz）发明的一种类似于珊瑚的新奇材料。然而，这些材料大多数都只是作为装饰性或建筑的外层使用，又或用在一些较为谨慎的架构中。

那种能够根据人类的情绪变化调整自己结构的“住宅”还没有出现。这种住宅正如巴拉德（J.G.Ballard）在其短篇小说《黄沙》（*vermilion Sands* ，1971）中所描写的那样，既惊恐又黑暗。到目前为止，建筑的基础材料还是以砖瓦、石材、木材、水泥和钢铁等为主。

这些材料仍然为我们这个世界创造不

**钢铁的现代用途**

西班牙瓦伦西亚（Valencia）的建筑师圣地亚哥·卡拉特拉瓦（Santiago Calatrava）在大型文化建筑群——巴伦西亚艺术科学城（City of Arts and Sciences）的设计中，钢铁再也不是作为坚固建筑的隐藏材料，而是以主体建筑材料的形式出现并作出自己的贡献。

朽的建筑作品，虽然那些普通住宅在建造时并未考虑到我们的子孙后代。

无论是在世界范围内，还是从人类的发展历史来看，人们的庇护之所，一直少不了兽皮、兽骨、木棍、竹子、树叶、树皮、动物的毛皮、树枝、芦苇、冰块、蔬菜、纤维、岩石和泥土等材料的使用。有时候，这些材料还可以建造特殊用途的房屋居所，如马里（Mali）的清真寺就是用神奇的泥土建造的。尽管这些材料搭建的房屋在大多数情况下，如冰屋和圆锥形帐篷（美国印第安人）、蒙古包与黏土和枝条等小屋一样，都是被用做临时建筑。就其在历史上存在的价值而言，这些优秀的建筑形式都已随风而逝，离我们远去了。然而站在美索不达米亚的“塔庙”古城上的士兵却从亘古一直驻守到永远。的确，世界已经见证了人类在建筑材料和结构上的伟大设想，并且这些伟大设想都已在我们的面前呈现了其复杂和令人震撼的形式。那么，我们是否可以这样类比一下，就是鸟蛋、蜘蛛网、六边形的蜂巢或者白蚁燕窝等卓越的通风系统对我们建筑方式的启发，就如同鸟类飞行之于飞机的发明一样具有不可忽略的作用？或许的确如此。然而，世代变迁，我们发现建筑的基础几乎没有什么变化。从人类的幼儿时期开始，我们建筑的第一个行为就是将一块砖垒在另一块砖上。当我们能够把这件事做好的时候，真正的建筑也就开始了。

**新的伊甸园**

英国伊甸园工程（Eden Project）的穹顶采用透明的枕状，这些“枕头”就固定在钢铁框架上，一旦有更新的、会呼吸的材料面世时，就可以随时对它们进行更新换代。

# 从概念到实体建筑

英国伦敦180米（590英尺）高的30圣玛丽斧（30 St. Mary Axe office tower），就是世界上令人瞩目的新建筑之一。它是由福斯特（Foster）和其商业伙伴共同设计完成的。这一浩大工程的竣工，是验证建筑师、承包商乃至客户之间关系持久性的一次重大考验。

30圣玛丽斧

构建任何一座重大的新工程，最关键的一步就是制定决策的过程。首先需要对建筑的必要性和合理性进行论证。30圣玛丽斧，现在是瑞士再保险公司（Swiss Re）的总部。这座建筑素有小黄瓜的昵称，这是因为其非正统的布局形式，再加上建筑中经历的一系列戏剧性的规划流程，使其得此昵称。它所取代的是爱德华（Edwardian）时期的建筑，该建筑的旧址，也就是原波罗的海交易所大楼（the Baltic Exchange），在1992年遭到爱尔兰共和军（IRA）引爆炸弹的袭击，当时大楼的主体受到严重破坏，由于不能恢复，必须拆除，所以决定以全新的建筑将其取代。

决定一旦做出，建筑师就有了用武之地：一方面，他们要揣摩客户的需求；另一方面，还得考虑这些需求要在当地规划部门的方针和法律允许的范围之内；最后，

## 模型辅助研究

模型辅助研究，尤其是对建筑设计的某部分细节进行的研究，可以帮助设计师考虑光影在一天中的变化。此外，这些研究还有助于验证空气在建筑物中的流通状况，可以帮助设计师获得在某一特定地点工作或生活的体验。

**旋转模型**

这个30圣玛丽斧模型很好地展示了设计师的每升高一层旋转5度的构想。同时，它也为设计师展示了所形成的旋转采光井和"空中花园"的效果图。

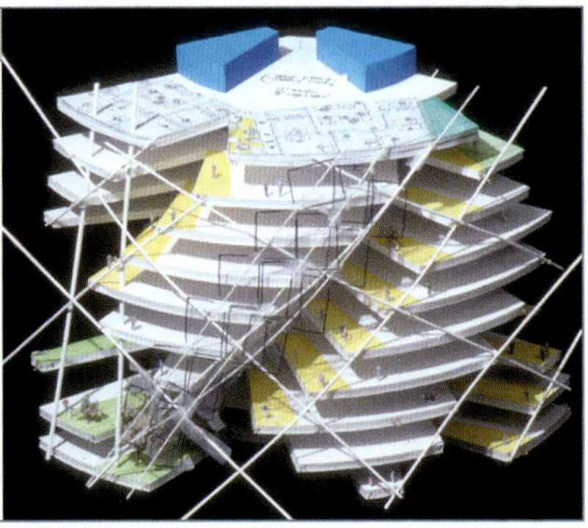

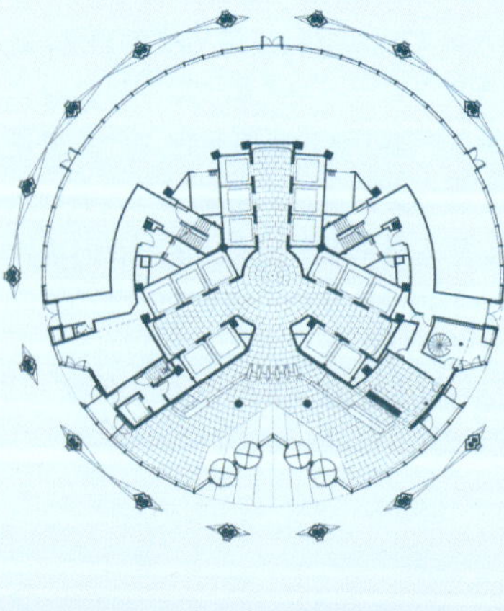

1层

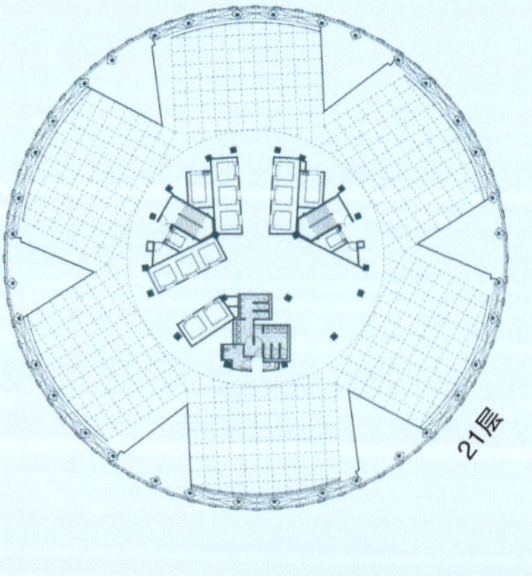

21层

## 横截面图

一座拟建建筑物的横截面图可以帮助建筑师抛开其设计的外衣，揭示建筑的内部布局与功能。这幅截面图就将30圣玛丽斧内部复杂的结构展示出来。此外，这幅素描图还可以很好地论证这种规模的办公楼与周边建筑的关系。

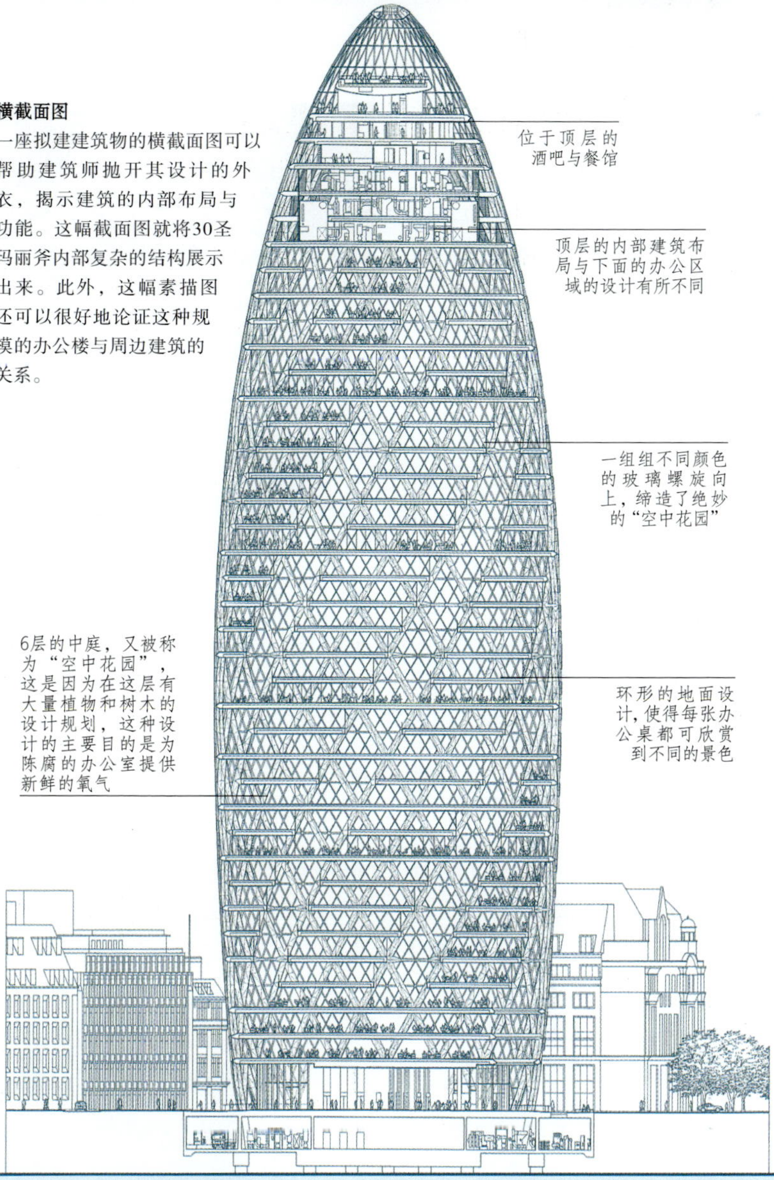


## 平面设计图

每一张单独的平面图都有助于将内部空间形象化，同时还有助于展示整体的设计效果。30圣玛丽斧的这些旋转楼梯的平面图从左到右分别为：大堂入口、典型的办公楼层、酒吧楼下含70个座位的餐厅以及位于40层的酒吧。

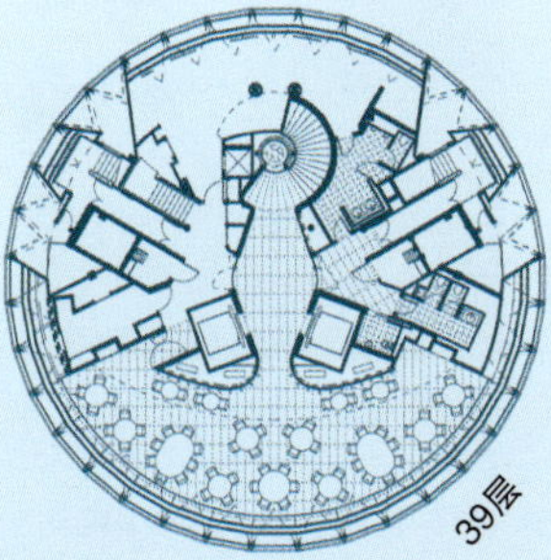


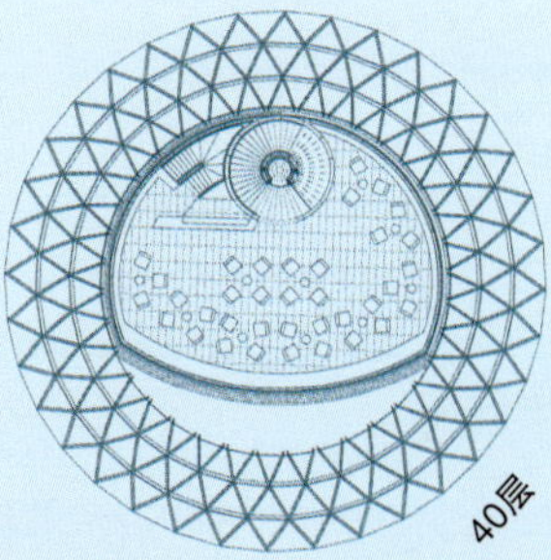

还要满足政府对该项目所谓的文化关切，当然，还要肩负起促进地方和国家遗产保护方面的责任。

建筑师最终被授权公布30圣玛丽斧的设计。福斯特及其合作伙伴一直以来都对各种技术的发明和新形式抱以孜孜以求的态度。此外，他们还认为建筑在设计时，就应该考虑到环境因素，并且给予了相当的重视。建筑的设计一般都会历经几个阶段。首先，设计师要提供承建建筑的草图、电脑绘图和三维立体模型；其次，还要与架构工程师密切合作，随着建筑的形式与工程具体设计的逐渐明朗，还要与专业人士，如负责供暖、通风、电梯和照明等人员展开广泛的沟通与协调工作。一项工程在施工前，设计者必须提供施工不同阶段的图纸与建筑的模型。一旦所有各方都感到满意并且达成普遍共识后，最后的工程图纸就会被签署，然后，承包商就可以开始按部就班地工作了。工程一旦开工后，就要尽量避免各种形式的变动，改变建筑的主体结构是想都不能想的事情。比如像30圣玛丽斧这样的办公建筑，每天都以惊人的速度向上崛起，这就是因为承建者在严格地按照合同履行其职责。一旦工程彻底竣工，而且如果客户、公众还有评论家等各方都很满意的话，对于设计这样大型建筑的建筑师来说，接下来就可以名利双收了。当然，这座建筑也是建筑师最好的名片，它决定了建筑师的荣耀，并且还会因为他们对历史遗产方面所作出的突出贡献而名留青史。

**三维立体模型**

尽管计算机绘图取得了巨大进步，剖模式模型仍然是解释建筑师设计最行之有效的方法之一。

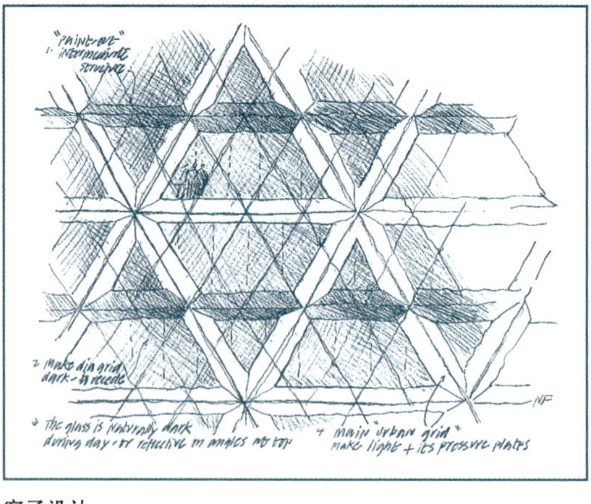


**窗子设计**

一个建筑师早期的素描图纸，很好地呈现了如何将视觉效果与结构设计的有机结合。而且，此过程中还要关注民众对此建筑的意识，他们会一直对这座建筑的目的起提醒和监督的作用。

**玻璃组装**

只有建筑的骨架披上自己的外衣时，这座建筑才开始呈现设计图纸上的精彩。

**工程的竣工**

2004年，30圣玛丽斧一经竣工，就以其夺人眼球的设计和独特的造型一举成为伦敦不可错过的地标式建筑。

# 从乡村到城市

城市是人类文明的象征。在这里，人们相互协作，在物质生产劳作的过程中，在满足自己所需的同时，也维系了那些塑造了我们独一无二文化特征的所谓“专业人士”，诸如工匠、艺术家、建筑师、文人、政客还有牧师等的生活。因此，建筑的历史就是从第一座城市开始的，并从那里为您徐徐拉开了建筑宏伟篇章的帷幕。

有关文明是以什么样的方式和什么时候开始的相关理论论述颇多，这其中也包括对建筑的相关讨论。当然，似乎所有的潜台词都是“也许”，这是因为，我们还尚未能确定是什么因素促使我们的祖先定居下来，并且开始建筑那样规模雄伟的建筑群，以及如何从工艺向艺术超越。

但是，大多数考古学家就最早的城市生活出现在中东地区，而且这种文明出现要远比中美洲和中国早，以及更确切地认为这一跨越性的发展最早出现在美索不达米亚地区（现位于伊拉克境内，它是人类文明的摇篮之一）这一说法达成了普遍共识。美索不达米亚，希腊语的意思是“河间之地”（指西亚幼发拉底河与底格里斯河之间的地区），这里以陆地为主。但因有两大河流的灌溉，所以有力地滋养了本地人赖以生存的植物——人工培植的小麦和大麦，并最终成为这里主要的农业作物。此外，鱼类和野禽等资源也非常丰富，从而产生了大量的剩余，这些都是文明诞生的物质基础。

**楔形文字**

公元前4000年左右，苏美尔人发明了象形文字，这是最古老的人类已知的文字之一。苏美尔人用削成楔形尖头的芦苇秆当笔，在潮湿黏土制作的泥板上写字，字形自然成楔形，所以这种文字被称为楔形文字。

## 社区的创建

农业的发展和技术的进步共同推动了城市聚集区的发展。公元前3500 年，青铜制造技术就开始在中东广泛传播，并且逐步用金属工具取代了石器。另外，在公元前3000年左右，牛耕也开始在美索不达米亚地区出现，作为人力劳动的第一助力出现了。

美索不达米亚地区历经了一系列的文明更迭：自阿卡得人（Akkadians）战胜苏美尔人（Sumerians，前3300—前1900）开始，依次历经巴比伦（Babylonians）、亚述（Assyrians）和波斯（Persians）等文明的洗礼。与以往

### 关键日期

**公元前5300年**，在艾利度始建了第一座神庙；在美索不达米亚开始出现城市和建筑。

**公元前3300年**，发明了文字，最早出现在乌鲁克（Uruk）城邦。在这里用削成楔形的尖头的芦苇秆在黏土制成的泥板上写字。

**公元前2700年**，埃及人开始在莎草纸卷轴上书写，这样就可以将这些文字保存在图书馆内。

**公元前1755年**，第一部《汉谟拉比法典》（*Hammurabi*）是古巴比伦国王汉谟拉比颁布的法律汇编。

**公元前5000年**　**公元前3000年**　**公元前2000年**

**公元前3500年**，苏美尔人发明了车轮，变革了易货和思想传递的方式，并提高了速度。

**公元前3150年**，尼罗河（Nile River）沿岸崛起了埃及文明。

**公元前2650年**，伊姆贺特普（Imhotep）这位该地区的卜塔（Ptah，造物神），在孟菲斯（Memphis）建造了第一座石头建筑——撒卡拉（Sakkara）阶梯金字塔。

**公元前1492年**，图特摩斯一世（Tuthmosis Ⅰ）是埃及第一个在帝王谷（Valley of the Kings）建造坟墓并将坟墓埋在岩石里的埃及法老。

## 神圣之邦

美索不达米亚人——从巴比伦人到波斯人——都把他们的城市想象成最神圣之地。巴比伦这座美索不达米亚出现过的最杰出城市，全称为“巴比—伊拉尼”（Babi-ilani），被喻为诸神于此处降临大地的“众神之门”。此外，在当时，巴比伦还是连接波斯湾与地中海的重要贸易中心。

**古城**

大约在公元前570年，巴比伦是世界闻名的大都市，城市总面积达到1 000公顷（2 464英亩）。

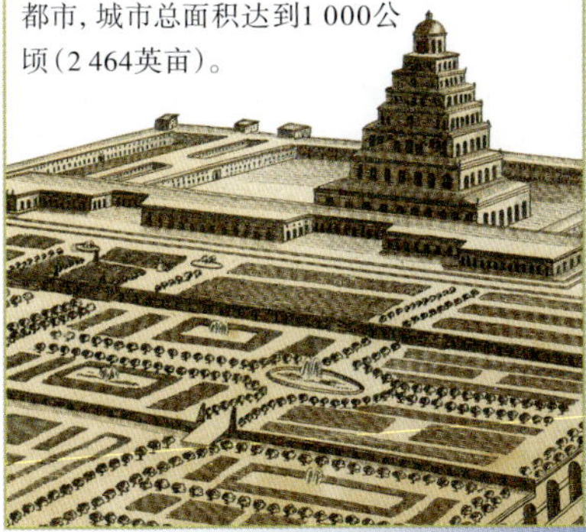

**仰望天空**

头上闪耀的光芒和日月星辰的斗转星移，激发了这座伟大城市的先知们，根据天空出现的几何形状来设计他们不朽的建筑。

**公元前1200年，**《圣经》（*the Bible*）第一章开始用希伯来文撰写，标志着一神教的诞生。

**公元前600年，**查拉图斯特（Zarathustra）创立了一个新的宗教，波斯语称为拉瑣罗亚斯德教（Zoroastrianism）。

**公元前30年，**奥古斯都（Augustus）战败最后一个希腊埃及君主安东尼（Antony），安东尼与克娄巴特拉（Cleopatra）双双自杀。

**公元150年，**亚历山大大帝（Alexandria）的天文学家托勒密（Ptolemy）证明地球是圆的。

**公元前1000年**

**公元1年**

**公元前1450年，**埃及人开始用日晷来测定时间。

**公元前1020年，**希伯来（the Hebrew）国王大卫（David）一举征服了非利士人（the Philistines）并统一了以色列（Israel）。

**公元前332年，**亚历山大大帝征服埃及并且使这个国家开始希腊化。

**公元50年，**基督教（Christianity）开始在巴勒斯坦（Palestine）地区兴起。基督死后，由其使徒保罗（Paul）将该教传到罗马。

村庄定居点不同的是第一个出现的苏美尔城市，是以出现了神庙土地即“神庙公用地”（而不是家族自有）为标志。

祭司负责组织土地的耕种，从而为整个社会提供粮食产品。神庙是祭祀诸神的地方，通常建在城市的中央地带，周边则是公共建筑和集市，而且这些建筑通常是建在阶梯金字塔或塔庙式建筑（ziggurat，一种建在土包上的神庙）上。

既然神庙多得数不清，祭司作为神庙的侍奉人员，数量自然也多得惊人。他们不仅人数众多，而且权势显赫，控制着城市的大部分土地和灌溉系统，还负责分发重要的农业剩余物资。苏美尔人创造了许多文明，包括法律、王权；此外，还发明了太阳历、车轮、抽象的数学知识、计时方法（每小时按60分钟计算）、文学（例如《吉尔伽美什史诗》，*Epic of Gilgamesh*，见下页）和星座图 。

## 思想的传播

是否可以说美索不达米亚城市以及神庙山就是古埃及、古中国、古印度乃至美洲的城市建设早期蓝图呢？当然，

**古埃及诸神**

埃及人供奉神灵的数量高达2 000位，而且通常是半人半动物的形式。下面这幅描述神阿努比斯（Anubis）和荷鲁斯（Horus）的壁画，就是在帝王谷的墓墙上发现的。

**尼罗河的泛滥**

同美索不达米亚一样，每年定期泛滥的尼罗河，其洪水携带来的大量泥沙肥沃了这片土地，并促进了两岸农业的发展，同时也孕育了古埃及文明。

我们可以这么认为，因为在苏美尔出现阶梯式金字塔不久，埃及也出现了类似于这样的建筑形式，并且资料显示，苏美尔的泥瓦匠和工匠确实到访过埃及。

虽然古埃及也建造了属于自己的伟大城市，但其从未以独立的身份和属性将自己从美索不达米亚中剥离开来。部分原因或许是由于埃及城市的建筑活动更侧重于宫廷建筑，而非专有属性。所以，埃及最著名的建筑就是为已故法老修建的陵墓，而不是人们生活的社区。

在青铜时代（the Bronze Age，在中东地区持续到公元前1200年左右），人们就开始了远距离旅行，而且所到地域之广泛，令无所不能的现代人惊讶；同时，他们也扩大了贸易、神话和各种思想的传播。一些评论家认为，正是在此时间内，旧世界与新世界建立起了联系，这可以从阶梯金字塔在中美洲出现得到解释。虽然这些说法曾受到广泛的质疑，但可以肯定的是，在公元前3000年左右，的确发生了一些比较深刻的事件，这些事件足以改变人们以狩猎和采集为主的生活方式，开始住进临时的房屋，直到带有环绕围墙的庄严神庙和宫殿城市的出现。有人因此声称，这种变化恰好印证了在众多文化中对大洪水的毁灭与重生神话的记录，而在其他文化中仅一笔带过，没有作过多的赘述。

## 苏美尔文学

《吉尔伽美什史诗》所述的历史时期是在公元前2700年至公元前2500年之间，是世界第一部最早的写成文字的文学作品。吉尔伽美什是苏美尔的一位真实统治者，统治时间是在公元前2700年左右；同时，它还是一部神话传说和诗歌的总集，这些完整的神话故事以楔形文字的形式刻在了12块泥板上。其中就有大洪水的记录，与《圣经》的情节非常相似，这在学者中引起了广泛的关注和讨论。

**《吉尔伽美什史诗》（*Epic of Gilgamesh*）**

史诗的部分情节已纳入后来的《圣经》和古典文学中。1924年，博雅剑（Zabelle C. Boyajian）出版的图书《吉尔伽美什》（*Gilgamesh*）就源自于史诗。

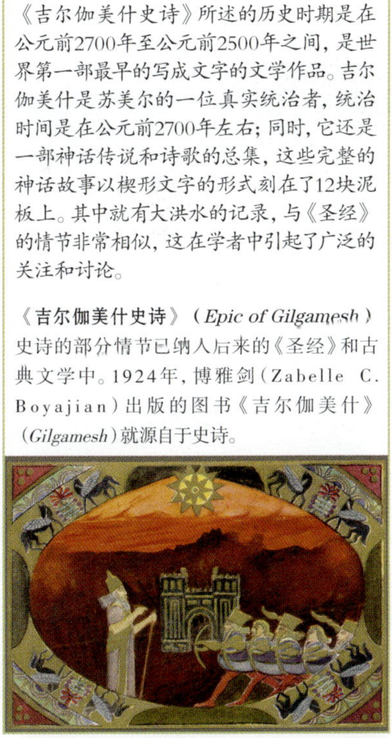

# 古代近东建筑

## 前5300—前350

**关于古代近东建筑的传奇，至少在我们看来，就是众神与国王两种力量的较量，即一个是神圣的力量，一个是想要成为神圣的力量之间的较量。之所以这么说，是因为在此时期，人们用来居住和工作的民用住宅，基本上都已不复存在，而各个国家遗留下的，都是一些代表宗教与权力象征的破败建筑——宫殿和神庙。**

公元前3000年至今，伊拉克尚存的所有纪念性古建筑都是以泥砖为主要材料。石材在当时是很难获得的，同样，坚硬的木材也只有在跨度较大的空间才会被使用。给人们留下印象最深的早期建筑工程就是乌尔城邦的“塔庙”（见第47页）。但是，我们都想看到的建筑，如果我们能够看到的话，一定是“通天塔”（Tower of Babel），即古巴比伦伟大的“塔庙”。这座神庙的地基为90米（295英尺）高，是一座当之无愧的雄伟建筑。外表镶嵌着蓝色珐琅砖，7层的高度已将位于幼发拉底河（Euphrates）旁，国王尼布甲尼撒（King Nebuchadnezzar）具有传奇色彩的宫殿比了下去。此外，著名的空中花园是建筑在拱形地基上的花木覆盖的一层层平台，可以自上而下散发自然的香气。我们还应该明确的一点就是，现在这些沙漠中饱受战争蹂躏的废墟，却曾是过去强大文明的标记。

### 一种新的建筑工艺

最终，该地区被波斯的居鲁士大帝（Cyrus the Great，前600 —前530）吞噬。自此以后，建筑形式不仅是在城市之间、国与国之间相互传播，而且开始出现建筑形式的交织与融合，从而推动建筑走上了新的发展方向，并且使其更具创新性和冒险性。来自波斯帝国包括亚述、巴比伦、埃及和爱奥尼亚（Ionia）的建筑工匠们，共同创造了一种新的建筑形式，与苏美尔人、阿卡得人（Akkadians）、巴比伦人以及他们之前的亚述人（Assyrians）的建筑相比，这种建筑形式更加流畅而且更加人性化。这种新建筑形式大量启用了华丽装饰以及鲜艳的色彩。建于公元前518年的波斯波利斯（Palace of Persepolis，见第51页）正是将人类早期“塔庙”（比当时还要早2 500年，那时人们就将人文理念引入建筑中）的建筑形式发扬光大。

◁ 在大流士一世（Darius Ⅰ）下令修建的波斯波利斯台阶的斜坡旁，雕刻有狮子和斗牛的浮雕，浮雕上部还有五队使节在前往服侍国王餐桌的路上。

# 建筑元素

古代近东基本的建筑材料都是以大石块为主。随后，逐渐开始在建筑物表面大量使用珐琅和浮雕进行装饰。这种象征性雕饰大多采用鲜艳的色彩并附有大量的石刻。大流士一世在公元前518年建造的波斯波利斯就是这个时期最典型的例子。

△ **墙壁浮雕**

波斯波利斯的阶梯及平台上饰有大量浮雕装饰，中间使用一段波形花纹间隔开来。这些符号详尽地描述了来自不同属国和民族的外国使节、各民族头领、朝臣、护卫和朝贡团列队前进的场面。

**不朽的作品** ▷

巴比伦的建筑好比是一本可以阅读的书籍。比如尼姆罗(Nimrod)除雕刻着国王与朝臣的浮雕以外，下面还附有记录他们所取得伟大成就的冗长且详细的铭刻。

浮雕表面布满了铭文刻饰

◁ **动物雕塑**

雕塑柱顶饰有头部翅翼有力地前冲着的石雕动物，或虚或实的猛禽利嘴和尖爪象征着那些曾经傲视寰宇的国王无上的力量。

雕塑雄踞在波斯帝国的最高处，代表了当时建筑的伟大成就

设计旨在增添震慑力

长有巨大翅膀的公牛一般雕刻在宫殿的柱子上

**入口处的守卫者** ▷

亚述和波斯的城市或宫殿，在入口处的两侧通常雕饰有带翅人首牛身像的守卫者。

▽ **狩猎场景**

在现实中，狮子捕杀狩猎以及狮子攻击弱小动物的场景在亚述、巴比伦和波斯的宫殿浮雕上随处可见。在波斯波利斯这里，毫无疑问游客也会看到这种建筑符号。拾阶而上，最高处一定是代表万能国王的象征符号。

石刻板附于楼梯的一侧

拾级而上的雉堞墙

## 乌尔，乌尔纳姆的“塔庙”（ZIGGURAT OF URNAMMU， UR）

前2125年 伊拉克乌尔 吾珥南模 礼拜场所或庆典建筑

在伊拉克南部的沙漠里，也就是古代美索不达米亚平原上，据说这里就是《圣经》中伊甸园的原型，是犹太人祖先亚伯拉罕的故乡。此外，最重要的是这里还有一座不朽的建筑——乌尔纳姆的“塔庙”（Ziggurat of Urnammu）。这座雄伟的建筑当时是由城墙围绕的一座伟大之城。

如今，遗址上最显眼的是一座供奉月神的神庙，与广泛开凿的街道和乌尔城邦里墓葬群分离开来。在这个宗教复杂的中心地带，原本周围也是由城墙围绕，并最终围合成一个大院落。此外，这里原本还建有一座完全由泥砖块叠起来的3层塔庙，是乌尔国王献给月神南娜（Moon god Nanna）的神殿。

当乌尔纳姆（Urnammu，见下图）的后继者（前2100年）对这座神庙进行改造和扩展后，对于这座建筑来说，它已是一座极其古老的建筑了。建筑的主要材料是泥和砖，这在古老的美索不达米亚是无所不在的建筑材料。下层砖是用沥青黏合起来的，上层砖则采用灰胶结合，以确保其牢固性。此外，建筑的外层砖还是经过特殊处理的，所以，不仅能够确保其轮廓的鲜明，还使其具有持久性。

乌尔纳姆古迹之所以历经数百年而屹立不倒，还应归功于其独特的——“排水孔”（weeper holes）设计。在这座大型的砖结构中，这些排水孔可以将内部的水蒸气向外导出。此外，排水管道还可以有效地将雨水排到建筑主体之外。所以，只要它一直盘踞在这片平原上，就会一直是这里最亮丽的风景线。

**典礼阶梯**

### 乌尔纳姆

强大的乌尔第三王朝的建立者就是乌尔纳姆，这位古老的苏美尔国王统治时间大约是公元前2113年至前2096年。在其执政期间，修建并恢复了乌尔许多的公共建筑，其中就包括这座伟大的“塔庙”。就其不朽建筑的每一块砖石以及现在仍保存完好的美索不达米亚“塔庙”而言，乌尔纳姆的确做得无可挑剔，在历史上留下了自己永恒的一笔。

**巍峨的建筑**

虽然今天只剩下建筑的基础部分，但据学者考证，这座“塔庙”曾有3道台阶，每一层台阶上都曾经种满了树木。

## 萨尔贡宫（PALACE OF SARGON）

前706 年 伊拉克北部的科尔沙巴德 萨尔贡二世 宫殿

亚述帝国的宫殿是美索不达米亚最大、最令人震撼的建筑群。这些建筑足以证明这位曾在世界上第一个建立常备军的君主在如何打造了这座富庶城池时所显示的愿望和野心。但是具有喜剧性的历史一幕是，这是一个极其短命的王朝。很显然，这些英雄式的建筑也似乎是在极匆忙的时间内完成的，例如位于科尔沙巴德城的萨尔贡宫殿似乎仅完成了整体的部分结构，只是将砖石垒在一起，而没有来得及使用胶泥使它们更好地契合。但就建筑的整体效果而言，还是非常令人震撼。占地面积达9公顷（23英亩）的萨尔贡宫殿，建于一座石头平台上，周围修葺高大的城墙。正殿位于建筑的核心部位，建于一个平台上，面积为524.3平方米，宫殿的屋顶是用奢华的木材装饰（木材在当时是非常稀缺的材料）。

**珍贵的材料**
宫殿上雕刻的浮雕描述了如何将珍贵的木材运往科尔沙巴德（Khorsabad）。

## 伊什塔尔城门（ISHTAR GATE）

前575年 伊拉克中部地区巴比伦 尼布甲尼撒二世 城门入口

伊什塔尔城门——进入巴比伦城（见下页）的8条主干道之一，它那数百码长的彩色瓷砖从20世纪初以来，就一直存放在柏林贝加盟博物馆内。在萨达姆·侯赛因的一意孤行下，擅自对古建筑进行的修复达三分之二之多，这种修复在巴比伦重建上颇具争议。原本守卫着进入城市行进大道的城垛依然耸立；同样，给游客留下深刻印象的还有壮观的尼布甲尼撒王宫（Nebuchadnezzar’s court）。城门两侧高塔的墙面上排列着用彩釉面砖组成的龙和狮子的彩色浮雕图案。龙象征着马杜克（Marduk），它是城市和赠与永恒生命的神，而狮子则象征自然与丰收女神伊师塔（Ishtar，巴比伦神话中的女神）。

**重建之门**
透过今天的重建之门，依稀可以看到伊什塔尔城门往昔的身影。

## 古巴比伦（BABLON）

前562年 伊拉克中部地区
尼布甲尼撒二世 城市

巴比伦的鼎盛时期，占地面积达10平方公里（3.9平方英里），使其成为当时世界上最大的城市。城池的整体沿幼发拉底河而建，城墙内是密集交错的庙宇、神龛、市场和住宅等建筑，并由大道将整座城池划分为直角形。该城最具传奇色彩的就是一座近90米、7层高的可以通到天上去的高塔，也就是《圣经》中描述的巴别塔。当时，尼布甲尼撒二世为了取悦爱妃，即下令在都城巴比伦兴建了这座被称为世界七大奇迹之一的“空中花园”。

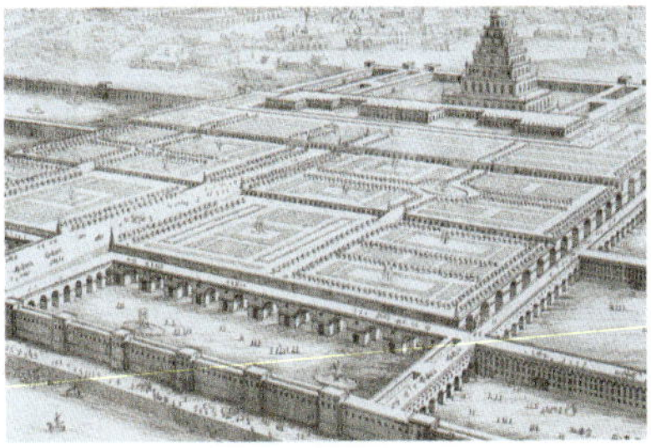

## 尼尼微（NINEVEH）

前700 摩苏尔，伊拉克北部
森纳赫里布 城市

尼尼微城，位于底格里斯河东岸，是亚述帝国最后且最大的都城。它是由尼姆罗德建立，由萨尔贡二世的儿子森纳赫里布设计。如同许多古城的命运一样，它的鼎盛时期也是短暂的：从公元前612年，先后被曼德斯人和巴比伦人统治与奴役。尽管包括为数不多的几个地方，仅由12公里（7.5英里）长的城墙环绕，它还是非常蔚为壮观的建筑。那些屹立到今天，令人印象深刻的城墙，其中部分也经过萨达姆的重建。此外，这里还保留着森纳赫里布帝王“无以匹敌”的宫殿，这里也有盛气凌人的石雕装饰。这座建筑还保留了许多最优秀的浮雕艺术，其中阿苏尔巴尼帕王宫的部分浮雕，现已成为英国伦敦大英博物馆的馆藏之一。这些浮雕生动地描述了庄严的雄狮狩猎场面和亚述人在抵抗埃兰敌人斗争中血腥的场面。尼尼微与亚述的其他城市一样，主要是作为战争的机器。

## 尼姆罗德（NIMBRUD）

前859年 伊拉克北部摩苏尔附近
尼布甲尼撒二世 城市

尼姆鲁德就是《圣经》中所谓的卡拉原址所在地。在当时，这里是一个巨大的居民聚集地区：城墙蜿蜒7.5公里（4.7英里），城市人口在鼎盛时期更是达到了10万人之多。该城是由亚述国王撒缦以色一世在公元前13世纪建造，并在亚述那撒巴二世统治期间进行了大规模的扩建。公元前614年至前612年，在被巴比伦攻陷前，尼姆鲁德一直都是较大的中心。

当然，这座城池还拥有建在空旷场地上的宫殿；圣塔、描述血腥战争以及狮子狩猎等场景的浮雕等带有亚述建筑典型特征的雕刻自然是必不可少的元素。此外，这里还有令人神往的艾滋达神庙，这座神庙始建于公元前9世纪，它也是纳布这位书写之神的庇护所，因为位于纳布的庇护所前有一口神奇的井，当井水与黏土混合，就可以制作用于书写的泥板，这对于美索不达米亚文化的传承具有举足轻重的作用。

## 所罗门圣殿(TEMPLE OF SOLOMON)

前100年 以色列耶路撒冷
所罗门 礼拜场所

据《旧约全书》（*the Old Testament*）记载，这座圣殿是由大卫王的儿子所罗门建造，目的是储藏约柜（里面藏有刻着十诫的两块石板）。神殿几乎早在公元前6世纪的战争中，就被巴比伦人破坏。现在只能从《圣经》和考古挖掘来判定，这座圣殿是由一个前面设有庭院的内部圣室构成，并且所有的建筑都由开放式庭院围绕，请见模型（下图）所示。

## 凡城堡（CITADEL OF VAN）

前800年 土耳其东部凡湖
萨迪瑞一世 防御建筑

凡城堡的遗迹位于80米（262英尺）高的裸露岩石上，站在其上可以将周边景观尽收眼底。早在大约3 000年前，凡城堡就是乌拉尔图（Urartu）王国的首都，由它所缔造的文明，除了它曾作为亚述人的敌人存在以外（如同其战车所能企及其他文明范围内），至今我们对其还知之甚少。城堡的地基是由巨大石块砌成，许多石块至今仍然稳固；上层建筑主体采用泥砖建造，屋顶则是由茅草或木材铺就。其中，至今尚存的一个建筑就是由功能强大的石头建造的碉堡，或者称之为大门更为确切，它的主要作用是镇守城堡入口和供水等。堡垒的内部布局，可能是按照当时城堡居住的稠密程度而建造。这里没有神庙的遗迹，但却在城墙的南侧发现了岩石墓葬，墓葬里还设有放置灯火的壁龛设计。

## 大流士一世之墓

前485年 伊朗南部
大流士一世 坟墓

大流士一世（见上图）的墓穴建在一处坚硬的岩壁内，墓穴的里面还刻有这位伟大的波斯帝王的功绩、思考和信仰。陵墓宽18.3米（60英尺），高出地面并朝向太阳升起方向，设计尽显精巧构思与奇妙。墓穴入口的左右各由4根具有埃及风格的楣柱支撑。墓穴的首要造型是牛头彼此相对的双头牛，这种形式代表了此时期波斯建筑的基本特点。就其外观设计的总体特点而言，墓穴采用了和位于墓地南部附近的波斯波利斯大流士宫殿异曲同工的设计理念。

## 泰西封宫殿（PALACE OF CTESIPHON）

350年 伊拉克中部的泰西封 考斯罗一世 宫殿

泰西封宫殿是美索不达米亚文化绽放的最后一朵奇葩。尽管该建筑出于萨珊王朝的波斯国王之手，但就其整体建筑所呈现的特点而言，这座建筑体现了这个地区诸多文明的活力与崇高的建筑理念。这座建筑最具代表性的特征是其巨大的单跨式砖制圆筒形穹隆顶，是真正意义上完美打造的一座宏伟的开放式宴会厅。其拱门（一种半球形的圆屋顶，是美索不达米亚普遍流行的拱顶结构）达36.7米（121英尺）之高，跨度为25.3米（83英尺），可以与任何时期的罗马建筑相媲美。此外，罗马建筑的设计理念对其影响也是非常显著的：厚重的墙壁位于中央宴会厅的左右两侧，有韵律地交替布置着的罗马式联供廊，尽显建筑的动感。但就其建筑类型来讲，却并不属于罗马风格，因为在视觉效果上，这种巨大的开放式宴会厅布局为人们营造了一种虚拟的帐篷式结构。宫墙的东部尚存；但西部和后面的墙壁已经倒塌。目前，最令工程师们担心的是，这座巨大砖拱的完整性正在受到威胁。

**拱顶建筑**

在古代，世界上最大的拱顶建筑中，令人印象最深刻的就是泰西封巨大的拱顶形宫殿，而且它还是用防火砖建成。

## 波斯波利斯宫殿建筑群（PALACE COMPLEX OF PERSEPOLIS）

前480年　伊朗南部波斯波利斯　大流士一世　宫殿

巨大的庆典雕刻石梯还有气势宏伟的“百柱厅”，波斯波利斯宫殿复杂的建筑群的确堪称当时最气势磅礴的建筑。建筑和装饰不仅反映了诸多文明和文化，而且也反映了建筑师和各种不同职业的工匠（他们中很多都是波斯帝国的俘虏）为修建这座宫殿所付出的艰辛。仅就波斯波利斯现在残留的遗址，也仍然不能不令我们现代人为之慨叹。

大多数的古建筑都具体代表了某种文明的文化形式。而在波斯波利斯，我们开始看到各种建筑形式相互融合，从而产生了一种混合设计的建筑形式。宫殿建筑群坐落在由岩石开辟在平台上，面积为126 500平方米，并由高达15米（50英尺）的巨石垒成的高大支撑墙来加固。建筑宫殿的庭院和大厅，共耗时长达几十年。当时，为国王可骑马长驱而入所开凿的宏伟楼梯，至今仍清晰可见。将该建筑群推向建筑顶峰的是“百柱厅”（国王金銮殿遗址）。这里的砖墙厚度达3.4米（11英尺），100根雕刻双牛的柱子支撑着昂贵雪松搭建的天花板。

该建筑群的主体部分都是由石头垒就，那些较次要的布局结构则使用了烤泥砖或釉面泥砖等材料砌成。宫殿建筑群上当然也少不了石刻浮雕和壁画装饰。这些浮雕中的人物有贵族、朝臣、朝奉者、外国政要和士兵等。这些浮雕形象都生动地展示了古代最强大帝国的宫廷生活。如今，遗址已褪去昔日鲜艳的色彩，到访波斯波利斯的游客，会觉得这里有些苍白，然而，在当时这座宫殿建筑群却使敬畏的到访者眼花缭乱。

**波斯波利斯（Persepolis）的颠覆**

在被亚历山大大帝（Alexander the Great）将其彻底颠覆之前，波斯波利斯帝国的辉煌一直持续到公元前330年。该遗址在17世纪才被重新发现。

王中之王——大流士一世

### 大流士一世

直到公元前486年，大流士一世去世前，他已将波斯帝国的疆土延伸至印度和色雷斯。由他建造的波斯波利斯，是作为伟大帝国的象征奉献给阿胡拉·马兹达——波斯神话中的至高之神的。建筑群的巨大平台动工于公元前518年左右，但是，工程一直到阿尔塔薛西斯一世时才得以竣工。

# 古埃及建筑
## 前3000 —300

**具有璀璨文明的古埃及，对整个世界的历史进程具有深远影响。从复杂的神话传说、高度发展的墓葬习俗到木乃伊猫和宠物蛇，以及纯粹坚韧的文化等绵延持续长达数千年，基本上没有什么改变，令人折服。此外，那些震慑人心、雄伟的几何造型金字塔以及怪诞的寺庙与古墓等，都是令现代人向往的著名建筑。**

在绵延发展的3 000多年时间里，古埃及的建筑充满了神秘色彩。它的建筑形式发展缓慢但具有连续性，并且具有一旦形成就按其自身规律发展的突出特点。那时，国家富庶，管理井然有序，很少有外敌的入侵也是促使其发展的主要原因。国家的财富和文化都是围绕季节周期性泛滥的尼罗河（Nile River）展开。每年，当河水涨满河谷的时候，农业就成为全国活动的重中之重，因为生产的粮食要足以维系到下一个旱季的结束。当河水消退后，农民和工匠就没有什么活计可做，但正因为如此，古埃及每年都拥有得天独厚的5个月闲暇时间，这样熟练和非熟练劳动力就可以投入到建造不朽建筑的工程当中去。于是，用做储藏法老尸体和他们宝藏的金字塔便矗立起来。第一座位于塞加拉（Sakkara）的左瑟（Zoser）的阶梯金字塔（见第55页）就是由伊姆贺特普（Imhotep）设计完成，同时，他也成为第一位我们知道名字的建筑设计师。

### 不朽的遗产

虽然历史已经凝固，但数百年以来，埃及文化却一直对游客和探险者投射出无尽的吸引力，以至于古罗马文化也为之倾倒。1922年，首先由英国考古学家霍华德·卡特（Howard Carter）发现了第十八代年轻国王图坦卡门（Tutankhamun，前1334—前1323）的墓，虽然这次发现相对于古埃及的历史来说只是沧海一粟，但却引发了人们探索埃及沉寂历史的狂热。并由此引发了一连串与埃及文化有关的相关活动，如20世纪20年代末30年代初的装饰派艺术（Art-Deco movement），就滋养了无数的电影和书籍的创作；此外，还吸引了数以百万计的游客沿尼罗河（Nile River）而下展开从开罗（Cairo）到卢克索（Luxor）的观光旅游。

◁ 世界最古老的奇迹之一就是位于埃及戡格（Giza）的胡夫大金字塔（The great pyramid of Khufu），它是埃及至今唯一尚存的奇迹。

# 建筑元素

大规模地使用石头作为建筑材料，宽大的坡墙、陡峭的金字塔、庞大的雕像和令人震撼的柱廊是古埃及建筑的主要特点。石头打造的这些建筑元素有的代表众神，有的是刻画人类的行为，有的饰以动物，而真正的主角则是各种植物。

◁ **斯芬克斯像（Sphinxes）**
去往寺庙入口的行进大道两侧，通常是由成排的斯芬克斯雕像作为装饰，斯芬克斯是一种狮身人面或公羊像的一种雕塑造型形式。

△ **纸莎草形柱头**
埃及的柱头设计大多采用植物式的造型设计，比如纸莎草形柱头就是尼罗河沿岸较常见的一种形式。

△ **浮雕雕刻**
古埃及建筑不仅可以欣赏还可以阅读：寺庙与宫殿墙壁上的浮雕铭刻着的象形文字与图片向人们娓娓道来地讲述了这里的故事。

△ **大型入口雕塑**
巨大的法老雕像被竖立在寺庙前，目的是向凡人展示国王无上的权力。在这座阿布·辛贝大寺庙前，就坐落着四尊相同的拉美西斯大型雕像。

△ **莲花苞柱头**
这些高度抽象的柱头的设计理念来源于封闭的莲花苞蕾，通常是位于细长廊柱的顶端，所以我们会在卢克索神庙看到一个多柱式的大厅。

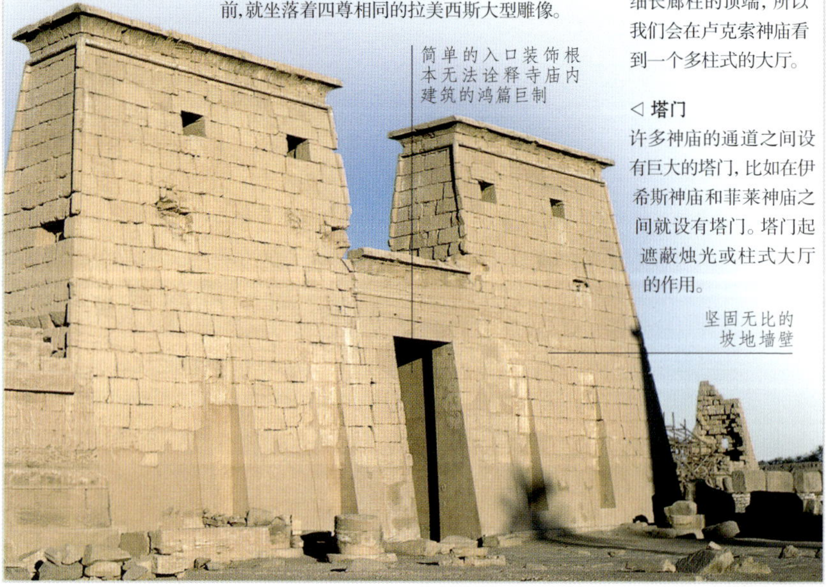


◁ **塔门**
许多神庙的通道之间设有巨大的塔门，比如在伊希斯神庙和菲莱神庙之间就设有塔门。塔门起遮蔽烛光或柱式大厅的作用。

## 左瑟的阶梯金字塔

前2650年　埃及佐加良　伊姆贺特普　墓葬遗迹

法老左瑟（Zoser）的陵墓是世界上第一个大型的石头建筑遗址，也是埃及的第一座金字塔。其革命性的设计理念是出自我们第一个可以考证的建筑大师伊姆贺特普之手。由原本的“古埃及墓室”或单层石葬纪念碑，发展成这种高达60米（197英尺）的阶梯式石灰石金字塔形式，它历经了多年的发展历史。

建造这样一座宏伟的阶梯金字塔，需要将六个传统的单层石块以逐层递减的方式，一层层地累加到顶部，最后形成的大金字塔地基部分的面积为13 625平方米。

金字塔仅是庞大宗教建筑群中的一部分，在建筑群的周围还会竖起长为547米，宽为278米（长1 795英尺，宽912英尺）的石灰石城墙。沿着隐藏在众多虚假入口中的真正入口进入，就来到一个巨大的天井内，这里也到处都是模仿法老左瑟宫殿的建筑布局的虚假建筑。这是因为法老死后，仍希望能带着这些建筑一起去天堂。过了入口，就是通往各处的路径、圆柱大厅、国王殡室和储藏室。

在这座伟大建筑中，石材被第一次用做屋顶建筑材料。事实证明，这里对石材的运用比早期的建筑体现了更加灵活的使用。五层的白色石灰石的矩形底座层层叠加，以逐级递减的方式叠加到62米（204英尺）的高度。位于墓室表面27米（89英尺）以下则内衬以花岗岩。此外，使用巨石来代替泥砖被认为是法老希望永生的一种愿望。

### 伊姆贺特普（IMHOTEP）

左瑟王，埃及第三王朝（前2675—前2625）的统治者，委托他的维齐尔（伊斯兰高官）伊姆贺特普（见右图）来为他建造永恒的安息之地。这项浩大的工程耗时多年才得以完成。而伊姆贺特普本人则是一位伟大的建筑师、工程师、智者、医生、天文学家和大祭司，后来被人们尊崇为智慧之神。

伊姆贺特普的铜像

**第一座金字塔**
古埃及的坟墓好像是建在地面上，但就是这些外露的坟墓建筑，成就了令人震撼的金字塔这种建筑形式。

## 胡夫大金字塔（GREAT PYRAMID OF KHUFU）

前2566年　埃及吉萨　未知　陵墓

吉萨金字塔

埃及法老胡夫（Khufu）统治时间大约为公元前2589年至公元前2566年，他的坟墓是吉萨三座金字塔当中规模最大的一座，它要比位于北部和东部的其他两座金字塔大许多。早在几千年前，他的陵墓已被偷盗，而且金字塔内部格局也有所变动，所以我们对这位法老可以说是知之甚少，但有一点我们可以确信，那就是法老是独自一人埋葬在如此巨大的人造陵墓中。由奴隶建造这座陵墓共耗费近20年的时间。胡夫金字塔原高147米（482英尺）是用230万块巨石垒起，每块石头平均重达2.5吨。金字塔底座每边长241米（791英尺）。金字塔的表面原本是由剖光的石灰石覆盖，如今这些光滑的表面早已被侵蚀或被移走。陵墓内虽然有三座殡室，但却只有法老一人被埋葬在这里。

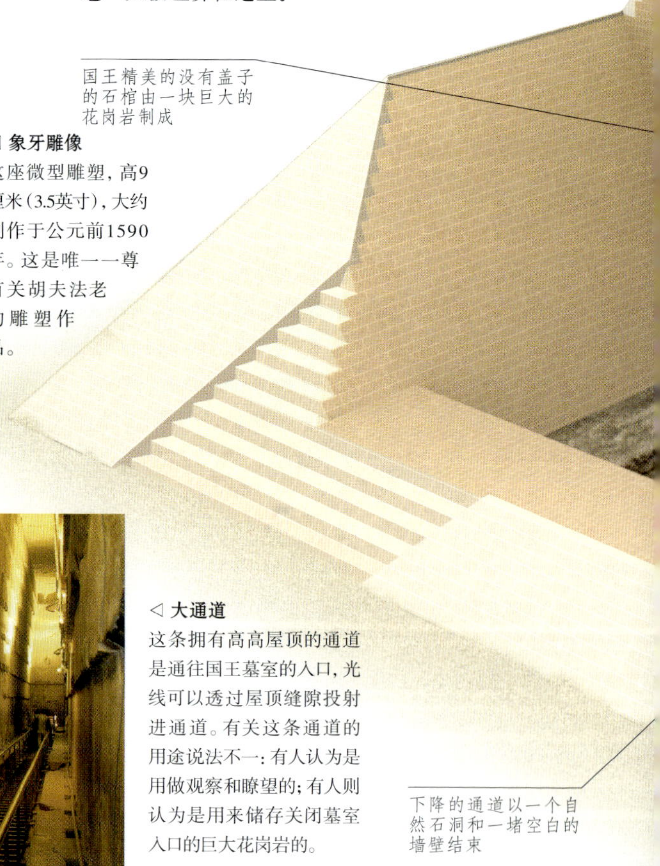

◁ **象牙雕像**
这座微型雕塑，高9厘米（3.5英寸），大约创作于公元前1590年。这是唯一一尊有关胡夫法老的雕塑作品。

◁ **大通道**
这条拥有高高屋顶的通道是通往国王墓室的入口，光线可以透过屋顶缝隙投射进通道。有关这条通道的用途说法不一：有人认为是用做观察和瞭望的；有人则认为是用来储存关闭墓室入口的巨大花岗岩的。

**巨大石块** ▷

这座庞然大物的粗犷外观最初是由精致的白色石灰石包覆，而且这种建筑形式至今仍清晰可见。

## 底比斯的国王陵墓（TOMBS OF THE KINGS， THEBES）

前1500年 帝王谷，埃及卢克索 伊姆贺特普 陵墓

随着金字塔建筑英雄时代的逐渐远去，随后的法老们选择了与以往不同的安葬方式，即他们将石棺深埋于地下，主要是出于保护遗体和宝藏，以免于被盗的威胁。最早，这些墓葬通常选择建在尼罗河西岸炎热的山脉上，也就是底比斯附近（现称为卢克索）。在这里，第十八、十九和二十代王朝的法老的尸体被隐藏在饰有丰富装饰的岩石墓穴内，有些墓穴则是用柱子支撑的。这些陵墓深埋于距地面96米（315英尺）的地下，到达岩石表面的距离更可达到210米（689英尺），由狭长、陡峭的楼梯相连接和迷宫般的前室构成了墓穴的主体。

**地下宝藏**
尽管深埋于地下，许多国王坟墓的墓顶和墙壁却都装饰有多姿多彩的绘画和精美的铭刻。

## 卡纳克的孔斯神庙（THMPLE OF KHONS， KARNAK）

前1198年 埃及卡纳克 未知 礼拜场所

金字塔和殡室是用来祭拜国王的，寺庙是用来供奉神灵的地方。埃及是个信奉神灵的国度，所以寺庙自然就成了不可缺少的建筑形式。在卡纳克复杂的宗教建筑中，最为典型的就是孔斯神庙（现位于卢克索附近）。沿着斯芬克斯雕像大道向前，就是一座方尖石塔，穿过巨大的塔门就到了寺庙里面。神庙内宛如一个回廊式庭院，周围被双重柱廊环绕（注意凡人只能到此止步）。其后，是一个多柱厅（许多柱子），这里的天窗昭示着神灵的庇护。神庙的深处，还有一座辅助的小教堂和另一座多柱厅。这里是众神灵或者其他神职人员的领域。与“塔庙”和金字塔不同的是，这里不是什么祭祀的建筑，除了那些看似怪诞和不食人间烟火的诸神之外，这里与我们今天进出使用的寺庙没有太大的区别。

**壮观的入口**
位于高耸塔门之间狭窄的通道咄咄逼人的气势，会使初来乍到的游客不由自主地产生由衷的敬畏。

## 卡纳克（阿蒙）大神殿（GREAT TEMPLE OF AMUN, KARNAK）

前1530年　埃及卡纳克　托特梅斯一世　礼拜场所

屹立在金字塔旁的宏伟、壮观的阿蒙神庙，是古埃及最具代表性、最迷人的不朽建筑物之一。位于神庙中心的是柱式大厅，拥有不下134根独立式巨柱，排列成16排，所有的柱子都饰有精美的雕刻，位于中心的柱子更是高达21米（69英尺），直径达3.6米（12英尺）。如今，神庙既是一个能与当地导游捉迷藏，又是一个充满建筑奇迹的地方。这座埃及最浩大的建筑，是国王与其建筑师和工匠们集体智慧的结晶。在其厚重的围墙内，前面的一些神庙都比较小且构成其后建筑的一部分，因此，作为一个统一的整体，这座神庙就像一个俄罗斯套娃一样有趣。

一潭圣水湖畔旁的这座神庙有着惊人的建筑面积，达40 260平方米，尤其在炎炎夏日，这样的规模的确令许多游客望而却步。现今，这里仍或多或少地可以经由斯芬克斯大道与卢克索神庙相连接。过去，这里可以通过不少于6座塔门进入各种广阔的庭院、侧翼庙宇、柱式庭院或庄严的避难所。

**神庙的护卫者**

现存的巨大塔门前，仍然由一尊埃及阿蒙太阳神的小塑像守卫。

## 哈采普苏特陵庙（TEMPLE OF QUEEN HATSHEPSUT）

前323年　埃及德沙姆沙伊赫巴赫里　珊缪　礼拜场所

哈采普苏特女王（Queen Hatshepsut）的墓室位于山区，远离其壮丽的小礼拜堂。陵墓的轴线位于纵深布局的岩壁后，即使以现代人的眼光来看，也丝毫不落伍，所以，它更类似于19世纪的新古典主义（Neo-Classical）的博物馆或画廊。为女王设计这座神庙的是建筑师珊缪（Senmut），他将三层平台的设计方法运用到神庙的建造设计中，并将其建在外沿围绕柱廊的土台上。平台的最上层，建有一个由柱式围绕的庭院，这里是女王的礼拜堂和供奉太阳神阿蒙的一个巨大祭坛。位于庭院后，靠近悬崖壁边上的是那些不太称职的祭司们的庇护所。哈采普苏特女王是获得空前强大权力的一位女王，这座神庙也是一处真正用来顶礼膜拜的地方：塑像和女王的狮身人面像位于平台的上面，而浮雕雕刻成的多柱式大厅的廊柱上，则生动地描绘了她的生平故事。

**不朽的遗产**

据说在神庙高度装饰的墙壁上，描绘了哈采普苏特女王的神圣谱系，并详尽地论证了她系太阳神阿蒙之女。

**卡纳克神庙（The temples at Karnak）**
古代神庙建筑群就其威严的外观和规模都足以令现代人感到敬畏。正如这里所呈现的阿蒙神庙巨大的柱廊大厅一样，富丽堂皇且色彩绚丽的浮雕和铭文都在向他们所敬仰的众神及国王表示致敬。

## 阿布辛贝勒神庙（GREAT TEMPLE，ABU–SIMBEL）

前1257年　埃及阿布辛贝勒神庙　拉美西斯二世　礼拜场所

拉美西斯二世为彰显其美好记忆而修建这座闻名于世的大神殿，雕塑就被雕刻进砂岩峭壁中，并得以幸存至今。神庙的原址位于尼罗河畔，现如今这里早已沉入深深的阿斯旺大坝河底。这座大坝建筑的本身而言，也是一座非常难得的精美建筑，是距修建此神庙的3 200年后，由20世纪60年代的俄罗斯建筑师设计建造。

伴随大坝的修建，两座神庙被整体迁移。工匠们费力地将这些巨石一块块地从古代巨石上锯下，并寻求了一个类似的地方将其重新组合。原本穿过巨石制成的古庙正面（以巨大的塔门作为掩饰），进入庭院就可以看到著名的四尊拉美西斯二世的巨型雕像，另外这也足以证明，他并不是一个做事半途而废的人。在他脚下，分别是他的妻子纳菲尔塔丽（Nefartari）和他的母亲（Mut-tuy）以及他孩子们的小雕像。总体而言，这个欢天喜地的家族雕塑每天都在迎接太阳的升起。这座神庙令人难忘的正门，宽36米（118英尺），高32米（105英尺），而每尊雕像就达20米（66英尺）高。这些雕塑的后面是高9米（30英尺）的由8根精美雕刻的柱子支撑的大厅。再往后走就来到了一个规模较小的圆柱大厅，两侧设有不对称的神龛，这里是一个设计巧妙的庇护所，侍奉法老（如上图所示）与众神的雕塑分别置于圣地之上。拉美西斯二世现被远葬在山区，但底比斯（Thebes）的拉美西斯（Ramesseum），才是过去人们拜祭他的地方。

**圣殿内部**

### 阿斯旺及联合国教科文组织

自开始建造阿斯旺大坝一直到水库蓄满水之后，共有24处古迹，或被转移到安全地点，如阿布辛贝勒神庙和菲莱伊西斯神庙；或被转赠给帮助联合国教科文组织统筹工作的国家，如埃及古庙，现就坐落在西班牙马德里的山坡上。

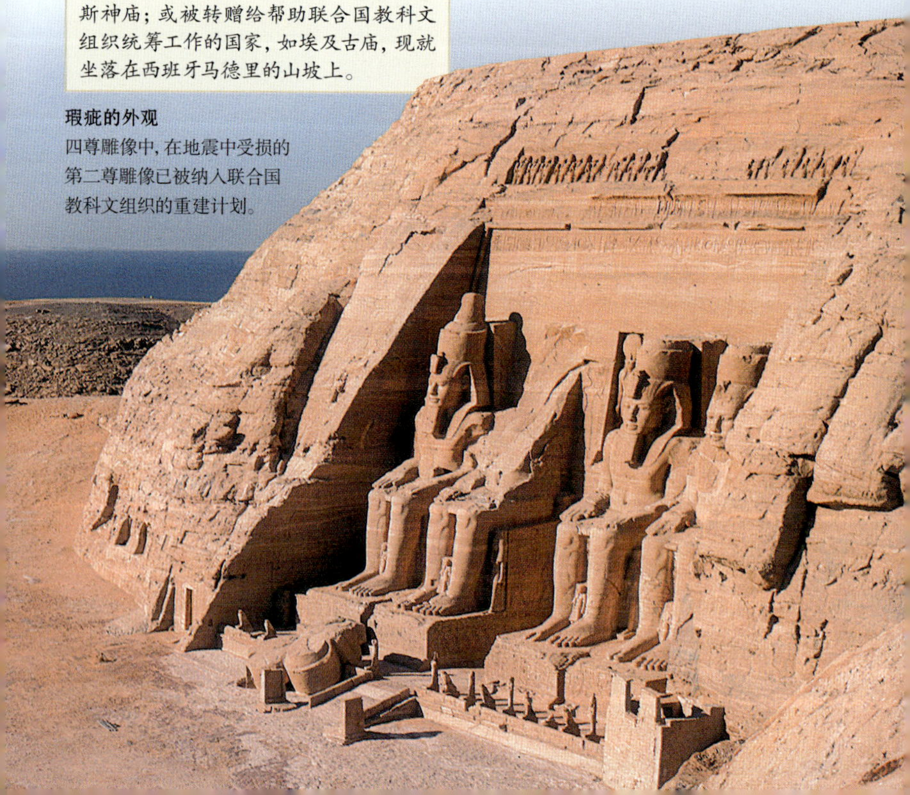

**瑕疵的外观**

四尊雕像中，在地震中受损的第二尊雕像已被纳入联合国教科文组织的重建计划。

## 菲莱伊西斯神庙（TEMPLE OF ISIS， PHILAE）

前247年 埃及阿吉利卡岛 未知 礼拜场所

20世纪后期，最初建在菲莱岛上的菲莱伊西斯神庙被迁至地势较高的新家——阿加莉卡岛（island of Agilika），现在这里已完全被后来修建的阿斯旺大坝淹没。

尽管这座神庙竣工于埃及时代的尾声，神庙的建筑者们依然执著地传承着祖先们的建筑传统。但从几千年前就已形成的高标准来看，这座神庙无论从细节设计还是施工上，都略显粗糙。虽然如此，但对于没有经验的人来说，还是很难将这座公元前300多年的神庙与一座公元前1300年的神庙区分开来。然而，除了塔门、柱式庭院、天庭和内部的庇护所这些类似的布局外，这里还是有其独到之处。例如，柱头的外观设计要比以前更加华丽，尽管雕刻手法还略显粗糙。有趣的是，在这座神庙建筑群中，竟然有一座据称由罗马人于公元96年修建的砖亭，也就是所谓的法老床（Pharaoh’s Bed）。

这也可能是克利奥帕特拉（Cleopatra）引诱朱利叶斯·恺撒（Julius Caesar）大帝期间，罗马人积极地学习埃及的设计理念的一个见证。所以，在为菲莱岛添加风采的神庙建筑风格，我们在蒂沃利的哈德良别墅(Hadrian’s Villa，见第117页)上也不难发现。

**完美风景**

位于美丽的尼罗河岛屿上的伊西斯神庙（the Temple of Isis），其卓越的建筑品质一点也不逊色于其风景如画的背景。

## 荷露斯神庙（TEMPLE OF HORUS）

前57年 埃及艾得夫
托勒密三世 礼拜场所

这座晚期的埃及神庙，是用来供奉鹰头人身的天神荷露斯的。它以保存完整而闻名于世：因为它一直被深埋在沙漠里，当时仅有塔门的顶部裸露在外可以被看见。在经过考古挖掘后，它就将其2 000多年蕴藏的璀璨荣耀展示在世人面前。如果仅仅是因为其缺少卡纳克神庙那种戏剧性与辉煌的艺术气质而小看了它的话，那你就好比将伟大的中世纪大教堂与大教堂自身作比较，其结果是毫无意义的。

## 布痕的防御工事

前2130年 埃及布痕
塞索斯特里斯三世 防御建筑

位于布痕（Buhen，埃及努比亚的首府）的防御工事，厚重的砖石城墙达5米（16英尺）厚，占地面积1.3公顷（3.2英亩），所以，这座防御工事势必对埃及南部邻国产生一种自然的威慑效果。堡垒的周围有干涸的护城河环绕，同时还安装有弩炮来加强其整体防御攻势。此外，吊桥还可以切断其与外界的联系。布痕的防御工事实际上只是一系列堡垒之一，不仅可以用做防御，还是镇守从南方到埃及的贸易路线的咽喉。然而，对布痕的记忆还是强有力地提醒我们：古埃及人，他们不仅有令世人羡慕的精美文化和宗教建筑，更有千百年来在历史长河中，勇士们一次次击败敌人入侵而立下的赫赫战功的堡垒。1964年，阿斯旺大坝的修建同时就意味着，布痕堡垒和其他沿尼罗河沿岸的战时建筑，都将被淹没在现在纳赛尔湖（Nasser Lake）平静的水面下。

# 古代美洲建筑

美洲的古代文明，对于现代人来说可能有点不同寻常，因为这种文明一直把自己的古迹看做是失落之城亚特兰蒂斯（Atlantis）的遗迹。16世纪，西班牙人征服墨西哥（Mexico）和秘鲁（Peru），并将当地的文明摧毁，其规模之大，足以影响到我们对这个令人着迷的民族和文化的了解。

在中美洲和南美洲的土地上，人们创造了规模巨大、富足并且极其复杂的文明，而且这种文明要比欧洲人所称的“新世界”早数千年左右。而其中最大规模、最知名的当属玛雅（Maya）文明，阿兹台克（Aztecs）古文化和印加文明。但是其他国家，包括奥尔梅克（Olmec）、萨波特克（Zapotec）、特奥蒂瓦坎（Teotihuacans）、托尔特克（Toltec）、莫切（Moche）和纳斯卡（Nazca）也都建立了专属于自己的文化体系，并发展了新技术和新的建筑风格。

**祭祀活动**
阿兹台克艺术通常是对宗教的阐述，它描述人类如何在神庙的台阶上奉献自己的生命以示对众神的敬仰。

这些细节可以从阿兹台克手稿或法

**关键日期**

**公元前1世纪**，特奥蒂瓦坎，这座巨大的古代城市，在墨西哥谷崛起并蓬勃发展。

**公元1年**

**1世纪**，危地马拉的米拉多——这座早期玛雅城市中最大的城市，正处于发展的鼎盛时期。

**50年**，纳斯卡文化沿秘鲁南部海岸地区蓬勃发展，在纳斯卡地区的荒野高地上留有著名的地画。这些地画是由巨大的图案组成的，只有在高空才能看清楚。

**150年**，莫戈永（Mogollon）文化在美洲西南部蓬勃发展，彩陶制作是该文明的显著特点。

**250年**

**250年**，中美洲文明的始祖玛雅文明，起始于危地马拉、洪都拉斯和墨西哥南部地区。

**378年**，一直引领玛雅文明发展的城邦蒂卡尔（Tikal）和瓦哈克通（Uaxactun）之间展开了针锋相对的较量，最终以蒂卡尔的胜利而结束。

**500年**

**500年**，位于美洲北部的和普卫文化开始建立起以坟冢、陶器和铁制武器为主的文明。

**7世纪**，在亚利桑那（Arizona）东部，普韦布洛人（Pueblo）第一次开始在地上建造房屋。

**750年**

**750年**，墨西哥特奥蒂瓦坎文明神秘消失。

典中找到答案。例如奥尔梅克（大约前1500—前800）开始在墨西哥南部海岸地区崛起。它对世界的贡献主要有：首先，在西半球，第一个发明了日历并且第一个创造了象形文字；其次，在特奥蒂瓦坎（前300—500）时期，文明开始在大多数中美洲国家广泛传播，同时，还在墨西哥城附近缔造了令人印象深刻的神秘之城特奥蒂瓦坎（见第71页）。玛雅人的历史始于公元前1500年左右，文明发展达到顶峰是在公元300年至900 年之间。这些都可以从玛雅中心的巨石金字塔和神庙，以及他们在数学和天文学等方面所取得的成就中得到印证，而且更难能可贵的是这些珍贵的遗产都被以象形文字的形式记录下来。

历史学家对墨西哥的阿兹台克文明和位于秘鲁中心的印加帝国（Inca Empire）做了大量的研究。然而，所有这些都与其壮丽的富饶的城市一道，被西班牙入侵者破坏直至完全摧毁。赫尔南·科尔特斯（1485—1547）这位西班牙征服者占领了阿兹台克帝国，他带来的不只是枪支、火炮和盔甲，还有宗教裁判所，对黄金和白银无止境的贪婪并为中美洲带来了未知的疾病。

在其占领泰诺克提特兰（阿兹台克的首都）70多年时间里，到1521年，阿兹台克的人口已经从1 500万跌至不到300万；印加人也遭受了同样的命运。

**安第斯山脉**
即使在今天，秘鲁讲盖丘亚语（Quechua，印加）的人们，依然有向圣山进奉的习俗，而且从他们的建筑中也可以了解到很多有关这样的启示。

### 阿兹台克的成就

大约在1430年至被西班牙征服的1521年之间，是阿兹台克的全盛时期。当时它已经盘踞了现今整个墨西哥大半部分土地。阿兹台克社会拥有比较僵硬的社会组织结构，引导社会发展的宗教权威也影响了当时建筑形式的发展；伟大的泰诺克提特兰（Tenochtitlan，现墨西哥城）之城包括寺庙、王宫和无数的运河等一系列庞大复杂的建筑体系。

**阿兹台克太阳历（Aztec Sun Calendar）**
原来保存在泰诺克提特兰神庙的太阳历是阿兹台克天文学和数学所取得辉煌成就的历史见证。

**900年**，位于墨西哥南部的玛雅文明陨落，许多城市被遗弃。

**1000年**

**1000年**，雷夫·埃里克松这位海盗探险家抵达北美洲，标志着欧洲的触角已伸向美洲。

**1100年**，在秘鲁，印加文明兴起，高原农民由酋长统一领导。

**1250年**

**1250年**，玛雅文化复兴，伴随着奇琴·伊察文明的衰落，在玛雅潘又建立了一座新的文明城邦。

**1325年**，阿兹台克在一个名为特斯科科湖的小岛上，建立了泰诺克提特兰城，这里也就是今天的墨西哥城。

**1440年**，一个空前强大的帝国——印加帝国在库斯科修建了一座伟大的堡垒。

**1468年**，征服墨西哥东部大部分领土的阿兹台克皇帝蒙特祖马一世去世。

**15世纪**，印加帝国已将其领土扩展到整个安第斯山脉的中心区域。

**1500年**

**1521年**，西班牙人侵者赫尔南·科尔特斯将阿兹台克帝国彻底毁灭。

**1531年**，西班牙冒险家弗朗西斯科·皮萨罗（Francisco Pizarro）侵入并摧毁了位于秘鲁的印加帝国。

# 中北美洲建筑

## 前300—1550

**即使在今天看来，就阿兹台克、玛雅或其他文明（现墨西哥和中美洲）的建筑规模以及所取得的辉煌成就而言，也同样是令人震撼的。西班牙征服者被他们眼前这座熠熠生辉的城市惊呆了，他们自己的城市与之相比，简直就是一座肮脏不堪的村庄。事实上，当时，在世界上所有的城市中，也只有伊斯坦布尔（Istanbul）的人口数量多于阿兹台克的首都泰诺克提特兰（Tenochtitlan）。**

泰诺克提特兰也孕育了古代美洲文明中最优秀的建筑大师。他们的首府位于特奥蒂瓦坎，距现今墨西哥城东北部60公里（37英里）左右的地方。泰诺克提特兰在公元前300年左右出现，在公元200年到400年之间达到了全盛。据估计，当时的人口约有20万。特奥蒂瓦坎是古代的特大城市：城市的主轴也被称为“死者大道”（Avenue of the Dead）长逾2公里（1.2英里），纵穿整座城市的核心地带。宽约45米至90米（148英尺至295英尺）的街道两旁是砌在石头平台上的房屋；位于大道东侧和北端的是太阳金字塔（见第71页）和月亮金字塔。到访阿兹台克的游客称这里为“神城”（The City of the God）。如今，站在这片历史遗迹面前，人们不由得会相信这里简直就是神来之笔，而非凡人所建的城市。但不幸的是，这座城市大约在9世纪时，被托尔特克人（Toltec）入侵并毁灭。令人惋惜的是，几乎找不到任何与特奥蒂瓦坎语言有关的铭文记录，更不用说什么泥板书了。

### 山巅遗迹

中美洲文明延续的见证——阶梯式金字塔，屹立在莽原之上，宛如山峰之巅。其中奇琴·伊察城的战士神庙（Temple of the Warriors）和位于乌斯马尔（Uxmal）的总督府（the Palace of the Governors，见第73页），都是非常庞大的建筑体系，设计和布局也都令人印象深刻。然而，我们对它们却知之甚少。现今，墨西哥边境的北部，几乎没有留下什么永久性建筑，除了少量普韦布洛岩石立面外，美洲的建筑不得不等到清教徒前辈或其他欧洲移民的到来后，才得以发展。

◁ 位于危地马拉的蒂卡尔城邦（Tikal）是玛雅古典时代最大的城邦，拥有一座高44米（145英尺）的神庙，这座神庙是中美洲典型的阶梯式金字塔建筑。

## 建筑元素

阶梯金字塔是殖民前美洲地区主要的历史建筑形式之一。这种建筑形式的主要用途是举办各种仪式和公众庆典等，如平台、祭坛、仪式行进的阶梯、雕塑和各种雕刻等是这类建筑的主体要素。所以，这类建筑很少设有房间，内部布局也相对简单。

△ **巨蛇柱**
这些蛇或其他怪物的头部，通常从墙壁或柱子上探出，大多以灵气活现的眼睛和凶猛的牙齿等造型出现。这种独特的守庙雕塑在位于奇琴·伊察的战士神庙有所体现。

△ **石头面具**
这些面部狰狞的石头面具，一般装饰在神庙和宫殿的墙壁上，目的是起到一种威慑的作用。这是位于克尔白（Kabah）的雨神石头面具，很明显你需要讨好它。

△ **几何螺旋外墙装饰**
这些是镶嵌在乌斯马尔总督宫殿（Governor’s Palace）正面上部栩栩如生的雕刻图案。这些浮雕大量采用了几何螺旋式的装饰形式。

△ **柱式大厅**
多柱式或柱式大厅的建筑形式很少在此地区幸存下来。而奇琴·伊察的战士神庙周围建有不知用途的柱廊，这种玛雅文明的重要建筑可与古埃及的建筑相媲美。

△ **垂直式窗子**
位于古代美洲金字塔顶部的房间，大多是自然采光的形式，大大敞开的门就相当于窗子的作用。许多房间的布局也很简单，只有极少数采用拱顶式设计。

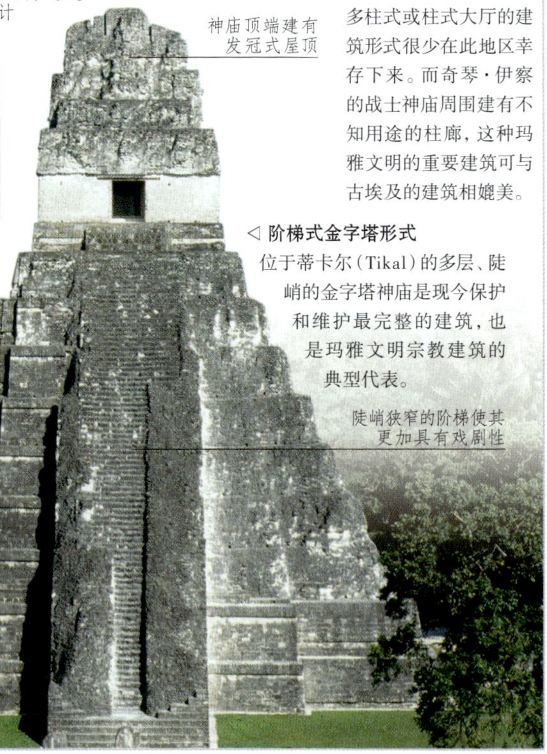


◁ **阶梯式金字塔形式**
位于蒂卡尔（Tikal）的多层、陡峭的金字塔神庙是现今保护和维护最完整的建筑，也是玛雅文明宗教建筑的典型代表。

## 太阳金字塔（THE PYRAMID OF THE SUN）

50年　墨西哥特奥蒂瓦坎　未知　礼拜场所

太阳金字塔主宰着特奥蒂瓦坎——这座中美洲最古老城邦的城市风景线。金字塔神庙位于“死者大道”（一条由12世纪生活在这里的阿兹台克人命名的大道）的东侧，这里曾被看做是古人的墓葬群，事实上，这里只是一座神庙。

特奥蒂瓦坎的大金字塔，与该地区的其他建筑一样，采用当地土坯或泥土混合瓦砾和石头建成，外表采用石膏、浮雕和彩色进行装饰。金字塔内部没有房间，但在塔的顶端设有一座神庙，塔的正面有台阶可以拾级而上，宽度随高度的增加而逐层缩小。这座神庙建于早期建筑的基础上，它的底面积为47 089平方米，塔高为57米（187英尺）。

这种类型的神庙仅是一系列神圣金字塔遗迹的部分而已，而且此类建筑群通常占地面积非常广阔。在特奥蒂瓦坎复杂的金字塔建筑体中，还包括了月亮金字塔（Pyramid of the Moon）、羽蛇神庙（Temple of Quetzalcoatl）、农业神庙（Temple of Agriculture）和宫殿等建筑。这些神庙曾经很有可能以温润的白色石头或血红色石膏建成。早在阿兹台克文化之前，他们的重心就是宗教仪式，每天都需要献祭，因为阳光普照的阶梯，必须要有鲜血的浇灌。

特奥蒂瓦坎的石头浮雕

### 羽蛇神庙（QUETZALCOATL）

这座神庙“阿兹台克”名字的意思就是“羽蛇”，是与早期文化中一位古代神有关的名称。同时，这个名字也被赠与一位在950年至1000年征战许多邻国的一位武士国王。以至于后来，国王被神化并与前者混淆起来。据说，国王死后，雨神就化作晨星，并且预言，国王将重返人间来统治他的王国。

**神庙建筑群**

太阳金字塔（如下图所示）和月亮金字塔，以及一些较小的神庙建筑（位于建筑群的前部），都与其后绵延不断的山脉交相辉映。

## 大美洲虎金字塔（TEMPLE OF THE GIANT JAGUAR）

730年　危地马拉北部蒂卡尔　未知　礼拜场所

位于佩滕（Petén）雨林深处的大美洲虎金字塔（Giant Jaguar），或许是现存金字塔中保护得最完整的一座玛雅时期的神庙金字塔。它在很久以前，是已故统治者陵墓的一种标志性建筑。向上精致的石刻阶梯共有9层，分别代表了玛雅故去的九位长老。沿梯而上，是一座拱形的庙宇，在其顶端是发冠形的屋脊。这座装饰性冠形屋脊，是玛雅宗教建筑的典型特征，象征着直立的梳子或发冠。与美索不达米亚和埃及金字塔不同的是，这里的神庙建筑不仅高且狭窄陡峭。金字塔底边长34米，宽29.8米（长112英尺，宽98英尺），高30.5米（100英尺）。一层层叠加几近垂直的墙壁，进一步强调了这座建筑崇高与险峻的特征。神庙的内殿包括一个主要的圣殿，共划分为三个屋顶和一个拱形内室，其中的一间就是专门供奉羽神——库库尔坎（Kukulcan）的。虽然通过另一阶梯也可以抵达金字塔的6层，但要想抵达神庙的顶端，只有通过唯一的一条巨大陡峭的庆典台阶才能到达。

**玛雅的宏伟建筑**
大美洲虎金字塔（如图左上），就坐落在宏伟的大殿堂（Great Plaza）中。

## 碑铭神庙（TEMLE OF THE INSCRIPTIONS）

700年至800年　墨西哥南部帕伦克　胡纳伯·帕卡尔　礼拜场所

隐藏在墨西哥丛林深处的碑铭神庙，1773年时首次被考古发掘。其后遗址曾一度消失，1841年由美国探险家斯蒂芬斯（Stephens）和卡瑟伍德（Catherwood）重新发现了该遗址。神庙虽经大规模修复，但仍不失为帕伦克最精美的遗址之一，这里曾是古典时代玛雅人的重要城邦。神庙高35米（115英尺），底边长56米，宽40米（长184英尺，宽131英尺）。20世纪50年代，墨西哥考古学家阿尔韦托·鲁斯·卢利耶（Alberto Ruz Lhuillier）还发现了位于神庙的地板下的一条秘密通道。门后有一座墓室，石棺内就是帕卡尔本人，这位命令建造此神庙的国王。关于雨神恰克（Chac）的碑铭及木线和横饰带也点缀在其中的一个房间内。石雕非常精细，而且曾经可能用红赭石上色，使这座建筑看起来要远比现在更引人注目。

**大规模的修复**
原来，只是一块长方形巨石，后来又增加了台阶和楼梯等附属部分，目的是使人们对玛雅神庙里古老金字塔设计形式不会感到太陌生。

## 总督府（PALACE OF THE GOVERNORS）

9世纪　墨西哥乌斯马尔　未知　宫殿

乌斯马尔的“总督府”建立在大片泥土、瓦砾和碎石构成的地基上，底边长180米，宽150米（长591英尺，宽492英尺），这里还曾建有一些规模较小的建筑。该建筑的顶部是由三角石拱门连接、三个一组的宽广低矮建筑。宫殿由成排的拱顶房间组成，但最有特色的是这些建筑上复杂的石雕装饰。墙上突出的中楣上是典型代表了玛雅建筑特点由砖石镶嵌成的几何条文图案（或许这些图案象征着永恒）及其他精巧的图案设计。有节奏的门廊、中楣和连贯的装饰，是很具代表性的古典玛雅特色的建筑形式，这与来自同一文化下的阶梯金字塔神庙建筑形式明显不同。正如所有的古代美洲建筑一样，这里的房间大都很暗，似乎代表着某种禁忌；同时也体现了这种文化的典型特征——将重点集中在建筑的外部设计，这里才是太阳和月亮闪耀的地方。然而，就其形式与设计而言，总督府对20世纪初美国建筑师弗兰克·劳埃德·赖特（Frank Lloyd Wright）的设计有着极其深远的影响。

**建筑的发展**

总督府被认为是乌斯马尔晚期的建筑之一，乌斯马尔是玛雅的一个城邦，又名“三建”，足以反映其不断地进行装饰与重建的历史过程。

## 奇琴·伊察的战士神庙（TEMPLE OF THE WARRIORS，CHICHEN ITZA）

1100年　墨西哥尤卡坦半岛　未知　礼拜场所

这座神庙的周围建有不知用途的柱廊，令人印象非常深刻。或许，只有几个世纪前、倒塌的、石木结构建造的两座不太牢固的宏伟柱式大厅，算是这里唯一不太令人印象深刻的建筑了。尽管如此，在其初建时，它一定是一座了不起的建筑，即使现在仅存的那些令人震撼的柱式房间骨架，在古代美洲也是相当罕见的。神庙建在逐级递减的四层平台上，包含两间拱形的石头房间，但是这座神庙最著名的是西向入口处的两根羽神形柱子。如果我们暂且将其建筑上的魅力撇开的话，这里可曾是玛雅时代充满血腥的地方：一颗颗刚从人体中挖出的心脏用来祭献天神，来换取明天的日出。

**孤独的辉煌**

除了其庞大的外观外，神庙还不失为玛雅文明开拓进程中一座具有代表性的建筑。

## 面具宫殿（CODZ-POOP）

850年 墨西哥卡巴 未知 宫殿

位于墨西哥的尤卡坦半岛（Yucatan peninsula）的面具宫殿，是玛雅普客（Puuc）时代最具有代表性的建筑之一。普客时代（Puuc era）最显著的特点就是在严谨的建筑与装饰中寻求一种平衡关系。宫殿的墙壁上一共刻有200多个有关雨神恰克的形象就是最好的例证。这些所谓的“面具”布满了这座迷人而又充满异国情调的宫殿外墙，从墙面突出大概0.5米（1.64英尺）。这座建筑建在一处80米（262英尺）的方形地基上，其雕刻的密度与复杂性随建筑的升高而有所变化。无论从建筑的规模和装饰的复杂性而言，面具宫殿都显然是一座重要的代表性建筑，但就其用途而言，就没有人能够确切地知道了。考古学家曾一度认为这里是座宫殿，但从其密集的、充满浓重想象力的神圣石雕入口上判断，这里曾经可能是一个宗教场所。宗教是玛雅人生命中不可分割的一部分，而且很难将人们的现实生活与其建筑的灵魂相分离，因为它们早已融为一体。然而，在玛雅建筑中，暂且不论它的功能，仅是从地基到梳冠的这些独特且神秘的装饰，在卡巴的建筑中也非常少见。

**神圣的面具**
一些专家认为，卡巴的这些装饰面具，每一尊都代表了玛雅日历中的一天。

## 晨星神庙（TEMPLE OF TLAHUIZCALPANTECUHTLI）

1100年 图拉 墨西哥中部 未知 礼拜场所

这座位于托尔特克（Toltec）帝国的漂亮、对称形建筑，拥有令当今访客所希望看到的一切。坐落在43米（141英尺）方形广场上的阶梯金字塔建筑形式，塔顶同样是一座神庙。由5层平台垒成的墙壁和饰有丰富雕刻的中楣，都分别雕刻有凶猛的大美洲虎、郊狼和鹰吞噬人的心脏的画面，当然还有金星的象征图案。与欧洲文化的爱神相比，这里的维纳斯（Venus）是晨星（Tlahuizcalpantecuhtli），即黎明主宰（Lord of the Down）的象征，是一个比较冷酷和充满控制欲的神。神庙的庇护所高10米（33英尺），由一个单一的大房间构成，木质横梁的屋顶搭建在代表托尔特克的战士的神柱上，而神庙的窗子则被认为是晨星的启示。与许多早期的中美洲建筑遗址相同，图拉（Tula）也起到某种观测的作用，测绘斗转星移，行星的运动轨迹，月亮的盈亏以及太阳日出与日落。

**天宇星图**
庙宇的设计反映了托尔特克人早期对天文现象的关注。

## 卡俄基亚的阶梯金字塔（STEP PYRAMID， CAHOKIA）

1100年 美国伊利诺斯州 未知 礼拜场所

在欧洲定居者到来之前，建筑在北美洲可以算得上是一种罕见的奢侈品。这是因为美洲的土著部落在平原上过着一种半游牧的生活，所以很少建造固定的建筑。这使得位于卡俄基亚的神庙建筑群尤显珍贵。建筑于土地上的这些土墩子分别采用了平顶和圆锥形的造型形式。其中最大的一座僧侣冢高达30米（98英尺），屋顶可能是采用了某种建筑设计，但很可能是茅草屋结构的屋顶设计形式。卡俄基亚，可能还不能确切地被称为一座城市，但可以肯定的是在15世纪被废弃之前，这里是一个非常重要的宗教中心。

**礼拜中心**
卡俄基亚的金字塔建造在周围平坦的地域上，这里可能曾经是集市或聚会的场所。

## 科罗拉多州的梅萨·维德·普韦布洛（MESA VERDE PUEBLO, COLORADO）

1000年 美国科罗拉多州 未知 城市

位于北美最令人叹为观止的建筑遗迹，大多是散布在西南部一些垂直陡峭的岩壁上，在这些岩壁上营造出的一间间房舍。当地居民出于逃避外敌的侵扰、应对天气的变化和免于野生动物的侵扰而躲进了悬崖峭壁之中，所以建造了如此大型的岩壁建筑群。这些不同建筑的确切功能早已不得而知了，不过，与所有古老的文化相似的是，这些建筑大多都不外乎是宗教聚集和举行仪式的场所。这里虽然没有大型的庙宇，但普韦布洛的村庄房屋还是令人印象相当深刻：有的几层高，有的则由巨大的城墙环绕。这种将建筑融入自然，并成为自然中一部分的建筑方式，使其具有一种独特的品质，即超越和挑战的品质。

**岩石避风港**
虽然古代美洲的普韦布洛村庄已被遗弃很久，但岩石住宅的这种建筑形式仍在如西班牙（Spain）和突尼斯（Tunisia）等其他国家和地区广泛使用。

# 南美洲建筑

## 前600—1550

**庞大的印加帝国（Inca Empire）从秘鲁（Peru）到智利（Chile），绵延近4 000公里（2 485英里），纵贯整个亚马逊（Amazon）雨林。印加帝国的存在只是一个短暂现象，因为它的繁荣只持续了不到100年的时间。虽然西班牙的入侵，直接导致了印加帝国的覆灭，但古老的印加文明，还是给我们后人留下了大量印象深刻的中世纪民建工程，如道路、梯田和水利系统等。**

印加并不像其征服者所描述的是那种简单、残忍和野蛮的民族，因为这只是侵略者为其诋毁文明狡辩的一种手段。相反，这里与同时代的欧洲不同的是：他们不仅热爱清洁，还有自己的城市垃圾和污水处理系统。尽管他们的文明发展高峰期距现在仅500年左右的时间，但事实上，我们不得不承认我们的确对它知之甚少。印加人没有自己的文字，尽管他们确实有“基普”（quipu），即结绳文字。这是印加人独特的记录方式，用带结的绳子代表数字，但需要对其解码。因为没有任何机构或对其历史和生活方式的实质性记录，所以，印加人可以说像是青铜时代建造巨石阵的“德鲁伊”（druids）或者是长期被遗忘的特奥蒂瓦坎（Teotihuacáns，见第69页和第71页）一样遥远和神秘。由于书面遗产的匮乏，我们若想深入了解印加文化，就必须对其艺术品及其宏伟的城市建筑遗迹，如石头建筑、道路和园林等艺术方面进行侧面推敲和判断。

### 印加建筑

与今天我们所看到的印加大为不同的是，这里原本并不是一座缺水的城市。相反，这里有水花飞溅的喷泉和沿梯田奔流而下的泉水。可悲的是，印加人才刚刚迈入自己的建筑时代，就被疾病或其他超出其可控制范围的因素摧毁了。即便如此，这里依然给我们留下许多尚未完成的宝藏，如马丘比丘（Machu Picchu，见第81页）附近的红色斑岩寺（Red Porphyry Temple），这里巨大的墙壁没有使用灰浆，就像玩垂直拼图游戏一样，仅靠组装拼贴而成。同时，这里也是今天现代城市库斯科（Cuzco）的前身；此外，山坡上的梯田仍然是秘鲁农民赖以生存的依靠。

◁ 在印加帝国古老的山巅——高出海平面2 400米（7 874英尺）的马丘比丘（Machu Piccu）上，由于地势偏僻，终能幸免于西班牙人的蹂躏，但却几乎与印加帝国被攻陷的同时，遭到废弃。

## 建筑元素

印加建筑因其卓越的工程和杰出的石工技术而彰显出高度的实用主义风格。这些支撑的平台、花园和喷泉以及当时人们的生活方式，要远比我们今天所看到的这些石头建筑更加生动和丰富多彩。但印加建筑最大的一个悲剧就是，有的建筑惨遭破坏，有的被西班牙入侵者重建。虽然马丘比丘有幸逃此一劫，但却在弃城后，也终究难逃荒废的命运。

△ **梯形开口**
像这种大量精确使用几何造型的门口和窗户，在印加建筑中使用非常广泛。这种形式的内侧会逐渐向上倾斜，可能是出于缩小门楣的需要。此外，这种建筑形式格外结实，并且经受住了岁月的考验。

▽ **墙壁上的面具**
蒂亚瓦纳科采用大量活灵活现的石头雕塑来装饰太阳之门。原本，这些石门矗立在泥坯墙之间，但如今这些泥墙早已消失不见了。

△ **墙壁浮雕**
昌昌城（Chan Chan）是奇穆文明的都城，这座世界最大的泥砖城市的墙壁上饰有精确的平行槽和成组不断重复、程式化和抽象的设计。此外，无所不在的精心雕刻，使其几乎完全相同。

△ **梯形平台**
坡地上修筑了许多带石砌护墙的梯台，还建造了复杂的灌溉系统，这些都大大地促进了农业的发展，所以，当时城市与乡村几乎是合二为一的。

▽ **没有灰浆的石头建筑**
印加的石头建筑，如马丘比丘都是由切割整齐的石块建成，没有用任何的灰浆就足以使其建造具有抗震的一流性能，并成为经久耐用的城墙。

石头随护墙高度的增高而逐级缩小，以减少自身负荷的增加

石头经过抛光和打磨后形成一定的角度，使其能够较好地相互契合

## 太阳神神庙（TEMPLE OF THE SUN）

200年至600年　秘鲁莫查　未知　礼拜场所

前印加文明建筑在南美洲已经很难找到。这些建筑大多采用泥砖或瓦砾等材料，而且在很大程度上是未经加工的材料，所以，在岁月的洗礼后逐渐瓦解并最终消失。许多古迹看起来只是仅仅比自然露头的土丘高出一点点。所以，很难将其理解为建筑，而且还有待于进一步考证。

位于太平洋沿岸秘鲁莫查（Moche）的太阳神神庙（Temple of the Sun）虽然被高度侵蚀，但就其规模而言，仍是巨大的阶梯金字塔。它底面面积为31 008平方米，高41米（134英尺）。这座古建筑由逐层上升的5层平台组成，平台上是7级的阶梯式金字塔。无论其原来的外观是否竣工或被装饰，这里显然是当时较重要的一处宗教场所。

**侵蚀的历史遗迹**

这座位于秘鲁海岸线上伟大的梯田式土丘，被证实曾是一座古老的金字塔神庙，类似于美索不达米亚的塔庙设计。

## 昌昌城（CHAN CHAN）

1200年至1470年　秘鲁昌昌城　未知　城市

昌昌是前印加王国奇穆（Chimor）的文明都城，占地面积21平方公里（8平方英里）。整座昌昌城是由9个相对独立的宫院（或城池）组成，每一座宫院都有9米（29英尺）高的泥墙构成保护屏障，使其免于沿海风浪的侵袭。

每一座宫院里都有数百座由泥砖或土坯砌成的相类似的建筑，上面刻有花纹作为装饰。这个城市似乎曾经水源丰富，因为灌溉系统在这里已不足为奇，他们在城市中心竟然还拥有水库和步入式水井等相类似的水处理装置，来为居民生产洁净水。

对称式宫殿和庙宇以及城市的仪式中心都由马赛克或浮雕装饰。这种正式的、棱角分明的规划设计城市，有时称为曲线三角形设计，是南美洲帝国的主要设计，并且这种风格一直延续到印加失落后的16世纪。

**前印加的精致建筑**

对称性和细致的装饰是这种文明的主要特点，这在昌昌城就有很好的体现。

## 萨克萨瓦曼（SAQSAYWAMAN）

1520年 秘鲁库斯克古城 未知 防御工事

库斯克古城曾是印加的首都。除与这座古城同一名称的现代城市之外，这里还耸立着通常所说的萨克萨瓦曼（Saqsaywaman）堡垒，尽管没有人知道它确切的用途，但遗址很可能是一个宗教建筑群或礼仪中心。从这座浩大的印加建筑幸存的地基来看，我们能够确信的一点是：这座建筑由完美切工的石头建造，并精确地契合在一起，而没有使用任何的泥浆进行黏合。从巨大石块构成的地基来判断，这里可能曾经是一座大规模建筑。该建筑的底边长400米，宽250米（长1 312英尺，宽820英尺），位于一座山丘上，后面是绵延伸展的低矮山脉，但其前面则是平坦、开阔的（可能是出自人工设计）平原。这使其无论是作为军事防御、民用或者宗教建筑来说，都是最佳的选择。但是，令人遗憾的是发生在19世纪灾难性的地震，给萨克萨瓦曼带来毁灭性的打击，因此它真正的建筑目的，自我们发现印加文明的魅力之日起就一直是一个不解之谜。

**石匠大师**

巨石是构成这座建筑底部巨大防御土墙的主体，其确切功能目前尚不得而知。

## 蒂亚瓦纳科城的太阳门（GATE OF THE SUN，TIAHUANACO）

600年至1000年 玻利维亚西北蒂亚瓦纳科城 未知 入口

位于现代玻利维亚（Bolivia）西北边境的喀喀湖盆地（Titicaca Basin）不仅是重要的礼仪庆典场地，还是最重要的古遗址之一。位于蒂亚瓦纳科城（Tiahuanaco）的太阳门，由一整块的石头雕刻而成，大约长3.8米，宽3米（长12.5英尺，宽10英尺）重量约为10吨。早在1 000年至1 500年前，就将如此巨大的石头搬动到所需要的地方，确实称得上是个奇迹。太阳门的中央凿有一矩形门洞，门楣正中间雕刻着一个人形浅浮雕。中心雕刻的是当地信奉的神灵——维拉科嘉（Viracocha），从这个人形神像的头部放射出许多道光线。他的双手各持着护杖，在他两旁还平列48个相对较小的、生动逼真的雕塑。

太阳门是一座很精美的石头雕刻作品，是当地石雕艺术的典型代表。然而，这个孤立的太阳门，真正预示着什么呢？因为无论我们从哪个方向穿过此门，呈现在我们面前的都是虚无，这是不是预示着一个令人不寒而栗的结果？不过，曾经穿过这里可能会抵达一座由泥坯建造的重要都城，但它早已伴随着文明衰落，可能是战争或是恶劣的天气等原因使它永久地消失而不复存在了。

## 马丘比丘城（MACHU PICCHU）

1500年　秘鲁　未知　城市

印加遗址之一的马丘比丘城坐落在秘鲁高高的安第斯山脉上，它是世界上最具魔力的旅游景点之一。直到最近，我怀着无比激动的心情，在当地导游的陪同下，经过一段艰苦的跋涉，才最终到达了这座建造在高耸陡峭山梁上的古城遗址。而今天来自世界各地的其他游客，却乘坐着舒适的空调车，以漫不经心的态度来看待眼前的马丘比丘城。

马丘比丘的太阳神神庙

西班牙殖民者的入侵、印加文化的陨落、建筑材料，以及自然灾害等各种外在和内在因素共同作用下，使这座历史悠久的建筑最终从我们地球上消失。马丘比丘城——这座遥远、令人着迷的古城遗迹，却足以让后人想象昔日印加建筑的尊严与伟大。马丘比丘城建造在一座山梁上，周围有高大整齐的石墙环绕，距尤鲁边巴河河面近900米（2 953英尺）。早在1 400年前，印加人打算在此建造城池之前，这里就是令人尊崇的地方。在切割工艺十分精湛的灰色花岗岩围墙内，是各种井然有序的公共建筑：这里有宫殿、浴室、庙宇、仓库以及墓地。此外，这里大约还建有房屋150间，井然有序地排列在各种社区周围。城市的各部分，都建在复杂的梯形布局内，这些建筑物由纵横其间的高低不平的台阶连接起来。另外，在马丘比丘遗址中的另一重大发现就是拴日石。在宗教典礼中，也就在昼夜平分时，它寄托了人们想把太阳牢牢地拴住，让它永不沉没的美好愿望。

### 马丘比丘城的基础设施

马丘比丘城是一座近乎完美的自给自足的城市典范。各种建筑物使用的无论是石头或碎石，都就地取材；在规划的农业种植区域种植玉米，在设有围栏的地方饲养牲畜；用石头修建的环城水渠，为市民供应天然的泉水，并使城市的各个种植区都得以灌溉。此外，整个城市的梯田形石头建筑的周围还可能有花园环绕。

**神奇的城市**

每当夜幕降临，烦扰的旅游车辆渐行渐远时，马丘比丘城这里除了盘旋在高空的秃鹰外，就剩下与行人相伴的风儿和永存的印加精神。

# 古典建筑

古典时代，这是一个关键的时间，因为正是从这时开始，那些生活在西方世界的人们才开始能够与古代历史和谐相处，并且也逐渐熟悉建筑的发展历史。随着古希腊和其后古罗马帝国的崛起，在我们眼前所呈现的这个世界是可以理解神灵、英雄、传说、建筑、城市和语言与历史的世界。

2世纪时，古罗马是一座巨大的城市，拥有人口近125万。从整个帝国来看，尽管它犯下了不可原谅的错误，但其所取得的伟大成就还是非常引人注目的。之所以这么说，是因为我们知晓许多关于它的第一手资料，我们不需要从遗址上的铭文、法律、文学、诗歌上进行推敲，而是可以从罗马人自己、从他们私人间来往的信件、市井笑话和涂鸦中了解这座城市。例如，我们知道尤里乌斯·恺撒（Julius Caesar）在拂晓前，被进城的运货车惊醒，而不能安心睡眠；我们还知道，罗马的母亲们用袜子装上礼物送给驻守在哈德良城（Hadrian' s Wall）的儿子；我们还知晓一些更准确的细节，那就是罗马人如何穿着，他们都吃什么，以及每天的礼仪习俗。我们甚至有点嫉妒他们那些伟大的公共建筑，尤其是公共浴池，它们是真正的建筑奇迹。此外，还有其他方面，比如年龄等。

由于古典文化一直被哥特人（Goths）、东哥特人（Ostrogoths）及西哥特人（Visigoths）、神圣罗马帝王（Holy Roman Emperors）、盎格鲁-撒克逊国王（Anglo-Saxon kings）、罗马人，尤其是希腊人所珍视。而且从雅典的建立到罗马的覆灭乃至今天，这段文化早已成为组成西方文明不可分割的一部分。只要看看周围的建筑，你就不难发现有多少现代建筑都是从古希腊和古罗马的建筑中汲取的营养。此外，再看看本书所用的字体，基本上都是采用的罗马字体形式。

**伊撒斯战役（The Battle of lssus）**
一种古典文化往往能对其他文化产生深远的影响。比如在这幅马赛克图案中就充分体现了波斯（Persia）失陷于希腊时，亚历山大大帝（Alexander the Great）的胜利这个细节。

## 关键日期

**公元前753年**，罗马建立在“七丘城”上，根据传说，罗马人把罗马城的建立归功于罗慕路斯和雷穆斯。

**公元前509年**，最后一位罗马皇帝被驱逐，城邦改为共和国。

**公元前347年**，柏拉图（Plato）这位拥有巨大影响力的希腊哲学家，这位《理想国》（*The Republic*）的作者去世。

**公元前146年**，罗马通过科林斯（Corinth）之战征服希腊，并在这次战役中将其摧毁。

公元前750年　公元前500年　公元前250年

**公元前776年**，希腊人举办了第一届奥林匹克运动会（First Olympic Games），并展开了为期一周的竞技活动和宗教庆典仪式。

**公元前600年**，第一座罗马广场建立，并且出现了第一部拉丁铭文作品。

**公元前447年**，开始建设雅典卫城这一浩大的工程。

**公元前332年**，亚历山大大帝，这位马其顿国王征服了波斯。

**公元前213年**，希腊大数学家阿基米得（Archimedes）设计的战争机器，在被罗马攻击时，保护了叙拉古（Syracuse）。

## 古代雅典

我们对一个理想的城市的最初判断，在很大程度上可能来自于雅典的启示。大约在公元前450年，这座城市无论是权力、影响力还是艺术都处于高度发达的阶段。长期以来，一直被世界公认为是成功的民主国家典范。雅典城市布局紧凑，并充满了生机与活力。各种华丽的建筑、繁荣的集市、学术研究场所和紧凑的住宅，所有这些都是以伯里克里（Pericles，前495—前429）领导下强大的军事基础为背景的。

**雅典卫城**

虽然有争议，但伯里克里还是花费巨额财政收入，在雅典修建了坚固的山冈城市，即雅典卫城来抵御波斯入侵。

公元前50年，高卢人（The Gauls）被恺撒大帝指挥的罗马军团击败。

79年，维苏威火山爆发，庞培古城被埋在火山灰之下。

395年，罗马帝国分裂为西帝国和东帝国两部分。

476年，最后一位皇帝，罗慕洛·奥古斯图卢斯（Romulus Augustulus）被推翻，罗马帝国覆灭。

1071年，诺曼人在罗贝尔·吉斯卡尔的率领下，从东罗马帝国征服了意大利南部。

公元1年　500年　1000年　1500年

公元前44年，恺撒遭暗杀，罗马共和国覆灭，迎来了罗马帝国的诞生。

216年，豪华的卡拉卡拉浴场（Baths of Caracalla）在罗马建立。

393年，狄奥多西乌斯（Theodosius）禁止异教奥运会的召开，并关闭了奥林匹亚宙斯神庙。

812年，东罗马皇帝承认查理曼（Charlemagne）作为罗马的皇帝。

1453年，奥斯曼土耳其人在穆罕默德二世的带领下，攻占君士坦丁堡，标志着拜占庭帝国的瓦解。

**拉斐尔的雅典学院**

公元前387年，柏拉图这位具有非凡影响力的古希腊哲学家，在雅典郊区，创立了著名的雅典学院，但查士丁尼大帝（Justinian）于529年，下令关闭了柏拉图的雅典学院。

## 贯穿历史的红线

许多历史书籍仍将文艺复兴时期（The Renaissance）作为一个划分中世纪和现代世界的分水岭，但这是不正确的。封建割据带来的频繁战争，即所谓的“黑暗时期”（the Dark Ages），罗马的光辉也一直闪耀其中。无论如何，罗马陷落后，在君士坦丁堡（Constantinople）和拜占庭（Byzantium）时期，古罗马建筑、古希腊哲学与古典文学都几经繁荣与衰落。拉文纳（Ravenna，493—526）的东哥特（Ostrogoths）国王西奥德里克（Theodoric），使自己的城市从拜占庭的建筑汲取了丰富的营养，并派遣石匠到罗马恢复古迹。11世纪到12世纪之间，盎格鲁—撒克逊的建筑师在罗马学习，然后返回英国，建造了许多“罗马”风格的建筑。而在此之前，在征服者威廉（在位时间：1066—1087）时代，这种学习形式俨然已经成为一种必需。从军队制服到大教堂的拱门，显然都是受罗马的风格影响。

至于早期基督教教堂，不仅是直接使用罗马的寺庙，而且还采用罗马巴

西利卡建筑形式作为其豪华的礼拜场所。甚至一直到19世纪30年代，你还可以在伦敦的郊区发现那些以戴克里先（Diocletian）形式出现的天主教堂。

## 希腊古典主义

古希腊的建筑似乎要比古罗马的建筑更简朴、更纯粹，也更完善。事实上，这只是人们长期理想化的一种认识。帕特农神庙（The Parthenon）或许自竣工的那天开始，就成为西方建筑的圣杯（Holy Grail），如若不以破坏为目的的话，任何添加或减少都会打破它固有的平衡。被土耳其人（Ottoman）统治了这么多个世纪，这或许是希腊的不幸，因为此时建筑不仅沦落为废墟，还被欧洲远远地抛在了后面。似乎很难相信，在土耳其统治时期，这里竟改成了伊斯兰的清真寺。此外，这里还被用做土耳其人堆放炸药的仓库。当然，最终的结果是导致神庙庙顶和殿墙全部被炸塌，这也就是为什么当欧洲旅行者发现这座神庙时，这里已经是一片废墟。

毫无疑问，那些18世纪的探险家几乎还不具备探索这些未知历史深度的能力。关于古希腊就只能通过对罗马传承下来的历史和教堂进行相关研究。柏拉图和亚里士多德（Aristotle）永远不会被忘记，当然还有那个时代伟大的剧作家。他们就像伟大的帕特农神庙一样，直到今天还可以与我们进行有力的对话，它之于我们是如此的熟悉。

### 罗马硬币

罗马钱币的流通几乎可以说是与罗马的成长密不可分：从一个城邦成长为一个主宰意大利的共和国，并且最终成为世界舞台上最大、最强和存在时间最久的帝国。罗马第一任皇帝，也就是奥古斯都（Augustus，前27—14），硬币已经发展到我们目前在世界各地使用钱币的普遍形式。罗马人为朱诺，别名为墨涅塔（Juno Moneta，罗马人钱财的守护神）修建神庙后，也为我们创造了“钱”这个词汇。

**罗马硬币**

罗马硬币早期以古代传说中的神灵作为头像，但是自公元前1世纪后期起，这些神灵的头像开始被皇帝的头像取代。

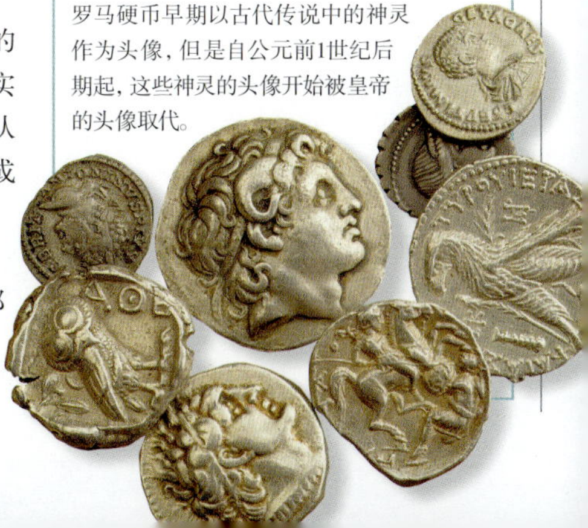

# 古希腊建筑

## 前1500—前350

**自18世纪中叶起，有关希腊的庙宇、雕塑和文学开始被世人尊为最高艺术典范。在雅典的伯里克利（the Athens of Pericles）时代，被称为“黄金时代”（Golden Age，前460—前370），也就是在这个时期，民主政治和法律制度也开始在这里广泛建立；此外，宏大的且具有里程碑意义的雅典卫城，帕特农神庙（见第94页和第95页）也建造完成。**

我们对伯里克利（Pericles，前495—前429）的了解，主要是通过罗塔戈（Plutarch，希腊历史学家，其生活的年代要比伯里克利晚500年）的著作。因此，关于这位雅典时代的关键人物，只能是以一半传说一半真实来解读。然而，他似乎的确是一位颇受欢迎的著名政治领袖，在其执政的40年时间里，他以史无前例的风格和精确度重建了雅典中心。此外，他还建立了强大的希腊海军，为帝国城邦建立了安身立命的基础。

### 真正的建筑

这时期的希腊建筑，虽然比例完美，但常常被以冷酷来形容，这显然是不正确的。一直到18世纪，才有普鲁士学者指出：古典雅典时期犹如理想的德国军事国家，有阳光更有橄榄枝。这时期的著作影响了欧洲以及美国数代的教师和学者，他们都坚信伯里克利的雅典是一个正义和充满学术研究的地方。这里诞生了许多伟大的思想家，同时也孕育了一架令人敬畏的战争机器，然而，这里从未缺少过生机。雅典建筑给人以高度纯净的印象，这里的建筑大多采用最典型的长方形平面的列柱围廊式（梁柱结构）结构，从而形成了严谨的水平结构布局。当然，这里的建筑也是根植于木质结构（它曾被称为大理石上的木匠）。但是，请忘记在博物馆看到的那些有关希腊神庙和雕像的冰冷的碎片，想象一下，这里曾经充满了丰富绚烂的色彩、动听的歌声；这里男女平等、有激情的论辩和残酷的战争以及繁华的集市，还有神秘的宗教仪式。总之，这里曾是这样一个丰富且多姿多彩的世界。

除此之外，你还可以想象在高峰之巅，他们建造了令其无限荣光的建筑。这时，你才会真正懂得这个时代：这是一个建筑结构布局清晰并充满温情文化的时代。

◁ 现位于土耳其普里耶涅（Priene）的希腊雅典娜神庙（Temple of Athena），建于公元前4世纪，是由皮休斯（Pythius），一位建造摩索拉斯陵墓 （The Mausoleum at Halicarnassus）的建筑师建造的。如今，只有66根带凹槽的爱奥尼克柱（onian columns）中的5根依然屹立在那里。

## 建筑元素

古希腊建筑是西方建筑诞生的真正摇篮。这里所列举的这些古希腊建筑元素为西方世界几个世纪以来设计奠定了坚实的基石。尽管我们已经对此非常熟悉，但是，古希腊建筑的底蕴、影响力、完美、崇高以及其内在固有的简单，早在2 500多年前就达到了我们难以企及的顶峰。

◁ **凸肚状柱子**
凸肚状是膨胀式柱子的一种形式。因此，从各种角度上来看，它们都似乎是笔直的。

雕刻的面板呈现了战争的场面

△ **柱式檐壁**
其中包括陇间壁或雕刻面板、三陇板：由两个V形槽将垂直面板纵向分为三个部分。

雕塑描绘了倒下的马匹和武士

◁ **三角楣雕饰**
三角楣是展示高超雕塑的不二选择，主题不外乎是对战争的歌颂。这里列举的是从帕特农神庙选取的一个例子。

▽ **大理石少女列柱**
这些神圣的少女将她们的形象化为负重的石柱，她们是雅典伊瑞克提翁神庙里的主角或者是明星，在这里起到重要的作用。

△ **多立克柱式**（Doric order）

这里展示的是位于雅典普特农神庙里采用的柱式结构，是希腊三种柱式结构中最古老的一种形式，它决定了其柱身、檐部和柱头的设计。早期多立克柱式柱身修长，后期逐步发展成一种强大、素朴和充满阳刚气质的设计。

△ **爱奥尼克柱式**（Ionic order）

这里所展示的爱奥尼克柱式是雅典伊瑞克提翁神庙的柱式形式，其基本特点是柱头有一对向下的涡卷装饰，柱身刻有24条凹槽。

△ **科林斯柱式**（Corinthian order）

科林斯柱式（这里展示的是宙斯神庙）首次出现在公元前5世纪，它是作为爱奥尼克柱式的一种装饰形式出现的。最初，它只是用于内部柱廊。据说，该柱头是受由野生莨菪叶装饰的花篮的启发而设计的。

## 米诺斯王宫（PALACE OF KING MINOS）

前1375年摧毁　希腊克里特克诺索斯　代达罗斯（神话）　宫殿

米诺斯宫殿修建的地下迷宫是希腊不朽的神话传说。发明家兼工匠的代达罗斯（Daedalus），迫于国王的威力设计了这座迷宫。传说这里关押着一只牛首人身的吃人怪兽米诺陶洛斯（Minotaur）。希腊英雄忒修斯（Theseus）在国王米诺斯的女儿阿里阿德涅（Ariadne）的帮助下终于杀死了怪兽。

看似散乱无序的两层宫殿建筑格局围绕一个中央大院展开，包括一系列功能齐全的房屋，这些采用柱式结构的房屋，有的是用于仪式庆典，有的则是用于储存和制造等。所谓的“御座厅”是一间没有窗户，四壁由石灰石砌成的房间。

建于地面一层高的用于特殊场合的一楼主厅或装饰华丽的小厅室，都有很好的照明和通风设计。远非希腊神话中描绘的那种令人恐怖的地方，米诺斯王宫还拥有良好的环境卫生和排水系统。此外，房间设计考虑到采光、花园和观景等诸多人性化设计要求。

### 迷宫传说

克诺索斯宏大的宫殿设计可能是解释这个不朽神话的源头。古代希腊人很可能就是围绕宫殿本身编织了故事中的迷宫。国王米诺斯，借助公牛（可能就是怪兽米诺陶洛斯）来强化其权力的至高无上。代达罗斯（Daedalus）这位克里特岛具有传奇色彩的建筑师，用鸟的羽毛和蜡做成了翅膀和儿子伊卡洛斯（Icarus）一起飞上天空，从克里特岛（Crete）飞到了西西里岛（Sicily）。

20世纪20年代，英国考古学家伊文思爵士（Sir Arthur Evans）对宫殿进行了部分复原工作。几个世纪以来，散乱无序和非古典式的设计理念一直是这座建筑改建与扩建所秉承的理念，这里再也不是米诺斯国王用来吓人的地方。

**地震幸存者**

克诺索斯王宫遗址（Knossos）是希腊克里特岛上最大、最著名的米诺斯国王宫殿，是在公元前1625年至前1375年发生的几次大地震中得以幸存下来的重要建筑。

## 希腊城市

或许与我们现代人不同的是，古希腊人忠于的是他们的城市（也可以称作城邦）而非国家。早在古希腊的古典时期，就出现了希波达摩斯（Hippodamus）城市建设体系，在雅典就建有最著名的神庙。这时，希腊城市的发展已达到了顶峰，并开始有了城市规划设计。此外，这里还是民主、人文与艺术的摇篮。

“古希腊”不仅包括希腊半岛，还包括塞浦路斯、土耳其的爱琴海沿岸、西西里岛、意大利南部以及东欧和北非等广阔的地区。希腊首都、世界著名古城雅典由卫城（Acropolis）防护，中央是帕特农神庙（见第94页和第95页）。此外，这里还是许多伟大的教师和哲学家，如苏格拉底（Socrates）、柏拉图（Plato）、埃斯库罗斯（Aeschylus）、索福克勒斯（Sophocles）和欧里庇得斯（Euripides）的故乡。

**艺术创作中的杀戮场面**
战争是艺术和城市规划创作中的重大关切。

建筑家希波达摩斯（Hippodamus）（前498—前408）是第一位进行城市规划的历史人物。他采用了合理的格子式设计理念规划了米利都（Miletus）、普里耶涅（Priene）和奥林瑟斯（Olynthus）。在这些地方笔直平行的街道采用十字交叉的设计形式，这种设计有助于空气的流通，使居住空间能够冬暖夏凉。希波达摩斯所致力打造的是一座贸易与和平之城。然而，出生在斯达奇拉（Stagira）的亚里士多德（Aristotle，前384—前322）却对希波达摩斯的这种直角布局产生了质疑。他认为这种布局很容易受到入侵敌人的攻击。因此，他提出了一种较为自然发展的城市规划方案，这样就可以有效地对抗入侵的敌人。

**雅典卫城**
起初，雅典卫城只是用作防卫工事，还很有可能建有宫殿。大约在公元前5世纪，开始初具现在的规模，建造了许多寺庙，其中就包括帕特农神庙。

# 帕特农神庙（THE PARTHENON）

前438年　希腊雅典　伊克蒂努和卡利克拉特　礼拜场所

帕特农神庙的外部景观

在伯里克利的倡导下和希腊伟大的雕塑家非迪亚斯（Phidias）的主持下，由建筑师伊克蒂努（Ictinus）和卡利克拉特（Callicrates）共同设计了希腊全盛时期的“帕特农”神庙。这座神庙代表了全希腊建筑艺术的最高水平。帕特农神庙位于雅典卫城的中央，精美的比例使其成为世界上最美的建筑之一。在神庙内部中央存放着一尊黄金象牙镶嵌的全希腊最高大的雅典娜女神像（Athena Parthenos）。唯一的光源是从巨大的青铜门照入神庙内的。由高达10.4米（34英尺）的多立克柱子围成的围廊将矩形的殿身分割成两部分。

这些曲线略作了矫正，中央比两端略高，即所谓的“凸肚

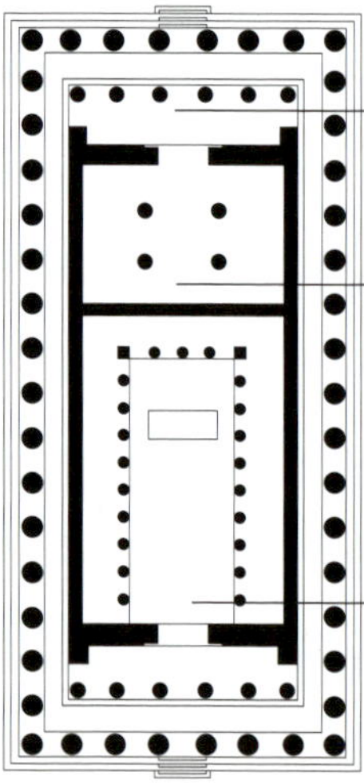


△ **建筑平面图**
从外表来看，帕特农神庙是对称布局设计。神庙内有两个主殿：较大的是祭殿；较小的是国库。从神庙的西柱廊可进国库，从东柱廊可进入祭殿。

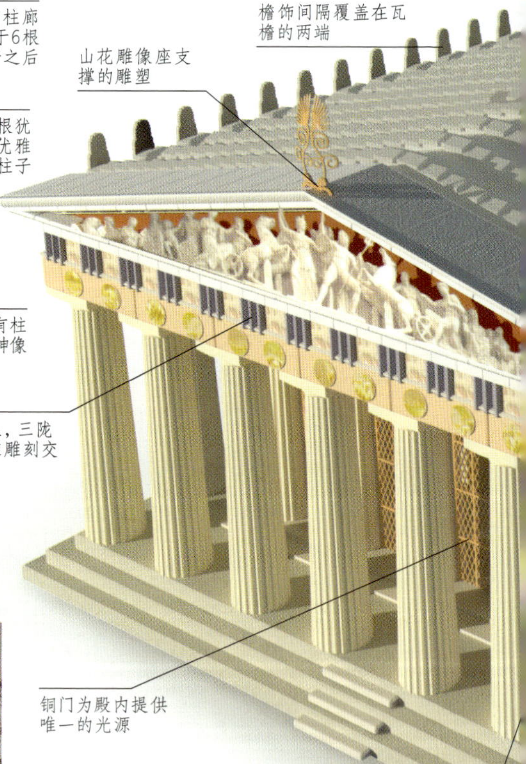

◁ **武装贞女——雅典娜**
神庙的祭殿内存放着一尊黄金象牙镶嵌的全希腊最高大的雅典娜女神像，这尊雕塑是由菲迪亚斯（Phidias）亲手制作的。

状”设计，这种微调使其看起来反而更接近直线，避免了纯粹直线所带来的生硬和呆板。柱廊之上神庙的顶端曾饰有大理石雕刻的柱式檐壁和精美浮雕。6世纪后期，神庙被改建成一座基督教教堂，随后又在1458年，改做清真寺。1687年， 威尼斯人与土耳其人作战时，炮火击中了神庙内的一个火药库，因而炸毁了神庙的中部。

**△ 厄尔金大理石雕塑**

19世纪，厄尔金勋爵将神庙内大量的雕塑拆除后运往伦敦，现为大英博物馆馆藏。

**伯里克利（前495—前429）▷**

这位雅典政治家在雅典卫城指挥建造了许多神庙。

## 阿费亚神庙（TEMPLE OF APHAIA）

前490年 希腊艾及那岛 未知 礼拜场所

雅典附近的艾及那岛（Aegina）屹立着阿费亚神庙。这座神庙最初是用来供奉狩猎女神的，后来改为人们所崇拜的智慧女神雅典娜的祭祀场所。它是古希腊建筑发展全盛时期的代表建筑，也是全希腊仅存最完整的多立克建筑。神庙的长和宽比例是2比1，神堂内有两列柱子，三角楣由6根多立克柱子支撑，外层还有12根柱子环绕。在神庙内部，沿中央大厅（或内殿）都有多立克柱廊环绕，同时这里也是神庙巨大的神像所在的地方。建筑外观简洁和谐，采用当地的石灰岩、大理石和陶土等建筑材料。从19世纪博物馆专家的观点来看，这座神庙最重要的特征是其西部的三角楣部分，上面刻有描绘特洛伊（Troy）战争的场景：勇士战斗到死，而安详的雅典娜站在他们之间宛如一位神圣的裁判。这块著名的三角楣，目前被慕尼黑（Munich）的新古典主义的古代雕塑博物馆(Glyptothek Museum)收藏。

**影响深远的建筑**
所有的外3层柱子都是由整块石头雕成。

## 帕斯多海神庙（TEMPLE OF NEPTUNE，PAESTUM）

前460年 意大利坎帕尼亚 未知 礼拜场所

这座多立克神庙实际上是祭祀女神赫拉（Hera）的神庙，俗称海王星神庙（Temple of Neptune）。尽管它被称为是所有希腊神庙中保存最完好的一座，但实际上，它坐落在意大利内陆南部的那不勒斯（Naples）境内。当时，帕斯多仅是隶属于希腊的殖民地。

神庙周围景色秀丽，到访神庙的游客都被这里拜伦式（Byronic）的忧郁所吸引。神庙的前部和后部的三角楣部分分别由6根多立克柱支撑，虽然凸肚状的柱子使其略显臃肿，但这丝毫不影响其在人们心中美好的印象。侧面共有14根柱子，内部也是以长长的排叠柱子为主体特征。许多历史书上认为，古罗马人在征服希腊后，汲取了希腊建筑的精华，才有了他们自己的建筑。但位于帕斯多的神庙证明，古罗马人在建立罗马帝国之前的数百年时间里，就十分熟悉并建造雄浑的多立克式神庙。多立克柱子赋予了帕斯多海神庙更加有力的表达，这种柱式是希腊柱式中最早出现的形式，可以追溯到公元前7世纪，那时也是木材建造庙宇逐渐让位于石质庙宇的开端，因此这座庙宇也就是其中的代表之一。

**支柱**
6根带有凹槽和环纹的多立克柱子支撑着位于神庙两端的巨大三角楣。

## 提塞翁（赫法伊特翁）神庙（THESEION，TEMPLE OF HEPHAESTUS）

前449年 希腊雅典 未知 礼拜场所

坐落在雅典卫城山（Acropolis hill）脚下的提塞翁神庙，是座保存较好的多立克式神庙。它是继帕特农神庙（见第94页和第95页）竣工后不久，施工建设的一座神庙。13世纪，这座神庙曾一度作为希腊东正教教堂，这也是为什么这座神庙的外观得以保护得如此完整的一个原因。在神庙内部，半圆形后殿进行了必要的改建，以适应东正教仪式的需求。这里原本是祭祀赫法伊特翁（希腊掌管火和锻造的神）的神庙，周围原本都是锻造厂的厂房。此外，这里尚存的陇间壁有对解除忒修斯（杀死了克诺索斯迷宫中怪物）的描绘，所以神庙又被称为提塞翁神庙。由多立克柱子支撑的三角楣和飞檐要比帕斯多神庙纤细得多，同时也见证了在公元前5世纪，希腊建筑的多立克柱式继续发展并进入黄金时代。多立克神庙最早出现在德尔斐（Delphi）和科孚岛（Corfu），时间可以追溯到公元前600年左右。提塞翁神庙是其典雅设计和近乎完善的发展形式。

**角度的变化**

这些优雅的柱子与较早时期的木制神庙大相径庭，但它还是汲取了树干建筑形式的精髓。

## 厄瑞克提翁神庙（TEMPLE OF ERECHTHEION）

前406年 希腊雅典 未知 礼拜场所

厄瑞克提翁神庙是雅典卫城最脱俗和优雅的建筑之一。厄瑞克提翁神庙的神来之笔当属其著名的女像柱门廊（由女像柱支撑起北部的门廊）。不规则的设计、力求完美对称和数学比例等建筑元素都堪称希腊建筑中的范例，同时它也是早期寻求多功能建筑的典型案例。这种不规则的设计可以发挥三个作用：首先，它将传说中柏塞顿（Poseidon）三叉戟在岩石留下的标记涵盖在其中；其次，这里有希腊传奇国王厄瑞克提翁的神堂；最后，这里还供奉着备受崇敬的护佑这座城市的雅典娜木制雕像（早在波斯入侵之前，就将其运走，而后不知所终）。自19世纪初以来，神庙至少重建了两次，今天的厄瑞克提翁神庙已经面貌全非。现在，所有6个用来支撑门廊的女像柱都是复制品。其原件之一在19世纪初，就被厄尔金勋爵打着“保管”的幌子运往了伦敦，而其他5根现收藏在雅典的卫城博物馆（Acropolis Museum）内。此外，还有一套为伦敦斯顿路（Euston Road）带来无限荣光的复制品，目前正支撑着19世纪早期的古典圣潘克拉斯教堂（St Pancras Church，见第356页）。

**负重的石柱**

女像柱门廊既有实用功能（作为支柱）又具有一定的象征意义。另外，与此相对应还有男像柱廊。

## 胜利女神庙（TEMPLE OF ATHENA NIKE）

前421　希腊雅典　未知　礼拜场所

这座神庙是精美的雅典卫城神庙的典范。当时，雅典和斯巴达（Sparta）在伯罗奔尼撒战争（Peloponnesian War）中，为祈求胜利女神尼克（Nike，长着翅膀的胜利女神）的保佑而修建。但是，它同时也标志着雅典作为伟大城邦荣耀的陨落。在带状檐壁（如今部分装饰带保存在伦敦的大英博物馆）上雕刻着连续的浮雕，其中最主要的还是以描绘雅典在战场上的胜利为场景主题。这座神庙规模较为袖珍，仅4米（13英尺）高，底边长宽各为8.2米×5.4米（27英尺×18英尺）。前门廊是由4根短小、坚固的爱奥尼克式柱子支撑，后面则是内殿。这里是希腊神庙中主要的房间，也是神庙的镇殿之宝——守护女神的所在地。公元前5世纪，爱奥尼克式柱子开始在雅典大量使用。这种柱子的柱头两侧是由即将下垂的棕榈枝叶形成的两个涡卷为主要特点。这种设计的灵感来源于包括公羊角、鹦鹉螺贝壳和埃及荷花等元素。

**两个入口**

这座精巧的小神庙的大门正对着雅典，而另一个入口则是欢迎从雅典卫城归来的人们。

## 留西克拉特斯纪念碑（CHORAGIC MONUMENT OF LYSICRATES）

前334年　希腊雅典　未知　纪念碑

得奖纪念碑（Choragic Monument），也称为“第欧根尼的灯笼”，是一座由大理石建造的小型神庙式建筑，用以纪念公元前335年在狄俄尼索斯剧场（Dionyasiac）举办的音乐竞赛中获得优胜的留西克拉特斯。他当时获得了一座纪念碑（原是以青铜鼎作为奖品）而修建。这座优雅的建筑，见证了希腊最早使用精巧科林斯柱式的建筑细节。传说，雅典雕塑家卡利马丘斯（Callimachus）有一次正好看到一个祭祀用的莨苕叶包裹的花篮，从而受到启发而创造出这种科林斯柱式。这是一个放在3层高台基座上的纪念碑，由六个半柱式的科林斯柱式装饰。柱廊上是三组带状檐壁，上面雕刻着象征狄俄尼索斯获得释放的雕塑。该纪念碑之所以能够保存得这么完整，应归功于法国嘉布遣会修道士（Capuchin monks），在1669年，他将其购买并把它收纳入自己的寺院。19世纪，戏剧纪念碑成为希腊文明在欧洲复兴的旗手，尤其是在英国和法国最为明显。一些仿碑可以在英式的园林中看到，也许最有说服力的是苏格兰爱丁堡卡尔顿山（Calton Hill）上的纪念碑，因为这里一直素有“北方雅典”（Athens of the North）之称。

**戏剧鉴赏**

戏剧纪念碑是对文化活动的一种嘉奖，而不是以通常意义上的以“神”或“战争”等为主题，所以它更具有非凡的意义。

## 阿耳忒弥斯神庙（TEMPLE OF ARTEMIS）

前356年　西土耳其以弗所　德米特里厄斯和以弗所帕奥尼乌斯　礼拜场所

建在以弗所的阿耳忒弥斯神庙已被列入世界七大奇迹之一。这种荣誉的获得也许应归功于其规模庞大和无与伦比的艺术价值。许多著名的雕塑家，如斯科帕斯（Scopas），为这座不朽的神庙作出的贡献也同样是不可磨灭的。据传说，神庙内曾经异常奢华，到处充斥着银质雕像和华美的绘画。

大量的雕塑装饰，多达117根的爱奥尼克式柱子，通往神庙的台阶两侧由勇猛好战的勇士铜像夹道欢迎。华丽的阿耳忒弥斯神庙无论从建筑的精神还是建造的技巧方面，都与比其早80年建造的帕特农神庙（见第94页和第95页）截然不同。虽然，帕特农神庙与其他公元前5世纪的希腊神庙，都要比那些沉稳的19世纪的欧洲学者所想象的丰富多彩得多，但它们与这座花哨甚至过分装饰的阿耳忒弥斯神庙相比，都要保守和素朴得多。虽然略显不公正，但是可以说，阿耳忒弥斯神庙是象征着艺术和富有想象力的衰落，折射出希腊总体上的衰败，尤其是雅典的权力方面。

对于这座“神奇”建筑的重建，是在原址上建造的第五座神庙，这种重建几乎没有什么可考证的史料。然而，唯一可以确定的就是神庙前，那些令人印象深刻的8根爱奥尼克式柱子围成的门廊，暗示了这里曾经的辉煌与浩大。神庙的中央跨度超过80米（262英尺），这对于希腊神庙建筑来说是相当奢侈的。我们还可以确定的是，伫立在地基上的柱子都有丰富的雕刻，并且整座建筑都是建立在一个高出地面的地基之上。确实，从很多方面而言，阿耳忒弥斯神庙是诸多神庙的原型，至少在精神方面也堪称领袖，尤其是对其后两三百年宏伟的罗马建筑的影响，更是如此。

### 以弗所阿耳忒弥斯

以弗所的阿耳忒弥斯，是掌管生育和护佑妇女分娩的女神。而希腊的阿耳忒弥斯则是狩猎女神的象征。以弗所，又名戴安娜（Diana），通常是以生育的形象示人，她的形象通常是复生的乳房或者在身体上部装饰有鸡蛋。早期以弗所的制造商靠阿耳忒弥斯的雕像大发横财，他们将这些小雕像出售给参拜神庙的人们。

**金光闪耀的神庙**
据说阿耳忒弥斯神庙的许多柱子都是镀金的。

## 埃皮达鲁斯剧场（THEATRE OF EPIDAURUS）

前350年　希腊阿哥利斯　小皮力克雷托斯　剧场

埃比道拉斯剧场以其美丽、对称、音效和位置在当时大受称赞。宏伟的剧院位于埃皮达鲁斯（Epidaurus）的亚斯克雷皮欧斯（Asklepios）圣殿内。在这里曾举办过文艺演出的有阿里斯托芬（Aristophanes）等著名的戏剧表演艺术家。剧院规模庞大，直径达118米（387英尺），可同时容纳13 000名观众。

就其建筑设计本身而言，已经相当完美，很难再有提升的空间。事实上，埃皮达鲁斯剧场的设计已成为现代许多精致剧院效仿的一种模式。它是希腊第一座全石头搭建的剧院。剧院共由三个部分组成：礼堂或座位区；乐团（“舞池”或舞台）；场景屋（舞台建筑，当然，这也是我们今天场景一词的来源）。从上到下高达20.4米（67英尺）的扇形剧场，整座剧场的四分之三由半圆形礼堂环绕。其席位，也可称之为石灰岩长椅，共分为两层，每层又有21行和34行之分，间或穿插着行人通道和11座楼梯。此外，许多长凳上还镌刻着捐助者的名字。这里的设计远没有落伍，这里依然是欣赏戏剧和听音乐的最好选择。或许，缺少场景建筑可能算是这里唯一的缺憾。

原本在剧院设计之初，有两个坡道可以导向舞台建筑，其前面饰有14根半爱奥尼克式柱子，与广场柱子相呼应，且在剧院的正立面两端分别还有突出的翅膀作为装饰。舞台场景设在沿中轴线，4根柱

**人类的渺小**
阶梯式的座位和巨大的背景，会使许多演员相形见绌。

### 古希腊剧院

在埃皮达鲁斯（Epidaurus）剧院，如若一枚硬币掉在舞台上，剧院最后一排的位置都可以听到它的声音。所以，如果扮演该剧的50人同时发声（合唱），音响效果可想而知：首先，由一位演员扮演的主要角色开始，接着是伟大的悲剧主角阿奇里斯（Aeschylus），随后是古希腊悲剧诗人索福克勒斯（Sophocles）的歌剧，接二连三地在这里开唱。

阿奇里斯

子支撑的主房间内，两侧还分别设有一个方形房间。数百年来，这座剧院都被覆盖在厚厚的泥土下，直到1881年，在帕纳约（Patagiotis Kavvadias）的指导下，进行了系统的考古发掘工作，才使它重见天日。今天，尽管各种类型风格和不同信仰的建筑都在竞相大放异彩，但这座剧场仍然是世界上最宏伟和最上乘的表演空间。

## 风之塔（TOWER OF THE WINDS）

前48年　希腊雅典
安东尼科斯　天文台

建立在雅典的罗马论坛上的这座八角形的大理石塔，是叙利亚天文学家安东尼科斯（Andronikos）用来测量时间的观测台。除此之外，它还可以用做日晷、风向标、水钟以及指南针等。在古代，人们就可以在一座12米（40英尺）高的建筑上，架构起一个铜制的特里同（Triton）风向标，日晷则雕刻或蚀刻在建筑物的正面。塔身上8面分别有浮雕雕塑装饰，分别代表8名希腊风神的图像，同时，它还能起到指南针的作用。游客可以通过两个不等高的科林斯门廊，进入天文台。

## 阿特洛司柱廊（STOA OF ATTALOS）

前150年　希腊雅典
未知　公共建筑

阿特洛司柱廊是一座狭长的两层高的柱式建筑。像许多柱廊建筑一样，被用来作为集市或市场的临街建筑。同时，这里也是古希腊城市公共生活的中心。柱廊长宽各为116米×20米（380英尺×66英尺），每一层都由双层柱廊围绕。底层外部柱廊采用多立克柱式，内部搭配爱奥尼克柱式；楼上则全部采用爱奥尼克柱式。每一层，由柱廊围成的房间共有21间，这些房间可以用做商店、办公室和公共服务等。

## 帕那辛纳克体育场（PANATHENAIC STADIUM）

前329年 希腊雅典 古尔哥 竞技场

这里自公元前566年开始，用来举办纪念雅典娜女神的泛雅典运动会。它是由古尔哥在公元前330年至前329年，用石头建造成的全雅典比赛场地。在公元前144到前140年间，希律王阿提克斯用大理石对其进行了重新修建，并赋予它马蹄的形状。1870年，体育场被发掘出土并公之于世。此外，阿提克斯还在体育场的入口增设了多立克石柱和三角楣入口。204米（670英尺）的赛道标出具体长度，方柱上分别是阿波罗和狄俄尼索斯的半身塑像。分层的席位以楼梯相隔开，大约可容纳观众5万名。在罗马时代，这里被用做竞技场，是暴力和体育同时竞技的场所。

**继续使用**
在2004年召开的雅典奥运会上，该体育场还可被用做射箭和马拉松的终点比赛场地。

## 狮台（TERRACE OF LIONS）

前150年 希腊戴活斯岛 未知 雕像

戴活斯岛（Delos）被认为是阿波罗（Apollo）和阿耳忒弥斯（Artemis）的诞生地。戴活斯的意思就是“曾经出现”，这个岛屿之所以如此命名，是由于水下火山的活动使它突然出现在了陆地上。

戴活斯岛的守护者是那些咆哮的瘦长大理石狮子雕塑。它们成排面向东方的阿波罗神庙，对所有挑衅者都来者不拒。现在只有5只石狮子幸存下来，但这支骄傲之师，原本应该至少有9头，或者可能多达16头。动物雕塑是希腊建筑固有的品质并且起到重要作用：公牛头装饰带或公羊角，以及在帕特农神庙上饲养马匹的著名浮雕装饰带等，都对爱奥尼克柱式的发展具有启发作用。动物通常被用作祭祀神灵，同时，它们的力量、优雅和美丽也令人倾倒。在希腊神话中，诸神都以某种野生动物的形象出现。因此，戴活斯岛的狮子雕塑就不仅仅是庇护所里的某种装饰附加物——它们是象征意义及建筑设计的内在组成部分。此外，戴活斯岛还有公牛雕塑群。

**动物圣殿**
这些狮子其实是复制品，因为正品（现被戴活斯博物馆馆藏）受海风的作用已被严重侵蚀。

## 哈利卡纳苏斯陵墓（MAUSOLEUM OF HALICARNASSUS）

前350年 土耳其米利都 毕特拉斯 陵墓

"陵墓"这个词就是从这座著名并有深远影响力的陵墓而来。这座陵墓是由其遗孀阿泰美亚为纪念国王摩索拉斯（Mausolus）而修建。同时，它也是古代世界七大奇迹之一。1世纪，根据古罗马建筑师维特鲁威（Vitruvius）的记载，负责陵墓修建的是普里耶涅雅典娜神庙设计师皮西亚斯（Pytheos）。这座陵墓就位于这位国王以希腊风格打造的都城的一座斜坡上，在这里可以鸟瞰整个哈利卡纳苏斯。陵墓建在一座较高的墩座上，神庙式的顶端由爱奥尼克柱子环绕，上面还冠以一座令人瞩目的阶梯式金字塔，塔高占这座高达40米（131英尺）建筑的三分之一。4匹马拉的战车，端坐在建筑的最顶端，象征着摩索拉斯与妻子驾着马车在他们所钟爱的城市驰骋。共有四位著名的雕塑家参与了陵墓的浮雕和雕塑的创作。他们分别是伯亚克西斯、李奥查理斯（Leochares）、史卡帕斯（Scopas）和提莫西亚斯（Timotheus）。这座受人敬仰的陵园一直伫立到15世纪，直到一次地震将它摧毁。直到19世纪初，欧洲探险家和考古学家才通过考古，挖掘出这座神奇而又古老的建筑奇迹。

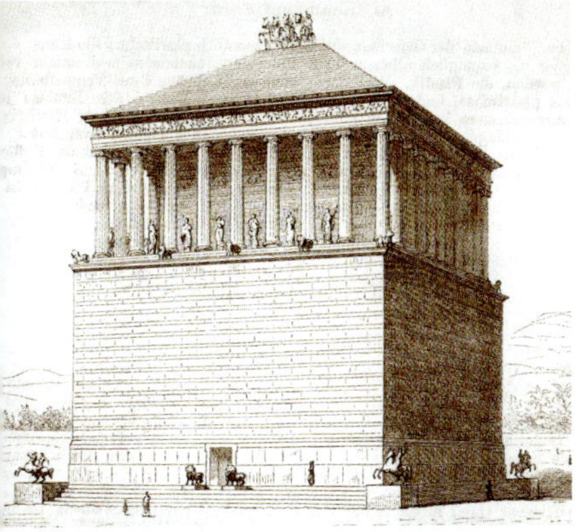

**原始塑像**

尽管陵园在1830年被毁，但摩索拉斯高达3米（10英尺）的大理石雕像却被完整地挖掘出来，现被伦敦大英博物馆馆藏。

## 普利尼市（PRIENE）

前350年 土耳其安纳托利亚中心 未知 城市

普利尼市现位于土耳其境内，可能由摩索拉斯（Mausolus）或亚历山大大帝（Alexander the Great）在公元前4世纪创立。无论其根源怎样，这里都是一个最完整出土的古希腊城市，因为无论是城市的规划还是建筑和生活方式等都有案可稽。

这座城市建在沿海大陆架的一个倾斜山坡上，规划平整、干净紧凑。当然，设计规划也都是有规律可循。以网格模式划分的街道将城市划分成80个整齐的街坊或围屋。位于城市中心的是中心广场或集市。早在公元前2世纪中期，这里很有可能还有柱廊环绕，即所谓的柱廊（见第101页）。此外，位于这些柱廊的三面可能还分别建有一些建筑物。

在规划中，专门设立的一条纵穿集市的主干道，使这里变得更加热闹。这里虽然交通繁忙，却可远离今天令人无聊却占领城市生活和资源的行人专用区域。神庙、剧院和其他公共建筑可以允许打破这种固有的模块设计。在许多方面，希腊城市建设都有章可循，比如建筑形式相似、节奏和礼仪方面都彼此非常相像，就像普利尼市一样，他们会根据当地美丽的自然景观来设计和规划城市布局和总体秩序。

**雅典娜波丽亚丝神庙（Temple of Athena Polias）**

这座位于普利尼市的神庙由皮西亚斯设计，他还是哈利卡纳苏斯陵墓的设计者。这座神庙的长与宽是按2比1的比例设计建造的，每一侧还有柱廊装饰。

# 古罗马建筑
## 前753—476

**古罗马建筑似乎拥有无穷无尽的能量。据传说，罗马是由母狼喂养长大的罗幕路斯（Romulus）和他的孪生兄弟瑞穆斯（Remus）在公元前753年时建立的，到了300年左右，罗马无论是权力，还是影响力都在无限地膨胀。罗马帝国不断地征战，席卷了地中海及更远的地方，建筑和技术也伴随罗马军团和“罗马盛世”（Pax Romana）传播到世界各地。**

公元前146年，罗马吞并希腊的同时，也接受了希腊文明的熏陶。即使罗马在社会的重大转型时期，即由共和体制向奥古斯都（Augustus，前 27—14）统治的帝国时期过渡时，也产生了许多深受伟大希腊文化启发而诞生的不朽著作，其中就包括贺拉斯（Horace）的抒情诗、维吉尔（Virgil）和奥维德（Ovid）的诗歌，还出现了历史家李维（Livy）以及振奋人心的伟大建筑。正是在奥古斯都统治（后来所谓的黄金时代）时期，正如这位“元首”所宣布的那样，罗马正在从一个砖瓦城市向一座大理石之都转变。虽然这可能并不确切，但此时期，罗马建筑确实正在变得日益宏大。但是我们不得不承认这座城市是一座既有组织又混乱的矛盾体：一方面，有诸如万神庙（Pantheon，见第110页）这样的优秀建筑；另一方面，又有摇摇欲坠的廉价屋舍；既有奢华亮丽的大道也有迷宫似的小巷。总之，就秩序而言，它远不能与其前一个时代相比。

### 帝国的兴衰

罗马人那种无穷无尽的能量，既是一种福佑也是某种诅咒。伴随着帝国的强大，资源的消耗和士兵的增加都日益加重了帝国的负担；不断涌入罗马的移民，而控制措施又仅限于提供免费的福利和娱乐（如“面包和杂耍表演”）；建筑师也黔驴技穷：在帝国强大破坏力和不断地开疆辟土下，越来越多的土地和人民被置于罗马的枷锁下，所以，建筑师就得在不断受到侵占的地方进行建造和设计。但不可否认的是，这个时期也是建筑师设计火花迸发的时代，他们设计了拱门，并开始大量使用混凝土；此外，罗马建筑师还设计了大量的神庙、场馆、剧院、浴池和水渠等公共设施。476年，西罗马最后灭亡时，君士坦丁堡（Constantinople，现在的伊斯坦布尔）和以希腊语为主的、为东罗马帝国效力的建筑师，才刚刚走出自己的令人瞩目的步伐。

◁ 巨大的古罗马圆形剧场是混凝土打造的分层式露天剧场，围绕中央椭圆形舞台的座位，可容纳近5万名观众。

# 建筑元素

罗马建筑标志了罗马共和国向一个显赫帝国迈进的步伐。在其不断地由东欧到西欧、北非到中东的征战中，建筑也随之留下了罗马的烙印，即军团所到之处，也带来了其独特并具有高度适应能力的建筑形式。

△ **圆形浮雕**

硬币形状的圆形浮雕描绘了新近发生的历史事件，是一种颇受欢迎的帝国宣传形式。

△ **凯旋门**

罗马帝王对他们征服倍感自豪。像罗马君士坦丁的凯旋门，就是他们用厚重的大理石拱门来高奏凯歌的一种表现形式。

▽ **拱门**

罗马拱门具有现实和审美的双重效果。罗马的圆形剧场是其最大的拱形建筑。

**罗马水道桥** ▷

壮观的水道桥，上下共分3层，担负着从法国输水到当时的重镇尼姆的重要作用。这项工程充分体现了罗马设计规模的庞大和野心。水从桥的顶层通过。

**拱桥** ▷

拱门使罗马建筑师和工程师能够建筑跨越河流的桥梁。建于2世纪的西班牙阿尔坎塔拉（Alcantara）大桥，也许就是其中令人印象最深刻的一个例子。

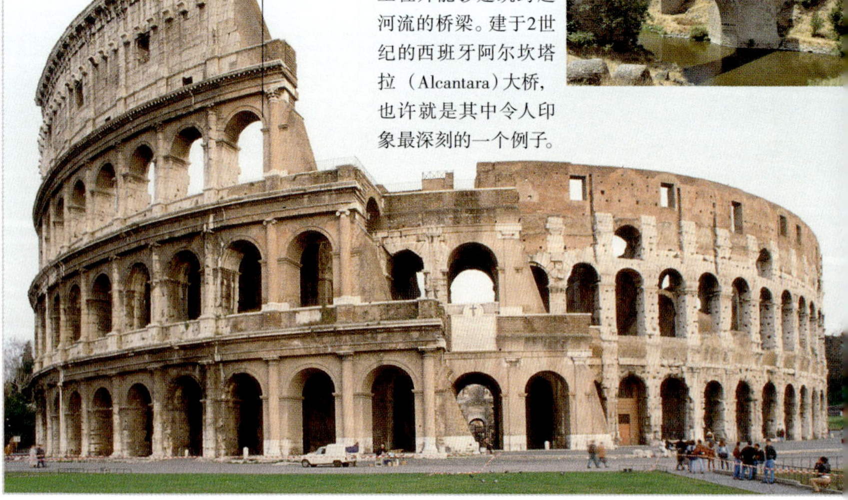

罗马雕刻装饰取代了古典的希腊线条

综合柱式的柱头，将爱奥尼克与科林斯柱式建筑元素相融合

**◁ 综合柱式**

希腊人发明的三种柱式分别是：多立克、爱奥尼克和科林斯柱式。罗马又在三种柱式的基础上添加了一种混合柱式，即将爱奥尼克式的涡卷置于科林斯柱式莨菪叶之上。

**△ 环形设计**

罗马皇帝启用了大量圆形和椭圆形的设计，用曲线取代了经典的直线。这里展示的是2世纪的罗马哈德良陵墓的设计形式。

**△ 圆形三角楣**

这种经过高度装饰的圆形三角楣源自2世纪以弗所的塞尔瑟斯图书馆。这种设计风格相当于罗马的巴洛克（Baroque）风格，而这种设计风格在希腊时期是根本无法想象的。

字体的风格影响到现代的排印风格

**历史题字 ▷**

古罗马历史建筑的正面大多都有庄严的铭文雕刻。这些精美的刻字来自罗马万神殿的装饰。

**△ 马赛克地板**

马赛克地板被用于许多的古罗马建筑中。这幅海洋马术节马赛克选自3世纪的罗马卡拉克拉浴场（Baths of Caracalla）。

**△ 火坑供暖系统**

中央供暖的热空气从炉内分发到穿过地板的管道系统（hypocaust），最后输送到各种民用建筑或居住住宅内。

## 朱庇特神庙(TEMPLE OF JUPITER)

前509年 意大利罗马
未知 礼拜的地方

罗马最早的一座神庙——朱庇特神庙就建在罗马城内著名的七座山丘之一，卡皮托利诺山上，它是七座山丘中最低也是最多石的一座山丘。神庙的大部分工作由罗马国王卢修斯·塔克文·苏佩布完成，并最终于公元前6世纪（罗马共和国成立）时向世人揭开了其神圣的面纱。这是埃特鲁斯坎神庙中最伟大的一座，其建筑风格超越了罗马的建筑传统，虽然与同时代的希腊神庙相比，还略显粗糙，建筑的主体也还以木材为主，但它所呈现的经典设计原则、理论和实践都被维特鲁威收入到第一本著名的西方建筑评论当中。神庙建在（部分仍然尚存）一处长62米（203英尺），宽53米（174英尺），高4米（13英尺）的平台上。公元前83年，神庙被焚毁。其后，用来自希腊和有可能从东方或其他地方劫掠来的镶嵌有黄金和马赛克的大理石柱子进行了重建。当神庙竣工时，恺撒大帝去世，罗马也迈入了帝国时期。

## 维斯太圆形神庙(TEMPLE OF VESTA)

前100年 意大利罗马
屋大维 礼拜场所

由富有商人屋大维建造的维斯太圆形神庙是一座漂亮的圆形神庙，位于真言之口广场，靠近台伯河畔。这是罗马现存最古老的大理石建筑，20根精美的科林斯柱子当中，只有一根是最初建造时留下的。尽管它的名字与女灶神有关，但这座科林斯神庙最初很可能是用来供奉橄榄油商人的庇护神。12世纪时，神庙被改为圣斯特凡诺（Santo Stefano delle Carrozze）教堂。15世纪后，已成为较著名的圣母教堂（Santa Maria della Sole）。长久以来，都一直谢绝向公众开放。

## 梅宋卡瑞神庙（TEMPLE OF MAISON CARREE）

前19年 法国尼姆 马尔库斯·维普撒尼乌斯·阿格里帕 礼拜场所

梅宋卡瑞神庙，在法语里是“广场之家”的意思。它是奥古斯都时期，由马尔库斯·维普撒尼乌斯·阿格里帕（Marcus Vipsanius Agrippa，前63—前12）修建的，用来敬奉他的继子卡尤斯和卢修斯（Caius and Lucius）。到目前为止，它是罗马寺庙中保存最完好的一座。神庙建在近3米（10英尺）高的平台上，神庙唯一的入口朝向西面，由阶梯导向10米（33英尺）高的科林斯柱式门廊。柱上的楣梁刻有丰富且精湛的玫瑰花和莨菪叶形浮雕。这座神庙也是罗马建筑师就地取材建筑的杰作。如今，梅宋卡瑞神庙与诺曼·福斯特（Norman Foster）1993年设计的现代博物馆（Mediatheque， or Carree d’ Art）艺术中心比邻而居。19世纪古典复兴时期，神庙历次被欧洲或美洲等以多种方式进行修复或重建，现已淹没在市政厅和民间艺术画廊中。

**广场神堂**
从外表来看，神庙是由半柱式的科林斯柱式环绕，其实它只是一种点缀，而不是主要的建筑结构或元素。

## 战神庙（TEMPLE OF MARS ULTOR）

2世纪　意大利罗马　奥古斯都　礼拜场所

这座神庙是由罗马的第一位皇帝，奥古斯都（前63—14）修建。修建的目的有两个：一是敬奉罗马战神；二是作为其被暗杀的叔叔恺撒报仇中誓言的一部分。这座奥古斯都时期引人注目的新柱式神庙，它的外部采用从卡拉拉（Carrara）采石场运来的闪闪发光的白色大理石砌成。

如今，站在这片散落的废墟上，你很难想象奥古斯都曾在这里为城市规划所作的贡献，一如其对战神庙的筹划和建造所作出的贡献一样。虽然恺撒广场地势并不规则，然而帝国的建筑师仍然创造了一个似乎完全对称的建筑布局。伟大的科林斯神庙，正好将柱式广场狭长的景观带做了完美的分割。这些科林斯柱廊仅限于路面外侧神庙的前部，由17米（56英尺）高的科林斯柱栏支撑，而在神庙的第一层，广场建筑长长的屋顶则是由几十根女像柱支撑。其庞大的大理石内部仅是一个单一的空间，由两排立柱和半圆形墙壁分割为中殿和侧廊两部分。这是世界上已知的、最早使用的环形殿的建筑，其后，这种建筑元素成为许多早期的基督教教堂一个决定性特点。此外，在宽阔的5层石阶上，分别供奉着披挂着盔甲的战神、维纳斯与丘比特以及恺撒大帝。现在，透过这一片废墟，游客还依稀可以看到它昔日的辉煌。

### 奥古斯都皇帝

傲慢与奢华，战胜神庙的确印证了奥古斯都的那句豪言壮语——“将罗马由砖城打造成一座大理石之都”。作为第一任皇帝的奥古斯都对建筑的热情已被传为佳话：因为仅在一年的时间里，由他恢复的神庙就达82座之多。他还修建了许多宏伟的新建筑，如阿波罗剧院；另外，还有他自己的陵墓。

皇帝奥古斯都

**往昔的辉煌**

神庙坐落在一处平台上，可以沿着大理石台阶而上，而且这些台阶依然保护完好。原址中的战神中央祭坛，仍可以在毁坏的犹如树桩般的石柱中辨认出来。

# 罗马的万神庙（THE PANTHEON）

⌛128年 　意大利罗马 　未知 　礼拜场所或民用建筑

◁ **顶部视图**

这座罗马最大的圆形神庙，直径跨度为43.2米（142英尺），是世界最大的穹顶建筑。直到13个世纪以后，布鲁内莱斯基圆屋顶竣工后才超过这座佛罗伦萨的大教堂。

意大利广场的正立面

罗马的万神庙是世界最大一座集宗教及民用合二为一的建筑。历经建造与重建的过程：最初是一座罗马神庙，而后又被改做天主教教堂。万神庙的入口是一座3排的8柱式科林斯门廊，原本是朝向一座长方形的柱式神庙庭院。这座伟大的穹庐内壁，向我们展示了一个完美的半球形并以次宝石紫色斑岩、花岗岩和大理石等装饰。当青铜门关闭时，进入神庙内的唯一光源就是位于穹庐顶部中央开着的一个大天窗射入的自然光。日月轮回，光影在庙宇内移动，宛如天文时钟的指针一般。此外，每当雨水自由地从天窗落入，这里又形成另一幅美丽的图画。

△ **哈德良皇帝（在位时间：117—138）**
哈德良皇帝很有可能也参加了万神庙的设计。此外，在其统治期间，还建有一些令人印象深刻的建筑，比如蒂沃里（Tivoli，见第117页）的哈德良离宫。

△ **神庙内部**
万神庙内部丰富的建筑装饰一直保留至今，但是建筑物的所有外部装饰都在很久以前被剥离得一干二净。

▽ **建筑平面图**
位于巨大门廊后的这座神庙的神堂（神殿），是与以往长方形神庙相区别的一次重大创新。

图拉真纪念柱（Trajan’s column）
在巨大的石柱（见116页）上面，充斥着好战的古罗马生活场景。

## 罗马古城（THE ROMAN TOWN）

无论罗马军团征战到何处，他们都将罗马帝国的理想付诸于现实，其中建立一个逻辑与秩序的城镇就是其众多理想之一。在罗马统治下的希腊或罗马统治下的大不列颠，抑或在帝国的其他地方，城镇的建筑材料虽都以就地取材为主，但布局与建筑形式的理念都不尽相同。

罗马城市规划严格按照格子式的规划布局设计。两条交叉主干道：一条是南北干道，另一条是东西干道。两条主干道交会的地方，也就是城市的主要建筑和区域集中的地方。这些建筑分别由皇宫、广场、集市、露天剧院、浴池和神庙等公共或民用设施等组成。公寓或私人庭院房屋区则沿着由主干道分散开的笔直的街道建设。此外，城市还建有一座带有围墙环绕的军营。在可能的情况下，城镇还设有引水渠或某种形式的污水处理系统。帝国的发展吸引了来自全国各地的大量人口，所以这里应该是一个充满活力的城市。但是，现实情况却与这种看似合理的理论相悖而驰。虽然部分地区经过周密的筹划，但其中很大一部分呈“城市蔓延”态势发展。肮脏与嘈杂的城市里挤满了运送货物的牛车和叫卖的商人，以及正在工作或休闲中喧闹的百姓或士兵。虽然我们今天所看到的是一座经过岁月洗礼后，一片废墟中被遗弃的罗马古城，但这里曾经既是一座充满了朝气，同时又在帝国不断征战中令人快要窒息的一座城市。

**城市遗迹**
从利比亚（Libya）的这些废墟中，我们可以清楚地看到一座极具对称性的古罗马宏伟建筑，但要想找到往昔帝国的活力，那就有点强人所难了。

## 庞培古城（POMPEII）

前200年　意大利南部　未知　城市

79年，维苏威火山（Mount Vesuvius）突然爆发，滚烫的岩浆和火山灰犹如地毯般席卷了这座近2万人口的城市，并将其完全吞没。一直到1860年，考古学家朱塞佩·菲奥雷利（Giuseppe Fiorelli）主持的系列考古发掘工作中，才使这座古城重新展现在我们面前。火山爆发时，市民以及他们的宠物狗，都在最后的一刹那定格成我们眼前的木乃伊。

庞培并没有落入罗马布局的陈规俗套，而是选择依山而建，呈不规则的多边形。这是一座不仅令人感到无限荣光、充满幽默的城市，同时又是一座令人感到颓废的城市。这里的房屋大多经过华丽的视觉装饰。许多高级住宅通常是设计优雅的庭院别墅，这些住宅大多设有观景台，即带有突出的阳台设计。这样，那些拒绝按照传统方式生活的人们就可以唯我独尊。

**庞培古城的圆形剧场**

庞培的庭院式住宅是一种令人着迷的结构，丰富的成品住宅小区隐藏在成排的商店与高墙后。例如潘萨（The House of Pansa，前2世纪），这座露坛式花园住宅，只有一个狭窄的入口，两旁由三家商铺围绕，分别延伸到可做办公或工作室的住宅内；后院则是柱廊环绕的花园，布满了盛开的鲜花、流水和雕塑装饰；花园后是私人住所，采用壁画和马赛克装饰，走出私人房间，就到了一座巨大的围墙花园。但这些住宅因为都没有玻璃窗，所以到了冬季这里一定非常寒冷，这些推断在许多罗马作家那里得到了证明。

### 庞培古城的覆灭

在小普林尼（61—112）得以幸存下来的信件中，有一篇描写维苏威火山爆发的记录。火山开始爆发时，他的叔叔，老普林尼（23—79）正在指挥驻扎在那不勒斯湾的罗马舰队。当时，军舰指挥官派出战舰了解情况，并积极地组织救援工作。但是，强烈而炙热的岩浆，阻止了对逃离民众的任何营救。这次火山喷发所造成的死亡人数是巨大的。从此，这座城市再也没有重建过。

**失落的守护神**

在庞培遗迹中包括一个大广场、一座剧院以及被称为拉列斯圣堂（Sacrarium of the Lares）的建筑，这里也就是庞培，这座城市的守护神所在的地方。

## 奥斯蒂亚的多层公寓（INSULAE，OSTIA）

前79年　意大利奥斯蒂亚　未知　住宅

奥斯蒂亚位于台伯河河口。它不仅是古罗马主要的港口，也是重要的商业及军事基地。罗马陷落后不久，虽遭遗弃，但在层层淤泥和沙子的掩埋下，这座罗马城市得以较好地保存下来。

在诸多有趣的古罗马建筑中，最有趣的例子当属工人工作的单位街区：这些建筑以砖混结构为主，而且很有可能达到了8层楼的高度。除了那些较为著名的别墅和豪宅外，这些民众住宅为我们提供了解普通罗马人日常生活不可多得的素材。这些普通民众的“公寓”一般被形象地称为岛（insulate），已经颇具20世纪公寓楼的规模，里面设有公用楼梯，富有节律变化的窗子和大型的内部庭院。玻璃窗如果说有的话也少得可怜，但窗子一般都由百叶窗和窗帘装饰。这些街区不是很卫生，特别是那些由家庭居住的单元房。此外，水井是水的唯一来源，所以一层公寓就可以称得上是奇货可居了。所以，顶层租金相对于一层而言，就要低廉得多。这种现象与2 000年后的今天相比，似乎正好相反。

**罗马安全法**

这些简陋的住房之所以能够得以部分保留，是因为大火吞噬了大半部分罗马后，政府出台了城市街区建筑必须采用耐火混凝土材料的相关规定。

## 哈德良浴场（BATHS OF HADRIAN）

127年　利比亚黎波里附近　未知　浴场

列伯提斯·马格那位于当今的利比亚境内，曾经是北非最大的城市，也是罗马帝国最富饶的贸易地区。浴场遗址是所有古罗马遗址中，令人印象最深刻的一处。哈德良浴场是一个复杂的建筑体系，几乎完全由大理石打造。黑色、白色和绿粉相间各种颜色的大理石应有尽有。当然，它还是一座宏大的建筑，这里的每一处都复杂和奢华：不仅配备了各种常见的先进装置，还有马赛克和雕像装饰。当水源被输送到列伯提斯·马格那不久，也就是经由渠道而不是水道桥时，哈德良就下令修建了这座浴场。其后，这座大型浴场还由出生在列伯提斯·马格那的皇帝在200年至216年进行了扩建。532年，在遭到柏柏尔部落攻击后，浴场与这座城市一并遭到遗弃。

**惬意的生活**

浴场是罗马人日常社交生活中不可或缺的一个重要组成部分。在这里，人们可以讨论政治或洽谈贸易，因此浴场一般都采用较为奢华的设计。

## 卡拉卡拉浴场（BATHS OF CARACALLA）

216年　意大利罗马　未知　浴场

大多数华丽的浴场，都建于皇帝马库斯·奥里利厄斯·安托宁在位期间，这其中就包括最为著名的卡拉卡拉浴场。这些浴场是所有罗马公民的娱乐场所，而不仅专为富有阶层服务。卡拉卡拉浴场是一个庞大的、呈对称布置的游泳池，由蒸汽浴室和健身馆组成。此外，设在巨大高墙内的复合建筑里，还有各种娱乐设施，如花园、水塘、餐厅、图书馆、演讲厅、画廊和公共会议室等。浴室取暖依赖位于地下两层的供暖设备、炉子和热空气导管等组成的供热系统。复杂的管道设备，可以确保浴场拥有源源不断的从马西娅水道桥供应来的水。此外，还有大量的大理石坐椅、喷泉和雕像装饰其中，马赛克铺就的墙壁和地板（其中大部分被用作法尔尼斯家族的府邸的建筑材料，见第284页和285页）使其尽显奢华。后来的纽约火车站就效仿了卡拉卡拉浴场的建筑外观。

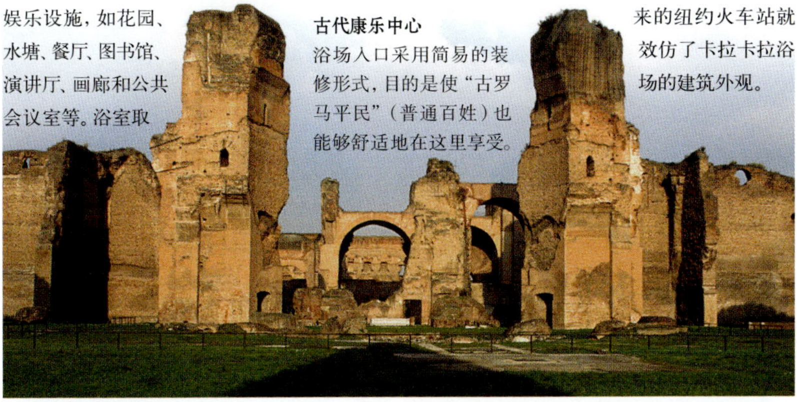

**古代康乐中心**
浴场入口采用简易的装修形式，目的是使“古罗马平民”（普通百姓）也能够舒适地在这里享受。

## 戴克里先浴场

306年　意大利罗马
未知　浴场

在所有古罗马浴场中，戴克里先浴场是规模最大的浴场。这里可同时容纳3 000人洗浴，占地面积达13公顷（32英亩）。戴克里先浴场也采用了卡利卡利浴场设计形式和相关的配套服务，这对于罗马帝国也是一件不可多得的好事。豪华的装修和规模庞大的主体建筑，令今天所谓的健康温泉、康体中心都相形见绌。在基督纪元初期，建筑的大部分被遗弃，这是因为在那时洗澡享乐被认为是罪孽深重。但是，浴场仍然被使用到了537年，直到为其供水的水道桥被哥特人（Goths）切断为止。中世纪和文艺复兴时期，浴场几经掠夺；1563年，浴场庞大的建筑材料被米开朗琪罗（Michelangelo）用来设计圣玛利亚天使教堂（Santa Maria degli Angeli）。教堂内高耸的3座中厅穹顶，似乎见证了昔日古罗马建筑的辉煌。

## 古罗马浴场，莎丽斯之水

217年　英国巴斯
未知　浴场

城市浴场或被称为罗马莎丽斯之水，是为纪念女神莎丽斯·米涅瓦而建。浴场采用天然温泉供水，如今仍然保留着其充满传奇色彩的康复功能。其中最大的5座大浴场，设有铅管和石头雕像装饰，至今这里仍然是一副热气腾腾的场面。19世纪60年代，浴场进行了大规模的重建，虽然已不能同18世纪全盛时期引领时尚潮流的趋势相比，但还是希望能够试图扭转其在各级别旅游市场上不断下滑的趋势。

## 图拉真纪念柱（TRAJAN’S COLUMN）

112年　意大利罗马　未知　纪念碑

图拉真纪念柱是罗马皇帝图拉真（Trajan）为炫耀远征达基亚人（Dacian Wars）的胜利而建成的一座高35米（115英尺）的巨大纪念柱。直径为3.7米（12英尺）的螺旋多立克柱面上，采用连续性叙事手法展现了这场打击日耳曼部落的激烈战争的全部战役场景，大约三分之二真人大小的雕刻，共刻画了人物形象2 000多个。

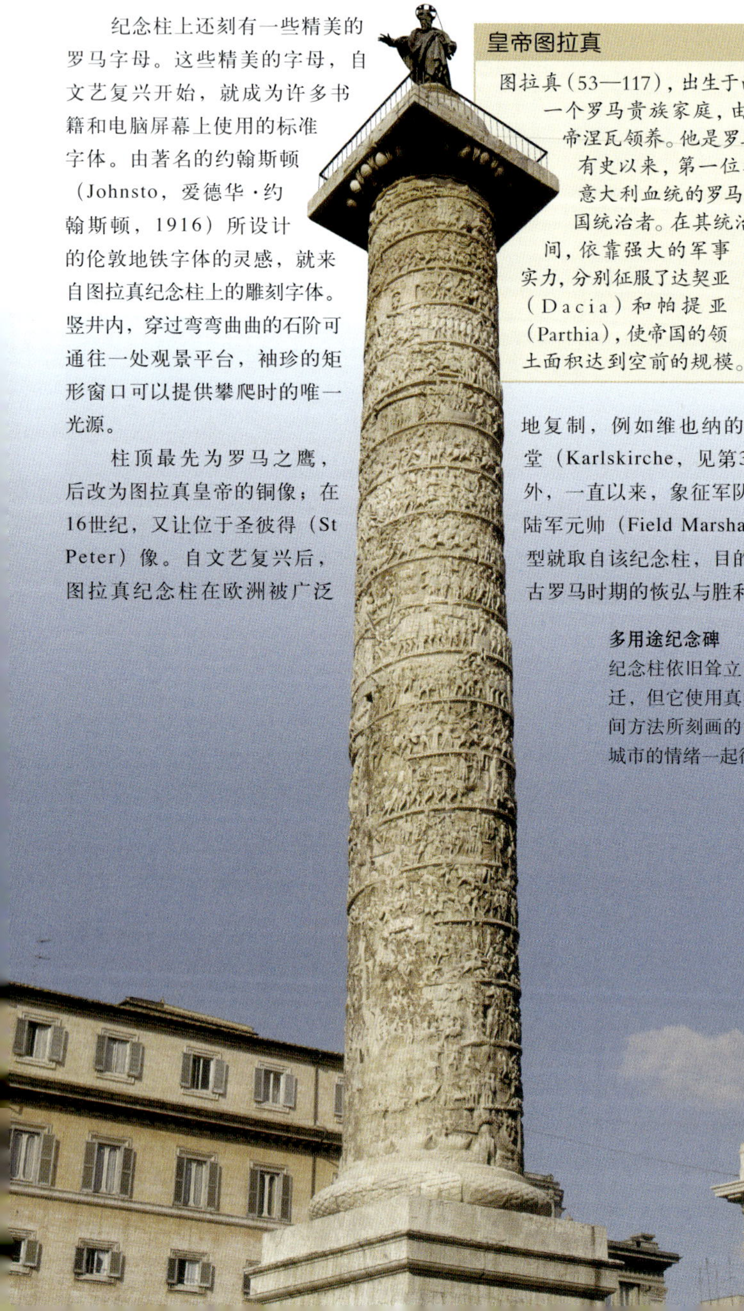

纪念柱上还刻有一些精美的罗马字母。这些精美的字母，自文艺复兴开始，就成为许多书籍和电脑屏幕上使用的标准字体。由著名的约翰斯顿（Johnsto，爱德华·约翰斯顿，1916）所设计的伦敦地铁字体的灵感，就来自图拉真纪念柱上的雕刻字体。竖井内，穿过弯弯曲曲的石阶可通往一处观景平台，袖珍的矩形窗口可以提供攀爬时的唯一光源。

柱顶最先为罗马之鹰，后改为图拉真皇帝的铜像；在16世纪，又让位于圣彼得（St Peter）像。自文艺复兴后，图拉真纪念柱在欧洲被广泛地复制，例如维也纳的卡尔斯赫教堂（Karlskirche，见第323页）。此外，一直以来，象征军队的最高级别陆军元帅（Field Marshal）官杖的原型就取自该纪念柱，目的是为了延续古罗马时期的恢弘与胜利。

### 皇帝图拉真

图拉真（53—117），出生于西班牙一个罗马贵族家庭，由皇帝涅瓦领养。他是罗马有史以来，第一位非意大利血统的罗马帝国统治者。在其统治期间，依靠强大的军事实力，分别征服了达契亚（Dacia）和帕提亚（Parthia），使帝国的领土面积达到空前的规模。

皇帝图拉真像

**多用途纪念碑**

纪念柱依旧耸立，尽管世事变迁，但它使用真实情景表达时间方法所刻画的浮雕，却在与城市的情绪一起律动变化。

## 哈德良离宫（HADRIAN'S VILLA）

134年 意大利蒂沃里 未知 宫殿

这个庞大且令人费解的帝国，将一处近30座宫殿的建筑群，顺势而建在罗马东郊山清水秀的蒂沃里（Tivoli）内。从罗马沿着罗马阿庇亚古道（Via Appia）就可以到达这里。在这里，圆形空间被巧妙地布置在水塘、湖畔以及柱式人工小岛旁，不仅布景巧妙而且过渡自然合理。哈德良皇帝非常热衷于建筑，他在发展新的建筑"语言"方面，发挥了显著的作用。万神庙（见第110页和第111页）的穹顶和曲线的设计是其最有力的表达。与古罗马神庙严谨形式截然不同的是，哈德良离宫顺应地势建造了那么庞大的宫殿体系，目的就是尽可能展示那些令你意想不到的景观。在此，你会体会到人文与自然的交融与和谐，并沐浴在一种光荣与愉快的氛围内。此外，这座建筑还向我们传达了许多新规划与布局方面的设计理念，如从八角形底座伸出的环形殿和大胆的穹顶设计等。另外，运用各种复杂与夸张手法的众多房间，也丝毫不亚于后期出现的巴洛克风格。

**老人星（The Canopus）**
虽然离宫的遗址几经掠夺并且大部分已被破坏，但正如眼前这个柱廊水池，仍然能呈现给我们愉悦的视觉体验。

## 哈德良陵墓（HADRIAN'S MAUSOLEUM）

139年 意大利罗马 未知 陵墓

哈德良陵墓是古埃及金字塔在罗马的最近的一个建筑版本。位于台伯河畔的这座宏伟圆形陵墓内，神圣皇帝的斑岩石棺椁就位于一处巨大的方形基座上。基座上方，是一个直径62米（203英尺），高21米（68英尺）完全由混凝土建造的两层柱式圆台，外表则以闪闪发光的帕洛斯大理石装饰。环形圆台周围还环绕着一圈雕像，圆台中央立有高塔，塔顶是象征哈德良的阿波罗战车雕塑。6世纪，陵墓成为一种保护性象征建筑，并将其更名为圣天使城堡（Castel Sant' Angelo），陵墓顶端的战车也被更换为凌空欲飞的天使。在1277年，它被纳入梵蒂冈（Vatican），由梵蒂冈经一条秘密通道就可以到达这里。

**城市卫士**
正如圣天使古堡（Castel Sant' Angelo）一样，哈德良陵墓，正好守卫在从河流进入这座城市的咽喉要道上。

## 塞尔瑟斯图书馆（LIBRARY OF CELSUS）

120年 土耳其以弗所 未知 图书馆

这座漂亮的图书馆是由三个阶梯状岩洞构成的手稿收藏室组成。外观达17米（56英尺）宽，11米（36英尺）深，而且外观本身要比图书馆还要炫目壮观。这里最有趣的地方是用来储藏手稿的墙壁，它是与建筑的外表分割开的，它们之间所形成的空腔，不仅可以使我们能够接近三层高的书架，还能确保空气在建筑内的自由流通。这样就可以或多或少地为这些书稿获得长期保存创造适宜的温度和湿度。事实上，这也是已知最早的墙壁建筑范例。手稿则储存在沿内壁建成的书架上。原来，这里可能每隔一段距离就有附壁柱和雕塑等装饰。此外，在一座环形殿下的拱形房间内有一尊大理石石棺，据推断，可能是这座图书馆创始人的棺椁。但是，令人惋惜的是，这里没有留下任何相关记载来告诉我们他是谁。

**知识的炫耀**

这座图书馆炫目的正立面，正是罗马人梦寐以求的建筑形式：一方面，它强调了学习的重要性；另一方面，也展示了令其自豪的丰富馆藏内容。

## 加德桥（PONT DU GARD）

前19年 法国尼姆
未知 水道桥

加德桥是罗马人建造的最高的一座水道桥。每天都从附近泽斯（Uzes）的加德河（Gard River）通过三层连续拱券，将水源源不断地输送到尼姆。多少年已经过去，它依然完美无损，不仅令人印象深刻而且令人感动。建筑外观朴实大方，规整的石块，庞大的规模尽显建筑之美；此外，就是它崇高的作用：它可以为所有市民提供免费、干净的饮用水。它不仅是所谓的“罗马盛世”最令人信服的注脚，也是罗马在其强悍的军事征服后，又为人类带来的一股人文之风。

## 阿尔甘达图拉真桥

105 西班牙阿尔甘达
凯厄斯·朱利·拉塞 桥

96年，皇帝多米提安被杀后，王朝统治穷途末路，罗马皇帝的任命程序也由原来的前任来任命，改为由元老院（Senate）提名的形式。连续任命的非意大利血统帝王中就包括图拉真（Trajan，见第116页）。这种形式不仅为这座城市提供了新鲜的血液，还为建筑发展提供了广阔的领域。其中就包括阿尔甘达图拉真桥。这座精美的石桥是通过飞架在深不可测的塔霍河（Tagus）谷上6个巨石砌筑的拱券来实现的，至今仍能使用。从河床架起的支柱使其更加牢固，两座中央拱券跨度大概有28米（92英尺），桥面道路足足高出水面48米（157英尺）。桥中心还修建了一处素朴的凯旋门，在这里留下了建筑师的名字。的确，这是一座桥梁建筑史上的凯旋门，它以其谦逊、持久的建筑风格和宏大的建筑规模骄傲地跨越在塔霍河上。在罗马沦陷后的几个世纪以来，阿尔甘达图拉真桥一直是桥梁建筑的史诗。究其原因，无外乎是其内在魅力使其经久不衰。

## 佩特拉的宝库（THE TREASURY AT PETRA）

25年　约旦佩特拉　未知　陵墓

在约旦南部，穿过约2公里（1.25英里）的赛格小道（Siq），即玫瑰岩面形成的蜿蜒裂痕，就到了会令任何年龄游客都为之激动的建筑景点——佩特拉的迷人入口。数百年来，神奇的纳巴泰（Nabataean）城市就一直是一座与世隔绝的世外桃源。

但佩特拉并不总是这样神秘。就其发展的鼎盛时期和自106年就被罗马帝国占领来看，佩特拉一直是一座富裕的贸易城市。然而，当它最后长眠于荒漠中后，围绕这里的传说就从未中断过。据说，这里就是法老为追寻摩西（Moses）而携带大量珍宝的军队消失的地方。所以，当地的部落认为，在砂岩坟墓的中心，即在这座巨大陵墓正面分裂的三角楣后，就是宝库的所在。至今，陵墓上仍残留着由部落子弹击中的弹坑，他们显然希望裂纹能够裂开，使他们获得这些古埃及的战利品。事实上，所有人都知道，除了这座高40米（131英尺）的建筑表面以外，里面什么也没有。

### 佩特拉再现

自中世纪起，佩特拉就已经为世人所周知，甚至还标在18世纪的地图上。但是，直到1812年，瑞士探险家约翰·路德·伯克哈特“发现”时，佩特拉以及其神话般的宝库，才引起人们的广泛注意。伯克哈特也是到达梅迪纳的第一个基督徒，他将自己伪装成一名部落男子，然后穿过了这条赛格小道。

**玫瑰红城**

有人认为，宝库是那位精力旺盛的国王亚里达王四世命令工匠从悬崖边凿磨而成。其继任者莱伯·索特尔亲眼目睹了纳巴泰王国被罗马皇帝图拉真吞并的过程。

## 戴克里先宫（PALACE OF DIOCLETIAN）

300年　克罗地亚斯普利特　戴克里先　宫殿

从外表上看，戴克里先宫更像是一座防御工事，如果用宏伟一词来形容还不如说是威严更为确切。站在宫殿上，你可以瞭望一望无际的亚得里亚海（the Adriatic Sea，现位于克罗地亚）。戴克里先皇帝退位后，就隐退到他在古希腊殖民地建造的宫殿内，然而，戴克里先在这里都做了些什么就无人知晓了。

但是即使已隐退，戴克里先仍能调用这个曾经最伟大帝国的资源。这座巨大的宫殿的建筑虽不给人以怪异感，但又似乎与现实保持着某种距离，且与罗马共和国及早期帝国普遍认同的审美和价值观保持一定的距离。尽管这座宫殿也有高墙和塔楼，但它又有自己独特的特点：它没有采用民宅建筑的普遍模式而是将兵营和皇宫建筑结合在一起。

朝向南面的军营正好位于围墙内，沿一条称为“列柱走廊”的内部大道并通过一座巨大的入口就可以进入。入口上方的三角楣由拱门将其分割，这种建筑形式当中，拱廊起到了非常重要的作用。从这里开始，一个以通廊连接的穹顶建筑与宏伟的帝王住所相连接。如果沿着列柱走廊向相反的方向行走，游客则可以看到一座神庙和一座陵墓，以及道路两边的其他圆形建筑。继续向前经过两座庭院，位于庭院两侧，你一定会看到军事基地所在的地方。这里是所有雄心伟业得以存在的基础——三座巨大的城垛。此外，城垛两侧还设有八角塔。

列柱走廊

### 戴克里先皇帝

戴克里先在位时间是284年至305年。他不仅有建造奢侈建筑的热情，更有对建筑极度严苛的态度。正如拉克坦提斯（Lactantius）所写到的那样：“当建筑已经竣工，或在建过程中就毁坏了，他会说：他们没有建造好，他们必须以另一种方式来改造。而后，建筑者就不得不推倒和改变原有的建筑形式，或进行第二次返工。”他是由戴克里先在尼科美迪亚（Nicomedia）任命的文学教授。

### 古老与现代的交融

原本还是独自霸占着这一方领地，但如今这些石头与混凝土建造的宫殿不得不与现代建筑斯普利特（Split，罗马古称斯帕拉特姆）纠缠在一起。

## 君士坦丁凯旋门（ARCH OF CONSTANTINE）

312年　意大利罗马　未知　纪念碑

君士坦丁凯旋门是罗马过去几个世纪以来，所建造众多凯旋门中最后的几座之一。尽管罗马的大角斗场抢尽了风头，但君士坦丁凯旋门仍不失其为独特建筑形式的最有力代表。它不仅仅是一座用来庆祝胜利的纪念碑，它还为古罗马拥挤的街道带来了秩序（此时，该地区的人口已达125万之多）。君士坦丁凯旋门是为了纪念312年，君士坦丁皇帝在米尔文桥（Milvian bridge）战役中战胜马克森提（Maxentius）而修建。第二年，君士坦丁皈依基督教。描写的战斗场面是以相当粗糙雕刻的形式出现在右侧拱门上。拱门两侧的装饰板也是从过去一些纪念性建筑上东拼西凑而成，但其壮观的气派仍然令人难忘。此外，君士坦丁凯旋门（即使还没有衰落）还是象征罗马帝国文明衰落的标志。

**宏伟的建筑形式**
君士坦丁凯旋门高21米（69英尺），宽25.7米（84英尺），纵深7.4米（24英尺）。是许多19世纪新古典凯旋拱门的典范。

## 君士坦丁巴西利卡（BASILICA OF CONSTANTINE）

307年　意大利罗马　未知　礼拜场所

这座宏伟的公共聚会场所，完全可以说，足足影响了其后1 500年里人们对建筑的看法。如今，虽只有少数史诗般的废墟呈现在我们面前，然而这里独创的建筑结构，影响了诸如君士坦丁堡圣索菲亚大教堂（Hagia Sophia，现伊斯坦布尔）的设计，以及晚期罗马式和哥特式大教堂的设计形式。庞大的中殿长80米（262英尺），宽25米（82英尺），混凝土的穹棱拱净深不低于35米（115英尺），以及6个筒形支架，使得这座长方体大教堂绝对令人震撼。内部原本有奢华的大理石和巨大的科林斯柱，壁龛中还设有雕像并开有玻璃窗。另外，中殿两侧有涡卷叠加的柱子装饰，这些都令人不由得想起中世纪大教堂的建筑结构。这座长方体教堂的设计和总体规划的灵感都源自伟大帝国时代公共浴池中央大厅。令人不解的是，虽然那时许多早期基督徒对这种洗浴形式极力反对，但从某种意义上说，他们用来朝圣的地方，恰恰是古老公共浴池的所在。

**史诗般的规模**
中殿的左右侧廊各由3个桶拱围绕。

# 基督教早期及拜占庭建筑
## 400—1500

**早期的基督徒对建筑并不是特别热衷。在他们看来，上帝无所不在，在房间里礼拜也是一个不错的主意，因此，他们几乎没有建造教堂或者其他类似建筑的想法。但在330年，也就是罗马皇帝君士坦丁（Constantine）建立君士坦丁堡即“新罗马”（New Rome）时，并在312年皈依基督教后，这一切都发生了戏剧性的变化。**

在罗马和意大利半岛上，第一座较大型的基督教教堂是在罗马时期巴西利卡式基础上改建而成的。最显著的例子当属圣彼得教堂（St Peter），由君士坦丁本人在330年建造，后来被拆毁改建为现在的大教堂。幸运的是，许多经过改造后的教堂都得以幸存下来，比如罗马在5世纪建造的圣莎比娜教堂（Santa Sabina）和圣母玛丽亚教堂（Santa Maria Maggiore）就是得以完整保存下来的例子。然而，在君士坦丁堡却有一个新的建筑结构在缓慢地发展。并在查士丁尼皇帝（527—565）在位时间，出现了真正变革的建筑，即由他亲自主持建造了圣索菲亚大教堂（Hagia Sophia，见第126页和第127页）。

### 圣索菲亚的影响

受东欧和西欧建筑的影响，在兼收并蓄的基础上诞生了世界上最伟大的建筑之一：圣索菲亚大教堂。它的特别之处在于它完全打破了以往的柱式建筑结构。只要在当时技术允许的情况下，搭建出了高得不能再高的圆穹顶，而且还尽可能地采用不间断的设计形式，使教堂内部空间无限扩大。教堂穹顶建于537年，坍塌后又于563年重建。来自米利（Miletus）的建筑师伊西多尔（Isidorus）和来自特拉利斯（Tralles）的安提米乌斯（Anthemius），共同设计建造了这座新式的宏伟建筑。据说当时查士丁尼在目睹这一人力所创造的杰作后，激动地喊道：“所罗门（Solomon），我已经超过了你！”这里的所罗门是指位于耶路撒冷的所罗门神庙（于70年被罗马人摧毁）。

圣索菲亚所产生的重大影响迅速蔓延并回归到意大利，穿过希腊和土耳其，并一直延伸到俄罗斯。它也为锡南（Sinan）的上乘设计——16世纪清真寺提供了创作原型。但此时君士坦丁堡早已落入土耳其人（Turks）手里，圣索菲亚也由此变成一座由尖塔包围的清真寺。

◁ 融合了拜占庭与哥特式的建筑风格，意大利威尼斯的圣马克大教堂（St Mark）部分得益于圣索菲亚教堂和使徒大教堂（Basilica of the Apostles），而它们都毫无疑问地受到君士坦丁堡的影响。

## 建筑元素

当罗马帝国东移（也包括基督教）并在君士坦丁堡建立了新的首都时，其建筑也变得更加感性，甚至可以说比以往任何时候都更加雄心勃勃。这种拜占庭式的建筑风格，越来越多地增加了充满异域情调的穹顶和日益丰富的马赛克装饰，并向西扩展到拉文纳和威尼斯，北上至莫斯科。

△ **多穹顶的设计**
穹顶开始在建筑上方扩散蔓延，尤其在威尼斯的圣马克大教堂达到了顶峰。圣马可大教堂的平面呈希腊十字（十字形的4个等长臂上都有穹顶），位于中央还设有大穹顶。

△ **挑高的圆拱**
挑高圆拱是拜占庭风格的基本特点。这是位于意大利托尔切罗岛的佛斯卡教堂中的圆拱，这里的圆拱顶是建在八角柱廊上，这种设计是与当代伊斯兰教和基督教一脉相承的桥梁。

◁ **马赛克镶嵌的穹顶**
金碧辉煌的金底马赛克，以其简单并蕴涵巨大力量的图示，将光明、温暖和神秘带进拜占庭教堂的核心。

圣母母子的主题无所不在

△ **装饰的圆顶天花板**
拜占庭式高高隆起的穹顶，比如威尼斯的圣马克大教堂，不仅使教堂的内部更加开阔，更是平添了一种优雅轻盈的感觉。

旋涡状的叶片制造出随风摆动的样子

△ **自然主义装饰的柱头**
拜占庭帝国的柱头设计摆脱了希腊和罗马的经典传统。迂回的线条和自然的形式成为哥特式风格的前身。

大量采用彩砖装饰

多面体设计增强了光线和阴影的效果

◁ **葱头式穹隆顶**
葱头式穹隆顶，如这里所示的是位于莫斯科的圣瓦西里教堂，它不仅是非常典型的俄罗斯拜占庭设计风格，甚至还影响了几个世纪以后的欧洲巴洛克建筑。

## 司提反圆形教堂

483年 意大利罗马
未知 礼拜场所

这座圆形的教堂是为纪念圣司提反这位殉道者而建造。它是以耶路撒冷的圣墓教堂为设计原型。建于罗马教皇圣辛普立秋（Pope St Simplicius）时期，以文艺复兴时期描绘令人恐怖得无法形容的邪恶折磨而著称。

教堂有两个环形柱廊：外环是由34根爱奥尼克柱子组成，内环则是22根科林斯柱子环绕，所有这些柱子都是用来支撑木头建造的屋顶的。这座砖桶式教堂是由窗子投射的自然光来照明。原本，教堂还有第三层柱廊，而且教堂的设计是要在一个圆圈内建一个希腊十字，但是在1450年时都被尼古拉斯五世（Nicholas V）拆毁，教堂设计也被重新改造。

## 萨罗尼卡圣乔治教堂

390年 希腊萨罗尼卡
未知 礼拜场所

起初是模仿三世纪罗马万神殿的设计，而且是出于建造一座陵墓目的而修建。圣乔治教堂在狄奥多西（Theodosius，395年）皇帝在位期间进行了重建。当时，分别增建了环形殿、通道并在入口处添加了拱廊式门廊，并在直径为24.5米（80英尺）圆顶侧面镶嵌了拜占庭式的马赛克（450年），以描绘早期基督教殉道者的生与死为主题。这座教堂一直是斯洛尼卡（Salonika）大教堂，直到奥斯曼（Ottoman）帝国时期才改为清真寺。而后在1912年又改回教堂。1978年遭到地震的破坏，一直到2005年才对其进行了重新修复。

## 圣阿波利纳雷教堂（SANT'APOLLINARE IN CLASSE）

549年 意大利拉文纳 未知 礼拜场所

这座漂亮且比例完美的大教堂坐落在距拉文纳（Ravenna）8公里（5英里）以外的地方。最初采用古罗马的砖结构，大理石墙壁和带有镶嵌马赛克的地板装饰。但后来这些都被中世纪和文艺复兴时期富裕的地主掠夺，转移到了其他地方。即便如此，环形殿上仍存有色彩缤纷的马赛克装饰，其中就有描绘化身为12只幸福羔羊的使徒（Apostles），雀跃地奔向刚刚从伯利恒（Bethlehem）与耶路撒冷（Jerusalem）城归来的主人脚下时的欣喜场面。高56米（183英尺）的中殿是两旁侧廊的2倍，由两排希腊大理石圆柱形成宏伟的柱廊（这些柱子上都有茛苕叶装饰）将这里空灵的空间划分成用途不同的房间。

**不断地变化**

10世纪或11世纪，一座漂亮的圆形钟塔被添加在教堂上面。此后，这座教堂又经历了一系列巨大的变化。

# 伊斯坦布尔圣索菲亚大教堂

⏳537年　⚑土耳其伊斯坦布尔　✍伊西多尔和安特米乌斯　🏛礼拜场所

圣索菲亚的外部视图

查士丁尼（Justinian，482—565）皇帝，这位罗马帝国晚期的基督教统治者，下令建造了这座伟大的教堂。圣索菲亚大教堂是许多拜占庭式建筑的原型。建筑师在建筑的中央缔造了一个巨大的礼拜空间，以巨大、轻盈饱满的穹隆顶解决了空间的跨度问题。

△**拜占庭的马赛克**

这是基督教堂中的马赛克，它充分彰显了拜占庭工匠丰富色彩的巧妙运用。

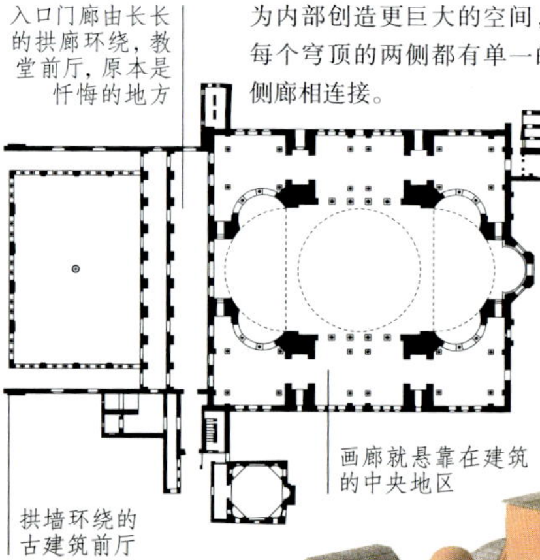


▽**平面建筑图**

这种帆拱式穹隆结构，可以为内部创造更巨大的空间，每个穹顶的两侧都有单一的侧廊相连接。

这座巨大穹顶是由4个帆拱式穹隆来支撑的，帆拱建在支撑方形大厅四角的大拱门上，从而解决了空间和支撑等问题。奢华的圣索菲亚大教堂打破了罗马古典主义建筑装饰的模式，比如柱子的柱头采用涡卷的叶子装饰。圣索菲亚大教堂在建成五年后，也就是563年，第一座穹顶遭地震损坏而后重建。1453年，这里曾一度改做清真寺，如今它已成为瞻仰古人建筑奇观的博物馆。

△**内部景观**
从中央大厅的内部向上看，建在诸多拱门上的巨大的穹顶，竟然能够达到如此神奇的平衡。

## 大劳拉修道院

963年 希腊阿陀斯山
未知 修道院

蔚为壮观的大劳拉修道院，如今是300位东正教僧侣修行的场所，同时也是圣山（Mount Athos）最早和最大的教会机构。修道院中大约有20座宗教建筑仍保存完好，依然履行着自己原本的宗教职能。位于高耸的围墙内，不少于37座的附属教堂与位于建筑核心地带的漂亮红色凯瑟利空（Katholikon，或主教堂）教堂和谐律动。这座穹顶建筑是这座建筑缔造者圣亚他那修的陵墓。在过去几个世纪里，这座建筑越来越趋向于十字形建筑结构布局的形式。此外，这里的拱形殿和圆顶教堂已成为圣山许多主要教堂的建筑原型。

## 天主之母，圣洁卢卡斯

960年 希腊中部弗基达
未知 修道院

圣洁卢卡斯（896—953）是一位先知和奇迹的缔造者。历经多年的修行和沉思冥想，他在海力孔山（Mount Helikon）的西山坡上修建了自己的修道院（现已列入世界遗产名录）。在他去世后不久，与其毗邻的两座规模较小的教堂也开始建造。这座教堂是专门为供奉天主之母（Theotokos）而修建的教堂，同时它也是众多拜占庭教堂中，第一个采用外方内圆形式设计的教堂。教堂的建筑主体由巨大的石块砌成，外表采用砖块装饰，内部则用大理石、马赛克和可以追溯到11世纪或12世纪的生动壁画等装饰。

## 托切洛大教堂（TORCELLO CATHEDRAL）

1008年 意大利威尼斯 未知 礼拜场所

风光无限而又素朴的托切洛大教堂是托切洛风光的主导者。托切洛曾是威尼斯潟湖（Venetian Lagoon）上的一座重要岛屿。当威尼斯人的大陆受到太多攻击时，人们选择这座小岛定居以躲避战乱。6世纪，托切洛人口上升至大约3万人（尽管如今这里的人口只有20人），所以，这里会有一座献给圣马利亚阿桑那（Santa Maria Assunta）壮丽非凡的大教堂，也就不足为奇了。这座建筑可以追溯到639年。但如今，你所看到的威武的中殿和一座独立的钟楼（或钟塔）大约分别建于824年和1008年。在这些虚虚实实背后，掩盖了其内部一个强大并具有深远影响的因素，即这里有一幅令人肃然起敬的12或13世纪创作的马赛克壁画。这幅精美的拜占庭金底圣母玛丽亚（Virgin Mary）马赛克就镶嵌在教堂的环形殿上，是一幅超自然之美的艺术珍品。在西面的墙壁上则描绘着最后审判，荣耀与耻辱并存和地狱与天堂等宗教场景。自从约翰·罗斯金（John Ruskin）的《威尼斯之石》（*The Stones of Venice*，1815年）等指南类书籍出版后，经常以“荒凉”一词来形容这里。的确，托切洛或许就是一个特别的地方，但这座素朴的教堂却为这里平添了优美而又令人难忘的印象。

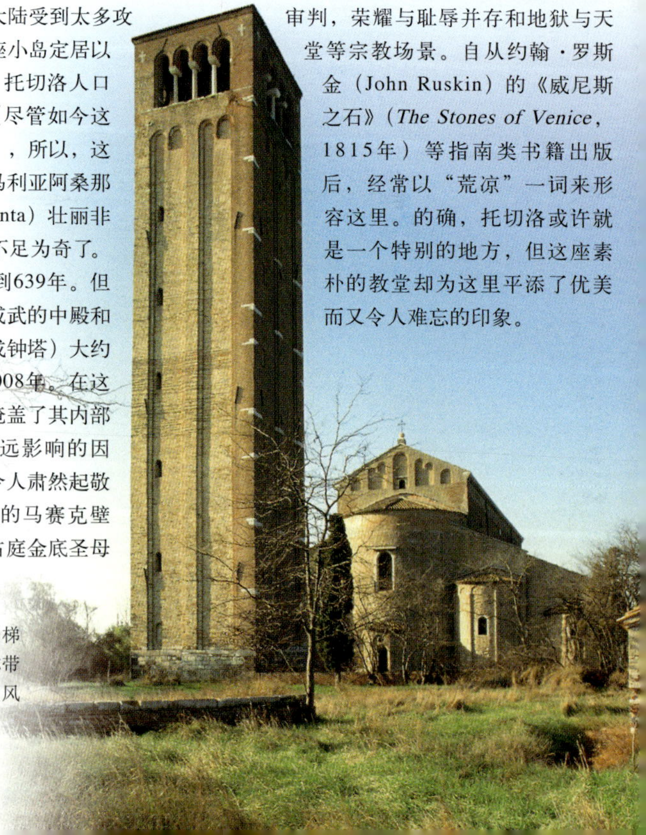

**制高点**

虽然托切洛钟塔的楼梯有些陡峭，但是它为你带来的无限秀美的潟湖风光，又有谁能比呢？

## 托切洛圣佛丝卡（SANTA FOSCA, TORCELLO）

1100年 意大利威尼斯 未知 礼拜场所

教堂的四周几乎都有马蹄形拱门的八角柱廊环绕，这座精美并经过重新规划设计的拜占庭式教堂，乍一看难免会被误认为是一座清真寺。这也不足为奇，因为数世纪以来，威尼斯本身就是连接东西方帝国、基督教与伊斯兰教的一座大熔炉，同时也是双方针锋相对的桥头堡。教堂原本是为祀奉佛丝卡（235—250）遗体的地方。佛丝卡是一位罗马少女，因其皈依了基督教，所以她的亲生父亲就亲手将女儿移送给当局处置。人们做了许多事情来纪念这位少女，其中就包括修建了这座教堂。这座教堂原本打算改成穹顶式建筑，但却一直未付诸实施。虽然这座教堂没有高耸的穹顶，但因穿过柱式门廊就可以直接与托切洛大教堂连接，使其依然不缺乏壮观之美。同时，也就促使设计者将设计的重心转移到教堂的内部。建筑的设计平面采用希腊短十字的建筑模式，这种设计体现了设计者的建筑目的和真挚情感。

**神圣的设计**
虽然与传统的丰富装饰背道而驰，但这座教堂凭借其漂亮的建筑布局，依然能够使到此游览的游客油然而生一种神圣感。

## 雅典的圣西尔多尔（ST THEODORE, ATHENS）

1065年 希腊雅典 未知 礼拜场所

这座教堂位于雅典证券交易所旁，建造在地基略微低于现在的街道上，如今在其周遭到处都是快餐店与价格昂贵的公寓楼。圣西尔多尔是一座小穹顶设计的教堂，是建于11世纪和12世纪小拜占庭式教堂中的一座，但它以其小巧的穹顶和悦目的砖墙建筑形式而为这座城市平添了许多活力。当时，雅典与5世纪的培里克利斯（Pericles）时代的城市布局截然不同：这里的教堂大多建在小广场上，位于狭窄的街井市巷当中，两侧充斥着密集的庭院住宅。1065年，宫廷官员尼古拉（Nicolaos Kalamaos）在9世纪的基础上重建了这座教堂。建筑的主体以砖石为主，成为当时希腊东正小教堂的一个经典代表。但是令人好奇的是，这座教堂的三面都以模仿阿拉伯的文字作为装饰。教堂在1812年希腊动乱时被损坏，1840年进行了修复，并且艺术家还在教堂的内部进行了一系列的壁画创作。教堂是为圣西尔多尔修建的，他一直被认为是赫拉克里亚（Heraclea）的西尔多尔，罗马帝国军队的将军，因其皈依基督教而受到酷刑的折磨（当然施刑者就是他自己的部下），后来他被活活烧死。

**时代的禁锢**
从早期拍摄的照片来看，教堂曾经鼎盛一时，这是其周遭的现代建筑都不能企及的荣耀。

## 圣马克大教堂（ST MARK'S CATHEDRAL）

1096年　意大利威尼斯　多梅尼科·康特黎尼　礼拜场所

童话般的建筑风潮，神奇般地从威尼斯潟湖兴起并最终驻足在了圣马克广场。数以万计的信徒和游客来到这座"最平静的城市"，目的就是为了一睹其神话般的梦幻色彩。威尼斯的圣马克大教堂是一座多穹顶式建筑，是拜占庭和早期哥特式设计完美结合的产物，理所当然地成为世界最受欢迎的建筑之一。

几个世纪以来，这座壮观的大教堂几经重建，并随着威尼斯财富、野心的发展逐步扩展成现在的规模。教堂原本是为四位布道者之一的圣马克建造。传统的说法认为，圣马克的遗体一直存放在埃及的亚历山大（Alexandria），直至828年，才由威尼斯的基督徒将其运回威尼斯。

这座大教堂的平面采用传统的希腊十字建筑布局，成千上万根木桩被深深地楔入潟湖的淤泥中，从而形成了这座大教堂牢固的根基。数百年来，随着这些木桩的上升或下降，由其所支撑的光泽大理石地板，也有如陆地上的海水一般呈波浪形。十字中心及十字形的四翼上都设有穹顶。后来，又将原来的四座穹顶特意用木架加高，并于13世纪中叶，分别加盖了葱头式穹顶。外墙由华丽的大理石装饰，由不同颜色大理石雕刻而成的柱式入口，其中好多是整个从拜占庭帝国的老教堂或其他经典神庙里掠夺来的。圣马可大教堂的内部是由金底马赛克镶嵌，且随着时代的变迁，装饰也越来越奢华。内部采用蜡烛、油灯或肋间高耸的窗子投射进的光线照明。当你置身于这种弥漫金色的超自然气氛中，不由得会产生心灵的震撼。

由马赛克镶嵌的穹顶内部

### 总督多梅尼科·康特黎尼

圣马克的遗体最先是存放在9世纪的威尼斯罗马式大教堂内，但这座教堂在976年被烧毁。1043年，多梅尼科·康特黎尼成为威尼斯总督（或总裁判官），他坚持认为，该城需要一座比以往任何设计都更加令人印象深刻的大教堂。所以，从1063年开始，他就着手建造这座大教堂。在其统治的20年时间内，一直致力于此，但很不幸的是，他于1071年去世，而这座壮观的大教堂是在他去世25年之后才建造完成的。

**无上的荣耀**

在圣马克教堂正面高高的塔尖上，由天使围绕的圣马克站立在一个设计复杂的驻台上，下面由两只狮子支撑。

## 诺夫哥罗德圣索菲亚大教堂(CATHEDRAL OF SANTA SOPHIA，NOVGOROD)

1052年 俄罗斯西北诺夫哥罗德 弗拉基米尔二世 礼拜场所

洁白的墙壁和一连串的洋葱头似的穹顶造型，圣索菲亚大教堂（神圣与智慧）是俄罗斯东正教教堂的典型代表。这座宛如一座工艺品的教堂又好似一座堡垒，是由弗拉基米尔二世（Vladimir Ⅱ，1020—1052）建造，是基辅（Kiev）圣索菲亚大教堂的姊妹篇。基辅圣索菲亚教堂则是由他的父亲，也就是弗拉基米尔大帝（Vladimir the Great）的儿子雅罗斯拉夫（Yaroslav）建造。雅罗斯拉夫在皈依基督教后，还建造了索尔（Thor）和奥丁（Odin）两座教堂。诺夫哥罗德圣索菲亚大教堂与较老的基辅教堂不同之处在于，在随后的几个世纪里，它并没有被添加任何巴洛克（Baroque）装饰艺术，而是一直保持最初建筑时的模样。

**俄罗斯历史遗迹**
圣索菲亚大教堂，是俄罗斯现存最古老的石砌教堂之一。它共有5座穹顶，最高的穹顶上镶有金箔装饰。

从平面上看，圣索菲亚的核心部分是一个四柱希腊十字式，在十字形的周围三面还添加了三重环廊并冠以5座穹顶。这座大教堂是以石头建造辅以砖等材料作为装饰。当时，俄罗斯的建筑布局规划已深受外部政治、战争和宗教运动等因素的影响，所以，圣索菲亚大教堂自然也融入了一些外来元素，如由希腊传入的壁画装饰的大教堂内部，改变了俄罗斯原有的装饰风格；支撑穹顶的鼓状檐口雕刻着犬齿的装饰图案更是典型的罗马风格；此外，大教堂宏伟的12世纪的青铜门则是从瑞典乌普萨拉（Uppsala）运来的。

## 基济岛耶稣变容教堂（CHURCH OF THE TRANSFIGURATION， KIZHI）

1714年 俄罗斯北部的基济岛 未知 礼拜场所

这座令人难以置信的教堂位于奥内戈湖（Lake Onega）的基济岛上，是较早时期拜占庭建筑传统遗留的力作，更是18世纪俄罗斯建筑工艺绝技的代表。此座教堂完全是由木材建造，当时只使用了诸如斧头和凿子等最基本的工具。据传说，当教堂建筑接近尾声的时候，木匠大师涅斯托尔（Nestor）将他的斧头投掷到奥内戈湖（Onega）内，并宣称：“没有任何人，甚至包括我自己，能够再建造出这样的建筑。”

**木制奇迹**
教堂最了不起的建筑主体是由紧密结合的木材及木栓建造，而没有使用一钉一铁。

在俄罗斯北部的卡累里亚（Karelian）地区，这里使用木材建造建筑的历史悠久，在岛屿地区（共计1 650座岛屿）更是如此，其中当然包括奥内戈湖地区。基济（“游戏”的意思）是俄罗斯最著名的岛屿，这里还是举办地方异教徒节日的地方。18世纪，彼得大帝（Peter the Great）战胜瑞典人后，该岛屿才皈依基督教。虽然在这个岛上，还有比基济岛耶稣变容教堂更古老的教堂，但它无疑是其中最壮观的一座：从外观上来看，共有穹顶22个。自1960年以来，教堂一直作为基济岛俄罗斯国家露天木质博物馆，并在1990年被列入世界文化遗产。

**致福圣瓦西尔（St Basil the Blessed）**

俄罗斯标志性的教堂是以致福圣瓦西尔（1468—1552）来命名的，一个受人欢迎的“圣愚”（Holy Fool）就埋葬在这里。

## 圣瓦西尔大教堂

1561年 俄罗斯莫斯科
巴尔马和波斯特尼克·雅科夫列夫 礼拜场所

色彩装饰各异的每个葱头式穹隆都是代表了一次伟大的胜利。此外，这些圆顶都是以一些圣徒的名字来命名。其中最著名的是圣瓦西尔，这位“恐怖的伊凡”为了庆祝胜利，下令修建了8个塔状圆顶，分布在中央第九个圆顶周围，由此构成了星状图案。教堂为两层建筑：底层由内外多条走廊将九个礼拜堂统一为一个和谐的整体，位于红场中心。

圣瓦西尔大教堂的内部景观

诡谲的气氛及其在俄罗斯历史上的显赫地位，使圣瓦西尔大教堂深受人们的喜爱。但是，圣瓦西尔大教堂曾两次面临被拆除的命运：一次是在1812年，险些被拿破仑拆除；还有一次是在20世纪30年代，斯大林要求建筑师在绘制红场的素描图时忽略了圣瓦西尔大教堂的存在。

这8座小教堂顶部除冠以形式诡异的塔状“帐篷顶”，还依次覆盖着形状和色彩各异的洋葱头式穹隆。有的呈现锯齿模样，有的则由凸起砖结构形成多面的造型。几乎幽闭的教堂内外，由多条幽暗得犹如迷宫般的走廊将九个礼拜堂连缀在一起，但是却根本不能相互贯通。此外，教堂内的房间都非常狭小，所以在一些盛大的节日，所举办的各种庆典活动就不得不在教堂外面的红场上举行。

### 恐怖的伊凡

出生于1530年的伊凡四世被称为“恐怖的伊凡”。伊凡四世三岁即位，16岁时就加冕为俄罗斯第一任沙皇（皇帝，Tsar）。虽然他自称自己是虔诚的基督徒，可他却喜欢亲自折磨他的囚犯。然而，根据恐怖的传说，伊凡因为不愿让类似的教堂出现在其他国家，而将修建教堂工匠的眼睛全部挖去。显然这是毫无根据的传说，因为作为该教堂建筑师之一的波斯特尼克·雅科夫列夫（Posnid Yakovlev）接着又建造了弗拉基米尔大教堂。

## 圣乔治教堂（BIET GIORGIS）

1300年 埃塞俄比亚拉利贝拉
未知 礼拜场所

在拉利贝拉共有12座岩石教堂，这是一个以建造这些教堂的扎格维国王名字命名的村庄。国王拉利贝拉（1181—1221）以其不懈的努力而最终成为一个圣人。

根据当地科普特教堂热心成员的介绍，教堂是在圣乔治的指导下，阿尔汉格尔·加布里埃尔和众多当地地主的出资赞助下修建而成。一座座教堂活生生地从一块巨大的岩石里开凿出来，它们是埃塞俄比亚建筑史上的辉煌篇章，尽管还鲜有人到访，且目前仍在恢复当中。所有这12座教堂都异常非凡，但只有圣乔治教堂（或埃塞俄比亚科普特教堂圣乔治）才是最不寻常的。它是在地平线上的一块巨大暗红色火山岩上，向下开凿而成。教堂就坐落在洞穴式的岩石里面，周围有许多为僧侣和隐士准备的洞穴和壁龛。教堂大小为12米×12米×13米，入口位于岩石上开凿的一条狭窄的隧道上。上层凿有12个窗子，或许就代表了基督的12个门徒；底层也有9个窗子，但只起装饰作用，上面还刻有花卉图案。当然，教堂内也是一个充满神秘的地方。教堂自中心向四面各伸出一个方形屋子，其中三面由柱子围绕，还有一个穹顶式的圣殿。

**下沉式教堂**
圣乔治教堂从平面上看，就像是一个躺着的巨大十字架，这是到访游客来到这里的第一印象。

# 印度及
# 东南亚建筑

印度最早的文明开始于印度次大陆的印度河流域文明，即肥沃的新月地带（Fertile Crescent）的东延地区，这里也是西方文明最早出现的地方。在古老的城市莫汗佐达罗（Mohenjodaro）和哈拉帕（Harappa）所诞生的文化，与苏美尔（Sumeria）文化有着很大联系，并在许多方面有共通之处。

大约在公元前1500年，印度河文明就消失了，其消失的具体原因尚不明确。印度河文明的书写体系，虽经历代密码专家和语言学家的努力却仍未得以译解。我们对这里的宗教信仰以及他们如何进行宗教活动更是不得而知。但在这片土地上，所诞生的令人耳目一新的庙宇却使其闻名于世。唯一可以肯定的是，在来自中亚平原的雅利安（Aryan）游牧部落入侵这里之前，印度河文明就已经消失了。

## 一种新兴的文化

历史上，那些游牧民族在此频繁交替更迭，后来才慢慢地定居下来。大约用了1 500年的时间，也就是一直到了公元前200年左右，我们所熟知的印度文明

## 关键日期

公元前700年，种姓制度在印度建立，位于最高等级的是祭司，即“婆罗门”（Brahman）。

公元前500年

公元前400年，帕尼尼（Panini）的警句或《吠陀》经中的箴言，将梵语言正规化，是吠陀梵语的一个演变过程。

公元前326年，亚历山大大帝，马其顿共和国国王，短暂入侵印度河流域。

公元1年

50年，多马（Thomas，耶稣十二门徒之一）访问印度，并在那里建立了一座基督教教堂。

499年，阿耶波多这位印度的数学家撰写了《阿利耶毗陀论》，这是世界上第一本关于代数方面的书籍。

500年

602年，松赞干布（Namri Songtsen）将好战的西藏游牧部落统一在一起。

657年，亚娃曼一世（Jayavarman Ⅰ）在柬埔寨建立高棉王朝（Khmer dynasty）。

711年，阿拉伯人侵入印度的信德（Sindh）和木尔坦地区（今天的巴基斯坦）。

才真正诞生。

从那时起，对印度建筑的发展起决定性的因素就有很多。4世纪，亚历山大（远在希腊的马其顿）入侵印度孔雀帝国（Mauryan Buddhist empire）。自此，欧亚大陆开始遥相呼应。贵霜帝国（The Kushan empire）是一支来自中亚的游牧民族，也开始入侵北印度，并在白沙瓦（Peshawar）建立首都，从而将希腊与中国文化元素相结合。当然，随后还有莫卧尔（Mughals）王朝，甚至英国殖民者都选择这里作为统治中心，以传播他们的文化。其中最好的见证就是宏伟的泰姬陵（Taj Mahal，见第220页 ）和新德里（New Delhi）的总督府（Viceroy's House，见第455页）。然而在印度南部、帕拉瓦斯（Pallavas）、巧拉（Cholas）、早期的畔地亚（Pandyan）、维查雅瓦达王朝（Vijayanagar）和晚期的畔地亚（Pandyan），一切都似乎未受外界影响。

**神圣的恒河**

神圣的恒河流经印度北部并贯穿于整个印度教文化。众多的神话故事和宗教传说成为庙宇刻画的主题。

## 佛陀释迦牟尼（THE BUDDHA）

公元前6世纪，乔达摩·悉达多，即释迦牟尼，这位尼泊尔王储宣布放弃他的特种姓权。经过多年的思考与自我否定，终于悟道成佛，并达到了佛教的最高境界——涅槃。释迦牟尼佛祖涅槃后，他的弟子尊称他为佛祖。释迦牟尼既不是上帝、先知，也不是圣人，但他却悄然地影响了整个印度次大陆和东南亚地区。同时，在其思想传播的过程中也形成了独特的建筑形式。

**顿悟**

佛教认为，不但可以度化世人，还可以度化众生。

1000年　1500年　2000年

800年，由拉杰普特军阀在印度中部和拉贾斯坦邦建立诸侯国。

1150年，柬埔寨的吴哥寺庙宇建筑群由高棉帝国国王苏耶跋摩二世（Suryavarman Ⅱ）修建。

1192年，在阿富汗伊斯兰酋长穆罕默德的领导下，在德里建立了穆斯林领地。

1300年，泰米尔人在锡兰（Ceylon）建立王国，但在1619年被葡萄牙人（Portuguese）推翻。

1363年，苏尔坦·穆罕默德·沙阿在婆罗创建了文莱（Brunei）领地。

1431年，暹罗（Siam，泰国的旧称）侵占吴哥并摧毁了高棉帝国。

1526年，巴伯尔率军占领德里，并在印度创建了莫卧尔帝国（Mughal empire）。

1565年，在经过复杂的帝国权力斗争后，西班牙侵吞菲律宾。

1600年，英国的东印度公司成立，开始在印度播下大英殖民帝国的种子。

**泰国佛教**

这样的佛龛雕塑向广大的信众传递了一个有力的信念，即梵天并不在人的体外，也不在高天之上，而是在于人的内在自我组成。

**克里希纳击溃恶魔**
印度神话中的诸神，在印度的各阶层信众以及现实世界都有着极其深远的影响。这幅图画描绘了克里希纳（Krishna）如何援助他儿时伙伴，一个即将被蛇形恶魔吞噬的放牛郎的过程。

特别是在印度，这种文化缔造了诸多迷人的寺庙。巨大且结构复杂、造型各异的佛塔，是这些寺庙的共同特点。印度人称之为西卡拉（sikhara）的建筑。此外，各种宗教活动大多在寺庙外，而不是在室内举行。

当然，佛教寺庙也不例外，它也将影响力从印度延伸至整个东南亚地区。在那些地方，西卡拉这种建筑形式也广泛存在。所以，建筑可以通过贸易、武力尤其是宗教，跨越高山，通过口耳相传，将某种建筑理念进行传播。此外，孔雀王朝（Mauryan）的皇帝阿索卡（Asoka）还派遣佛教僧侣到中国、缅甸、泰国和柬埔寨等地区传教。或许，就是他们在传播佛教理念的同时，也带来了对佛教庙宇的设计思想。

### 印度教庙宇艺术

印度早期最灵动、最具活力的宗教艺术可以在墙壁装饰和岩石洞穴的庙宇中找到。这些寺庙包含印度教诸神，如湿婆的雕像和石刻，当然，这里也不乏对人们日常生活场面的描写，所有这些都强调了这样一种宗教理念，即所有生命都是神圣的。也许最好的例子可在孟加拉湾马哈巴利普兰的帕拉瓦海岸庙宇中找到。在这里，从刻入岩石的神龛到各种完善的庙宇，各种形式的纪念建筑应有尽有。

**岩溶洞中的湿婆雕刻**
湿婆是一个极其复杂的印度教神之一，其经常被描绘成“舞蹈神”，同时又象征了人类生命的诞生、生长、死亡和重生等循环往复的过程。

## 混合影响

不同语言和不同种族的人们聚集在一起，诞生出如此丰富的建筑思想，也就不足为奇了。但如果要深入分析这些思想理念是如何交融碰撞，并诞生出建筑的火花，就是一件十分有趣的事情了。虽然我们可以将佛教、印度教及莫卧尔等建筑类型，在口头上将它们区分开来，但实际上，它们是相互包容、彼此融合的。在许多最伟大的莫卧尔建筑中，都注入了印度教的要素。同样，英国殖民者在印度不断推进其购买和吞并步伐的同时，也把自己的建筑理念带到这里。20世纪初，当埃德温·路特恩斯（Edwin Lutyens）和他的团队正在为新德里努力设计而冥思苦想时，突然从眼前的莫卧尔建筑中得到灵感并获得启发，所以，印度教和佛教等因素也就自然而然地融入他们的建筑设计中。

但是，在印度与东南亚文化的某些方面，比如从动植物或人类之间的友爱等角度来表现对大自然的热爱，以及男性阳物像、水果、丰富的雕刻，感官和感性的设计等，这些领域都是入侵者文化所难以企及的。

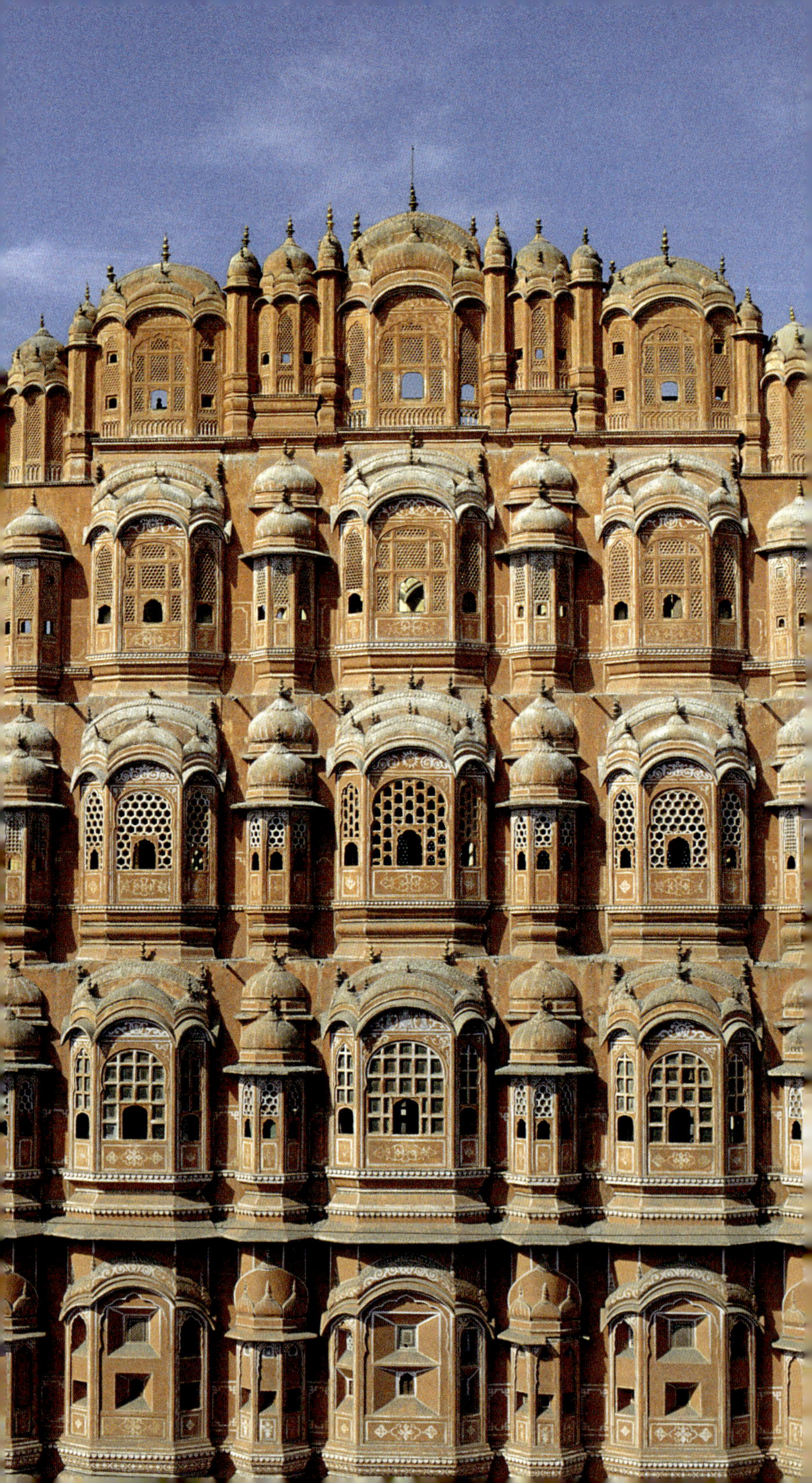

# 印度建筑
## 前1700—1800

**对于早期的大多数印度建筑而言，不外乎是通过建造具有纪念意义的建筑来展示其信仰的强大力量和受众的广泛两大主题。佛教、耆那教（Jainism）和印度教都对建筑的发展起到了不可估量的作用。三者作为一个整体，共同表现了动物神灵、追求快乐的人生和复杂的诸神境界等在建筑发展中的作用。**

印度建筑，尤其是印度教寺庙展示了对物质世界和精神境界的关爱。这些建筑通常是充满温情与感性，复杂与耐人寻味等特点。最漂亮、最具灵动的寺庙建筑大约建于7世纪和8世纪之间，如位于孟加拉湾海岸（the Bay of Bengal）的马哈巴利普兰寺庙（Mahabalipuram）。但在印度教的雕刻中，对自然的热爱和欢乐的表达是遍布整个中部和南部印度寺庙的主题。最早的这些建筑主要以对家畜描绘为主，这是他们向早期移民者表示尊敬的一种方式。辗转几个世纪以后，印度教寺庙的雕塑形式，开始逐步摆脱农业形式的束缚，转为对具有很大争议的人的本性的颂扬。从某种层面来说，生殖崇拜是人类最古老也是最原始的图腾崇拜之一，人类的繁衍也的确是依靠这种言传身教，因此它也是庄严神圣的一种表现形式。所以，到印度参观游览的外国游客，对这里建筑内涵的理解，不仅是一种挑战更是一次有趣的经历。

### 如何理解印度教寺庙

对于西方游客来说，复杂的印度教庙宇建筑可能会使他们感到困惑：首先，不知如何理解眼前所看到的一切？其次，为什么这些寺庙的外部采用如此丰富的装饰？所以当你真正了解了这种宗教文化之后，这些问题也就迎刃而解了。印度教的前身是婆罗门教（Brahmanism）。在印度教中，诸多神和无所不包的一切，即生命不是以生为始，以死而终，而是无穷无尽的一系列生命之中的一个环节。动物、人和神的存在，都是这个锁链中的环节。总之，一切都是神圣的。因此，从小牛犊到牛，再到神、到爱人和国王所有的一切都是神圣的，这就是为什么从高耸入云的阶梯塔或西卡拉（sikharas）到印度各地的寺庙，都要表示出对他们的尊敬。此外，这些建筑本身既是建筑，同时又是一件雕塑作品，每一部分都是无数相互关联要素中不可分割的一部分。

◁ 建于1799年的风之宫（the Hawa Mahal）是拉贾斯坦邦（Rajasthan）斋浦尔（Jaipur）的地标建筑。从街外看，这是一栋名副其实的“屏风楼”，它既可使封建王室妇女凭栏观赏街景，又确保了她们不会被路上的行人看到。

## 建筑元素

佛教、婆罗门教和印度教等各种强大并影响深远的宗教运动对印度古代建筑产生了重要的影响。总体来讲，它们合力打造了一个既丰富又充满感性的建筑形式，以此来平衡它们眼中的世俗与神圣。此外，对大自然及建筑工艺的热爱，以及对动物生殖的崇拜在此类宗教建筑中也几乎随处可见。

△ **敞开式凉亭**

通常建在印度教城堡或宫殿前，使城堡看上去更具活力，规模大小不一：有的较小，有的则大到足以充当阳台。

△ **西卡拉**（Sikharas）

这类建筑通常建在印度寺庙的中心，矗立在“维马纳斯”或者寺塔的顶部。从全国来看，它们的形状不尽相同。比如像这座位于坦焦尔泰姬陵的西卡拉，就是极尽装饰的一个代表。

△ **象征的阶梯**

印度教寺庙常以度来讲述不同的故事。每座佛塔都有其自己独特的“书写”方式：所关注的是地方信仰，以及永恒的宇宙等主题。

△ **动物雕塑**

对于印度教来说，所有的生命都是神圣的，值得为其雕塑。位于马哈巴利普兰的海岸庙宇就展示了一些最优秀、最微妙的动物雕刻。

▽ **窣堵婆**（Stupas）

舍利塔在梵语中就是窣堵婆的意思，代表神圣的须弥山。它是佛陀涅槃后，用于安置佛骨舍利的纪念性建筑。其中，尤以桑契大窣堵婆最为著名。

## 谟亨约·达罗城（MOHENJODARO）

前1700年 巴基斯坦信德 未知 城市

坐落在肥沃的印度河流域的谟亨约·达罗城，是印度最早的城市，它也是从粮食贸易中发展起来的富饶城市。在经过对古城（一般称之为卫城）的系统挖掘之后，构成这座城池的核心、规模最大的建筑——粮仓就展现在世人面前。卫城内建有一座大浴池及其他尚未确定的公共建筑。这座浴池大约15米（49英尺）高。此外，将浴池与城市其他部分进行分隔的似乎还有一座人工湖。湖的那边则是居民住宅楼宇。街区的布局经过精心设计，前面的街道可达14米（46英尺）宽。住宅共有两层，呈平屋顶，围井而建。此外，在庭院四周还建有未经修饰的围墙。这里显然是一座既舒适又文明的城市，许多住房设有浴室，并配有下水道等排水系统。

**城市生活**
这座古老城市所呈现出的那种有条不紊的城市布局，显然是经过精心设计与规划的。

## 哈拉帕（HARAPPA）

前2550年 巴基斯坦 未知 城市

哈拉帕与谟亨约·达罗城一道被并称为古印度河流域文明中的两座城市。对这座古城的系统挖掘始于19世纪20年代。在那时，维多利亚铁路的工程师们打着所谓“再利用”的幌子，无耻地掠夺这里古老的烤砖。然而，很显然，过去几个世纪，多次灾难性的洪灾也对这座被遗弃的巨大城池带来了毁灭性的打击。

与谟亨约·达罗城一样，哈拉帕也被划分为两部分，即卫城和普通住宅区。两者之间建造的是营房式建筑，这里可能就是劳动者从事粮食贸易的场所。但我们对当地的文化、装饰及个别建筑的目的还了解得不多。对印度河流域艺术的发掘和认识仍然仅局限于一小部分，而且主要是石头和陶俑塑像，很少有铜制雕塑。

一直以来，人们都热衷于对哈拉帕消失的原因进行推测：是因雅利安（Aryan）侵略者的蹂躏，还是大自然灾难性的打击？没有人能够确切知道。我们甚至不知道谁曾住在这里，是当地的土著还是其他文明的定居者。

**建在洪泛区的城市**
没有多少可考证的历史告诉我们这座城市的人们如何生活，但是由他们制造的结实的砖块却实实在在地存在了数千年。

## 桑契大窣堵婆（GREAT STUPA， SANCHI）

100年 印度中央邦 未知 礼拜场所

这座坚固的呈覆钵形佛塔是印度佛教中专门埋葬佛骨的纪念性建筑。它建造在一个直径为40米（131英尺）高的砖砌平台上。始建于阿育（Mauryan）王朝皇帝阿索卡（Asoka）时代，1世纪又对其进行了扩建。建筑的外表原来可能涂了既平整又厚的泥浆，以便在上面顺利开凿出壁凹置放宗教节日的油灯。这座桑契大窣堵婆，地面上以石栏围绕，四面各有一座覆以精美石雕的石门，穿过石门的台阶可以到达环绕在该纪念建筑周围的典礼平台。

**受保护的空间**

这座纪念建筑的顶部饰有方形石栏圈围的三层华盖，来护佑底下的佛祖纪念塔。

## 鲁般瓦利沙亚佛塔（RUWANVELISEYA DAGEBA）

前137年 斯里兰卡阿努拉德普勒 杜图伽摩奴王 礼拜场所

阿努拉德普勒（Anuradhapura）是斯里兰卡最早的首都。这座宏伟的佛塔亦称舍利塔，直径为90米（295英尺），高100米（328英尺），是为杜图伽摩奴王（King Dutugemunu，前167—前137）——斯里兰卡第一个最伟大的英雄而修建。按原设计方案，这座建筑应是我们所看到规模的二倍，但他的朝臣们说服了他，因为如果要建造如此规模巨大的佛塔，恐怕在他的有生之年是看不到它完成的样子的。士兵运来建造地基的岩石后，由大象对地基进行踩踏以确保其牢固性。佛塔的主体由砖头建成，然后在表面覆盖上粗糙的水泥，当然上面一定会以朱砂进行粘贴，然后再将一层厚厚的砾石紧紧贴附在外。国王还将5棵珠宝制成的波树（Bo tree）置于塔内，它的枝干由珊瑚和蓝宝石制成，纯银制成的枝条上缀满了由黄金打造的树叶和水果。所以，很少能有建筑与这座神庙的昂贵与奢华匹敌。

**巨大的穹顶**

这座气泡形状的佛塔在19世纪30年代初进行了修复。阳光下，它就如同一块璀璨的宝石；日落时，塔尖闪着金光，远远就能看到。

## 卡尔利支提窟（CHAITYA HALL， KARLI）

70年 印度西部马哈拉施特拉邦 未知 礼拜场所

卡尔利支提窟是在整个山岩上开凿出来的一座寺庙，并建有一座舍利塔。这座寺庙被认为是印度最大的寺庙，同时也代表了印度佛教的一种主要建筑类型。马蹄形的入口有15米（50英尺）高的石柱装饰，覆钟状柱头上立着狮子雕塑，侧翼则雕刻着大象。穿过烛影婆娑的前厅，里面是一个真正神秘的大厅或中殿。大厅通道两侧有柱子装饰，覆钟状柱头自然也是建在雕刻有石头猛兽的柱基上。窟顶呈肋骨支撑的桶拱形，系仿木结构建筑。在拱窟的尽端是一座建造精美的主导建筑窣堵婆。这种形式的石窟寺庙在当时十分盛行，不仅具有宗教含义，它还是孔雀王朝（Mauryan Period，前322—前188）建筑特点的延续。岩刻寺庙和古墓是波斯的传统，但在佩特拉（Petra，见第119页）也同样存在。虽然这里的建筑看上去无非是动物或植物的造型，但是这种生动的设计要比印度河流域以外的西方所追寻的那种要么直线、要么直角的设计形式来说更加与众不同。有人认为，卡尔利支提窟是带有世俗和神圣宗教双重含义的建筑。

**宗教雕刻**

岩壁上雕有大量有关印度佛教象征的图案，而在人类创作的巨大石柱和雕塑面前，又使人类自己显得如此渺小。

## 布巴尼斯瓦尔持斧罗摩主神庙

600年 印度北部奥里萨邦 未知 礼拜场所

目前，在印度北部东海岸的奥里萨邦（Orissa）保存最好、最古老的一组蔚为壮观的印度寺庙组群就是布巴尼斯瓦尔持斧罗摩主神庙。这种以植物形式为创作题材的神庙标志着该寺庙的悠久历史，而且它们往往是建在镶有丰富的奇特石雕塔基上。在纷繁复杂的建筑布局中，能够将结构与装饰达到如此的和谐与统一，并能赋予其一定的宗教意义，实在是建筑上的奇迹。在抽象的设计图案中，杂糅着大象和游行马匹等常见动物。毫无疑问，塔寺的后面是一座方厅，并由石雕窗子装饰。

**湿婆神祠（Shrine to Shiva）**

这是祭祀三个伟大的印度教神祇之一——湿婆的寺庙。

## 情色庙宇（EROTIC TEMPLES）

建筑也可以性感吗？印度的印度教寺庙却是一个很好的例外。没有人知道，为什么这些建筑会如此公然地给予人们感官上的刺激。有一种理论认为，因陀罗的司雷神（热衷于偷窥），绝不会打击这种愉快的窥视表演。

△ **精神艺术**
在卡朱拉何的众多寺庙中，都有一位处于致福状态的女信徒雕刻。

位于中央邦的卡朱拉何寺庙被统称为性庙，主要原因是每一座寺庙墙壁上的雕刻和主题都与性爱有关。9世纪至14世纪，昌德拉王国（曾是这里的首都）的人们在此修建了至少85座这种类型的寺庙。几个世纪以来，卡朱拉何幸存的性庙还有22座，对于当地人来说这是尽人皆知的事情。然而，隐藏在簇叶丛中的这些寺庙，却不为外国游客所见。直到在19世纪初，才被英军士兵发现。在他们看来（至少按正式的说法），这些性庙是既粗鲁又让人好奇。他们所发现的寺庙的确是一种奇妙的景象：在一组砂岩塔上，刻有图画、杂技和男女好合等浮世春画，美丽性感的机理处处体现了当时工匠的最高工艺水平。

建于930年前的拉克什曼寺庙是这其中最具有代表性的一座。30米（98英尺）宽，25米（82英尺）高，它刻画了人间性爱因陀罗图中的所有场面，有些甚至出现在狩猎的地方。这种因陀罗图场景中的男女周围还雕刻有几十个赤身裸体或穿着暴露的“天女舞者”或天上舞女来警醒参观者，这些性庙是用来礼拜的场所。虽然在印度各地还有许多性庙，但是没有任何一座可以跟卡朱拉何性庙相媲美，这是雕刻在石头上的《爱经》（印度的性爱宝典）。

**独特的寺庙建筑群**
卡朱拉何的雕刻装饰有其独特的品质，这里始终被印度教信徒认为是可以终其一生徜徉其中的精神花园。

## 布里哈迪斯瓦拉神庙（BRIHADESHVARA TEMPLE，GREAT TEMPLE）

1010年 印度坦焦尔 罗阇罗阇·乔拉 礼拜场所

这座建于印度南部朱罗王朝泰米尔纳德（Chola Empire of Tamil Nadu）的非凡花岗岩寺庙堪称建筑的杰作。据说，这座寺庙是由巨人构想，由珠宝商建造。整座寺庙高66米（217英尺），共有13层。主殿墙上刻有国王罗阇罗阇·乔拉（Rajaraja Chola）和他的姐姐坤德瓦（Kundavai）赠送的礼物清单，共有107段。

这座浩大的达罗毗荼寺庙（Dravidian Temple，是由印度南部和中部的土著人建造）底面是一个矩形，由砖墙围成的大院落，于16世纪重建。正如印度艺术史家卡塔拉曼（Venkataraman）所说的那样："它是将雕塑家的梦想，历史学家的知识，舞蹈家的想象，画家的喜悦和社会学家的独特视角融为一体的伟大建筑。"

巨大的石雕是湿婆神的坐骑难迪（Nandi）。难迪是一头用整块巨石雕刻成的公牛形象，重达25吨，坐落在神庙的入口处。此外，这里还有许多有关难迪的雕刻或壁画。

### 罗阇罗阇·乔拉

罗阇罗阇（985—1014）和他的儿子拉金德（Rajendra，1012—1044），都是朱罗王朝最强大的统治者。在9世纪，朱罗王朝曾一度统治印度南部的大部分地区，并一直持续到13世纪晚期。城市的中心是坦焦尔（Tanjore），位于现在泰米尔纳德邦东南部。这里的人们酷爱艺术，他们所建造的巨大神庙群均饰有精致的雕刻、绘画和丰富的青铜雕像。

由砖石铺砌的内院，占地面积大约150米×75米（492英尺×246英尺），壁画的内容主要以印度传说中的湿婆神形象为主，这里还供奉着"林伽"，湿婆神的生殖器形象。这些雕刻在神庙竣工时，均涂有丰富的色彩。

中央圣殿的尖塔最顶端的穹顶重达80吨，最引人注目。将整座神庙统整在一起的是雕刻、雕塑和铭文装饰。这些显著的细节，使其不仅仅成为一个礼拜场所，更使它成为这座城市的真正中心。

**市政中心**

这座神庙曾是整个帝国的中心，这里不仅仅是礼拜场所，还是国库、档案室和集会的中心。

## 杰纳卡沙瓦神庙（CHENNAKESHAVA TEMPLE）

1117年 印度南部卡纳塔克邦贝鲁尔 贾卡玛 礼拜场所

位于首都贝卢尔村（Belur）的杰纳卡沙瓦神庙，是代表曷萨拉王朝（Hoysala Empire）建筑的巅峰之作。令人惊叹的多面雕刻使这座神庙闻名于世。此外，这些雕塑还集中体现了非凡的雕刻细节，比如，细致到少女刚刚洗过秀发上滴落的水珠都很明显地展示出来。这里是祭祀毗湿奴神（Lord Vishnu）的神庙，神庙主殿位于一座宽敞的庭院内，院内有池塘，周围有围墙环绕。另外，神庙的周围还有四座较小、但同样精致的小神庙。滑石勇士与老虎搏斗的场面代表曷萨拉国王毗湿奴筏驮那（Vishnuvardhana）在塔拉卡德大败朱罗王朝。之后，国王开始新建这座印度教庙宇。这座伟大的灰绿石神庙，确切地说是103年后才竣工。

### 数量众多的图像

在寺庙壮丽的雕刻作品中有动物雕刻，如大象、马匹、狮子、老虎和鸟类等共计650个之多。此外，这里还有勇士和“天仙舞者”等人物雕刻。

## 阿布山耆那教神庙群

11世纪至13世纪 印度拉贾斯坦 未知 礼拜场所

在印度西北拉杰晋塔那（Rajasthan）山的杧果树丛林中，保存有印度最完整的耆那教神庙群。大理石建造的神庙四周环有柱廊，内外雕刻都十分精美。其中最著名的神庙有两座，分别是维马拉·瓦希（Vimala Vashi，1031年）和卢娜·瓦希（Luna Vashi，1230年）。第一座神庙坐落在一处开放的庭院内，四周有柱廊环绕，间或交叉许多小型供奉佛像的寺庙。这座神庙美丽的穹顶大厅由12根装饰柱支撑，每根柱上都雕刻有弹奏乐器的女性形象。而卢娜·瓦希寺庙，虽然较前座晚200年左右，但在风格上二者却极为相似，装饰柱围绕在穹顶大厅周围，周围还有360尊耆那僧侣的微型雕刻。这座神庙深受人们喜爱的是大象室（Elephant Cell），这里共陈列有10尊雕刻精美、形象逼真的大象雕塑。此外，寺庙到处都灯火通明，再加上闪闪发光大理石的折射，置入其中会让人不由得产生空灵之感。

## 拉那克普的耆那教神庙

1439年 印度拉那克普 拉纳·昆邦和特尔纳沙阿 礼拜场所

这座位于印度偏远地区的三层白色大理石神庙，是耆那教最雄心勃勃的建筑之一。这座神庙不仅规模宏大，而且还以复杂的设计闻名。神庙外由成排的附属小圣殿和迷人的雕刻环绕。神庙内部更是一座宝库，大约有1 444根雕刻柱栏，而柱栏所支撑的壮观多穹顶设计是任何巴洛克建筑都无法比拟的，这种柱式处理的目的就是使参观者从四面八方都可以看到第一位耆那教教徒锡山卡——这位真理启示者的塑像。此外，这座尖塔式神庙建筑群周围还有61米（200英尺）高的城墙围绕。

## 贝纳勒斯公共浴场

14世纪 印度北方邦瓦拉纳西
未知 浴场

数以百万计的沐浴者、朝圣者和游客沐浴在这座洗净灵魂的圣河——恒河（Ganges）中，生命、精神、习俗和历史正如这流淌的恒河水一样轮回不息。河流途经的神圣水域贝纳勒斯（Benares，现为瓦拉纳西）日夜涤荡着恒河河畔的石梯，这条宽阔的公共浴场石阶沿圣河两岸绵延近5公里（3英里）。此外，这条石阶也目睹了数世纪印度教神秘的火葬仪式。谁能相信，信徒会选择在一个身心舒展的清晨，在洗净宿世的罪孽后，将自己的灵魂交付给了来世，由此进入下一个生命的轮回。毫无疑问，恒河岸上的生与死，缔造了一个非常特殊的水域和建筑形式，也给予这座城市及这片繁忙的水域极大的力量和个性。虽然如此，但从某个角度来看旧宫殿的身影斜探出这片巨大的石阶，为这座迷人的城市披上几分童话般的色彩。

## 巴米扬大佛

700年 阿富汗北部巴米扬
未知 纪念碑

巴米扬大佛曾经是世界上最高、最精致的立佛，但如今，一切已归于历史的记忆。2001年，大佛遭到轰炸，现在仅存的只有佛像形状的石窟和部分佛像残骸。大佛遗址位于贵霜（Kushan）帝国喀布尔（这里是文化、宗教和艺术的中心）西北的巴米扬镇东北郊不远的山崖处，是傍山而凿的佛像。深受印度宗教传统影响的两尊巨佛，一尊高35米（115英尺），一尊高57米（187英尺）。两座佛像的表面曾镀以金漆，木制的脸部，周身还佩戴一些装饰物。此外，在壁龛侧面还刻有一些身披长袍的佛像。

## 布达拉宫（POTALA PALACE）

1695 中国西藏拉萨 未知 寺庙

这座宫殿占据整座山顶，给人以极强的中世纪山城的异域景象。它是传统的藏式建筑，是能将印度建筑与中国美学达到完美结合的罕见典范。高出拉萨平原（Lhasa Plains）近190米（ 624英尺）的美丽布达拉宫已自然而然地成为这座山巅的一部分。13层高的宫殿采用砖砌墙体和木构架的基本结构。这座宫殿共分为红宫和白宫（White and Red Palace）两部分。这里除了是传统藏传佛教达赖喇嘛（Dalai Lama）的住所外，还是一座集佛殿、经堂、餐室和各种商店为一体的大型综合建筑。雄伟的建筑是由厚实的斜体、砖砌墙体、金灿灿的大屋顶、钟塔楼和瞭望楼等构成。此外，由50根柱子支撑的宫殿内，设有装饰丰富的圣殿和其他附属厅堂。

**视觉震撼（Formidable sight）**
布达拉宫占地总面积达到惊人的36万余平方米（ 387.5万平方英尺），矗立在山坡上的主体建筑更是高达200米（656英尺）。

# 东南亚建筑
## 500—1500

**印度建筑形式随着佛教和印度教的广泛传播，亦被介绍到了东南亚等地区。13世纪，窣堵婆、阶梯式西卡拉（sikhara）和莲花宝塔等传统印度建筑形式迅速地传播到缅甸、柬埔寨、印度尼西亚和泰国等国家或地区。但随后，这当中的大部分建筑都陷入了毁灭性的状态，一直到19世纪至20世纪，这些国家才对此类建筑展开大规模的修复工作。**

东南亚最伟大的建筑成就，毫无疑问，当属柬埔寨的吴哥寺（Angkor Wat，见第154页）和印度尼西亚爪哇岛（Indonesia，Java）的婆罗浮屠佛塔（Borobudur，见第153页）。它们虽然属于两种截然不同的寺庙建筑，但它们都代表了须弥山（Meru）佛教的宇宙观。吴哥寺在建筑布局上，重内部，即以房间和小室居多；而婆罗浮屠塔，就如同中美洲的阶梯金字塔一样，建筑的核心体现在外部：在人为的山坡上，非凡、宏伟、寂静与沉思的建筑；此外，吴哥寺是坚如磐石的艺术建筑实体，而婆罗浮屠塔几乎是空想的代名词，通过建造层层叠叠的金字塔，表现祭拜祖先的一种方式，表示后人对先祖灵魂的崇拜和纪念。此外，佛塔建筑代表了五大基本元素：基座代表土、圆顶代表水、尖顶代表火、华盖代表气和极顶代表天。但这种建筑的最终理念就是：引导我们洞悉生活的要义或人生的主旨。另外，卓越的佛教建筑本身也是一个矛盾的结合体：一方面，它们极力地让我们超脱世俗的困扰，以达到人生的最高境界；另一方面，尽管建筑本身附加了太多富有质感的艺术雕刻，一直以感性的形式引领我们一层一层地超越，其本身却也得以在现实的丛林中，为自己寻求一片安身立命之地。

### 神庙建筑群

在缅甸，寺庙建筑是主导建筑发展的主要方向。仅在缅甸的首都蒲甘（Pagan），据说就有不下5 000座的舍利塔和寺庙。所有这些寺庙，无论大与小，都饰有当地手工艺人大量精美的装饰。这种对寺庙建筑的热衷，也延伸到泰国和印度尼西亚等国家。通过佛教建筑的兴衰，同时也折射了佛教是如何被印度教逐步取代的过程。

◁ 吴哥寺是高棉王朝苏耶拔摩二世（Suryavarman Ⅱ，1113—1150）的陵墓。尽管高棉帝国最终难逃衰落的命运，但它却在广袤森林的覆盖下，悄然存在了数百年，直到1856年才被重新发现。

# 建筑元素

佛教正在东南亚各地广泛传播时，也受到中国建筑风格的影响。所以，在漫长的交会融合过程中，将各自不同的设计传统联姻，催生了不同风格的各种形式的佛塔建筑。比如缅甸的舍利塔，柬埔寨的吴哥寺以及曼谷的宫殿建筑等。

△ **金端式样的小尖顶**
宫殿的建筑设计从佛塔建筑中受益匪浅。这个复杂的曼谷王宫正殿也是从古代佛教、印度教以及中国的传统建筑中汲取了大量的营养。

◁ **精美的浮雕**
浮雕雕刻是东南亚寺庙和宫殿的主要装饰手法和主要建筑元素。尽量以高度自然的手法进行刻画，意在引领信众们油然感受到莲花世界的清静与美好。

△ **金箔装饰**
纯金箔贴面不仅被广泛地使用在建筑的内部装饰，在寺庙的外部也被大量地使用。阳光普照下，金碧辉煌；雨天也是瑞光千丈。

◁ **微型宝塔**
缅甸的瑞光大金塔（Shwedagon）四周环围着姿态各异、极富装饰色彩的微型宝塔，这些微型宝塔的主要作用是夸大主塔的建筑规模。这里的金端式小尖顶高达113米（370英尺）。

▽ **梵钟（Bell stupas）**
这座伟大的梵钟能够出现在泰国大城府，在很大程度上应归功于在此修建和设计的锥形王陵和神殿。

## 婆罗浮屠佛塔（BOROBUDUR）

842年 爪哇日惹 未知 礼拜场所

这座宏伟瑰丽的佛塔是由火山岩切凿而成，象征围绕神秘的须弥山（Mount Meru）之轴佛教宇宙的博大与佛力无边，同时也关注世俗的生与死；在显示了一种超脱虚无境界的同时也彰显了绝对的纯洁状态。

31.5米（103英尺）高的主佛塔，共分为3部分9层。佛塔各层都有回廊，回廊两侧的石壁上刻有各式各样的浮雕，其中描述佛陀本身故事的浮雕就多达1 460幅。另外，各层还建有石壁佛龛432个，每一座佛龛内都曾经置有一尊佛像。

下部四方形台坪上以爪哇人的日常生活场景为装饰，此外还有佛陀从降生到涅槃的全过程的场景描绘。圆形的上部3层台坪，各层均建有72个钟形小塔，塔内置有佛像。

**鸟瞰视图**

最上层的大佛塔却可能总是空的。

佛塔分成塔基、塔座脚和主佛塔3部分，具有鲜明的佛教特色。最底层是代表了人类的欲望，人的贪婪本性也就是佛教的“色界”；中间代表人的精神还不能超越物质世界，也就是“欲界”；最上层则代表无形，就是已经能够跳出三界外，达到“无欲界”。

**重复佛塔形式的意义**

婆罗浮屠佛塔虽然包含众多佛塔，但其本身就是一座巨大的佛塔。它象征着宇宙包含着无数小宇宙。

### 佛陀

佛陀的意思是“觉醒了的人”，也是指那些得到启示的人。同时，它还特指古印度乔达摩·悉达多，即释迦牟尼。悉达多这位佛教的精神领袖认为：“人与神之间没有界限，而涅槃则是众生的恩赐。佛教信徒不以佛陀为独一无二，佛教承认过去、现在、未来，有着无量无数的佛陀，佛陀是觉悟的众生，众生则是尚未觉悟的佛陀。”

## 吴哥寺（ANGKOR WAT）

1150年 柬埔寨暹粒 地婆诃罗 礼拜场所

在人烟罕至、广袤无垠森林覆盖下的吴哥寺遭遗弃近500年。但它宏伟的庙宇仍是建筑界难得的奇迹之一：建筑之独特无与伦比；类似于埃及金字塔般超越非凡的建筑规模；此外，这里竟然还有奇妙的巴台农神庙式的雕塑和中世纪大教堂的细节装饰。

高棉（Khmer）国王统治着一个相当庞大的王国。他们的堡垒向北延伸至越南（Vietnam）南部和中国的云南，向西则到达了孟加拉湾（the Bay of Bengal）。这里木制的宫殿、公共建筑和房屋早已回归自然，但巨大的石庙遗址依然存在。吴哥王朝国王苏耶跋摩二世（Suryavarman Ⅱ，1130—1150年）希望兴建一座规模宏伟的石窟寺庙，以作为吴哥王朝的国都和国寺。1431年，由于泰国人入侵高棉，高棉人被迫离开吴哥。今天，吴哥寺到处活跃的都是身背照相机的游客。这座不可思议的印度教寺庙四周环以4公里（2.5英里）长的护城河，自上而下还建有重重的回廊和平台，在第二重回廊上坐落着五座荷花蓓蕾形高塔。吴哥寺坐东朝西，还有一道由正西通往正东的堤道，堤道两旁是与印度教创世神话有关巨大的蛇形栏杆围堤。较低平台墙壁上刻有丰富的浮雕：墙面上整条浮雕带长800米（2 625英尺）满刻着印度史诗《摩诃婆罗多》（*the Mahabharata*）和《罗摩衍那》（*the Ramayana*）的传奇故事。上面就是五座莲花蓓蕾塔，其中的一座就是国王的陵墓塔。吴哥寺是世界建筑的产物，因此，在世界范围内它都具有无穷的魅力和吸引力。

堤道旁的石制佛头雕像

### 吴哥寺的再现

在被遗弃的数个世纪里，佛教僧侣、探险家以及游客会偶然出现在吴哥寺的丛林遗址中。但吴哥遗迹却并不为世人所知，直到1858年，法国生物学家亨利·穆奥在原始森林里无意中发现了这座宏伟惊人的古庙遗迹，即吴哥庙宇，世人因而对吴哥才刮目相看。1908年，由法国政府发起了系统的修复工作，虽然在此期间因残酷的战争或社会动乱等因素而中断，但今天，修复工作仍在继续。

**王者建筑**

吴哥寺的平面面积为1 550米×1 400米（5 085英尺×4 593英尺），耗时近30年才建造完成。

## 比粒寺（PRE RUP TEMPLE）

961年 柬埔寨暹粒 未知 礼拜场所

比粒寺是典型的"塔山建筑"，象征佛教圣山须弥山。寺庙主体由红砖和石头精心建造。10世纪后期，这里开始作为高棉国王拉坚德拉巴鲁曼二世（Rajendravarman Ⅱ）的国庙。三级阶梯式基座上共建造有五座砖塔。塔身上有很多小孔，里面供奉着他们的生殖图腾——林伽（Lingam）。林伽是印度教湿婆派崇拜的男性生殖器像，象征湿婆神是国教的同时，也是国王权力的象征，因为他们一直笃信自己就是湿婆的化身。砂岩建造的第三层上到处是错综复杂的雕刻，阶梯式的金字塔两旁则是分别由石狮守护的两道石梯。这里一向被认为是柬埔寨人举行葬礼的地方，所以，比粒寺又称之为"变身塔"（turn the body），也就是旋转的身体，指古老而传统的火葬方式，由此可以断定这座寺庙当初是皇室的火葬场。比粒寺位于方圆400平方公里（154平方英里）的吴哥世界遗产（Angkor World Heritage）范围内。

**神秘的对称性**

五座寺塔中，中央最大的一座入口位于东侧，而西向入口则是雕刻在砂岩上的假门。

## 女王宫（BANTEAY SREI TEMPLE）

967年 柬埔寨暹粒 未知 礼拜场所

位于吴哥窟东北约20公里（12英里）的山区有一座微型神庙，称为女王宫——"女人的城堡"。这座宫殿是当地最受人们喜爱的一座建筑瑰宝，并因其设计奇巧别致、雕刻细腻优美而著称于世。女王宫中央塔只有9米（30英尺）高，左右两侧的对称性配殿仅为1.7米（5.5英尺）×1.9米（6.2英尺），但建造此座古刹的石头却是美丽的粉红色砂岩（石英砂岩），从而使其更加非同寻常。女王宫的所有建筑和浮雕装饰都十分精美，如各种花卉图案、宗教神话故事和琳琅满目的印度教神灵图像等都栩栩如生。

女王宫是由围墙围筑的三重结构，一条由塑像排列成的仪式通道将其贯通。亦如其精美的装饰，它的整体保护状况也十分令人称赞。这座王宫是由一位具有婆罗门（Brahmin）王室血统亦是高棉国王阇耶跋摩五世的精神导师罗真陀罗跋（Yajnyavaraha）修建的。它是近百座高棉吴哥地区的寺庙之一，与比粒寺一道都比吴哥寺建造得略早。寺庙三角楣雕刻现在被首都金边（Phnom Penh）的柬埔寨博物馆以及巴黎国家博物馆国家亚洲艺术博物馆（the National Museum of Asiatic Art）馆藏。

**高棉艺术**

从此时开始，石刻采用的主要是高凸浮雕雕刻技法。将神话人物与人的特征相结合是此时期浮雕的特点。

**吴哥寺**

圣城吴哥寺四周环以宽约183米（600英尺）的护城河，兼具保护作用的同时又为这里平添了无穷的魅力。在护城河上有伟大的寺庙院落、高耸的砖塔、游廊以及一座巨大的阶梯金字塔。

## 瑞德贡大金塔（SHWE DAGON PAGODA）

1700年　缅甸德贡　未知　礼拜场所

这里通常称为被世界遗忘的奇迹，这座位于签名山（Signature Hill）、高113米（370英尺）的瑞德贡大金塔和舍利塔共同缔造了仰光（Rangoon）城市的天际线。经过几个世纪建造与重建，这座建筑不仅有中国和印度建筑元素的影响，同时又糅合了本国宗教的传统因素。宝塔为一个实体佛塔建筑，是一座用于供奉佛祖舍利的神庙。内部虽为实心结构，但却在外部设有4扇塔门。据说，穿过某个神秘的通道的确有门的存在，但只有邪恶之剑才可以劈开黑暗，找到通道。所以，坚持待在户外并尽情欣赏起令人惊叹的美景已足矣。在镀金及缀满珠宝的主塔周围还环绕着4座中塔和64座小塔。塔下四角均有缅式狮身人面像，此外还有大象、瑜伽士、蛇、食人魔和天使等雕像装饰。总之，整个建筑都呈现出令人难以想象的奢华和雄伟壮观。

**坚固的结构**

瑞德贡大金塔历经了8次大地震和1938年具有毁灭性的火灾的考验。

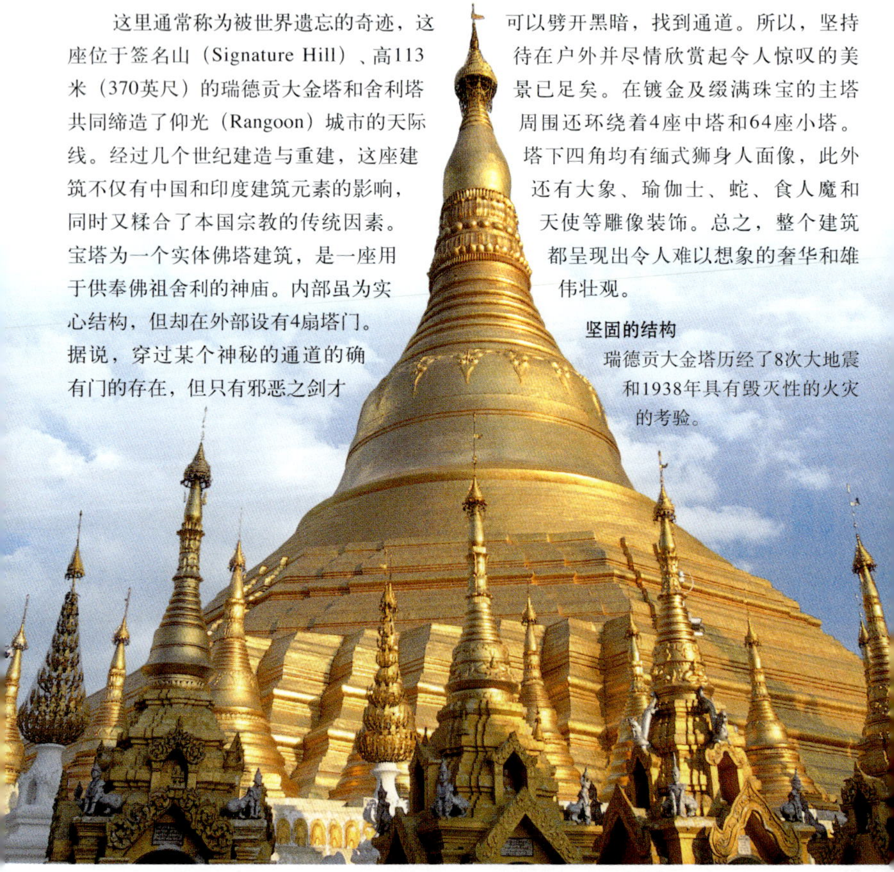

## 阿南达庙（ANANDA TEMPLE）

1105年　缅甸蒲甘
未知　礼拜场所

华丽的阿南达庙以其通体白色的石灰石砖墙、精致的三重庙檐、金色尖顶成为缅甸古典建筑最高境界的标志。它的平面呈希腊十字，四翼各设有大型的入口。在塔座之上屹立着52米（171英尺）高的6层镀金泪滴状的尖顶。内部有两个狭窄的走廊，其中的一个走廊里，迎面是四尊雕刻在岩壁内的高约9米（30英尺）的释迦立佛。神庙内庭院绿荫掩映，占地约百亩，呈正方形，以平衡和谐著称于世。

## 普兰巴南湿婆神庙

855年　爪哇普兰巴南
未知　礼拜场所

普兰巴南寺庙群由150座庙宇组成，其中普兰巴南湿婆神庙是这个复杂建筑群中的一部分。这座神庙代表了9世纪佛教的衰落和印度教在爪哇的兴起。十字平面内设有正方形基座，中心院落有四座大型的楼梯通往中央底座为34米（112英尺）、高为47米（154英尺）的湿婆殿。普兰巴南寺庙群有许多优秀雕塑作品，特别是墙壁上完美地雕刻着罗摩衍那罗摩传中的有关印度教的神话故事，其中尤以描述印度教守护神毗湿奴化身罗摩的42尊浮雕最为出色。

## 艾尤塔雅的菩斯里善配寺（WAT PHRA SRI SARAPET）

1500年 泰国艾尤塔雅 未知 纪念建筑

菩斯里善配寺曾是地域广袤、人口稠密的艾尤塔雅（Ayudhya，即大成）令人印象最深刻的历史建筑。一连串迷人的钟塔似的佛塔上面冠以如同巫师帽子一般的锥形尖塔，始建于14世纪中叶。作为皇室的宗庙，佛塔中设有壁画装饰的密室，并供奉有已故国王的还愿对象。所有的佛塔都是对称结构，“石钟”（bell）下有台阶通往山墙门。每座佛塔都有一直延伸到塔尖的条环形石砌雕刻，这些雕刻可以随着光影的移动，形成明暗交错的迷人图案。除了三座可观的大塔以外，这里还有许多遗址（尽管没有一座能够完整地保存至今）始建于包若玛特罗卡纳王（King Borommatrailokanat）统治时期。18世纪，艾尤塔雅被洗劫一空，这座伟大寺庙的许多珍贵文物也未能幸免。

**皇家遗址**
除了3座蔚为壮观的大塔以外，还可以看见许多皇家宫殿和东边残破僧院的断壁残垣。

## 河内文庙

1400年 越南河内
李圣宗 大学

建造于1070年左右的文庙，供奉着中国的孔子及各位儒家先贤，由国王李圣宗（Ly Thanh Tong）建立。后来，这里成为越南国子监（Quoc Tu Giam）的一部分。国子监是越南第一所大学（始建于1076年），初期只招收王室成员与武士。尽管世纪沧桑，不断扩展的建筑几经变化，但真正的大学还是从这个时期开始。最近的考古研究还表明，文庙建筑的主体结构主要形成于越南李朝（Ly dynasty，1010—1225）和陈德良（Tran dynasty，1225—1400）时期。文庙建筑群位于河内（Hanoi）公园的中心地带。文庙内，道路、花园和一潭明净的池水旁是带有强烈中国特色由红砖黄瓦装饰的众多神庙。此外，两座圣殿内还整齐地排列着82块由活灵活现昂着头的石龟驮着的进士碑，这一块块雕工精细的进士碑上记载了1443年至1788年之间获得进士的1 306名学生的名字。

## 塔銮（PHA THAT LUANG）

1566年 老挝万象
路易斯·德拉波特 礼拜场所

塔銮，这座风格独具的佛教舍利塔是令老挝（Laos）人民引以为豪的历史古迹。传说，它始建于公元前3世纪，这里供奉着佛祖的舍利骨。尽管这里有一座12世纪红色高棉式（Khmer）寺院，但其真正有史可据却是从1566年开始，瑞特国王将都城从琅勃拉邦（Luang Prabang）迁至万象（Vientiane，老挝首都）。塔銮土塔顶部有镀金装饰，但在 18 世纪时曾遭到多次破坏。现存的塔体是20世纪30 年代法国按着原样重新修建的。

# 东亚建筑

拥有2 000多年历史，西起嘉峪关，蜿蜒6 700公里（4 163英里）的中国万里长城对于西方世界而言，就是整个东方文明的象征。这座抵御外族入侵的连列城堡，在加强自身防御的同时，也使自己与外界孤立开来。这与几个世纪以来日本施行闭关自守的政策如出一辙。

1911年，封建帝王统治土崩瓦解。但在西方看来，中国上下5 000多年的历史，就是一部不断更迭交替朝代书写的历史故事。那时的中国是一个神秘的国度，有着严格的封建礼仪制度，并且还拥有大量能够从事大规模工程建筑的劳动力。因为当时的人们就修建了令人印象深刻的万里长城（the Great Wall，见第167页）和紫禁城（the Forbidden City，见第172页和第173页）等规模浩大的工程。而中国的文化特征，一般又可以归纳为：一是自我限定的孤立主义；二是优美而独特的文字体系。所以，中华文化所诞生的建筑传统，也常常是以自我参照和自我封闭为特点。当然，中国也并非完全不受外界的影响。

**兵马俑**

由上万个将士俑构成的兵马俑，是中国第一位皇帝——秦始皇（前259—前210，修筑了举世瞩目的万里长城）的陪葬军队。

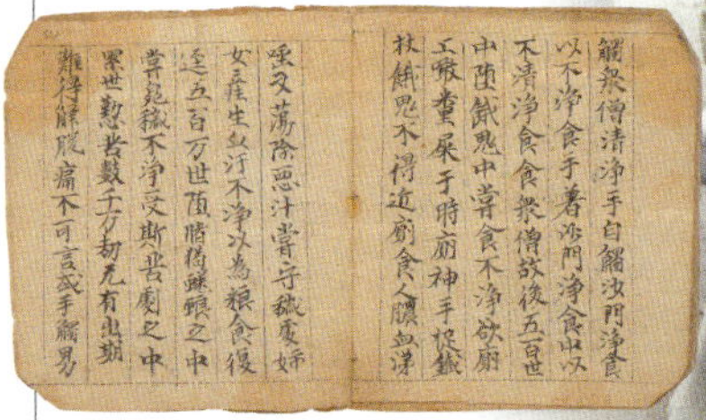

**中国书法艺术**

中国的汉字可以追溯到4 000年前，直至中国社会统一的2 000年前，几乎都没有什么变化。

## 关键日期

**50年**，佛教传入中国，并在中国修建了第一座佛塔。

**220年**，汉朝宣告结束，中国进入了一个冲突与纷争的时代；同时，艺术文化开始出现分歧、对立和冲突，但也得到了蓬勃的发展。

**538年**，朝鲜的百济（Paekche）王国向日本天皇派遣一个代表团来介绍佛教。

**725年**，西安成为世界上人口最多的城市，远远超出同时代的欧洲。

1年 500年 1000年

**105年**，蔡伦改进了造纸术，从而彻底改变了信息传递、存储和传播的方式。

**500年**，日本开始采用中国汉字。

**581年至618年**，隋朝（Sui Dynasty）统一了长期分裂的中国。

**607年**，法隆寺（Horyu-ji Buddhist temple）建成，是佛教从中国传到日本后，日本最早建造的一个佛教寺庙。

**1045年**，毕昇率先发明了活字印刷术，而欧洲则是在400年后才掌握这项技术。

随着佛教的东传，一方面，为中国这片古老土地带来了具有印度特色的建筑；另一方面，穿越中亚直至伊斯坦布尔的著名贸易路线丝绸之路也为这里带来了波斯甚至希腊建筑设计的印迹。与此同时，中国的思想也开始影响西方社会，就像其经由朝鲜而在日本留下的烙印一样。而此时的日本，恰逢从一个封闭孤立的封建社会向现代社会转变的转型期。也就是当西方开始逐步意识到中国艺术与文化的博大精深时，日本还处在一个神秘的世界中：在褊狭的岛屿上，通过宗教军阀之间复杂、混乱和极端的生存意识的锻炼而形成的一个民族。然而，日本的建筑却几乎拥有超乎自然般的宁静，并对西方世界产生了较大的影响。

### 江户时代的日本

闭关锁国是日本江户时代（Edo-period，1603—1868）奉行的主要外交政策。德川家康（Tokugawa Ieyasu）在江户建立其统治的政府——幕府。1633年，他的继任者，德川家光将军更是禁止本国与国外的经贸往来；全体居民都被严格地按等级制度分为五个阶层：最高等级的是上层的武士或武士阶级，而最底层的就是所谓的“贱民”。尽管有这些严格的限制，艺术和文化却变得日趋丰富，而且比以往任何时候都受欢迎。

**武士**

这幅图画绘制在19世纪50年代，这里所描绘的是一位日本武士受到一名勇敢的普通百姓（民间英雄）挑战的场景。

**1103年**，李诫的《营造法式》一书出版，确定了中国建筑的方法与标准。

**1227年**，道元禅师（Dogen）将禅宗（Zen Buddhism）介绍到日本。

**1264年**，蒙古帝国统一中国，忽必烈（元世祖）开创元朝，并定都北京。

**1274年**，忽必烈两次出征日本，但终因台风而宣告失败。

**1368年**，明太祖朱元璋称帝，建立近300年封建统治的明朝。

**1394年**，李成桂崇儒的李朝在汉城（Seoul，现首尔）建立都城。

**1467年**，日本进入战国时代，幕府分裂为许多相互竞争的封建领地。

**1549年**，天主教传教士弗朗西斯·泽维尔（Francis Xavier）抵达日本传教。

**1603年**，日本天皇迁都至江户（Edo，现东京），并建立了德川（Tokugawa）幕府统治。

1200年 1400年 1600年

祈年殿

# 中国建筑
## 前215 —1700

**幅员辽阔和多样的气候因素使中国的建筑风格也必然呈现丰富多彩的形式。然而宗教与语言形成的地区差异，导致了出现较早且遍布全国的一种建筑模式——老套沉着的风格。1103年，中国政府推出《营造法式》（Yingzao Fashi，建筑方法）一书，从而实现了中国建筑风格的统一。**

要想了解中国建筑，不读《营造法式》一书可以说就不能确切地理解中国的建筑。这是一本有关中国建筑方法、施工与规范的书籍。它是建筑师李诫耗时三年以上编制而成。此书就建筑设计、结构和木料装饰等关键方面进行了阐释，在中国一直沿用了数百年的时间。本书所秉承的观点是不应有任何繁冗或过多的应用性装饰；作者还特别注重建筑的抗震性能，所以，他提出了使用榫构造和支撑体系等方法来抵抗地震的威胁。此外，这种建筑采用的是没有根基的形式，因此，即便地震来临，建筑本身就可以将地震波传导到地下，而不是随着地基一起倾覆。建筑材料更是有统一的标准。换句话说，设计标准、规范和长度都是事先测算好，在任何地点都可重复使用，无须再耗费人力物力进行重复性的工作。另外，本书还对颜料的使用设定了严格的规范：红色只适用于宫殿和庙宇的墙壁、柱子、门窗等，屋顶是黄蓝色，而绿色则使用在屋檐和天花板的底部。如果是建造大规模的建筑，整体布局必须以轴和对称的原则进行设计。

### 统一中的多样性

到访中国庙宇、寺院和宫殿的游客不难发现12世纪早期的《营造法式》在中国建筑中的显著体现。无论是在北京的紫禁城（见第172页）或浑源县（Hunyuan）的恒山悬空寺（Hanging Monastery，见第169页）都有着相同的建筑元素——相同的色彩运用和旷世恒久的宁静。只有在诸如中国的宝塔（见第171页）等这类奇异的外来建筑上，游客才能够看到建筑风格上的差异。

◁ 北京的天坛公园始建于明朝（1368—1644）。祈年殿的平面为圆形，它的基座则是方形，这是来自中国所笃信的天圆地方的理念。

# 建筑元素

传统的中国建筑不仅在设计、规划和结构上具有高度的一致性，而且在颜色运用和装饰等方面也有章可循。这反映了早期统治者们固执的坚持，即将一个统一的文化模式作为中国的共同标准。

△ **装饰性顶饰**
顶饰雕刻使屋脊获得一个合理且完美的结尾。这些顶饰往往采用蛇、龙或其他凶猛的动物作为精心装饰，寄予了人们对建筑物保护的希望。

△ **屋顶的雕塑装饰**
中国的建筑装饰一般秉承与其附属的建筑本身内涵上的一致性。然而，这些抑或蹲坐、抑或弯曲在屋檐上的陶瓷龙形雕塑，却有其特质，兴高采烈地遵循自己的规则。

△ **亮丽的砖瓦**
光彩夺目的琉璃瓦是中国建筑普遍使用的建筑材料。通常情况下，建筑物都会根据用途或性质来统一色调。

◁ **龙图腾**
在中国的寺庙和宫殿到处都可以看到龙的身影，它们是中国帝王的象征。这些龙图腾有的是用玉器或石器雕刻，有的是用彩绘木或陶土制作而成。

△ **狮子雕塑**
许多宫殿和庙宇都有狮子守卫在入口，同时这也是北京紫禁城的一个显著特征。这些狮子通常以卷曲的鬃毛，不大友好的表情示人。

◁ **精致的入口**
中国有着高度统一的建筑标准。这座位于紫禁城的仪式大门就充满了迷人的装饰，此外它还严格地遵循了比例与色彩的规则，一看便知其用途与目的。

## 万里长城

前214年　中国　未知　防御建筑

东起山海关，西至嘉峪关，蜿蜒起伏于中国北部边界的万里长城是世界上最大的军事防御建筑。秦未统一中国以前，长城是隶属于20多个诸侯国的城墙，并且是多个朝代共同修建的产物。直至公元前214年，秦始皇统一中国后，才将这些城墙连缀成统一的防御体系。

**瞭望塔**

最早的一段城墙位于黄河南岸，可以追溯到公元前680年左右。这种土方工程结构在公元前3世纪，被秦朝改为板土或垒石的方法修筑。建造与重建一直继续了近1 500年，并开始大量和广泛地使用当地种类繁多的材质。1210年，蒙古统治者成吉思汗踏破了这道似乎无法穿越的防线，统一了中国。明朝时，开始统一使用大城砖和条石来重新修建长城，并于1550年完成。城墙整体高低不一，高度从6米到10米（20英尺至33英尺）不等，墙下宽约6.5米（21英尺），顶宽约5.8米（19英尺）。城墙上每隔100米左右，于险要处就要建筑一座堡垒式堡台，共计2万个。强劲的城墙能够抵御火药、大炮和步枪等的攻击。原本6 000公里（3 278英里）长的城墙，现大概仅剩2 600公里（1 616英里）。

### 建筑与毁坏

成千上万的犯人、奴隶、官兵和当地的百姓为修建或修复这座城墙而牺牲了自己的性命。他们中的许多人就被埋在城墙下，这对于中国人来说，长期以来，长城就是专制压迫的象征。几个世纪以来，长城所受到的破坏的因素主要有：一贫如洗的农民把城砖搬到自家盖房或建造猪圈的围墙；二是纷至沓来的游客对长城造成的潜在威胁。

**权力的象征**

当初为抵御北方游牧民族的入侵而修建的万里长城，如今已被列入世界遗产名录。

## 云冈石窟

500年 中国山西大同 未知 石窟

佛教从印度开始，沿古代商队路线不断地向东移的同时，对中华文化也产生了深远的影响。位于山西省的云冈石窟雕刻在梧州山脉北部的砂岩峭壁上，是构成中国早期佛教艺术和石雕艺术的珍品之一。

颜色鲜亮、雕刻精细的佛像

现存主要洞窟共有53座，大多是北魏迁都洛阳后的作品。这些石雕形态各异，造像共计51 000余尊。此外，还有各种神仙、飞天和动物的雕刻。云冈石窟开凿于453年，由当时的佛教高僧昙曜奉旨开凿，耗时近50年。在砂岩峭壁上开凿的窟龛，其中较大的有20座。

最初，在大型洞穴入口处都设有高达数层的木制庙宇，进深一个房间左右，现仅存两座。朝圣的僧侣所使用的洞穴或石窟，同时又可作为住宿、讲经室、经文库及一些佛教工作和储藏艺术作品等用途。11世纪至17世纪期间，对洞穴进行了重大维修。20世纪初，该地区的游客报告显示，这里的洞穴已陷入极其危险的境地。此外，工业污染已对石窟的内部造成了不可挽回的损坏：这是因为它所在的山西省大同市，是中国最密集的煤炭开采矿区。

### 遥远的影响

当时，中国已是一个贸易大国，所以，中国早期的艺术受到众多因素的影响。一些洞穴，设有希腊式柱子和石头门廊，暗示了印度砖亭（chattri）甚至罗马大教堂的影响。此外，大量的龙凤装饰、屋顶下精美的支柱以及蛇纹石雕刻等，又彰显了伊朗和拜占庭等建筑艺术的影响。

**石窟雕刻**

石窟的大小从21米（68英尺）的洞穴到只容纳雕刻的小龛深浅不等。

## 恒山悬空寺

586年　中国山西浑源县　未知　寺庙

外观好似奇妙鸟巢的恒山悬空寺，位于距地面约50米（164英尺）高的恒山石崖中间，盘踞在水流湍急的金龙河上。精湛的工艺、奇险的建筑布局、巧妙大胆的悬臂设计以及超凡脱俗的秀美是这座寺庙的显著特点。寺庙的唯一入口是一座悬空桥，而后沿石壁开凿的楼梯可到达寺庙并进入寺院。尽管始建于北魏时期，但在之后的明（1368—1644）清（1644—1911）两代都对其进行了大规模的重建。尽管坐落在中国的四大神圣道教名山之一的恒山，但该寺院还是以其三教殿最为著名，即佛、道、儒三教同室，体现了古老的“三教归一”的思想。佛祖释迦牟尼（居中）、老子（道教的创始人，居右）和孔子（居左）的雕塑陈列其中。此外，悬空寺的洞穴内还供奉着由铜、铁、陶器以及石头制成的佛像，其中大多数都与其建筑一样色彩艳丽。在深冬季节，断了熙熙攘攘的游客，却平添了风儿的眷恋，使这里更显空灵与缥缈。

### 岌岌可危的位置

全寺共有殿阁40间及大大小小的洞穴悬挂在峭壁上。绚丽的琉璃瓦装饰的主殿共6座且设计非常精巧。这些殿宇楼阁紧贴山崖而建，中有栈道相连、曲折迷离，令人叹为观止。

## 少林寺

479年　中国洛阳　未知　礼拜场所

在许多中国功夫（kung fu）电影中所看到的鼎鼎大名的少林寺，就位于这里。此外，这里还长期出现在大卫·卡拉丁（David Carradine）主演的《美国功夫》（*US Kung Fu*）系列剧中。更重要的是，这里就是佛经首次翻译成中文的祖禅。坐落在北京西南方向，位于河南洛阳的一个小山镇，在1900年至1901年的义和团运动中受到严重损坏，在20世纪 70年代中期，中国政府对其进行了大规模的恢复。今天，这里俨然成为武术爱好者的圣地，许多常驻的“和尚”实际上都是演员。长期的繁盛，使得这里曾是少林高僧住持修炼的场所。此座寺庙是北魏孝文帝下旨修建的。高墙内是复杂的庙宇建筑群，有寺门、门廊、殿宇和千佛殿等建筑。此外，这里还有书房、厨房、图书馆、会议室和布满雕塑与艺术品的房间，所有的建筑都是按照中国的风水来布局设计。这里富有情趣精美的房屋也是不容错过的风景。最初，寺庙高低共12进院落，依山而建，在翠竹、肉桂、雪松树和瀑布的掩映下，更显古刹的浓浓禅意。

## 镇海楼

1380年　中国广州
未知　防御建筑

这座色泽艳丽鲜红的镇海楼因高五层，所以当地人又称其为“五层楼”，是明朝永嘉侯朱亮祖扩建广州城时在越秀山上修建的。这是一座由绿琉璃瓦覆盖，石狮子护卫在门口的高大建筑，后来被纳入广州市城墙的一部分，并作为该城北部的瞭望塔。

塔下有石头基座，上设有防御城垛。当市内污染程度较低时，它就主宰了这座城市的所有美景。城墙现已不复存在，只有这座塔依然形单影只地矗立在越秀公园内。这是座1952年建造的城中心公园，公园的湖泊、桥梁、宝塔、鸟鱼形成了一片城市绿洲，镇海楼就位于这种和谐共融的氛围中。

在过去的600年里，镇海楼五建五毁，最近一次是在1928年。现在这里是广州博物馆的所在地，这里按朝代陈列着广州城2 000多年发展的文物史料。

## 拙政园

1513年　中国苏州
未知　园林

在中国被誉为“中国园林之母”的拙政园是正德皇帝（1506—1521）年间，一位仕途失意的御史在归隐苏州后将其买下，扩建而成。这座花园占地约4公顷（10英亩）。

“凡诸亭槛台榭，皆因水为面势”，大面积水面缔造了这座园林空间开朗的气质。建筑技术，诸如精确的比例在这里已被用做圈点美景使用，亭台的窗子或用于观景或将远处的宝塔都自然框入画面中。

## 卧佛寺

629年　中国北京　未知　礼拜场所

位于香山东侧的这座美丽寺庙始建于7世纪，即盛唐贞观年间，以后历代有废有建。这座寺庙的殿堂和庭院共计4座，在北京植物园和巍峨的群山映衬下，更显美丽壮观。大理石雕刻的三门是寺庙的入口（佛寺的大门称三门，即佛经里的三解脱门）。拱门是由朱砂粉刷并以黄、绿、蓝色珐琅装饰的墙壁分隔。入口后是3座雄浑俊美的典型的中式建筑：山门殿、天王殿以及佛厅。这3座建筑都是以重檐重瓦的中式建筑为特征。第4座建筑就是卧佛殿，它是整个建筑群中最大的一座，铜佛身长5.3米（17英尺），54吨重的青铜佛像铸于1321年。

**释迦牟尼涅槃铜像**
这是中国佛教早期佛祖释迦牟尼涅槃于娑罗树下，向十二弟子嘱咐后事的铜像雕塑。

# 宝塔

宝塔是中国传统的建筑形式。但宝塔并不是中国的“原产”，而是源于印度的一种建筑，它是古代印度高僧圆寂后用来埋放骨灰的地方，最早出现的形式是印度的舍利塔（一圆顶形土墩）。中国的多重宝塔的设计不仅讨巧而且还愉悦观赏者的视线。这种建筑是建在地下洞室舍利塔上的一种中空结构，逐级栏杆上升至迂回的屋顶。

**园林建筑**

位于伦敦丘园的一座18世纪中国式宝塔是一座具有历史意义的建筑。

宝塔不久就开始作为装饰出现在宫殿里或宫殿上，并且建筑形式也日趋复杂。中国现存最古老的木质宝塔是位于河南洛阳的白马寺（建于68年，于13世纪重建）。唐代是宝塔修建的高峰期，唐朝诗人杜牧就写下了“南朝四百八十寺，多少楼台烟雨中”的七言绝句来赞叹宝塔建筑之多。从北朝开始出现砖石结构的宝塔，并沿袭了4世纪末的设计标准。7世纪，佛教信徒将宝塔这种建筑形式带到了日本，在那里，宝塔大多是由木头建造。最高的（直至被大火毁坏）一座是位于京都的苏呼米宝塔，共7层，高108米（354英尺）。

木制宝塔虽然易受到火灾的威胁，但可以抵抗大自然的破坏。所以，地震来临时，它们只是围绕柱状核心摇摆，而不会倒塌。日本的宝塔经历过大的地震和台风的考验，如古都奈良的法隆寺（Horyu-ji，见第181页）是1 300年前建造的，现在依然保存完好。

**药师寺**

药师寺的东塔始建于7世纪的日本。东塔虽为三重结构，但各层皆附有“裳层”，故状似6层塔，美感十足。

# 紫禁城

1420年 中国北京 未知 宫殿

紫禁城位于天安门广场以北，是一座有着500年多年历史的皇宫。城四周有高10米（33英尺）的城墙围绕，城墙外还有深6米（20英尺）的护城河防护。城内宫殿建筑布局沿南北中轴线展开，延伸至8公里（5英里），占地面积73公顷（180英亩），意在设计建筑房间共9 999间半。1407年开始建造，外墙采用砖结构，但宫殿大部分都是木质结构。紫禁城分为两个部分：其中城的南半部又称“前朝”，这里是皇帝处理朝政的地方。北半部则是皇帝和后

太和殿

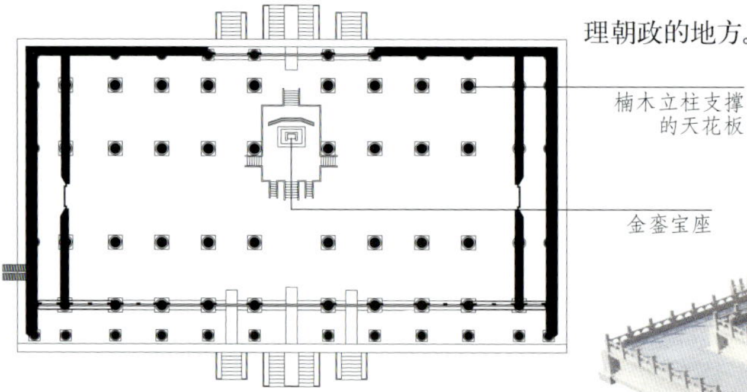


△ 建筑平面图

可以说整个紫禁城最核心的建筑就是太和殿。明清两代几乎所有皇帝都是在此处理朝政等事宜。

△ 乾清宫

位于内廷的乾清宫是皇帝的寝宫。此外，乾清宫也是历朝皇帝临轩听政、接见外国使臣以及读书学习、批阅奏章的地方。

妃们居住的地方，称为“内廷”。

紫禁城重要的建筑就是太和殿（见下图）。在前朝，包括内廷的乾清宫色调都是以黄色为主，黄色是象征皇室的主要颜色。从1420年直至20世纪，总共有24位皇帝居住在这里。1924年，最后一位皇帝从这里被驱逐出去。

△ **护法灵兽**

卷曲鬃毛、把玩圆球的石雕狮子是宫廷门前传统的护卫形式。

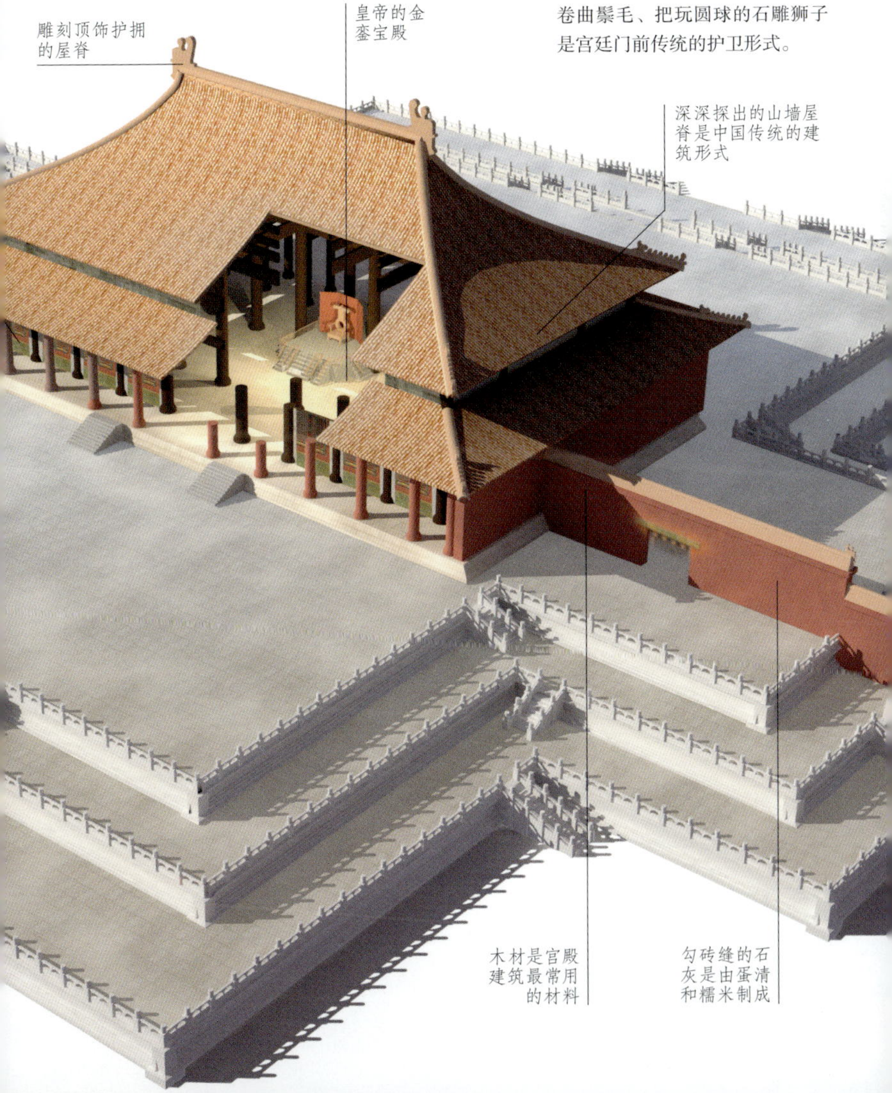

## 颐和园

1200年 中国北京 未知 宫殿

颐和园包括无数的亭、台、楼、阁、廊、榭和大小湖泊等景观，其中水域面积更是占到了294公顷（725英亩）。从晋朝（1115—1234）开始，这里就作为皇家园林，称为清漪园。颐和园是现存规模最大，保存最完整的皇家园林。1924年，这座神秘的皇家园林终于面向公众开放。

18世纪晚期，这座园林已初具规模，但在1860年，第二次鸦片战争时期遭到英法联军的破坏。其后，慈禧太后以筹措海军经费的名义重建了这座园林并将其改称为颐和园，以作为消夏游乐之地。1900年，颐和园又遭“八国联军”的破坏，这次破坏烧毁了许多建筑。如今，这里不仅已完全恢复了往昔皇家园林的恢弘气势，同时也是逃脱北京这座喧闹大都市的好去处。颐和园内设有商店、咖啡馆、游船等辅助设施。此外，如同田园诗般的山区背景为这里更是平添了奇妙的景致。前山以佛香阁为中心，庞大主体建筑群共有3 000座之多。此外还包括各种亭阁楼榭、桥梁和回廊以及排云殿、智慧海和德辉殿等。由精美绘画装饰的近700米（2 297英尺）长的回廊将大多数的亭阁连缀在一起。这里的建筑构思来自于道教的海上三仙山传说。另外，园内近四分之三面积都由水覆盖，所以，建筑和桥梁彼此映衬、相映成趣。

昆明湖上的拱桥

### 昔日的颐和园

附近或多或少几近废墟的建筑就是往昔的颐和园。它与其后的园林是截然不同的，因为这里并不是中国的传统设计风格。18世纪，乾隆年间，这里是由耶稣会建筑师朱塞佩·伽斯底里奥内（Giuseppe Castiglione）指导，以巴洛克理念设计的园林，其设计的主旨是为了超越同时代法国及意大利的花园宫殿。

### 田园景致

距北京城区西北11公里（7英里）的海淀区，就是这座宛如梦幻般宫殿的所在地。1998年，颐和园被列入《世界遗产名录》。

## 佛山祖庙

1085年 中国佛山
未知 礼拜场所

历经数百年的不断扩建，佛山祖庙已成为一座体系完整、结构严谨、具有浓厚地方特色的庙宇建筑。1911年，这里还增建了孔庙。如今，这里是商店、餐馆与古老艺术与工艺混合交织的场所。重点建筑包括真理庆祝亭和鼓钟楼。此外，位于南部的一个大院子是自清朝中期以来，佛山发展而成的地方戏曲表演艺术粤剧万福台的表演场所。祖庙上，清朝时期的石雕上还有描绘欧洲的漫画雕刻。

## 太庙

1420年 中国北京
未知 礼拜场所

太庙是明、清两代皇帝祭奠祖先的家庙，与紫禁城的南北轴线平行。太庙是传统的中华帝王建筑精品，由前、中、后三大殿构成了三层封闭式庭园、大殿两侧还各有配殿和庙门。1420年建造的两层大殿耸立在整个太庙建筑群的中心，历经修复并一直延续至今。此外，太庙周围还有高墙与古柏的掩映。从远处看来，两个侧殿似乎很素朴，但上面也布满了具有丰富想象力的装饰。

## 灵隐寺

326年 中国杭州
慧理 礼拜场所

灵隐寺是中国最大、最富有的禅院之一。10世纪，在灵隐寺的全盛时期，其规模之宏大，共有九楼、十八阁、七十二殿堂，僧徒更是达3 000余众。虽然创建于4世纪初，但自此以后，共历经16次重建。1968年“文革”期间，尽管红卫兵在一定程度上对其造成了损害，但在周恩来总理的直接干预下，古刹还是逃脱了像其他地区宗教遗迹被大规模破坏的命运。灵隐寺的布局与江南寺院格局大致相仿，大厅广阔：正面是大雄宝殿，原称觉皇殿，单层三叠重檐，气势巍峨，重檐更是高达35米（115英尺）。五百罗汉堂大厅正如其名，共有500尊真人大小般的青铜雕像。中文称之为灵隐，英文译作灵魂退隐的寺庙（Temple of the Soul's Retreat）。

## 西安鼓楼

1380年 中国西安
未知 民用建筑

鼓楼建于1380年，基座呈长方形，它的建筑形式是歇山式重檐三滴水式。34米（112英尺）高的鼓楼东与西安穆斯林区的钟楼相望。楼上原有巨鼓一面，不仅可以击鼓报时，在危险发生时还可以报警。今天，位于二层的是一家古董商店，但第一层除由许多多姿多彩的各式鼓装饰外，还有一座迷人的鼓博物馆——鼓楼。鼓楼为巨大的砖木结构，南北正中辟有券洞门，街道可由此穿过。如今这座雄伟的建筑被周围俗艳的现代建筑，诸如世纪金花百货等围绕而日显凄凉。

## 北京天坛

1530年 中国北京
未知 礼拜场所

天坛始建于明代，占地面积达2.6平方公里（1平方英里）。现位于北京天坛公园内。

天坛周围有垣墙围绕。整座建筑结构和布局都是基于象征与命理进行的设计与规划。根据上古时期（追溯到孔子时代以前）的理论，天坛是圆的，象征天圆；而其基座和建筑体系按直线轴排列，则是象征地方。所以，天坛城墙南方北圆，象征天圆地方。圜丘坛是整座建筑群中最精美的建筑，天坛平面呈圆形，共分3层，皆设汉白玉栏杆。这里曾是皇帝举行冬至祭天仪式的地方。皇穹宇的单檐蓝瓦圆攒尖顶，就像一把蓝色的大伞。祈年殿是举行孟春祈谷大典的场所，三重蓝琉璃瓦和3层天花板上分别绘有象征性的彩画装饰。

祈年殿

将这3座主建筑连缀起来的是一座长长的贯通南北的台基，叫做丹陛桥的建筑，又称神道。丹陛桥的中间是神道，左边是御道，右边是王道。皇帝走御道，穿过它还可去往其他寺庙建筑。

**祈年殿**

大殿结构十分独特，中央的4根立柱，分别代表一年中的四季；外围两排各有12根柱子，分别代表12月和12个时辰。多彩的色釉分别象征天、地和世界上所有的事物。

### 明、清两代王朝

这两个封建王朝持续的时间为1368年至1911年。两个朝代的帝王都会根据古代的传统，亲自到天坛举行祭天的活动。虽然皇帝自称为“天子”，但他们并不敢将自己的住宅，如紫禁城（见第172页和第173页）建造得如同天堂。但这些做法自1911年，伴随着中华民国的成立就宣告结束了。

## 五仙观

1378年 中国广州
未知 礼拜场所

五仙观是一座道教祭祀五仙的谷神庙。据传，南海的天空忽然飘来五朵彩色祥云，上有五位仙人，分别骑着不同毛色的山羊，仙人把恩惠留给这座城市——广州。他们带来了5种水稻，并将水稻种植的秘密传授给这里的人们，随后仙人腾空飞逝，五只仙羊化为石头留在广州山坡。从此，广州称“五羊城”、“羊城”或“穗城”。

这座红色的寺庙包括一座历史可追溯到明朝的巨大钟楼，以及一座以明朝风格建造的主殿。后殿东侧的原生红砂岩石上，有一脚印状凹穴，民间传说是仙人留下的脚印。

## 北京先农坛

1420年 中国北京
未知 礼拜场所

这座寺庙是一个祭坛建筑群，占地3平方公里（1.2平方英里）。20世纪，这里一度沦落为工厂，破损严重，但后来得以恢复。每到农耕开始的季节，明、清两代皇帝亲自率领文武百官行藉田礼于先农（农神）坛，以祈求一个丰收的好年景。采用红色或绿色琉璃瓦装饰的宫殿建筑更显宏伟壮观。根据祭祀活动的不同要求，皇帝祭祀前后的更衣场所称之为具服殿，这里是皇帝更换亲耕礼服和服饰的地方，以示对神灵的尊敬。

# 日本和韩国建筑

## 500—1900

**朝鲜在中、日两国建筑的发展方面起到了桥梁的作用。高丽王朝时期（Karayo Period，918—1392）的木质建筑，尽管中、朝两国在建筑细节部分存在分歧，但本质上，中国式建筑还是朝鲜半岛的主要建筑形式。虽然日本也与中国式建筑的渊源颇深，但日本建筑界在吸收的过程中，还进行了广泛的创造，逐渐呈现了以夸大的屋顶和大胆设计为主要特征的设计形式。**

日本传统的建筑结构以崇尚自然、淡泊、雅静、优雅的比例以及犹如盆景般的景致为主体特征。如果避而不谈风格的话，产生这种建筑形式的原因是多方面的。与中国一样，日本也是一个广受地震困扰的国家，建造厚重的建筑，从来就不是一个好主意，因为一旦地震来临，可能就会全部倒塌。而且日本是一个土地匮乏、多山的国家，所以，大多数日本人不得不在空地边缘谋求安身立命之所。因此，土地就变得异常珍贵，即使是最小的庙宇、房屋或花园都尽可能修建得使人安然自得。对于西方游客来说，日本所谓的“古”建筑，根本就看不出古老，这也是一个不争的事实。这是因为，在设计和布局上，日本人不仅尽量维持建筑的原貌，而且建筑所用的木材已被更换过多次。循规蹈矩地进行重建，这在日本是众所周知的事情。诸如神道寺庙（Shinto Temples）每隔20年左右就要重新修葺一次，似乎这也是神道（Shinto Gods）精神的部分体现：因为它总是短暂地到访人间，所以，根本就不需要所谓永久性的住所。

### 经久不衰的传统

建筑的传统伴随着佛教传播也发生了变化。寺院建筑虽日趋复杂和普及，但庙宇、寺院、住宅等建筑最终在江户时代（Edo Period，1603—1868）相互融合。此外，建筑的内部都设定了严密的测量标准和确定的比例。所以，我们看到的是一个非常独特的日式建筑体系。直到19世纪中叶，日本开始面向西方世界开放，这种体系都没有太大的变化。而在朝鲜，就一直保留了中国式建筑特色，直到近代。

◁ 清水寺宝塔（the Pagoda of the Kiyomizudera）的这种建筑结构和鲜亮的颜色，体现了中国建筑风格已伴随佛教来到了日本。

## 建筑元素

传统的日本建筑代表了木质建筑的最高成就。这种建筑形式虽不能防火，却有很好的抗震性能。此外，日本的庙宇、宫殿或其他类型的建筑，无论从其结构还是设计上都以超脱的宁静感示人。即使曾深深根植于中国的建筑传统，但日本建筑很快就拥有了自己与众不同的特点。

△ **修剪整齐的花园**

高度设计的日本建筑往往与修剪整齐的景观花园密不可分。自然与人为达到了巧妙的平衡。

屏风充当门窗的作用

△ **草庵茶**

茶道是一种古老的禅宗仪式，以倡导宁静致远的感觉来修炼人的身心，创造了悟的人。此外，茶道一直要求有其自己独特的建筑。

雕刻的顶饰，显示了木工精湛的技能

具有保护屋檐作用的挡风板延伸、穿越整个屋脊

◁ **叉子式的顶饰**

这种建筑结构是早期日本寺庙建筑的显著特点。这是一种由原木或树枝制作而成的看似简单的建筑结构。事实上，这些都是位于芦苇或茅草屋顶两端雕刻精细的山墙挡风板。

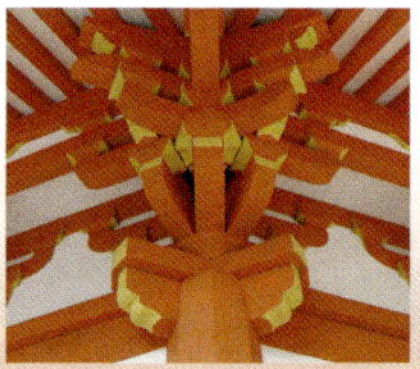

◁ **精细木工**

越是重要的寺庙和宫殿其建筑就越不以黄金、宝石来装饰，反而是以大量精致和高度复杂的木工制作来体现。

曲线门楣是后来才出现的形式

△ **明神鸟居**

这里所展示的是伊势神宫（Itsukushima shrine）内，经过改良且程式化的“明神鸟居”（Shimmei Torii，见右图）入口，其双门楣的设计与寺庙的屋檐双重门楣相呼应。

△ **鸟居**

早期的“鸟居”仅是两个普通的支柱构成的简单寺庙大门，两根横梁作为门楣，两根埋入地下的支柱起到支撑的作用。

## 法隆寺建筑群（HORYU-JI TEMPLE COMPLEX）

607年 日本奈良 未知 礼拜场所

百济这个与日本有着密切联系的朝鲜王国之一，将佛教传入日本的同时，也将中国的寺塔建筑一并传入了日本。7世纪初，日本奈良建造的法隆寺，是日本现存最古的唐式木结构佛教建筑之一。是由用明天皇兴建，他希望以其诚心，能使他从疾病中康复。但一直到他去世以后，这座寺庙建筑才完成。

**五重塔**

670年，法隆寺被火焚毁，但随后又开始迅速地重建。早于日本有史可据的寺内建筑还有金堂（Golden Hall，见下图）、中门、回廊和位于中心位置的五重塔。这些建筑精致的结构和设计细节，完全有可能是出自从百济到日本的建筑师或工匠之手，是他们为日本古典建筑开启了优美秩序感的开端。这座建筑群对后来的建筑，特别是8世纪，由圣德太子（Prince Shotoku）建造的梦殿（the Dream Hall，一座八边形的建筑结构）产生了重大且深远的影响。钟楼和大讲堂（Great Lecture Hall）在10世纪重建，其他的建筑则分别建造于13世纪到19世纪不等。1933年至1953年，建筑群内的所有建筑都全部被拆除，并按原貌进行了恢复与重建，以延长其寿命。

### 日本的寺院建筑

7世纪，宝塔是日本寺庙的主要建筑形式。日本塔有来自朝鲜和中国的建筑传统，所以，它也是从早期印度佛教供奉佛祖舍利的佛塔圆顶土墩建筑形式发展而来。中国塔则主要采用砖结构并且有鲜艳的色彩，而日本塔主要是木质结构并且尽量使用安静和统一均匀的颜色，通常选择静怡的灰色。

**力与美**

金堂（Kondo）可能是世界现存最古老的木制建筑之一。

## 伊势神宫（ISE SHRINE）

690年 日本伊势 未知 礼拜场所

日本神社自7世纪起，开始实行“造替”（Shikene Sengu）制度，即每隔几十年就要重建一次。伊势神宫的“造替”制为每隔20年一次。风景如画的神社是用来供奉丰受（Toyouke，主管粮食或收获的女神）大神以及天皇的祖先天照大神（Amaterasu）的地方。

这种不断重建的行为，体现了神道建筑的本质，也是日本更深层次上重生信念的体现。虽然从闪闪发光的金属饰物、颜色鲜艳的玻璃球和镀金装饰门中，还可以看到中国的影响，但基本上还是坚持神道建筑最纯粹最朴素的形式，如古典的建筑形式、单纯的材料以及建造与自然环境相融的建筑结构等。所以，这里堪称为东方的希腊神庙。芳香的桧木是神社经常采用的温和建筑材料。另外，山墙挡风板也是这座建筑引人注目的特点之一，从屋顶的两端交叉而出犹如交叉的双剑，但你也可以将其理解为叉子或其他收割的农业用具。作为重点的文物保护单位，伊势神宫可以避免市场利益的驱动，所以在日本繁忙的日常生活中就犹如一片净土。该神社将于2013年进行第62次重建。

进入主殿的鸟居入口

### 神道建筑

神道教（Shintoism）简称神教，是日本的传统民族宗教。日本人称一切神明为卡咪（Kami），但最初是以自然崇拜、祖先崇拜为主，并不主张图像崇拜和追寻精心制作的庙宇。然而，早期的日本寺庙设计本身却承担着重要的象征意义。屋顶上粗大的原木是日本原始建筑的典型特征，传统的粮食仓库更是如此。

**神道教简单建筑风格**

伊势神宫内部采用最纯粹、最朴素的形式，只有10.9米（36英尺）宽，5.5米（18英尺）深。屋顶使用萱草这种简单的材料建成。

## 平等院（BYODOIN TEMPLE）

1053年　日本京都宇治市　未知　礼拜场所

这座精致的寺院原本是为当地强大的贵族修建的别墅，其后，他的儿子将这里改建成佛教寺庙。如今，园林的美景与倒映在宇治河（Uji River）西岸的观赏池塘中的身影相映成趣。宽阔的寺内曾建有许多建筑。后来，因战火（Civil War，1336年的内战）的蹂躏，大部分已被焚毁，只有中央大厅得以幸免。此时的寺庙仍然具有明显的中式风格，正如这里所看到的装饰细节和丰富色彩的运用。然而，这座寺院却是日本建筑的开端，真正代表了日本建筑早期发展的形式。1053年建成的凤凰堂（Phoenix Hall），之所以称为“凤凰堂”，是因为不仅屋顶上伫立一尊凤凰像，里面还供奉着由著名的艺术家定朝雕刻的木质镀金的“阿弥陀如来佛”坐像。

**共通的货币**

这些寺庙在日本是众所周知的建筑，因为它们的图像早就出现在10日元硬币的背面。

## 清水寺（KIYOMIZUDERA KONDO）

1633年　日本京都　未知　礼拜场所

清水寺为栋梁结构式寺院，坐落在落差极大的山腰上，寺院建筑气势宏伟，日本少有。寺庙的中心建筑是著名的“清水舞台”，即大殿前为悬空于京都（Kyoto）东部山林中，由大圆木支撑的“舞台”。早在8世纪，清水寺就以日本为数不多的观音灵地而闻名。这使得这座寺院既具有象征意义又具有现实意义，这主要与供奉在这里的以慈悲救济众生为本愿的观音菩萨（Kannon Bodhisattva），以及与传统的日本山地特点和十一面千手观音有关。神社的外殿较为素朴，1633年大火后，寺庙重建时也仅装饰有商人捐赠的绘画；而内部却精美绝伦，黑色烤漆平台上是覆以金叶装饰的塑像。清水寺的正殿供奉着由艺术家円珍（Enchin）创作的11面千手观音立像，这座立像每隔33年才面向世人开放，其最近的一次开放时间将是2010年，所以，有意参观的游客可要提前留意。清水寺的后侧是一处称为地主神社（the Jishu Shrine）的小神社，据说，这里会为那些寻找浪漫爱情的人带来好运。

**切妻式屋顶（Sweeping Roofline）**

位于中央正面的盖有“入母屋式”屋顶与其他三个屋顶坡面相连，屋脊则突出两侧屋柱或山墙。

## 金阁寺（KINKAKUJI GOLDEN PAVILION）

1397年 日本京都 未知 住宅

因建筑外部包覆有金箔，故名金阁寺。在这片极乐净土的中心庭园内，池塘与金阁相互辉映，使之成为京都的代表性风景。最初这里仅是为一位退休将军修建别墅的一部分。1408年，将军去世后，这里成为禅宗佛教寺院，但在1950年，它被不安分的和尚焚烧。如今，我们所看到的这座犹如珠宝般璀璨的建筑是1955年时，依照原样重新修复建造的。

### 日本的建筑风格

一楼是由延续游廊包围的“法水院”（Chamber of Dharma Waters，被称做达摩水域），11世纪寝殿造风格（Shinden-zukuri）；二楼是镰仓时期的“潮音洞”（一种武家造，Buke-zukui），武士建筑风格；三楼则为中国风格（属禅宗佛殿建筑，Karayo）。

金阁寺是室町时代（Muromachi Era，1338—1573）足利家族第三代将军义满（Ashikaga Yoshimitsu）作为寻求隐居生活而修建的别墅。他在这座美丽的金色别墅里开始了他的修行生活。原本，金阁寺（Kinkakuji或Golden Pavilion）隶属于一个更庞大的建筑群，其中还包括两座宝塔，但早已在应仁时代（Onin Era，1467—1477）的内战中被烧毁。虽然其后进行了重建，90年后又再次被破坏，只有金阁寺和一个附属建筑幸免于难。金阁寺是一座将日本的建筑历史与文化巧妙结合在一起的三层楼阁状建筑，每层都设有佛教神灵的雕像，共用去48公斤（106英镑）的金箔。屋顶顶端有象征吉祥的金凤凰和具有日本特色的木瓦装饰。1987年，寺庙进行了大规模的恢复。风格别致的日式经典茶馆，或雪花亭（Sekka-tei）使其看起来依然如同14世纪般古色古香。据此步行不远，就到了日本最著名的龙安寺（Ryoanji）的禅宗花园，这里完整地保留了15世种独立的枯山水风格建筑。

置于莲花座上的青铜佛像

**金黄与翠绿**

金光闪闪黄金覆盖的金阁寺墙壁和走廊与其后茂密的、植满赤松的群山交相辉映。

# 日本庭园

日本庭园总是试图演绎自然并将其以理想化的形式呈现，而佛教的静思理念则是日本庭园设计的开端。庭院的设计都遵循一定的规则，但每一座又都体现出设计者的独具匠心。虽然小型化设计理念很重要，但最精致的日本庭园采用的还是大型景观园林的设计模式。

**盆景树栽**
自然与微型是日式盆栽中反复出现的主题。

日本庭园总是在最细微之处给人以喜悦。16世纪茶艺大师千利休（Sen No Rikyu）建筑了一道树篱将大海与房子分离开来，如果他的茶客没有在石盆净手就在花园中散步，他是很不高兴的。茶客如若从水盆上移开视线，透过树篱的间隙就能看到远处清晰可见的大海。此时，茶客就能会心地笑了，因为千利休已经能够理解并巧妙地将盆中之水与远处的海水直观地联系在一起，所以，推而广之也就能将自己与无限宇宙联系在一起。日本庭园的基本要素主要是掘池、造岛、遣水、树木和桥宇。设计师将这些要素精准地统整和设计并最终将其完美地表述。

日本庭园共分为：消遣式（Strolling Garden）、天然式（Natural Garden）、砂石式（Sand and Stone Garden）、茶亭式（Tea Garden）和平台式（Flat Garden）五种类型，建筑与庭院是密不可分的整体。花园就好比是一个旅程，旅程与目标同样重要，这就是为什么花园要包含众多的小情趣。注意，这里可不是慢跑者或那些喜欢甲板运动、露天嘈杂音乐和烧烤爱好者的逗留之处。

**京都的东寺（Toji Temple）**
修剪整齐的花园和锦鲤池，将这座5层宝塔衬托得更显空灵与沉寂。此外，它还是古代日本保护神的象征建筑。

## 修学院离宫

1659年 日本京都
未知 住宅

修学院离宫（Shugakuin Imperial Villa）位于日本京都，这座最壮观的别墅庭园，坐落在俯瞰整座城市的比睿山上。在山坡最高处建有邻云亭（亭为茶室），这是专为纪念退位的后水尾天皇（Gomizuno，1596—1680）而建造的，他是一位致力于和歌与佛道的博学天皇。别墅置身于一座优雅的公园内，离宫分为上茶屋、中茶屋和下茶屋三部分。别墅整体设计温和、安静而美丽，并且严格按照建筑的比例规则设计建筑。虽然已有300多年的历史，但今天看起来仍不落伍。此外，它还对欧洲早期的现代主义设计产生了深远的影响。

## 石窟庵（SOKKURAM GROTTO）

751年 韩国佛国寺
金大城 神社

石窟庵是新罗景德王时期，由国相金大成（Kim Taesong）所建。石窟内有白色花岗岩雕刻的释迦像，周围的石壁上除刻有半身佛像外，还有菩萨和诸弟子的浅浮雕像。入口大堂的前厅由两根坐落在莲花基座上的粗壮柱子支撑。呈圆形的主室由花岗岩堆砌而成。伴随着佛教的衰落，石窟也被遗弃，并最终在1913年至1915年间，被控制韩国的日本当局拆除。当时，石窟内巧妙设计的调节系统被阻不畅，导致石头返潮，并最终威胁到雕塑的安全。问题后来得以解决：在联合国教科文组织（UNESCO）的资助下，在古老的石窟内，安装上了现代的空调调节系统。

## 姬路城（HIMEJI CASTLE）

1614年 日本姬路
未知 防御建筑

姬路城堡又称白鹭城（Shirasagi，the White Heron），1931年被指定为日本国宝。它是保存最完好的武士堡垒，还是风格最典雅的一座代表性建筑。虽然它的白色墙壁和屋顶宛如一只展翅欲飞的高雅白鹭，但它却是为发动战争最残忍的武士阶级建造的。城堡共占地面积23公顷（57英亩）。其后，池田辉政（Ikeda Terumasa，1564—1613）时对这座广袤且美丽的著名城堡进行了修复。修复如此浩大工程，动用了大量的士兵、农民和奴隶。

池田辉政兴建城堡的工程浩大，建筑

### 武士

从12世纪到19世纪，日本都是大名（Daimyos，军事贵族）主宰的社会，他们的武士（Samurai）在将军的领导下建立军事上的独裁统治。武士是一个既有特权又忠诚的阶层，他们严格遵循武士的荣誉，即众所周知的武士道（Bushido）精神。从17世纪开始，他们的军事任务逐渐变成了一种仪式。1867年，伴随最后一位将军的辞职，武士制度也随之被取消。

由中心部分的城堡主塔和3座附属塔开始，城壕环绕高大曲折的石城郭，城郭之间还设置有几座大门和瞭望塔。城堡之间又有许多秘密通道，以确保其安全，即使秘密泄露，也只能从城堡内部突破。城堡中内庭的道路，千回百转，好似迷魂阵又可为保卫士兵提供掩体。然而，在和平时期，它又成为一座富丽堂皇的优美住宅。内部和外部护城河的防线，升至15米（50英尺）高的大曲线倾斜外墙。所以，姬路城堡动用大量木材和巨石。此外，铁等材料的加固措施使其结构严密，固若金汤。采用堆积重叠轴结构的主体建筑是一座7层，47米（155英尺）高的塔楼。东南角，是一个被称为切腹（Hara-kiri-maku）的地方，在这里一些自认为没脸见人的武士会对自己施行自裁。或许，对这座宏伟城堡最具讽刺意义的是，在耗费了巨大人力和物力建成之后，这里却从没有被攻击过。

**屋檐上的装饰瓷砖**

这座戏剧性的代表性建筑墙壁全部涂以白色灰浆。迷宫一样的内部有精美的木质画廊、拉阖门（Fusuma，滑动的屏风）和按比例排列的榻榻米（稻草席子）。

**画面般完美**

如同德国的新天鹅城堡（Neuschwanstein，见第412页），或是英国的温莎城堡一样，姬路城是日本纪念性日历中出镜率最高的建筑。

# 伊斯兰建筑

或许，伊斯兰教的信众之多及传播之广是任何其他宗教所无法比拟的，这种宗教自身还兼收并蓄了多元化的文化。进而形成了不同的思想流派，如从神秘主义到禁欲主义等，也同时启发了不同的宗教与世俗艺术和建筑形式，跨越清教徒到感性等不同的范畴。

伊斯兰的传统深深根植于阿拉伯半岛，这里也是先知穆罕默德，这位富商的诞生地。从7世纪起，阿拉伯部队听从先知的教导和启发，不断扩展着伊斯兰教的影响，将伊斯兰教从近东传入北非、印度、中亚，西班牙及更遥远的地方。另外，由阿拉伯半岛本土发展起来的建筑的传统，也不断地进行调整，以适应不同地区的气候和更好地利用当地的建筑材料。

**“昆斯兰观看到沐浴中的希林”**
在这个16世纪的波斯诗歌手稿中，由诗人尼扎米（1141—1209）创作的哈姆扎哈基（Khamza）中的微型画像，很好地阐述了世俗建筑装饰中丰富色彩的运用。

## 累积的传统

早期的伊斯兰建筑主要受拜占庭的强烈影响，圣索菲亚大教堂（the Hagia Sophia，见第126页和第127页）就是最明显的例子；当然还有来自前伊斯兰波斯（Pre-Islamic Persia）萨珊艺术（Sassanian Art）的影响。此外，来自阿富汗、北非、中国，以及后期越来越多地受到欧洲北部地区的影响。通过对不同风格的不断吸收与调整，某些特定的风格就逐渐成为整个伊斯兰世界的普遍法则。例如，阿拉伯字母及丰富的文献，特别是《古兰经》等文本都成为伊斯兰建筑物华丽外表装饰中不可或缺的元素。另外，某些宗教和世俗的形式也广为传播。伊斯兰建筑中最有名的莫过于清真寺。最开始，它是由穆罕默德的追随者们聚集在围墙圈

**祈祷壁龛**
这个祈祷壁龛有着令人眼花缭乱的镀金花卉图案装饰，大殿内正向墙正中均设米哈拉布（凹壁），它是朝向麦加的祈祷方向。

## 关键日期

- **570年，**沙特阿拉伯的穆罕默德诞生于麦加，在这里他创立并传播伊斯兰教。
- **600年**
- **630年，**穆罕默德和他的军队征服了麦加，从而这里成为阿拉伯民族的精神支柱。
- **632年，**穆斯林收复耶路撒冷6年后，穆罕默德辞世。
- **655年，**《可兰经》，穆斯林的圣书，作为安拉对穆罕默德的启示，由他的弟子最终完成。
- **696年，**阿拉伯语成为伊斯兰世界的官方语言。
- **711年，**塔里克·伊本·西亚得征服了来自西班牙南部的西哥特国王罗德里克（Visigoths of King Roderi），并定都科尔多瓦（Cordoba）。
- **800年**
- **825年，**波斯数学家花拉子米创作了一本代数书，并且采用阿拉伯数字来计数。
- **848年，**位于萨马拉（Samarra）的大清真寺建造完成，当时它是世界上最大的伊斯兰清真寺。
- **1000年**

成的院落进行祈祷的场地，最后逐步衍生而成了一种独特的建筑形式。这种建筑的设计包括一个封闭的庭院，由分行排列的方柱或圆柱支撑的一系列拱门环绕，信徒们在建筑内或阴凉的地方进行祈祷。

另一种重要的宗教建筑形式是伊斯兰学校（Madresah）或神学院，是从萨珊建筑中衍生出的形式。这种类型的建

**书法装饰**
这是古兰经铭文装饰的圣石清真寺（见第197页）。彩釉、平滑大理石方砖和玻璃马赛克镶嵌在其周围。

**1100年，**廷巴克图，这座位于撒哈拉，非洲北部沙漠里的绿洲，是由穆斯林商人建立的。

**1187年，**萨拉丁使埃及苏丹（Sultan）重归伊斯兰教，并从基督徒手中夺回了耶路撒冷。

1200年

**1258年，**蒙古人摧毁了巴格达的阿巴斯王朝（Abbasid）的统治，同时杀戮了近80万人。

**1453年，**穆罕默德二世领导的奥斯曼土耳其人占领君士坦丁堡（或拜占庭），并重新命名为伊斯坦布尔。

1400年

**1475年，**世界上第一个咖啡馆在伊斯坦布尔开业。

**1492年，**费迪南德和伊莎贝拉领导下的基督教王国，重新征服了西班牙。

**1529年，**奥斯曼帝国围攻维也纳并在全欧洲造成了恐慌。

**1571年，**通过勒班陀战役，基督教军队击败了奥斯曼帝国海军，暂缓了伊斯兰扩张的步伐。

1600年

**16世纪，**在也门的希巴姆建成了一座泥砖砌成的“摩天大楼”。

筑中，伊万是环绕在清真寺院拱门两侧设有一个2层大厅的建筑设计形式。但伊斯兰建筑中最突出的特征还是圆顶，现存最早的一座是从早期基督教传统中发展起来的圣石清真寺（Dome of the Rock，见第197页）。

伟大的奥斯曼帝国的建筑师从单一穹顶设计，逐步发展成中央主穹顶周围以拱门和较小穹顶和半穹顶环绕的设计形式，其中最著名的是位于伊斯坦布尔的苏莱曼清真寺（Istanbul Suleymaniye Mosque，见第206页）。

16世纪，由波斯建筑风格发展而来的优雅尖塔形式（往往成对或多个出现）是东部清真寺的共同特点，已完全纳入到伊斯兰传统当中。

通常，伊斯兰建筑都是以最美丽、最感性的方式呈现在世人面前。颜色是伊斯兰建筑装饰中的重要组成部分，通常采用发光的金色玻璃马赛克，将鲜艳的蓝、绿、红和黄色等瓷砖广泛地运用在建筑的内外装饰上。对于伊斯兰宗教建筑而言，是以三维建筑表示生命的存在以示对偶像的敬意，是以光彩耀眼的几何图案，来反映阿拉伯数学发展的悠久历史。此外，从古兰经文本或图例中发展而来的书法风格，可以被任意地拉长或缩短，或直或横或弯曲变化多端的阿拉伯文字，更是被大量使用在清真寺、尖塔和世俗建筑的绘画和石雕等的装饰中。

**穆罕默德**

穆罕默德是一个不折不扣的宗教战士。作为阿拉伯的第一个统一者，他为阿拉伯的发展做出了巨大的贡献。他首先征服了阿拉伯并把整个伊斯兰宗教大家庭安顿得井然有序。穆罕默德去世后不久，伊斯兰国家迅速成长为世界强国。此外，当时，无论拥有多么辉煌的建筑也掩盖不了拜占庭帝国的日渐脆弱；希腊和拉丁基督教教会之间的敌意以及波斯不断削弱的权力，这些通通是送给所向披靡并充满活力的穆斯林的礼物。

### 世俗建筑设计

几个世纪以来，伊斯兰世俗建筑的传统都是以皇家享乐、商业富甲和奢华的空间为设计的出发点。例如，格拉纳达（Granada）的艾勒哈卜拉宫（Palace of the Alhambra，见第204页和第205页），就是特权和强大势力在世俗世界创造天堂的典型代表。另外，许多世纪以来，伊斯兰建筑师还设计了宏伟华丽的水上花园等建筑形式。比如在艾勒哈卜拉宫（Alhambra），水可从花园和庭院直接引入房间，以此来象征绿洲的含义，并暗示了在干旱地区水的重要意义。

伊斯兰宫殿往往更像一座小城镇而不是以一个单一的建筑存在，在概念上类似于后来西欧中世纪出现的城堡。但是，这里从来不缺少欢乐的设计细节，这里总是充满阳光、玫瑰、杏仁、柠檬以及香橙花气味，还有潺潺的流水。这与伊斯兰教的宗教仪式和信仰的复杂性密不可分。此外，因为性别不同，在穆斯林的日常生活中有所区分，所以，在建筑上就要为男子和妇女分别设定不同的生活区域，后宫就是一个极端的例子。

同样，宫殿也可以是学习以及军械库和营房的所在地。由于宗教在伊斯兰建筑发展中所发挥的重要作用，许多宫殿、狩猎小屋以及大型住宅都从清真寺选取了部分建筑元素，其中就包括穹顶和尖塔。然而，与清真寺不同的是，其内部大多充斥着丰富甚至感性的马赛克装饰。许多早期壮观的伊斯兰宫殿早已

**艾勒哈卜拉宫（Alhambra）：一个水样的天堂**
静止的水池、奔流的河渠和波光粼粼的喷泉，水是这座西班牙南部丘陵上鲜活建筑形式中不可或缺的元素。

不复存在，因为经久耐用并不是设计者的初衷。由基督教君主保存的艾勒哈卜拉宫就成为这其中最大的例外。

### 伊斯兰教的影响

中世纪的欧洲建筑师从他们的伊斯兰同行那里学习到了许多东西。正如伊斯兰扩张者不断地从希腊和罗马的君士坦丁堡的遗产中所学到的那样，西欧的建筑师通过十字军东征（the Crusades to the Holy Land）也掌握了尖拱和哥特式设计的秘密。伊斯兰建筑师所取得的成绩是真正博学的人都不能否认的。正如克里斯托弗·雷恩（Christopher Wren，见第326页）在其威斯敏斯特大教堂（Westminster Abbey，1713）的历史所指出的那样："这是我们现在称之为哥特式建筑的方式……哥特人其实不是制造者而应称为破坏者，我觉得有更多的理由称其为萨拉森（Saracen）风格；因为那些人既不为艺术，也不希望学习。"

# 第一座清真寺建筑
650—1600

**许多宏伟的清真寺建筑，都是由诸如米马尔·科查·锡南（Mimar Koca Sinan，见第207页）这些技术精湛的建筑师设计建造的。尽管这些建筑都很令人鼓舞，但我们对早期的清真寺建筑却有另一种深刻且直观的关注：它们选择崛起在炎热的沙漠或绿洲上，通过尖塔不断地向上延伸，一直伸向耀眼的天空，在那里犹如钻石般耀眼的光芒似乎遮蔽了神灵的脸。**

小心翼翼地站在伊拉克中部萨迈拉尖塔（Samarra）的下面，在这里，游客曾亲眼目睹脚下清真寺巨大的废墟和远处不断延展的城市，它们一直延伸到由闪闪发亮的沙漠构成的地平线。这座螺旋尖塔，是许多建筑师不可不到的目的地之一。此外，这里也是伊斯兰教许多伟大建筑的诞生地，就是从这里，伊斯兰建筑延伸至北非、西班牙、波斯、印度和中亚等地。

## 走出沙漠

早期的伊斯兰建筑，似乎也同样注入了这个富有感染力新宗教的巨大能量。虽然它也借鉴了两个伟大的宗教——犹太教和基督教的传统，但从阿拉伯沙漠里诞生的建筑却有着自己独特的风格。它既像武士般雄健，又令信徒们无条件地服从。因此，许多早期的大清真寺都反映了传教士的军国主义般的热情。有些则似乎是仿照罗马兵营或士兵游行的场地设计。另外，像杰尔巴（Jerba）清真寺，是一座坐落在突尼斯（Tunisian）岛上，由椰枣（今天，这里还有旅游饭店）和橄榄树构成的绿洲之上的一座美丽白色清真寺。它是如此朴素与宁静，让你不由得联想起福楼拜（Flaubert）笔下对夏季微风的描写：“微风静静地拂过小岛——那么轻柔，使死亡都不敢靠近。”在一座只有几十万人口的小岛上，这种独特且简单的清真寺却多达300座。传说，位于格拉拉（Guellala）村外的清真寺（Jamaa Ellile）就是一夜之间奇迹般地出现在世人面前的，而它的建设者本打算在睡醒的第二天才开工建设。这个故事不仅令人愉快，也让人们领略了伊斯兰教正在北非以惊人的速度蔓延，并且也反映了早期清真寺惊人的建设速度。

◁ 光线穿过装饰豪华的清真寺窗户，同时也照亮了土耳其伊斯坦布尔的苏莱曼清真寺内部耀眼的马赛克，它是建筑师锡南最伟大的作品之一。

## 建筑元素

伊斯兰教义规定禁止对人体的描绘，所以对上帝脸部的描绘更是少之又少。但伊斯兰艺术家和建筑师同样发展出极富特色且精致的装饰艺术，为我们呈现了将装饰与建筑高度统一的、有深刻造诣的建筑形式。

△ **书法艺术**

世界上很少有一种文字能如同伊斯兰文字一样对建筑产生如此深远的影响。伊斯兰书法家从教师和哲学家中精选出所需要的书案形式，并将它们应用到建筑装饰中。

天蓝、绿松石以及绿色是伊斯兰建筑瓷砖的常用颜色

△ **彩色瓷砖**

波斯与西班牙两国建筑师与瓷砖设计工匠们通力合作，共同设计出精美绝伦的瓷砖。有时，这些瓷砖会包覆在整座伊斯兰建筑上。

△ **马蹄拱**

看起来好像头饰的马蹄形拱，不仅是引人注目的巨大拱门而且应用极为广泛。

精心设置的窗饰窗口通常安装在复杂的表面上，上面配有雕刻花卉和几何图案

△ **精致的拱门**

多中心窗饰是清真寺仪式专用的精致窗口设计，同样也是欧洲哥特式建筑设计的重要组成部分。

△ **尖拱**

这种尖拱的设计成为伊斯兰建筑送给欧洲最伟大的礼物之一，是哥特式建筑赖以形成的基础。

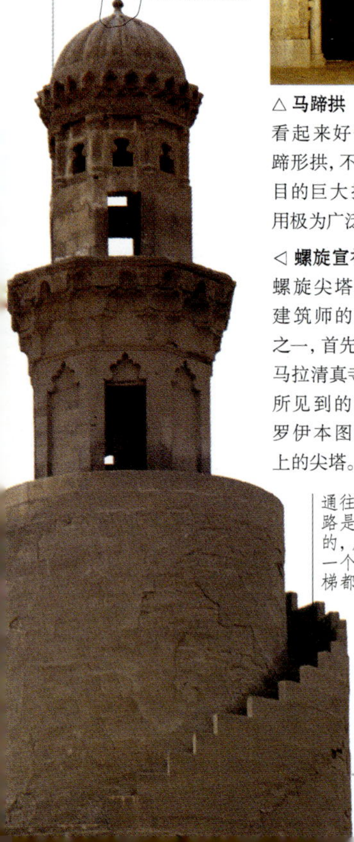

◁ **螺旋宣礼塔**

螺旋尖塔是伊斯兰建筑师的伟大发明之一，首先出现在萨马拉清真寺上。这里所见到的是位于开罗伊本图伦清真寺上的尖塔。

通往天堂的道路是充满坎坷的，所以每到一个拐角，楼梯都会缩窄

这些尖塔都有三重露台，每递升一层都是为了接近那深远的天空

△ **火箭形宣礼塔**

锡南，这位16世纪伟大的建筑师，围绕清真寺建造了直插云霄的尖塔，这种建筑形式对建筑的发展产生了很大的影响。此处是位于伊斯坦布尔最高点上的苏莱曼清真寺（Suleymaniye Mosque）的宣礼塔。

## 耶路撒冷的圣石清真寺（QUBBET ES-SAKRA，DOME OF THE ROCK）

691年　耶路撒冷　倭马亚·哈利夫和哈里发·阿卜杜勒·马里克　礼拜场所

虽然也被称为清真寺，但圣石清真寺，这座里程碑式的早期伊斯兰建筑却是“马什哈德”，意为殉难之地，而并不是以麦加圣地为取向的神庙。穆斯林相信清真寺中间的岩石就是穆罕默德夜行登霄到天堂见真主（Allah）的地方。这里也是所罗门神庙的所在地。

建筑结构采用叙利亚拜占庭式的设计，平面呈八边形。建筑的内部设计则是以罗马柱和丰富的马赛克为主，被认为是效仿附近的圣墓（Holy Sepulchre）而修建的建筑。中央穹顶直径达23.7米（66英尺），最高点距先知登霄的岩石35米（115英尺）。双层结构包括交叉支撑的内外木质框架，外表则由铜鎏金板覆盖。圆顶坐落在模仿古罗马遗址中由拱门支撑的鼓座上。穹顶下是双重回廊，一个呈曲线形，一个是八角形，都是由柱廊围绕而形成。镌刻有《古兰经》经文“亚仙”（Ya Sin）的深蓝色瓷砖就镶嵌在八角形鼓座的下面。这座清真寺是16世纪由奥斯曼帝国苏丹苏莱曼大帝（Suleyman the Magnificent）命令修建。内由精美的大理石、琉璃面砖和灰粉画装饰，还有精致犹如土耳其挂毯般的蓝金色瓷砖。此外，圆顶在尽可能保持原来设计的基础上进行了重建。

### 穆罕默德（MOHAMMED）

穆罕默德（意为“福安”），570年出生在麦加城古来什部落哈希姆家族，是一位商人的儿子。穆罕默德40岁那年，有一天，当他在希拉山洞内独自深思时，接到了阿拉通过天使传达的启示，命令他作为人间的使者，传播《古兰经》。伊斯兰教的教义就是从这里开始的，穆罕默德也成为众所周知的伊斯兰教创始人，同时穆罕默德也是人类最后一位先知。632年在麦地那（Medina）圣战期间逝世。

**圣地**
对于穆斯林朝圣者来说，这里是伊斯兰教的圣地，但对于犹太人和基督徒来说，这里则称之为圣殿山。

## 大马士革的大清真寺（GREAT MOSQUE， DAMASCUS）

715年 叙利亚大马士革 哈里发·瓦利德 礼拜场所

7世纪初期，在伊斯兰教蓬勃发展的同时，大马士革也进入了自己的黄金时代。大马士革地处欧亚大陆的十字路口，不同的信仰、文化、政治潮流和宗教在此汇流，因此这里成为倭马亚王朝（Umayyad Empire）的首都，并在此建立了雄伟的清真寺。火灾造成清真寺的多次重建，但基本上还维持了原貌。

大清真寺的历史非常复杂。倭马亚清真寺最早是罗马帝国时期的朱庇特神殿，后来罗马帝国将基督教定为国教后改为圣约翰大教堂；此后，在此又建造了阿拉米神庙来供奉哈达德（Hadad）。罗马神庙的部分南墙现尚存，并构成了清真寺整体建筑的一部分。当然整体布局中还包括庭院和拱门等建筑。清真寺本身还建有一个两层三方向的联拱廊，这样不仅使其成为一座大型清真寺，还在其中自然围合成一个中庭。较低的拱廊是由科林斯柱式建造。第二层拱廊上，倾斜的木屋顶清晰可见。通廊上是一个高36米（118英尺）的纳斯尔圆顶（Nisr Dome）或雄鹰穹顶，原本是用木材建造后改为石头。我们现在看到的是1893年重建后的清真寺。礼拜大殿也包括一个神龛，根据传统，不同的供奉内容也不同，如泽迦利亚（Zechariah，希伯来先知圣约翰的父亲） 或侯赛因（Hussein）伊玛目阿里（Imam Ali）的儿子（先知穆罕默德的女婿）。

祈祷大厅中的圣殿

### 哈里发·瓦利德（CALIPH AL WALID）

668年，出生在麦地那，705年，哈里发·瓦利德上台，成为伍麦叶王朝第六任国王。他是一位虔诚正统的逊尼派伊斯兰信徒，他建立了世界上最大、最重要的清真寺。此外，他还大大拓展了伊斯兰领土，虽然没有亲自作战，还是将战火延伸到中亚、北非和西班牙南部等地区。除了清真寺建筑外，他还修建了现位于约旦境内的古阿姆拉或“红色小城堡”，还有可爱的圆顶和狩猎小屋等。715年，哈里发·瓦利德去世。

**安全的天堂**

藏经楼的穹顶建筑就坐落在清真寺庭院的回廊上。

## 萨马拉大清真寺（GREAT MOSQUE，SAMARRA）

848年后　伊拉克萨马拉　哈里发·瓦利德　礼拜场所

萨马拉大清真寺曾经是世界上最大的伊斯兰清真寺。由半圆塔支撑及被烧毁的砖墙围成，建筑平面约155米×240米（509英尺×787英尺）。这座清真寺设计可容纳信徒8万名，并可同时通过23个寺门进入寺院。

构成内部建筑布局的回廊、泥砖柱子和木屋顶早已消失，但这座清真寺最引人注目和令人回味的建筑仍然尚存，即不朽的螺旋宣礼塔，也就是麦拉维亚尖塔（al-Malwiya）。位于清真寺中轴线以北的这座宣礼塔高55米（180英尺），坐落在一个高3米（10英尺）的正方形基座上，逆时针旋转5次后，螺旋上升并逐渐缩窄。总之，这座宣礼塔形体单纯且独特。虽然它可能部分借鉴了美索不达米亚的阶梯式“塔庙”的设计，如巴比伦（见第48页和第49页）的塔庙，但这种螺旋形塔庙仍被认为是伊斯兰建筑的显著特征。在炎热的正午时分，攀爬在伊拉克这座螺旋尖塔的坡道上，可是一个了不起的体验，但一定要小心，如果不小心跌倒，外侧不但没有防护栏杆的保护，即使是内侧的铁扶手，在炎炎烈日下也被炙烤得足以烫伤你的手。

**制高点**
这一独特的宣礼塔是伊拉克众多古老美丽的瑰宝之一。

## 凯鲁万大清真寺（GREAT MOSQUE，QAIROUAN）

836年　突尼斯凯鲁万　哈里发·穆塔瓦基勒　礼拜场所

阿拉伯入侵北非修建的主要建筑之一，就是沿地中海南岸围绕军事风格庭院建筑的宏伟庞大的清真寺。9世纪，在凯鲁万兴建最早的建筑就是这座清真寺，它包括一个大祈祷厅、一个圆顶、一个回廊庭院以及一座三层的塔楼，这座塔楼就是被认为是世界上历史最为悠久的宣礼塔。环绕庭院修建的由科林斯柱支撑马蹄形拱门则属于伊斯兰建筑的显著特征，当然也可追溯到古希腊的神庙。事实上，这些柱子及石头大多是从凯鲁万的古罗马建筑及其周围的建筑物掠夺而来的。但是在大殿内部，各种描绘和雕刻纹饰都是显著的伊斯兰风格，包括自然的图案设计，如老鼠、葡萄和棕榈树等。

**方向的改变**
这座巨大的宣礼塔分阶段上升，顶部是方锥形尖塔，并且朝向南方，这种朝向是很不同寻常的。

## 伊本·土伦清真寺（MOSQUE OF IBN TULUN）

879年 埃及开罗 未知 礼拜场所

螺旋尖塔、庞大的规模与复杂的建筑借鉴设计是这座伟大的清真寺的主要特点。它是为艾哈迈德·伊本·土伦，阿巴斯王朝哈里发阿穆尔土耳其奴隶的儿子（任开罗执政长官，其后统治整个埃及）建造。这座清真寺显然是仿效了现位于伊拉克北部萨马拉大清真寺（见第199页）的设计。

事实上，伊本·土伦清真寺很可能出自萨马拉的建筑师和工匠之手，因为伊本·土伦本人就出生在那里。这座占地面积26 318平方米的清真寺，使用烧制的上乘红砖和泥灰等材料建成，这或多或少也应归功于其在9世纪后期才建造的缘故吧。然而，稍稍偏离中轴线的螺旋石宣礼塔，却是1296年由苏丹莱德金重建。此后又被遗忘多年，虽有争议，但还是于1999年完成了这座清真寺的恢复工作。因此，可以说，它既见证了新庭院的铺就又目睹了重新修葺一新的旧喷泉。这座清真寺的面积约118米×138米。围墙虽没采用传统的军事风格，但装饰性炮门垛口却是。这座清真寺乍看起来比较肃穆，但这里并不缺少巧妙且丰富的装饰，例如在炮门的垛口下以及回廊内都采用了花楣装饰；拱门上则饰有优美的库法字母的《古兰经》铭文，据说其总长度绵延近2公里。该清真寺的外墙共有128扇窗子，每扇窗子的形状各不相同。

### 伊斯兰开罗

位于现今埃及开罗市区东部的开罗古城是世界上最古老、面积最大的伊斯兰传统城市之一。这里有著名的清真寺、宗教学校、浴场、集市、喷泉、商人房屋以及防御建筑等。这座古城于10世纪建立，并成为伊斯兰世界新的中心。14世纪时，也就是这座古城的黄金时代。此外，这里还有一座亡者之城（开罗市区一座有数百年历史的墓地）。如今的人们仍然生活在中世纪的祖居地上。

**最近的恢复**

梅达（Meda）或泉亭是供穆斯林祈祷仪式前净身使用，通常位于庭院的中央。

## 阿克萨清真寺(MOSQUE OF AL-AQSA)

1033年 耶路撒冷 哈里发·瓦利德 礼拜场所

圣石清真寺(见第197页)落成后不久,就开始大规模修建阿克萨清真寺,目的是要把这里变成圣城耶路撒冷及穆斯林礼拜和学习的中心。清真寺的大殿可同时容纳5 000人礼拜。每个周五,这座庞大尊贵圣殿前广阔的庭院,就会迎来蜂拥而至的朝圣者。此外,祷告园内还包括顶部的圆顶亭和其他宗教建筑。现保存的大部分建筑与1033年哈里发·查希尔(Caliph Al-Dhahir)时代留下的木建筑基本相同。清真寺还将前十字军的部分建筑纳入其中,被称为圣殿(The Temple)。它的西墙就是受犹太人尊敬的著名的“哭墙”(Wailing Wall)。为抵御地震和适应不断变化的需求,清真寺几经重建。另外,清真寺的风格也显示了基督教拜占庭建筑的影响,虽然不是意识形态方面,但至少体现在施工和设计等方面,如穆斯林从现有的建筑中获得灵感,尤其是从拜占庭式教堂中汲取了大量营养。自1967年以来,阿克萨清真寺一直都是摧毁或烧毁的目标建筑,甚至还包括致使其倒塌的地下挖掘行动。

**公共职能**
阿克萨清真寺是最古老的伊斯兰朝圣者聚集地和耶路撒冷伊斯兰教研究中心。

## 阿尔姆斯坦西利亚大学(AL-MUSTANSIRIYE MADRASSA)

1234年 伊拉克巴格达 未知 大学

这座位于底格里斯河畔的精致庭院建筑,虽有丰富的文化底蕴,但在1258年,蒙古人入侵时,始建于762年的著名圆形建筑“和平之城”(City of Peace)及其人口几乎全部被毁。19世纪60年代,对其进行了大规模的恢复工作。巴格达(Baghdad)是阿拔斯王朝(750—1258)的首都,它见证了伊斯兰世界文化中心是如何从叙利亚(Syria)向伊拉克转变的过程。此外,这种逊尼派(Sunni)文化深受波斯艺术和学术的影响。比如阿尔姆斯坦西利亚大学尖尖的拱门,以及阿巴斯王朝早期最雄心勃勃的历史性建筑萨马拉大清真寺(见第199页)都有显著的波斯影响。阿尔姆斯坦西利亚大学的建筑面积为106米×48米(348英尺×158英尺),是在哈里发·穆斯坦绥尔(Caliph Al-Mustansir, 1226—1242)统治时期修建的。这所学校主要以神学、文学、医学、数学和法学研究为主,并将四大逊尼派正统法律学校:罕百里(Hanbali)、沙菲耶(Shafii)、马利基和哈纳菲(Hanafi)联合在一起。走廊和房间从庭院通过拱形入口一直延伸到厨房、大殿、宿舍和浴室。15世纪以来,这里渐渐被人们忽视,所以,一直被用做市场、医院甚至是军营。

**细部装饰**
这所伊斯兰学校是由带有巴格达建筑显著特点的软黄砖建造,上面还布满了复杂的雕刻装饰。

## 凯特贝伊斯兰大学（MADRASSA OF QAITBAY）

1474年　埃及开罗　苏坦·凯特贝　礼拜场所

在开罗伊斯兰宛如迷宫般的中世纪小巷中，矗立着凯特贝伊斯兰大学。这座迷人的建筑，按今天的说法，应称之为“混合”建筑，因为这里既是一座清真寺、陵墓、宣礼塔又是古兰经学校以及公共饮水井。数世纪以来，几经恢复，这座伊斯兰学校基本保持完整，并且是马穆鲁克（Mameluke）设计的完美范例。

这座优雅甚至有些微妙的建筑结构即使是在迷宫般的旧开罗也很容易被找到，因为其修长和充满异国情调的尖塔就高高地耸立在周围的屋顶上。精心雕刻的学院建筑分布在尖穹顶的两侧并呈对称分布。几乎每一个小圆窗、门楣和建筑的角落支柱，都遍布着光荣的阿拉伯式花纹图案、蓝白相间的大理石和雕刻装饰线条。然而，陵墓的内部墙壁却很朴实，大部分未加修饰，为人们呈现了一个冷静而不失欢快氛围的空间。马穆鲁克，这个由土耳其和库尔德族（Kurdish）的前奴隶兵建立的王朝，以残忍著称：刺刑的公开处决已成为公众娱乐的一种形式，所以，很难将这座沉静、美丽的建筑与其联系在一起。旅行作家兼历史学家德斯蒙德·斯图尔特（Desmond Stewart）在1968年出版的《大开罗：世界之母》（*Great Cairo: Mother of the World*）中，曾用“虔诚与残酷共存，优雅的品位与野蛮共存”来描述他对这里的感想。今天，在这样一座有趣的用石头建造的宗教建筑中，只有精致的品位和虔诚依然存在。

### 苏坦·凯特贝（SULTAN QAITBAY）

1423年，苏坦·凯特贝出生在钦察的伏尔加河畔。1435年，他来到埃及，作为在马穆鲁克·阿什拉夫·巴尔斯巴伊的扈从。巴尔斯巴伊死后，他又重新获得了自由，并成为军队的首领，在1468年，统治了整个苏丹。此后，他又统治了埃及和叙利亚长达28年。凯特贝还对建筑充满了热情，他分别在麦加、麦地那、开罗和耶路撒冷等地修建了许多重要建筑。最后，他于1496年去世。

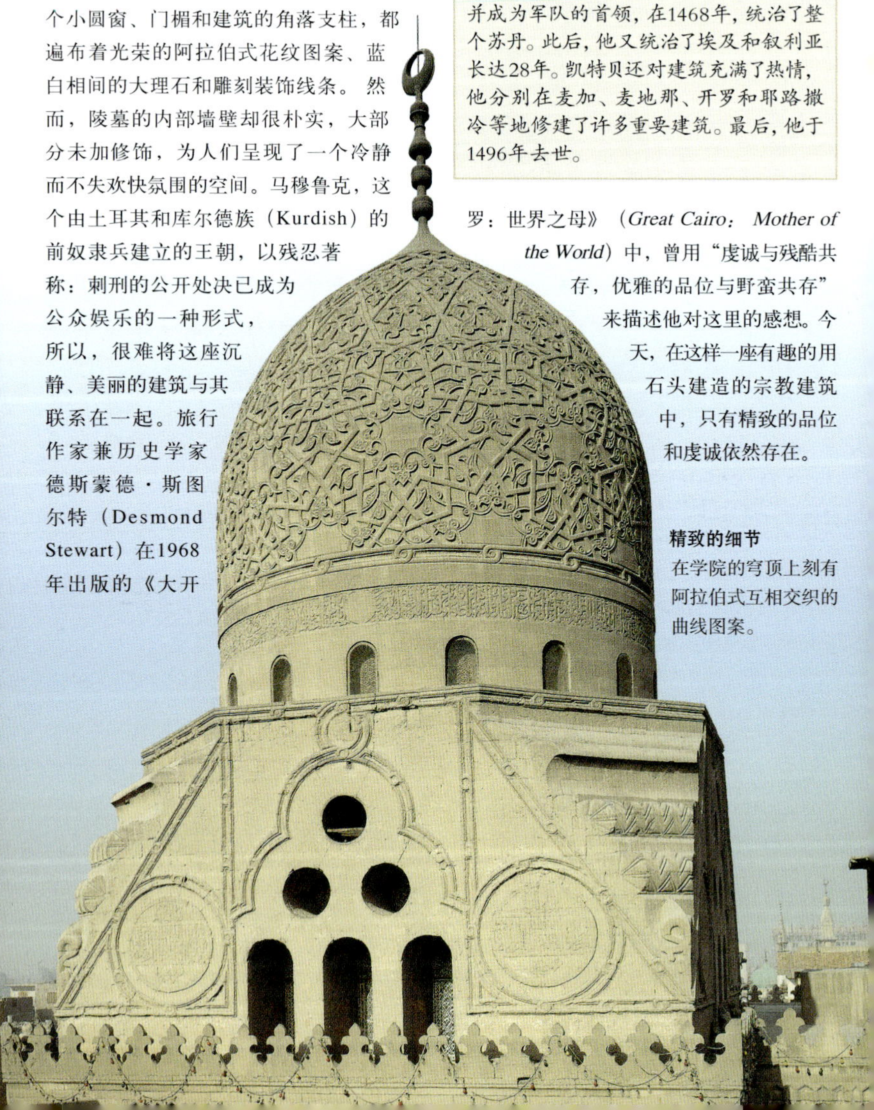

**精致的细节**
在学院的穹顶上刻有阿拉伯式互相交织的曲线图案。

## 科尔多瓦大清真寺（GREAT MOSQUE， CORDOBA）

987年　西班牙科尔多瓦　阿卜杜勒·拉赫曼　礼拜场所

8世纪前后，叙利亚王子阿卜杜勒·拉赫曼（Abd ar-Rahman，756—788）欲使科尔多瓦成为与东方匹敌的伟大宗教中心。因此，他在城市的中心建立了这座大清真寺。历经200多年的建设，这座大清真寺不仅发生了许多变化，也见证了西班牙倭马亚王朝（Umayyads ）的兴衰，而且清真寺的内部现在仍然不失为一个充满神奇的地方。

祈祷大殿

科尔多瓦大清真寺，掩映在巨大的石头扶墙中，仅从外表是看不出其内部的荣光的。大殿共有850根分别用花岗岩、碧玉和大理石制成的柱子，柱头之上重叠着两层拱券，分别由白色石头和红砖交替砌成，彼此交相掩映，一眼望不到边。阳光滤过窗户，不断移动的光线，在地面上投射出犹如巨大宝石般的图案。原本这里还有1 000盏小油灯闪烁其间。置身于其中，就像置身于一个超现实的迷宫里，这种体验一定会令你终生难忘。此外，它也向我们展示了建筑师和工匠，在一个几乎没有家具装饰的空间里如何展现建筑的美。所有拜占庭马赛克装饰的拱券都是朝向齐伯拉墙方向，因而视觉上的指向效果非常好，只是那些大理石与纯金马赛克的圣龛在不时地吸引你的眼球。

当科尔多瓦成为基督徒领地时，清真寺转而供奉圣母玛丽亚，自然就会添加许多不协调的因素。如在16世纪，最笨重的举措就是在中央建造了一座巨大的哥特式教堂。

### 西班牙的倭马亚王朝

750年，阿拔斯王朝推翻了前倭马亚王朝并血洗大马士革。阿卜杜勒·拉赫曼秘密潜逃，他也是唯一幸存的王子。逃离叙利亚后，他控制了西班牙科尔多瓦。929年，科尔多瓦被宣布为哈里发的辖地，脱离巴格达的阿拔斯王朝，由阿卜杜勒·拉赫曼三世统治。在他的统治下，伊斯兰西班牙成为一个重要的学习中心。在1236年，哈里发被基督教国王卡斯蒂利亚的斐迪南三世（Ferdinand Ⅲ）推翻。

**双重作用**
这座大清真寺有着伊斯兰建筑的传统外观，但寺内却建有一座惊人的基督教教堂建筑。

# 艾勒哈卜拉宫狮子院（COURT OF LIONS, ALHAMBRA）

1390年　西班牙格拉纳达　未知　宫殿

如今的狮子院

艾勒哈卜拉宫是所有优秀建筑的代表之一。它是穆斯林王朝在西班牙最后修建的伟大防御宫殿。此外，它还是众多花园建筑群的不可分割的一部分，周围有潺潺的流水围绕。水流从狮子院开始，经石狮喷泉向北、南、东和西四个方向流淌，波光粼粼的水流穿过整个庭院，最后流入穹顶的室内。

这里的墙壁和其他庭院都有精美的装

△ 多彩的颜色

拥有灿烂色彩和几何图案的瓷砖，加上灰泥的装饰粉刷，覆盖了整个庭院的表面。

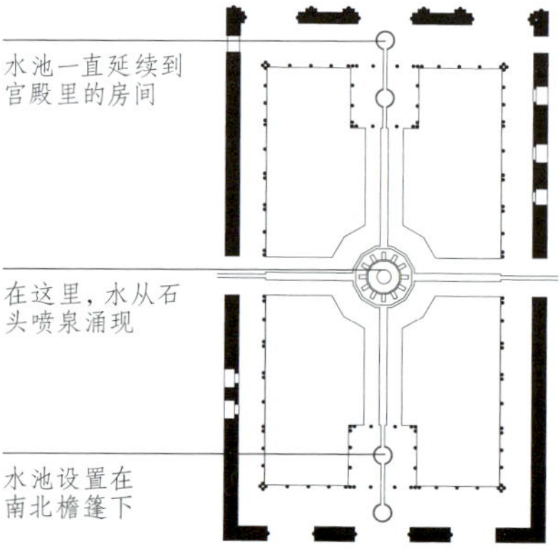


◁ 建筑平面图

垂直式的庭院布局，周围由马蹄形拱廊围绕。石渠将水流输送到四个方位的基点上。

△ 每个表面都有装饰

阳光从装饰华丽的拱门滤过，使宫殿内的房间与花园统整为一座人间天堂。

△ 浮雕细节

墙壁和拱门上的大部分都由曲线和复杂的雕刻装饰，展现了最精湛的工艺技巧。

饰。虚假的拱门纯粹是出于装饰的目的，为了使这座拱廊建筑呈现出统一的对称性。伊斯兰建筑禁止出现人物装饰，但仅由几何形状、花卉和书法装饰的整座宫殿，依然闪耀着高度的想象力。

△ **艾勒哈卜拉宫**（Alhambra Palace）
美丽的艾勒哈卜拉宫坐落在一个山坡上，是由层层的平台、角楼和塔楼构成的复杂建筑群。在这里，前可俯瞰格拉纳达，后有绵延华达山脉的映衬。

△ **中央喷泉**
石狮守卫着喷泉与源源不断的水源。就像这座和谐美丽的宫殿一样，水流将宫殿的花园与房间连缀成一个完美的整体，营造了一个宁静的绿洲。

## 托普卡普皇宫的砖亭（CHINLI KIOSK， TOPKAPI PALACE）

1473年 土耳其伊斯坦布尔 未知 宫殿

这座位于托普卡普皇宫内精美的波斯亭阁，是由征服伊斯坦布尔（当时君士坦丁堡）的苏丹·穆罕默德（Sultan Mehmet）修建，并于1453年启用，它对其后的奥斯曼建筑产生了很大的影响。建筑平面布局为十字型，中央是浅穹顶的设计，位于十字翼下的是一个个独立的房间，并且所有房间都有精美的带柱廊的阳台。因此，这座建筑整体给人以轻盈精致之感，特别是对颜色的选择，绿色和绿松石色等使其更显别致之外，还与距此不远的马尔马拉大海（Sea of Marmara）遥相呼应。

直至阿布杜迈吉德一世（Abdulmecid I，1839—1861）将皇宫迁往别处之前，托普卡普一直是奥斯曼帝国苏丹居住的皇宫。托普卡普不属于那种单一、大规模或雄伟的建筑范畴，但却是一个几度兴衰而愈加旺盛的建筑。1923年，土耳其共和国成立以来，对其进行了恢复，并一直作为博物馆面向公众开放。砖亭或彩石砖阁（Tiled Pavilion），是这座托普卡普皇宫最早的建筑之一，如今已作为陶瓷博物馆使用，主要展出12世纪到今天，土耳其最优秀的陶瓷作品。

**迷人的柱廊**
这座低矮温和的建筑拥有世界最著名的彩石花砖装饰。

## 苏莱曼清真寺（SULEYMANIYE MOSQUE）

1557年 土耳其伊斯坦布尔 锡南 礼拜场所

这座建于16世纪中叶的清真寺，以其伟大的穹顶和纤细的宣礼塔，主宰了金角湾（Golden Horn，新月形河口将伊斯坦布尔一分为二）西岸的天际线。其设计部分仿照了查士丁尼的圣索菲亚大教堂（见第126页和第127页）。建筑物的内部非常简单：游客首先进入的是上面冠以一个半球形穹顶的巨大的空间，阳光穿过彩色玻璃投射到寺内。建筑师锡南在注重几何建筑严谨结构的同时，也大量使用了各种装饰手段，当然也是按照根深蒂固的几何比例进行的，如大量使用从伊兹尼克（Iznik，尼西亚）运来的彩釉瓷砖，这在苏莱曼大帝（Suleyman the Magnificent）和他的妻子洛克塞拉娜（Roxelana）的八角形庭院体现最为明显。在这里，锡南这位伟大的设计师，为他们设计了一座不仅宁静而且还富丽堂皇的纪念建筑。

**喧闹的都市**
由清真寺和集市构成的拥挤天际线下，苏莱曼清真寺毫无疑问是这里的主宰。

## 塞利米耶清真寺（SELIMIYE MOSQUE）

1574年　土耳其埃迪尔内　锡南　礼拜场所

1569年，锡南在80岁的高龄时，开始了被称为其杰作的创作。塞利米耶清真寺巨大的圆顶祈祷大厅，直径超过30米（98英尺），火箭般的宣礼塔，更是高达83米（272英尺），是埃迪尔内（Edirne）市内最高的建筑——原本这里被称做哈吉安诺堡（Hadrianopolis），直到1453年，君士坦丁堡被奥斯曼帝国（Ottoman Empire）征服，并成为其首都。

花格窗上的白色字母装饰瓷砖

从下面看，穹顶是以嵌入方形骨架墙壁内的8根墩柱为支撑，内由四个半圆顶结构环绕，并且达到了42米（138英尺）的高度，使其看起来似乎漂浮在建筑物内。因为这里出奇的明亮与宽敞，所以，在清真寺的任何位置都能看到圣龛。穿过一个由树荫掩映的凉廊，再通过一个中等大小的入口就可进入清真寺。此外，这里的隔间都是由悬垂物支撑的小穹顶覆盖。清真寺的穹顶本身似乎不是很壮观，但只有当你进入寺内，其庞大的规模就不言而喻了。穹顶下部整个表面都装饰有抽象画作，这些抽象画甚至分散了人们对其所装饰的这座建筑本身的关注。

**旷世隔绝**

这座清真寺建在一个人工假山上，位于埃迪尔内的高处。所以，从城市的每个角落都可以看到它的身姿。

### 锡南（SINAN）

米马尔·科查·锡南出生在安纳托利亚一个信奉希腊基督教的家庭。应征入新军后，他先担任骑兵军官，后作为一名军事营造官。自丹苏莱曼一世将其任命为宫廷建筑监理以后，他的工作量是惊人的：他共设计了大小建筑约360座，其中包括清真寺84座、宫殿35座、商队旅馆驿站48个，此外还建有谷仓、桥梁、喷泉、医院和大型水渠等。随着塞利米耶清真寺的落成，他甚至觉得自己的光芒已经盖过了圣索菲亚大教堂（见第126页）。

## 苏丹艾哈迈德清真寺（SULTAN AHMED MOSQUE）

1616年 土耳其伊斯坦布尔 穆罕默德·阿迦 礼拜场所

苏丹艾哈迈德清真寺是土耳其著名的清真寺，因为内部贴有21 043块伊兹尼克（Iznik）彩釉瓷砖，所以亦称“蓝色清真寺”。苏丹艾哈迈德清真寺旁边就是前古罗马竞技场，还毗邻著名的圣索菲亚大教堂（见第126 页和第127页）。同时，这座建筑也标志着奥斯曼建筑古典时期的结束。

6 座高耸入云的宣礼尖塔位于大寺的周围，三面还环绕着令人荡气回肠的大理石庭院。在这里，苏丹还令其建筑师（也是诗人）山迪卡（Sedefkar）设计了一座行宫和挑高的商店以及一个神学院。寺内 4 根巨大的大理石圆柱支撑着高43 米（141英尺），直径为 23.5 米（77英尺）的中央大圆穹顶。大穹顶四面各有一个半圆穹顶，原本镶嵌彩绘玻璃的窗户共有 260 个，为寺内提供采光，后来改做挂在略高于头部高度的数百盏手工吹制的玻璃油灯照明。从某种角度来看，清真寺及其附属建筑似乎是由高耸的宣礼塔点缀的穹顶海洋，环廊内一连串的小穹顶大多数涵盖在大穹顶下。总之，苏丹艾哈迈德清真寺的确是一个美丽的地方。

**穹顶的海洋**

艾哈迈德一世这个狂热的宗教分子，不遗余力地修建此座由彩绘玻璃、大理石地面及精致的彩釉瓷砖装饰的大清真寺。

## 阿勒颇蜂巢村（BEEHIVE VILLAGE， ALEPPO）

16世纪 叙利亚北部 未知 村庄

这些美丽非凡的圆锥形房屋的形式和建筑目的最早可以追溯到石器时代，它是真正最持久和最可爱的乡土建筑的范例。大约1万年前，在安纳托利亚（Anatolian）平原定居的人们，从洞穴状火山岩中开凿洞穴，并在里面营建了安全且舒适的家。此外，洞穴里面还有固定的家具和存储空间。传统在一直延续，直到这些阿勒颇（Aleppo）周围村庄泥砖蜂巢式的房屋出现。使用泥土而不是砖石建造是结合当地的天气条件下一个合乎逻辑且因地制宜的解决办法。当地的气候如同沙漠气候般，要么是炎炎烈日，要么是酷寒的冬天，能够以最简单的建筑形式并就地取材才是解决问题的关键。由厚厚的石灰石锥形建筑物形成的墙壁和屋顶，白天可以吸收太阳的热量，而在凉爽的夜晚慢慢地释放出能量。

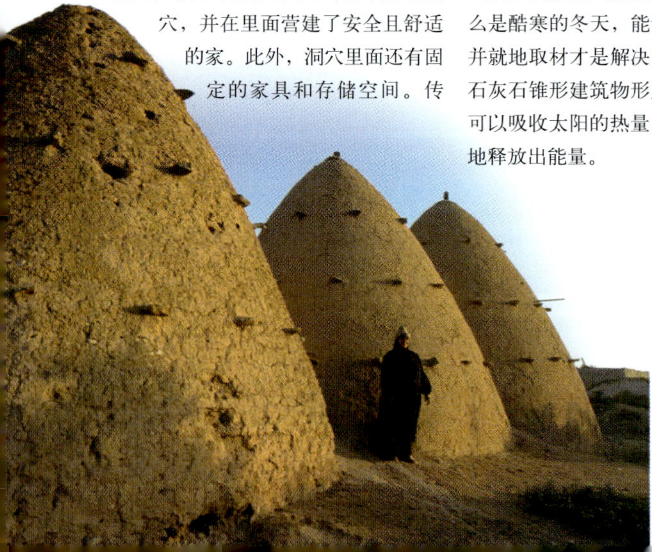

**聪明的设计**

蜂巢形状的设计有利于雨水迅速地从建筑上排出，所以不用担心外表的泥墙会被雨水冲毁。

## 杰内泥清真寺（MUD MOSQUE， DJENNE）

1240年 马里杰内 未知，后由伊斯梅拉·拉奥雷重建 礼拜场所

在杰内，一座集朝圣与学习的中心——泥清真寺占据了这座繁忙的市场中心。虽然结合了整个伊斯兰世界的建筑元素，但它还是以其大胆的泥土建筑而闻名于世。该清真寺始建于1240年，1907年，在法国的资助下开始重建，并且建筑后的维修工作一直在持续进行，其中一年一度的重新抹泥工作，已经成为当地的一件年度盛事。厚厚的巨大锥形墙可以确保祈祷大厅的凉爽，特殊的黏土和棕榈树枝建造的墙壁可以应对湿度和温度的急剧变化。棕榈树枝分伸出的两端也为清真寺平添了令人好奇的外观。巨大的外部建筑，同时也带来了非同寻常的内部景观：成排的巨大砖墩和拱门几乎占据了它们可以占据的所有空间。

**林立的外观**

突出的棕榈树枝，在需要维修时还可以作为脚手架使用。

## 希巴姆古城（SHIBAM）

16世纪 也门希巴姆 未知 城市

建于悬崖上的这座塔状建筑令人印象十分深刻，这座城市由此得名为“沙漠中的曼哈坦鸡尾酒”，以及传说中的天方夜谭城市。一个由梦幻般泥砖塔楼打造的城市，乍看似乎更像是一座海市蜃楼般的城市。7米（23英尺）高的军事防御墙环绕，却只开有一座城门。这座拥有2 000多年历史的古城，在16世纪进行了大规模的重建，是早期城市规划设计高层建筑的杰出范例。在沙漠和荒山包围的一块狭窄绿洲上，500多座房屋从沙漠中拔地而起，狭窄封闭的房屋从6层到10层不等，房子的大部分是为了延续父系家庭的设计传统，现在，其中的大部分房屋仍被居住和使用。

泥砖塔楼的建筑应用了也门传统的建筑技术：白色灰泥房顶可抵挡雨水的冲刷。尽管如此，对一座历经5个多世纪风风雨雨的建筑来说，泥墙固有的不稳定性，使其必须不断地被重建与修葺。今天，许多塔楼面临着崩塌的威胁，因为房屋内添置了大量的现代家具，特别是工作中的洗衣机和洗碗机，会将水溅落在墙壁上。希巴姆古城已在1982年被列入世界遗产名录。

**沙漠住宅**

希巴姆的塔楼建筑可能类似于现代的高层公寓大楼，但在这里，每个建筑单元都是由一个单一家庭占据。

# 波斯和印度莫卧尔建筑
900—1650

**637年，穆罕默德先知逝世五年后，阿拉伯穆斯林军战败波斯。后来波斯又被塞尔柱王朝的土耳其人和蒙古人入侵。直至1587年，沙阿·阿巴斯一世（Shah Abbas Ⅰ，16岁登基）上台执政才重申了其文化霸权。阿巴斯选择在这座城市的绿洲定都，并在此缔造了世界上最美丽的城市——伊斯法罕（Isfahan）。**

伊斯法罕以其最优秀、最感性的建筑（镶嵌着华丽的蓝色和绿松石色彩釉）形式，对欧洲及中亚的一些城市都产生了微妙的影响。它独创了一种设计形式，而这种形式在很大程度上与在印度北部伊斯兰莫卧尔帝国（莫卧尔统治下的波斯）出现的创作高峰几乎同步。这种卓越尤其体现在沙阿·贾汗（Shah Jahan，在位时间：1628—1658）统治时期，比如这座城市伟大的纪念性建筑——红堡和泰姬陵（见第220页和第221页）以及由他修建的各种花园建筑。

## 印度莫卧尔王朝

印度莫卧尔王朝的第一代皇帝巴布尔（Babur the Tiger，在位时间：1526—1530），他从突厥斯坦（Turkestan）进入印度，以12 000名配备枪械的小军队横扫了整个印度斯坦（Hindustan）。但葡萄牙早已在印度南部的果阿建立了立足点：即使莫卧尔在此建立了自己的统治，欧洲篡权者也在步步逼近。18世纪60年代，英国已经有效地控制了印度各地，尽管他们确实被眼前这些由莫卧尔、印度和穆斯林波斯所缔造的崇高建筑、装饰和景观设计迷惑了一阵子。通过丝绸之路和蒙古征服，莫卧尔的建筑设计自然与波斯以及中国有着很大的渊源，但这种借鉴仅限于很短的时间范围内，因为它的主顾已经迫不及待地打算建立一个新的世界秩序。皇帝阿克巴在他的统治蓝图中，不仅要缔造一个崭新的城市，法地布尔·西格里（见第218页）还创造了属于自己的宗教，丁—伊—伊拉希（Din-i-ilahi），这是一种综合了伊斯兰教、印度教、耆那教和拜火教的综合性宗教。法地布尔·西格里（Fatehpur Sikri）最终因水源匮乏而被遗弃，但它仍然不失为最佳的建筑范例之一，仍然具有超越时空的魔力。

◁ 这座位于伊斯法罕本阿里卡普宫（Ale Qapu Palace）中的雕刻圣龛，漆粉刷过的天花板以及贝壳般的桶拱，是代表印度莫卧尔和穆斯林波斯的微妙精致杰作。

## 建筑元素

在复杂的历史征程中，波斯建筑横扫中亚并深受伊斯兰教义的影响，在莫卧尔入侵时，已经延伸到印度次大陆。反过来，莫卧尔建筑也重拾了印度教和佛教建筑的长期建筑主题。

△ 石塔

这座敞开式的石亭，是英国统治下的印度建筑最典型的一部分，此处展示的是位于法地布尔·西格里的一座石亭。

△ 精美的大理石

莫卧尔王朝的建筑师素来就有良好的大理石建筑传统，也是他们把这项技能传播到印度的。在沙贾汗的泰姬陵就体现了对这种装饰艺术最灵活的运用。

△ 深嵌窗

位于德里的胡马雍墓，外立面的窗子与伊斯法罕的纪念碑一样采用深陷设计，从而形成凉爽的阴影池，在炎热的夏天可以发挥很好的遮蔽作用。

◁ 冲孔屏风

精雕细凿的大理石屏风，阳光可以从中穿透扩散。这里展示的是从胡马雍陵出土的屏风，显示了阿拉伯和波斯设计对印度新建筑的影响。

△ 穹顶的内部

这里展示的是位于伊斯法罕的卢图福拉清真寺，精美彩釉镶嵌的穹顶内部还有彩绘的玻璃窗和波斯精湛的手工艺装饰，很明显它是深受圣索菲亚大教堂的影响（见第126页）。

◁ 膨胀的穹顶

皇家清真寺美丽的蓝色瓷釉镶嵌的凸肚状清真寺穹顶对莫卧尔王朝设计产生了重大影响。

## 格尔干的塔形墓庙

1007年 伊朗格尔干
未知 陵墓

格尔干的塔形墓庙现位于伊朗北部靠近里海的地方。它被认为是11世纪最具有影响力的塔形陵墓，并且它是伊朗与中亚土耳其建立联系的首批建筑物之一。

这是一个圆柱形的砖塔，由下至上逐渐缩小口径，最高达51米（167英尺）。砖塔内部由拱柱加强，上面以完美的圆锥形屋顶结束。塔身为有棱的圆柱形，特别是以突出于塔身的锐利棱角来实现建筑的视觉效果。除塔身两条铭文装饰带，位于两个悬垂、弯曲、三角穹隅支撑的撕裂状入口处的穹顶是塔身仅有的装饰。

## 库瓦特·伊斯兰清真寺

1225年 印度新德里
库特布·孔杰艾巴克 礼拜场所

库瓦特·伊斯兰清真寺是在印度北部兴建的第一座清真寺。该清真寺采用传统叠涩法砌成的拱门和桶拱，明显地带有当地的建筑特征，且这种建筑形式往往出现在精心雕刻的穹顶下。但是，波斯及伊斯兰建筑的特征，也同时体现在高雅的尖拱门上，上面还刻有阿拉伯《古兰经》的书法文本。砂岩屏风外立面和装饰性阳台完全依靠浅浮雕带的手法来展现。低垂的穹顶祈祷大厅则较为平和而不张扬。东南角的大门则是由红砂岩和白色大理石装饰。

## 格利扬宣礼塔（KALYAN MINARET）

1127年 乌兹别克斯坦布哈拉 阿尔斯兰·可汗 礼拜场所

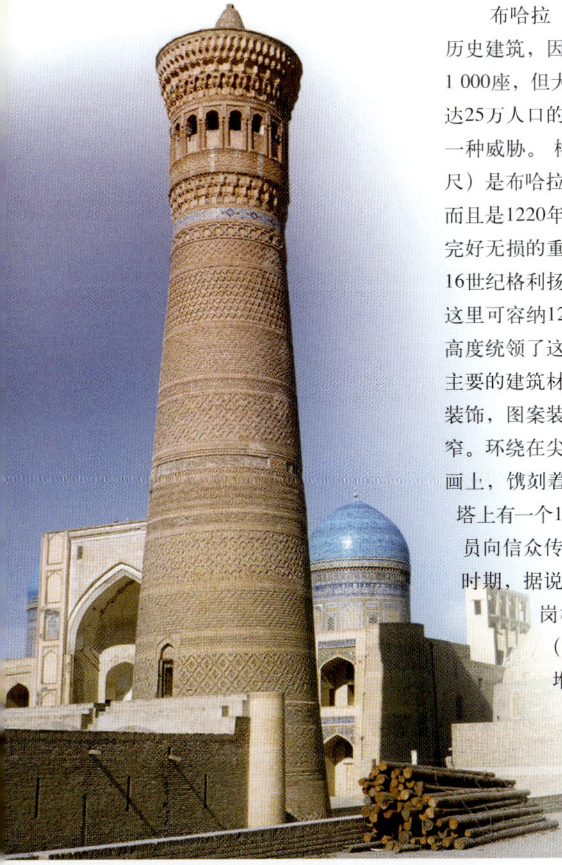

布哈拉（Bukhara）有令其自豪的宗教历史建筑，因为仅城市中心就拥有清真寺近1 000座，但大多已处于破败的境地，因为多达25万人口的城市，对它们而言不能不说是一种威胁。 格利扬宣礼塔，高47米（154英尺）是布哈拉令人印象最深刻的古迹之一，而且是1220年蒙古人入侵这里后，唯一仍然完好无损的重要建筑。这座宣礼塔位于一座16世纪格利扬（意思是“大”）清真寺内，这里可容纳12 000名信徒，并以独占鳌头的高度统领了这座城市的天际线。烤砖是这里主要的建筑材料，塔身上由不重复的装饰带装饰，图案装饰随柱体的延伸而逐渐变细变窄。环绕在尖塔上端的蓝釉装饰长条横幅图画上，镌刻着《古兰经》铭文。此外，宣礼塔上有一个16拱门支撑的圆顶，在这里宣礼员向信众传达真主的呼唤。在戒严或战争时期，据说，圆形大厅还可以当做战士的岗楼。清真寺的地基足足有10米（33英尺）深，另外还修有芦苇堆栈以作为地震时的缓冲带。

**第二次尝试**

在竣工之前，宣礼塔就倒塌了，不得不进行第二次重建。

## 古尔·阿米尔陵（GUR–I–AMIR）

1404年　乌兹别克斯坦撒马尔罕　未知　陵墓

撒马尔罕（Samarkand）的大部分建筑都是出自蒙古人帖木儿（Timur or Tamerlane，1336—1405）之手。帖木儿率领的伟大游牧民族南征北战，最北曾征战到莫斯科。在他去世前，正在筹划进攻当时已是明朝的中国。在他有生之年，撒马尔罕曾是中亚地区的经济、文化和知识中心。这座浩大且色彩丰富的古尔·阿米尔陵，最初是用来安葬帖木儿心爱的孙子穆罕默德·苏丹（Muhammed Sultan）而修建，他的孙子死于1402年的安哥拉之战（Battle of Ankara），后来帖木儿本人也安葬在这里。

陵墓鼓座上有一个葱头式的巨大穹顶，上面密密麻麻地镌刻着铭文。原本，这个穹顶下还有许多的小穹顶和其他建筑，但这些早已不复存在了。后来，这里又加盖了经学院（宗教学院）和商队旅馆（为客商提供休息的地方）。陵墓的墙壁和陵墓本身都由陶瓷、砖和大理石等材料镶嵌。陵墓内外对马赛克的使用，一直以来都被认为对泰姬陵设计（见第220页和第221页）产生了重要的影响。从20世纪50年代开始就展开了对穹顶的修复工作，但一直到1967年，对古墓的修复工作仍在继续。

**瓷釉镶嵌的穹顶**
陵墓上巨大的穹顶，离地37米（121英尺），表面布满了由琉璃砖镶嵌的圆形棱线。

## 贾米清真寺（MASJID–I–JAMI）

1127年　伊朗中部伊斯法罕　未知　礼拜场所

贾米清真寺是伊斯法罕（Isfahan）最重要的伊斯兰古迹之一，初建于1127年。此后到20世纪末，不断地建造、改建和加盖及整修，并最终形成了现在的规模。考古发掘发现，这里居然还有一座10世纪阿巴斯王朝（Abbasid）建造的多柱式清真寺；后来的布耶王朝（Buyid）在庭院的周围还添加了一个外立面和两座宣礼塔，使其成为最早不止拥有一座宣礼塔的清真寺。其后，在塞尔柱（Seljuqs）皇帝的督建下，又增加了两座砖砌的伊万（Iwans，穹顶凹壁），为此，这里已成为世界著名的清真寺之一。1086年至1087年，朝南修建的伊万是用来安放米哈拉布（Mihrab，朝向麦加方向的壁龛），是由塞尔柱王朝的名臣尼若牟修建的一座砖石结构的复杂建筑，而且也是当时最大的伊万。几个世纪以来，就像清真寺的四个伊万一样，一直都是波斯伊斯兰建筑基调和风格的表率，它所制定的形式已成为建筑的规范而不是例外。

**宏伟的清真寺**
由华丽的黄、蓝色彩绘装饰的贾米清真寺，以众多的庭院、四个壮观的伊万为后人留下了可以借鉴的宝贵的建筑元素。

## 皇家清真寺（MASJID–I–SHAH）

1638年 伊朗中部伊斯法罕 未知 礼拜场所

1598年，萨非王朝的沙阿·阿巴斯一世已将波斯首都从加兹温迁至伊斯法罕。他将整座城市改组为一系列相互关联的广场，其中最大的就是迈丹广场，面积为500米×160米（1 640英尺×525英尺）。位于广场南侧的就是华丽的皇家清真寺，通往清真寺门廊两翼的宣礼塔高达34米（112英尺）。

高高的鼓座、葱头式的穹顶、宣礼塔的蓝色瓷釉以及精致的入口，都使皇家清真寺成为沙法维（Safavid）艺术中的一个奇葩。清真寺不仅与麦加保持一致，同时，也与广场形成了一个和谐统一的整体。由于朝向的问题，它的轴线也发生了偏转，所以，与主入口呈45度角。这座清真寺还承袭了贾米清真寺四个伊万的设计布局，是传统的“四座门廊”布局，双层的门廊上面都装饰着尖顶壁龛。位于东部和西部伊万庭院外，还设有两座伊斯兰学校。此外，正殿门廊的两翼还建有宣礼塔。覆盖着蓝色和青绿色瓷砖的主穹顶高达54米（177英尺），使人不由得联想起孔雀尾巴的颜色。其他地方，还有黄色、粉红色、绿色和许多花卉图案的瓷砖包覆在温暖的砖墙外。

双层拱廊上的马赛克装饰细节

### 沙阿·阿巴斯一世

伊斯法罕，距德黑兰（Tehran）以南340公里（211英里），是一望无际的岩石与沙子中的一片绿洲。这都应归功于国王阿巴斯本人，他在位期间（1588—1629）兴建了许多新的清真寺、宫殿、桥梁、渠道和公园。此外，他还欢迎欧洲商人（建立经济联系）、欢迎外交官（争取盟国来对抗奥斯曼帝国）和艺术家（以加强其城市的文化）到访他的国家。总之，谈及这座城市的辉煌成就时，波斯人会骄傲地说：“伊斯法罕就是半个世界。”

**雄心勃勃的建筑**
皇家清真寺始建于1612年，据说该建筑共使用了超过18万块的砖石。

## 阿里·卡普宫

1597年 伊朗伊斯法罕
未知 宫殿

阿里·卡普宫，这座伊斯法罕早期建筑，不仅是王宫的主入口，还是阅兵、观看马球比赛的场地。门廊的上方是用极细的支柱支撑的敞廊，第8层则是一个巨大的接待大厅，既是一座象征性的宫殿入口，也是官员显贵们观看纷扰世界的地方。贝壳般桶拱形房间和彩色漆粉刷的天花板是这里的建筑特色，但最优秀的当属第6层的音乐厅。

## 四十柱宫

1654年 伊朗伊斯法罕
未知 宫殿

坐落在伊斯法罕古老皇家宫殿的这座6层建筑，是由沙阿·阿巴斯二世（Shah Abbas Ⅱ）建造的花园建筑之一。宫殿前除有一座长方形大水池以外，还有一个三面开放的宽敞平台，台上有20根高大纤细的柱子。站在池边朝宫殿望去，20根柱子与辉映在水中清晰的倒影浑然一体，“四十柱宫”由此得名。如同阿里·卡普宫一样，这里的墙壁及柱亭原来都由壁画、彩绘画和马赛克等装饰。主接待大厅采用穹顶设计方式，大厅的墙上装饰有巨大的壁画。然而，1788年，随着伊斯法罕的衰落并最终迁都德黑兰（Tehran），马赛克等装饰细节现在只能在门廊后方的壁龛里才能看到。当时，宫殿的主要用途是接待和作为娱乐场所。接待贵宾和外国使节的平台抑或是庄严的接待室，都由精美的大理石、镀金、壁画和雕像等装饰。

## 巴姆古城（CITADEL OF BAM）

1700年 伊朗巴姆 巴赫曼·拉希姆 防御建筑

2000年前，坐落在著名的丝绸之路上，现位于伊朗与巴基斯坦边境的巴姆城堡初建时，几乎是坚不可摧的要塞，还是一个军营驻扎的贸易路线。但在2003年，巴姆城堡连同古城其他大部分建筑都在大地震中完全摧毁，现位于古城西南的是一座现代都市。这里曾建有房屋、高大的围墙以及由士兵驻守的38座塔楼。此外，在城的南面还有4座壁垒；东北面也有一个巨大的壁垒。该城堡在1502年至1722年沙法维王朝（Safavid dynasty）时大规模重建，这里曾是一座文明、设备完善的城市：两层楼的房屋许多还设有私人浴室；此外，宫殿、商店、集市、商队、清真寺、军事基地、公共浴室和健身房等设施也一应俱全。

**泥土堡垒**
城堡主要是由烤砖、羊毛和稻草等材料建成的土坯建筑。

## 胡马雍陵（TOMB OF HUMAYUN）

1566年 印度新德里 米拉克·米尔札·吉亚斯 陵墓

印度莫卧尔王朝建筑的第一个杰出代表就是胡马雍陵，它是为莫卧尔帝国奠基者的儿子，蒙古人帖木儿之孙巴布尔·沙阿（Babur Shah）修建的。1526年，巴布尔在德里的旁遮普建立了莫卧尔王朝。它是莫卧尔建筑风格发展中的一个里程碑。它巧妙地融合了伊斯兰建筑和印度教的建筑风格，开创了伊斯兰建筑史上的一代新风。

陵墓是由国王能干的遗孀监造，建筑工作一直持续到他的儿子阿克巴（Akbar）统治时期。从设计的拱门、穹顶以及园林布局上都可以看出，负责该陵墓设计的是位波斯建筑师。总体布局是按照想象中的天堂的模样进行修建：首先是将一个正方形基座4等分，然后再9等分；平整的布局表面由观赏的溪流、铺设的路径和林荫大道分割。这座建筑的设计灵感既有印度宗教观念中封闭式圣殿的想法，又有伊朗式房间与走廊相互贯穿的实用功能。此外，精致且按比例建造的红砂石围墙和两层排列整齐的小拱门、拱廊、尖塔和石亭也是这里的建筑特色。根据伊斯兰的传统，陵墓当然还包括穹顶、桶拱、尖拱门和装饰花纹。陵园正中的主体建筑是正方形陵墓，四角上是两层倒置斜角的方形角楼，两个朝外的立面被处理成较小尺度的门廊式立面。另外，立面还有冲孔式屏风等装饰细节。

### 波斯式花园

“天堂”这一词汇源自古代波斯的一个封闭式花园。早在公元前4000年，人们就幻想能够远离沙漠的困扰，并唤起了人们对一个迷人的地方的向往，即高耸的城墙能将沙漠拒之门外，里面是一座由狭窄沟渠和杏仁灌木、石榴和绵缎般的玫瑰以及按神圣比例设计的精致空间，这就是波斯花园的雏形。随着伊斯兰教的传播，波斯风格也被广泛复制，从西班牙的摩尔到印度莫卧尔，到处都可以看到它的影子。

波斯的尖拱门

**壮观的对称性**
胡马雍陵上的白色大理石穹顶，高42.5米（140英尺）。

## 法提普尔·西克里(FATEHPUR SIKRI)

1580年 印度乌塔普拉德什 未知 城市

法提普尔·西克里是“胜利之城”(Town of Victory)之意，它是莫卧尔王朝建筑中最恢弘的历史纪念碑。该建筑是皇帝阿克巴为纪念他的儿子吉尔(Jahangir)的诞生而修建，但该城仅在修建15年后就被废弃，原因是那里的水井没有水源。时至今天，它仍保持着近乎完美的状态。

木柱子支撑的私人寝宫

无穷无尽的砂岩、大理石以及大批的工匠等良好的外部条件，对于建造这样一座皇家城堡并不十分困难。然而，在位于阿格拉(Agra)以西40公里(25英里)的这样一个岩石半岛上，建造城市却是行不通的。所以，可能由于供水不足，在居住只有短短的15年后，法提普尔·西克里就成为最壮丽的鬼城。

这里不乏富有想象力的纪念建筑，当然，也少不了大清真寺(Great Mosque)。这座清真寺的庭院面积为110米× 130米(360英尺×426英尺)，檐口上还有大小不一、层次分明的穹顶凉亭和回廊围绕。它的入口建筑叫布兰·达瓦扎(Buland Darwaza，或南大门)，由阿克巴尔重建，是整个寺院最优秀的部分。通往入口处的是陡峭的金字塔式楼梯，穿过一个令人印象深刻的伊万(Irwan)，进入一个半八边形大厅，其后就是清真寺的庭院。站在清真寺的楼梯上，游客可以一览整座城市的美丽风光：主要的风景有潘奇泰姬陵(Panch Mahal，或五层宫殿)，一系列相互连通的院落和由奇妙复杂的红砂岩建造的建筑物，如寝宫、浴室、会客室、马厩以及所有莫卧尔皇帝生活必需的设施都应有尽有。

### 阿克巴皇帝

莫卧尔皇帝阿克巴(1542—1605)不仅是一个文盲，还是一个近乎残忍的野蛮战士，因为他曾用敌人的头颅来建筑塔楼。但同时，他又对文学、建筑和艺术都有着浓厚的兴趣。他在建筑法提普尔·西克里城时，将伊斯兰和印度等建筑元素混合使用在新建筑中，一如他在处理自己的宗教丁-伊-伊拉希(Din-i-ilahi，)一样。在他的宫廷内还有一位耶稣会教士，以及300位妻子和来自世界各地的5 000名后宫家眷。

**历史性的错误**

优雅且布置井然的倒映池，因缺乏足够的水源而随法提普尔·西克里古城一起衰落。

## 鲁—伊—阿兰陵（RUKN–I–ALAM）

1324年 巴基斯坦木尔坦 图格鲁克一世 陵墓

这座陵墓是由中世纪旁遮普邦的特尔科蒙（Turko-Mongol）迪巴尔布尔（Depalpur）省长——图格鲁克一世（Tughluq Ⅰ）修建，同时，它也是前莫卧尔王朝的一座典型建筑。至今，它仍然是木尔坦（Multan）这个青铜器时代建立城市的主导建筑。现位于巴基斯坦中部的木尔坦，最初被亚历山大大帝征服，其后在712年左右，又被穆斯林占领。由红砖砌成的八角形基座上，一个略微扁平的穹顶直径为17米（56英尺），高45米（148英尺）。穹顶下面由巨大的扶壁支撑，但扶壁本身随着高度的攀升而变窄，目的是应对木尔坦炎热干燥的气候。环绕二层八边形基座周围的是一个通道，宣礼员在此可引导信徒进行祈祷。砖砌墙体上有间隔出现的印度黄檀制成的木雕装饰，这种装饰风格来自古代印度河流域文明的土著形式。此外，还大量采用白色陶瓷和蓝瓷釉作为装饰材料。当然，陵墓也少不了花卉和书法等伊斯兰传统装饰细节。

**地标建筑**

该陵墓建造于一个人工土堆高处，所以远在40公里（25英里）以外就可以看到陵墓巨大的穹顶。1977年，对陵墓进行了精心系统的修复工作。

## 贾汉吉尔陵墓（TOMB OF JAHANGIR）

1630年 巴基斯坦拉合尔 未知 陵墓

贾汉吉尔陵墓位于今天的巴基斯坦拉合尔（Lahore）市西北的拉维河畔（Ravi River）花木掩映的花园中。这是一座低矮的长方形建筑，陵墓四周规则地排列着高大的拱门，它是莫卧尔王朝的第四代皇帝贾汉吉尔（Jahangir）的陵墓。红色砂岩和白色大理石砌成的建筑，是下任皇帝沙阿·贾汗（Shah Jahan，1628—1658）即“大理石王朝”（Reign of Marble）统治时期一系列主要建筑中的第一件作品。陵墓主体的四角各矗立着一座4层的白色圆顶尖塔，新颖的设计中同时融入了印度的传统元素。这种坐落在规则花园中并有高墙围绕的建筑，是按伊斯兰教中天堂的模样设计的。建筑虽然相对简单，但它所呈现的雕刻技艺和镶嵌方式惊现了泰姬陵（见220页和221页）的建筑手法。在这里，还可以看到青金石、缟玛瑙、碧玉、黄玉、玛瑙和各种彩色大理石等珍稀材料。花园共有4条走廊通往陵墓，其中3条都由复杂的大理石装饰。此外，进入陵墓的外部入口还朝一个庭院敞开，这里曾作为莫卧尔时代商队旅馆。

**价值纪念**

贾汉吉尔陵墓的图像出现在巴基斯坦最高面额的钞票——1 000卢比面值的货币上。

## 泰姬陵（TAJ MAHAL）

1653年　印度阿格拉　沙贾汗　陵墓

闪闪发光的白色大理石，长长的倒影池，泰姬陵（这座皇家宫殿）是莫卧尔王朝建筑的巅峰之作。泰姬陵是莫卧尔王朝的皇帝沙阿·贾汗（Shah Jahan）为了纪念他最宠爱的已故皇后阿姬曼·芭奴（Mumtaz-i-Mahal）而建立的陵墓。这座陵墓历时22年，每天动用2万役工才建造完成。它的美在于它的平静庄严，以及在不断变化的时空中，大理石所反射出的微妙色彩变化。

阿姬曼·芭奴的中央陵寝

陵园坐落在贾木纳河（Jamuna River）旁的一处平台上，四周环以红沙石墙，四角各有一座八角形角亭，从阿格拉古堡（Agra Fort）的皇宫可以望见这四个角亭。陵墓的基座为一座长宽各57米（187英尺）的正方形大理石，四角各有一座上下总高47米（154英尺）的宣礼塔。寝宫的上部为一高耸饱满的双层穹顶，其中内层穹顶高24米（79英尺），直径为18米（59英尺）。穹顶的形状来源于印度教寺庙以及波斯帖木儿的建筑设计形式，四周矗立着四个较小的圆塔（Chattris，屋顶亭阁）。该设计也是胡马雍陵（见第217页）的强

### 沙阿·贾汗（SHAH JAHAN）

生于1592年的沙阿·贾汗（在位时间1628—1658）是伟大的莫卧尔帝国（Mughal Empire）的缔造者。德里的红堡和贾马清真寺（Jama Masjid）都是其经典作品，但最著名的还是由他修建的泰姬陵。他儿子们之间的权力斗争，使其在1658年被罢黜。儿子奥朗则布于1658年宣布为帝，并把他软禁在阿格拉八角城堡内一直到1666年去世。

化形式：八角主体由一系列相互联系的走廊包围，并在每个交叉之处设立一个附属八角形建筑。这座美丽的建筑较少有繁冗的装饰。

由大片透雕的薄大理石板制作的窗子和屏风是室内采光的主要来源。皇帝沙阿·贾汗及皇后葬于空棺处地下的土窖内。这座陵园与当时的建筑传统不同，泰姬陵的主体建筑不再位于陵园的中央，而是靠后，整个建筑的后部都朝向河水。根据传说，之所以俯视贾木纳河，是因为皇帝曾打算在其对岸建造一座一模一样的陵墓，材料则计划选用黑色大理石。

**皇冠上的宝石**
泰姬陵一直以来都被称为是“由巨人设计并由珠宝商打造”的建筑奇迹。

### 新德里的红堡

1648年　印度新德里
沙阿·贾汗　宫殿

之所以被称之为红堡，是因为它四面环以厚重的围墙，还是莫卧尔首都自阿格拉迁址于此时，沙阿·贾汗在此建造的防御工事。穿过正门——气势雄伟的拉合尔门，可以看到浴场（the Hammams，皇家浴场）、沙阿·贾汗的私人办公室（the Shahi Burj）和莫蒂清真寺（Moti Masjid，珍珠清真寺）等景点。上面冠以镀金的塔楼的兰玛哈勒宫（The Rang Mahal，多彩宫），沙阿·贾汗的妻妾们就曾住在这里。

### 苏公塔（EMIN MINARET）

1778年　中国新疆吐鲁番
易卜拉欣　礼拜场所

这座高44米（144英尺）的宣礼塔，位于古老的丝绸之路吐鲁番（Turpan）附近，是中国唯一的一座伊斯兰教塔式建筑。由吐鲁番郡王额敏和卓（Emin Khoja）于1777年开始建造，在其死后次年，由其次子苏来曼（Suleman）建成。这座塔出自当地维吾尔族建筑师易卜拉欣的设计，由当地的材料青灰色石砖建成，塔身下大上小，呈圆锥形。此外，塔身还由16种不同的几何和花卉图案装饰。塔内有螺旋形台阶通往顶部。此外，它跟与其相邻的庄严、古朴的礼拜寺共同缔造了一道奇妙的风景。

# 中世纪
# 欧洲建筑

欧洲历史上，从罗马帝国衰亡至10世纪，都被称为黑暗时代。然而，在这粗线条勾勒的世纪中，欧洲并不是一个没有知识和艺术辉耀的黑暗大地。创造的余烬仍在灰色的时空闪光，尤以中世纪的建筑最为突出，它们蓄势待发，最终迸发出一道耀眼的光芒。

所向披靡的日耳曼部落，哥特（the Goths）和法兰克民族（the Franks）在罗马帝国衰落之后，移居至整个西欧，这些野蛮的异教战士并不总是像想象中那样，到处受欢迎。他们中的大多数人都是基督教徒，或皈依为基督教的信徒，他们中的大多数都对其摧毁帝国所取得的成就仰慕不已。不过，他们还是保留了自己的风俗习惯、生活方式和社会秩序。所以，他们的到来，使西欧迎来了文化和社会的大变迁时代，在政治上也长期处于不稳定状态。而在此期

**一个多事之秋**

欧洲许多伟大的大教堂都是为纪念那些无数次的冲突，如十字军东征和百年战争中牺牲的人们。爱德华（1330—1376）“黑太子”的盔甲棺像就贮藏在英国坎特伯雷大教堂（黑太子坟墓所在地）内。

**关键日期**

**800年**，在圣诞日，查理曼被罗马教皇嘉许为第一神圣罗马帝国皇帝。

**851年**，罗马的大地震摧毁了许多建筑物。

**900年**

**976年**，简化的阿拉伯数学符号传入欧洲后，开始挑战罗马数字。

**988年**，大公弗拉基米尔带领基辅臣民皈依基督教，成为俄罗斯第一位基督教教徒。

**1000年**

**1066年**，诺曼底公爵威廉征服英格兰，在国王哈罗德率领下的盎格鲁—撒克逊军队失败。

**1088年**，第一所欧洲大学成立。

**1096年至1099年**，在布雍的戈弗雷领导下，十字军开始了真正意义上的首次东征，萨拉森民族攻陷耶路撒冷。

**1100年**

**1163年**，教皇亚历山大三世（Pope Alexander Ⅲ）为巴黎圣母院大教堂奠基。

**手抄本**

宗教经文，诸如《祈祷书》（*Book of Hours*）被僧侣们精心地配上了插图。

间，由罗马人所修筑的大部分建筑，如道路和供水等基础设施都一同陷入废墟当中。

基督教教堂，是中世纪早期唯一起作用的国际力量，至少在前罗马的殖民地间起到了联系社会团结的作用。在这个动荡的时代，各种宗教组织还是学习与艺术的避风港。哥特时代之前，唯一一份幸存下来的本笃会修道院设计构想图纸，就保存在瑞士圣加勒（St Galle）修道院。教会在当时所起到的作用是不容低估的：当西欧的新统治者日渐强大时，他们所渴望的知识主要来源于教会，进而，教会也就从其富有的资助者那里受益匪浅。

## 冲突的时代

罗马帝国的衰亡导致欧洲政权上的真空，各种势力不断地进行调整，地方、区域以及国家之间的竞争和权力争夺，导致战争频发。以至于，黑暗时代至15世纪的这段中世纪欧洲历史，不但难以解读，而且无异乎就是一场长期浴血奋战的历史。

中世纪的权力之争不仅囿于世俗之间的纷争。13世纪，在西欧，罗马教会获得至高无上的宗教权力，并无情地摧毁了“异教教派分支”——清洁派教派

### 圣杯传奇

圣杯是与基督相关的圣物，并与西欧另一个家喻户晓的神话——圆桌武士亚瑟王的浪漫故事有关。最经典的描述是基督在最后的晚餐中所使用的餐盘；对圣杯最传统的解释是在耶稣受难时，为耶稣安排殓葬的亚利马太的约瑟用一个盘子盛载耶稣在十字架上流出的鲜血。此外，中世纪诗人和说书人将起死回生权力都归功于圣杯。

**珀西瓦尔与圣杯**

在最早的故事传说中，珀西瓦尔是圣杯追寻者，在以后的版本中，格拉海德爵士成为英雄。

**1200年**

1271年，马可波罗，这位伟大的探险家、军人及作家离开威尼斯，开始了他在中国的旅居生活。

**1300年**

1315年，由意大利外科医生蒙丁诺·德·卢齐第一次面向公众展示准确的人体解剖过程。

1321年，《神曲》的作者但丁·亚利基利在拉文纳（Ravenna）去世。

1337年至1453年，在新兴超级大国英国与法国之间肆虐了近百年的战争。

**1350年**

1347年至1351年，黑死病（the Black Death）或称鼠疫爆发，横扫了欧洲近三分之一的人口。

1378年至1417年，敌对的阿维尼翁与罗马教皇领导的教会大分裂，最后以罗马至上而告结束。

**1400年**

1386年，杰弗里·乔叟开始创作《坎特伯雷故事集》，这是英国第一部伟大的文学作品。

1402年，在塞维利亚开始建造世界上最大的哥特式教堂，并成为世界上同类建筑中最庞大的教堂。

（the Cathar，基督教的一支），也叫阿比尔派教派（Albigensian）。12世纪，该教派在法国南部朗格多克的阿尔比（Albi）地区十分活跃，并逐步对罗马教会的发展构成威胁。最终，以清洁派教派被纳入教皇的统治而宣告结束，并在阿尔比建造了一座巨大的堡垒式大教堂以示教皇的权威。

其后，西欧逐渐恢复了政治上的稳定，到中世纪末时，欧洲主要成立的国家有英国、法国、西班牙、瑞典和葡萄牙；此外，还成立了公国或大公国的有德国、意大利和低地国家（指荷兰、比利时和卢森堡）等政治体制。

## 中世纪的艺术

政治稳定，伴随而来的是经济和文化的繁荣与复兴，其中就包括蓬勃发展的建筑。因此，我们这个世界诞生了一些最好的建筑形式，如中世纪的修道院、大教堂以及在欧洲遍地开花的教区教堂。此外，当然还有最迷人的地方建筑，例如英国就是世界上最具乡土艺术创作气息的国家之一。

除了令人惊艳的建筑之外，中世纪

**巴黎圣礼拜教堂的大玫瑰窗**

彩色玻璃艺术在13世纪到14世纪达到顶峰，并开始为哥特式教堂或教会肃穆的内部添光增彩。

## 十字军东征

1095年，在教宗乌尔班二世收复圣地的呼吁之下，揭开了从塞尔柱土耳其人（Seljuk Turks）手中夺回耶路撒冷——基督教圣地（Holy Land）——的十字军东征序幕。这是许多诸如此类东征的初次行动或“圣战”；到了中世纪，主要的目标是要夺回圣地的控制权。十字军东征的历程，实际上就是伊斯兰世界不断西扩的历程。此外，十字军也对异教徒的土地和邪教的基督教团体发起了进攻。

**第五远征**

第五次十字军战争的攻击目标是埃及，这份手稿详细地说明了1219年，攻占了达米埃塔（Damietta）的经过。

还产生了伟大的艺术、精美的文学和图书出版（美妙的传奇，如圣杯、辉煌的盔甲、富有想象力的工程建筑）以及再度复兴的古代文学等。这些成就的取得与西班牙的伊斯兰学者接触密切相关，因为在他们中，一直鲜活地保持着柏拉图和亚里士多德等学者的著作。

除我们在《祈祷书》（*Books of Hours*）所看到的图示、哥特式大教堂的彩色玻璃窗以及在战斗中的旗帜和骑士头戴红羽毛头盔的色彩外，中世纪世界的中心颜色却是黑色与比较暗淡的颜色。那时，不仅是一个冲突频发的时代，欧洲还经历了气候上的重大变化。中世纪时，英国还可以种植一些柑橘类水果，可到了14世纪第一个10年，这里逐渐陷入冰河世纪（Ice Age），从而导致大饥荒（the Great Famine，1315—1317）的发生，城镇与城市的数量锐减。

祸不单行，紧接着就是黑死病（1347—1351）的大面积爆发和流行：鼠疫疫情从开始的地方沿丝绸之路方向蔓延，多达三分之一的欧洲人不幸遇难。数字显示，欧洲用了近150年的时间才恢复元气。因此，这种天灾人祸对经济和社会影响的深远性是不可低估的。黑死病消退后，由于缺乏必需的劳动力，导致工资上涨、农民起义、封建制度分崩离析。这是西欧农奴制的结束，虽然不是鼠疫的再次爆发，但其余毒还是影响了14世纪剩下的黯淡岁月。死亡与战争，动乱与冲突背景下的中世纪，建筑却是那么鼓舞人心，将人们从烦扰的泥潭中解救出来。如今，这个时期的建筑仍然是建筑艺术历史上至高无上的荣耀。

**中世纪建筑**

与世隔绝般的孤傲，位于法国的圣米歇尔山城堡，庞大的身躯高高地耸立在小岛的地基上。

# 罗马式建筑
## 800—1100

**在修道院院长和国王的强力资助下，在罗马大教堂的基础上，逐步发展出经典的罗马式教堂。这主要是因为，教会抑或是国王希望能够重现古罗马建筑昔日的辉煌。早期，罗马式建筑以查理曼大帝（Charlemagne）这位法兰克（768—814）国王的“住房风格”为主，他在被教皇利奥三世（Pope Leo Ⅲ）加冕为“神圣罗马帝国皇帝”后，这种建筑形式更是大行其道。**

查理曼大帝酷爱艺术并热衷学习，是罗马城的伟大捍卫者，所以，他会在800年的圣诞节被嘉许为“神圣罗马帝国皇帝”。从那时起，罗马式建筑开始在意大利（包括西西里岛）、法国、德国、斯堪的纳维亚并在以权力和沉着著称的英国遍地开花。这种建筑风格，也受到活跃的宗教势力，诸如克吕尼修道会（Cluniac Order）的推动，尽管区域差异还在一直持续。在其推动下，建立的有诸如法国的圣马丁（St Martin at Tours）和圣瑟宁教堂（St Sernin）、图卢兹（Toulouse），以及西班牙加利西亚（Galicia）的圣地亚哥教堂（Santiago de Compostela，见第234页和第235页）等最伟大的朝圣教堂。

### 罗马式建筑的特征

平面设计仍延续了拉丁十字的平面设计。但出于对圣像、圣物膜拜的需要，在后端增设若干小礼拜室，用来盛放圣物箱。教堂的墙体巨大而厚实，墙面使用连列小券，门洞口用同心多层小圆券装饰，以减少沉重感和巨大的支柱。建筑师和泥瓦匠（二者往往同义）还尚未学会如何处理未来哥特时代那种轻盈缥缈的桶拱设计形式，所以，这时的建筑厚重，色泽也较暗。出于强度和高度的考量，就出现了高墙与较小的窗子，当然，这种形式也是与武士之王相匹配的一种建筑形式。所以，不仅9世纪的查理曼大帝，还有1066年征服诺曼底的公爵威廉所采用的也是这种建筑形式。威廉还将建筑完全作为一种控制与支配权力的标志。然而，就是因为他的强硬政权和建设的牢固堡垒，才会出现奇迹般的罗马式达勒姆大教堂（Durham Cathedral，见第240页）的中殿。毕竟，强大可以做正确的事情。

◁ 意大利的比萨大教堂（Pisa Cathedral）建筑在一个拉丁十字形平面基础上，并由68根花岗岩石柱将内部分为五个内殿，教堂内采用自然光。多彩的大理石壁画和几何图案以及方格天花板使其内部更加光彩夺目，熠熠生辉。

## 建筑元素

罗马式建筑的特点是像城堡一样坚固，是基督教武士国王建筑风格的体现，更是他们仿效罗马皇帝传奇般的命运的一种表现形式。此外，他们也采纳了古罗马的一些建筑元素，并在发展自己风格的同时，接受了伊斯兰教和基督教建筑传统的影响。

△ **自然主义的雕刻手法**
这座位于西西里岛的蒙雷阿莱大教堂，柱头是基于古典科林斯的设计形式，但在典型的叶状体的装饰中添加了活泼动感的手持盾牌武士人物造型。

拱廊上多采用挑高小圆券

▽ **连列小券**（Continual arcading）
连拱饰在著名的斜塔，或意大利比萨大教堂的钟楼上发挥到了极致。这是许多罗马式教堂的特点。这种设计还在比萨大殿的设计上有所反映。

△ **连续假拱券带**
这是旨在减少空白墙壁的一种独特装饰手法，比玻璃窗口的设计更经济且更容易建造。这个时候还很少见到这种装饰风格。

△ **雕刻的柱子**
英国的达勒姆大教堂内这种庞大的由碎石填充的柱子，雕刻曲折的线条，使强悍的中殿多了几分光影的柔美。

带状饰条与建筑的线条形成鲜明的对比

◁ **带状饰条**
石头雕刻的带状饰条（一种交织的装饰带）是盎格鲁—撒克逊教堂的一个关键性装饰风格，例如，这里所示的英国巴顿伯爵诸圣大教堂。

雕刻的曲线环绕其上

装饰丰富的雕刻位于山墙的中心

列柱紧密地排列在一起

△ **雕刻的山墙**
正如古罗马神庙上的三角墙，山墙就位于门上和窗子与拱门之间的区域，但在罗马式教堂中则采用了浮雕的装饰形式。

## 帕尔马洗礼堂（BAPTISTERY， PARMA）

1196年后 意大利帕尔玛 贝内代托·安特拉米 洗礼堂

贝内代托·安特拉米（Benedetto Antelami）所设计的帕尔玛洗礼堂是一件奢侈的建筑艺术品。在墙壁拐角处陡峭的扶壁间之上是敞开式灯塔设计，4层矩形拱廊环绕在建筑之上。当然，少不了一个优雅的圆拱作为结尾。3扇主大门侧面的华丽雕刻是不寻常的创作，当时在意大利是非常独特的装饰形式，它们被认为是安特拉米自己的创作。该雕塑回应了同时代法国的装饰发展形势，特别体现在圣母（the Virgin）和最后的判决（the Last Judgment）等题材中。内部16面墙壁上同样有法国影响的痕迹，即半柱式结构几乎与建筑本身等高。列柱上是突出的拱券，尤其重要的是这里建有肋骨支撑的桶拱。此外，内部较低位置的拱廊上还装饰有许多圆形拱。

**中世纪的杰作**
帕尔玛精致的粉红色大理石洗礼堂（位于12世纪大教堂的右侧）是意大利罗马式建筑中最好的建筑之一。

## 加里森达塔和阿西内利塔

1100年和1119年 意大利博洛尼亚
加利森达和阿西内利家族 塔

据说，博洛尼亚（Bologna）曾经拥有像加里森达塔和阿西内利塔这样的建筑共计180座。这些巨大且独立的瞭望塔建筑代表了筹建家族的强大与实力。方形的结构和砖建主体、小窗户，从建筑角度而言，它们显得很是平淡无奇，但那时，许多问题都要靠猜测来解决，那么，这些建筑在技术上就不能不称之为一个例外。阿西内利塔高97米（318英尺）；而建于1360年的加里森达塔，出于安全起见，建筑高度仅47米（154英尺）。由于沉降等地理因素，现在没有一座瞭望塔是垂直站立的，加里森达塔的倾斜角度现已达3.25米（10.6英尺）。

## 圣安布罗乔教堂

1080年后 意大利米兰
未知 礼拜场所

圣安布罗乔教堂是采用砖结构的建筑，西立面处埋成具有人字形山墙顶的双层拱廊。从外表看，朴实得甚至有些落伍，但内部却有一些技术上的突破。单一支柱，被看似支撑不同方向拱肋附柱组成的束形柱取代。同时也与支撑侧厅上方的小拱顶，形成了双层侧廊的构造。这样就形成了罗马式建筑中一种独特的室内空间感受。利用间隔墙对中殿进行分割的形式，在其后的罗马式和哥特式建筑中被广泛运用。

## 蒙雷亚莱大教堂（MONREALE CATHEDRAL）

1182年　西西里巴勒莫附近　威廉二世　礼拜场所

蒙雷亚莱大教堂不仅是为数不多的奢侈建筑，它还是诺曼—阿拉伯建筑的杰出典范，因为这样一座12世纪的西方教堂却采用了复杂的阿拉伯装饰图案。此外，它还体现了拜占庭建筑的强烈影响：中殿、走廊和环形殿各色马赛克镶嵌尤其精美绝伦。

蒙雷亚莱大教堂是一个平顶的巴西利卡式建筑，由宽广的内殿、过道以及东端三个浅环形殿组成。覆盖在高坛上的浅穹顶上，矗立着一个由拜占庭马赛克镶嵌凝视着下方的基督塑像。内部最引人注目的当属大面积使用的马赛克镶嵌画。

将这座建筑与法国北部歌特式建筑发展联系在一起的是中殿上并排的尖拱。外部，后殿是建筑的最大亮点：以精美的各色石材、马赛克拼出的几何图案，美丽绝伦。整体效果体现了伊斯兰精心装饰技巧方面的影响。

这种精湛的装饰工艺继续在青铜正门上延续，大门上面雕刻着42个圣经故事。原来，本笃会修道院附属建筑的柱廊依然尚存，除228根柱头支撑着摩尔式（Moorish）的拱门外，这里的许多柱子都是扭曲的，上面不仅有精心雕刻的人物和植物的图案，还有玻璃马赛克镶嵌。

**内部布局，显示了受摩尔人的影响**

### 威廉二世（WILLIAM Ⅱ）

西西里岛的诺曼统治者威廉二世（在位时间1166—1189）所建造的华丽蒙雷亚莱大教堂，不仅仅是一个虔诚的行为，更是出于一种政治的需要：蓄意使巴勒莫（Palemo）现存的大教堂失去权势，同时还要使英国出生的现有大主教丧失权威。米尔（the Mill）的瓦尔特（Walter）是教皇二世坚定的支持者，所以，当然会反对西西里的诺曼人。

**鸟瞰周围的城镇**

教堂主宰了巴勒莫西南蒙雷亚莱（Monreale）镇的风景。这座精美的基督教教堂，是出自受过穆斯林传统训练的工匠之手。

## 圣尼古拉大教堂（SAN NICOLA， BARI）

1087年后　意大利巴里　未知　礼拜场所

圣尼古拉大教堂坐落在意大利东南部巴里（Bari）的普利亚（Puglian）镇，不仅是作为诺曼缔造者能量与财富的象征，同时，毫无疑问，也是一座历史悠久的本土建筑代表。南部的塔楼至今尚未竣工，但教堂的外部仍能显示一种难以名状的平静和对称性。

中央的三角墙立面采用了探出式门廊来强调，加强了视觉上的垂直效果。此外，从墙壁突出的矩形的双壁柱也加强了门廊部分的线条感。突出结构的中央立面暗示了其后宏大的内殿空间，正如侧翼结构有其独立的拱形入口，可以确定走廊通道位置一样。高贵非凡的建筑物辅以内部细致的雕刻。

平顶大厅的内部分别由横跨的三个横向拱门组成，并由双立柱的拱廊进行精确的分割。最重要的是三拱式拱廊（通道）

**完美的雏形**

圣尼古拉大教堂，是在整个意大利南部建立的第一座罗马式的建筑。因此也明确地向世人展示了自己的价值。

由高高的天窗采光。十字桶拱下则是宽敞的过道，采用了两个交叉拱顶对角线形成锐角的设计形式。平面设计非常简单：一个简单的矩形，祭坛后设有后殿，外加两侧较小的环形殿构成。

## 比萨大教堂（PISA CATHEDRAL）

1063年后　意大利比萨　博斯凯托·吉奥瓦尼，纳尔多和其他　礼拜场所

在欧洲，恐怕很难找到像比萨大教堂这样，能够将意大利罗马式与哥特式建筑的区别阐释得如此清晰明了的建筑了。同时，它也是承袭当地建筑传统的典范，从某种程度上反映该国古典遗产的同时，也反映了对非意大利风格建筑的抵制。

大教堂坐落在一个壮观的建筑群当中，包括洗礼堂和钟楼（the Leaning Tower，比萨斜塔），钟楼本身相对于教堂来说，名气似乎更大一些。大教堂连同周围的几座建筑的立面基调都是白色，这种建筑手法是比萨公民文明的见证。11世纪开始筹建，13世纪对教堂进行了广泛改建，将内殿扩大并增加了外立面。教堂的外立面是典型的托斯卡纳（Tuscan）“文艺复兴的原型”（proto-Renaissance）：连续拱廊式底层，大门上方是4层连列券柱廊，下两层延长至整个建筑的宽度，上两层则与内殿等宽。

**传统的影响**

文艺复兴风格的拱门形成逐层堆叠的三角楣，直至布满整个大门的正立面。

**西班牙的圣地亚哥教堂**

西班牙的圣地亚哥教堂位于中世纪基督教朝圣中心，于1211年竣工。这座伟大的罗马式教堂内部在很大程度上仍然保留了原貌。然而，教堂后增建的外立面则是西班牙巴洛克建筑样式（Spanish Churrigueresque，详见第339页）。

## 拉格兰德第戎圣母院

1145年　法国普瓦提埃
未知　礼拜场所

13世纪以后，法国政治分裂的同时也促进了区域建筑风格的发展，拉格兰德第戎圣母院就是这其中一座了不起的建筑范例。除了生动的雕刻装饰和蜂窝状的尖塔等特征外，这座教堂还展现了雄健的特质。立面外观不再迷恋于垂直的造型设计，并一直延续到教堂的北侧。中殿既没有三拱式连廊也不设天窗，采用圆形拱的拱廊则是由素朴的横向肋骨支撑的石头桶拱建成。

## 圣米古尔·伊斯卡拉达教堂

913年后　西班牙西北部莱昂附近
加西亚国王　礼拜场所

莫萨拉碧（Mozarabic）建筑是早期西班牙罗马式建筑的主要特点，即一座地地道道的基督教教堂，采用的却是摩尔式的装饰细节。圣米古尔·伊斯卡拉达教堂建于10世纪，是由西班牙北部阿拉伯人被驱逐后，遗留下的摩尔工匠建造而成。建筑平面设计是典型的矩形、同中殿等宽的过道、原始的十字以及东端的中殿拱壁拱门。圣米古尔是受摩尔人影响最明显的地方，体现在中殿和柱廊的马蹄形拱以及华丽的木屋顶结构中。

## 玛丽亚·拉赫本笃会修道院

1093年后　德国莱茵
未知　礼拜场所

秀丽挺拔的多塔式建筑——玛丽亚·拉赫本笃会修道院坐落在田园诗般的拉赫湖（the Laacher See）西南岸边，靠近科隆南部的安德纳赫（Andernach）。连同施佩耶尔（Speyer）、美因茨（Mainz）和乌尔姆（Worms）大教堂等一道，玛丽亚·拉赫本笃会修道院被列为德国罗马式建筑最优秀的范例之一。虽然广受意大利北部和卡洛林王朝（Carolingian）风格的影响，大胆的结构组合和庞大的规模，都是一个振兴教会权力的有力声明。玛丽亚·拉赫本笃会修道院主要取材于当地的熔岩材料，是一座典

### 圣本笃（ST BENEDICT）

本笃会规（the Benedictine order）是基于圣本笃的神圣规则（St Benedict's Holy Rule，"祈祷和努力"）而制定，是中世纪最成功的修道院会规。几乎没有人知道，本笃（480—550）出生于罗马，但一直以来都认为他首先是逃离贵族的生活，先是成为一个隐士，然后才成为一名修道院的主持。由其设立的严厉又人道的会规在罗马灭亡后，对维护欧洲北部基督教的统治地位起到了关键性的作用。

型的中世纪多塔式建筑，东西两端各有3座塔楼。

西端塔楼与山墙之间，形成钻石形状或十字弧棱拱顶，而在十字形基座上则呈现八角形状。

西门柱头上的装饰细节——神灵在诠释祈祷者的罪过

尽管该教堂仍大力强调垂直观感，但圆拱及券廊边缘光亮的横向红砖轮廓还是使其形成了鲜明的视觉对比。同样，塔顶也重复了这种对比模式。教堂西端，同样是以位于支配地位的后殿及设置在圆塔内的西耳堂等构成。不太寻常的是位于西端的回廊天井内设有通往圆塔的主要通道。此外，在教堂的东端也有3座后殿。大教堂的内部采用的是交叉拱支撑，使得空间不仅具有连续性而且还宽敞。此外，柱头采用自然雕刻手法的浮雕装饰。中殿和过道的柱墩则是采用典型的莱茵地区特色装饰——半壁式柱式，一种新兴的哥特式风格。中殿和过道的拱顶都采用相同的宽度，又暗示了另一种即将到来的建筑风格。

**雄伟壮丽**

德国罗马式在微妙中起到了明确无误的主旨作用。

# 城堡

中世纪的城堡虽然一直被神话、传奇及骑士幻想等光环环绕，除了我们想象中的炽烈的火焰、飘扬的旗帜、奢华的宴会和全副武装的骑士等场面外，或许还夹杂着些许浪漫情怀。实际上，城堡就是一部镇守和杀戮的机器。

**西班牙阿拉贡的卡斯蒂略·德·洛阿雷**
盘踞在战略要害和令人敬畏的建筑形式，使得这座城堡对其周围地区都具有心理和战略上的优势。

欧洲的城堡有着悠久的历史，经过几个世纪的发展和竞争，逐步发展成一种令人敬畏的建筑形式，一种具有威慑作用的雄伟建筑。爱德华一世（Edward Ⅰ）在威尔士就建有强大的城堡，从而有效地将诺曼侵略者的势力昭然示众——通过建筑来使全体人民臣服。然而，除了威慑作用外，还有些城堡确实向世人展现了惊人的美丽，比如由那些擅长建筑或对城堡这种建筑形式青睐已久的人们，如塞维利亚大主教阿隆索·丰塞卡就督建了15世纪西班牙最精美的中世纪城堡——塞哥维亚科卡城堡（见第269页），这座城堡将摩尔建筑和中世纪欧洲建筑结合，缔造了令人印象非常深刻的建筑。此外，鼎盛时期的中世纪城堡还极尽奢华，成为身兼城堡与宫殿的双重作用的建筑形式。但就城堡的功能而言，最终还是输给了火药和现代化武器，并逐渐丧失了历史作用。尽管有些城堡在长期的发展中，在丧失了军事机器功能的同时，却平添了许多魅力，如11世纪诺曼底威廉的白塔（White Tower，见第240页）城堡，一直傲然屹立于伦敦塔（the Tower of London）的中心。

**威尔士的康威城堡**
蜿蜒在城堡脚下的康威（River Conwy）河，为城堡提供了一道天然屏障，进一步加强了这座城堡的防卫功能。

## 骑士城堡（KRAK DES CHEVALIERS）

1142年后　叙利亚霍姆斯　骑士团　防御建筑

在近东建造的骑士城堡是十字军东征期间，令人印象最深刻的城堡之一，它使人们不由得联想起为圣地（the Holy Land）而进行的残酷斗争。同时，它也是西方近乎完美保存的伊斯兰军事建筑中的最好范例。

这座城堡位于保护叙利亚霍姆斯峡（Homs Gap）战略部署的5座城堡中最东面的一座，坐落在南部山嘴上，地势险峻。它有三个主要特点：一是位于要塞的自然据点位置；二是庞大的规模和建设；三是由两层同心城墙构成，在城堡的主楼核心周围还设有防御塔。在外幕墙的门楼处设有一个典型的十字军的“弯入口”设计：假设敌人已经突破外墙，袭击者也会被迫沿着城堡曲折的道路前行，因此在那里还会遭受到进一步的伏击。内层城墙则在较薄弱的南面和西面设有一个巨大的“斜堤”——这是一堵无法攀爬的斜墙，斜墙的厚度达25米（82英尺）。这种城堡不仅具有保护和征服领土的功能，在抵抗攻击的同时，还可支持一个强大的驻军部队：位于叙利亚马尔加特城堡（Margat, Syria）的十字军，可以以1 000兵力抵御一个为期5年的围攻。不过，1271年，骑士城堡在成功地抵御12次围攻之后，由于叛徒的出卖，还是沦陷了。

### 骑士团

骑士团正式成立于1113年，他们在圣地所进行的慈善工作在获得教皇派斯考二世（Pope Paschal Ⅱ）认可的同时，骑士团也迅速成长为近东的主导军事力量，并且仍然继续他们照料病患的传统角色。1291年，阿卡（Acre）沦陷后，骑士团接到离开圣地的命令，最先落脚在塞浦路斯，1530年后抵达马耳他（Malta）。

骑士团的徽章

**山中要塞**

沟壕的开凿使骑士城堡的防御措施更加的完善，建筑此项工程共挖出数百吨的岩石。

## 伦敦白塔

1078年后 英国伦敦
征服者威廉大帝 防御建筑

1066年，诺曼征服英国后，共建造了不少于70座的城堡来强调其军事威慑力。白塔就是其中最大的一座。这是一座长方形、石头立面的建筑，四角设有4座塔楼、浅扶壁以及高高在上狭小的窗户等都是它的典型特征。17世纪后期，克里斯多弗·雷恩除在塔楼上增添了优雅的角楼外，还将大部分窗子扩大。

## 布拉德福圣劳伦斯教堂

1050年 英国布拉德福威尔特郡
未知 礼拜场所

诺曼征服后，大约只有50座盎格鲁—撒克逊建筑幸免于难。因为将英国闭塞的盎格鲁—撒克逊记忆全部抹杀，是法国征服者优先要考虑的事情。圣劳伦斯教堂是其中罕见的幸存建筑之一。教堂的外部设计普通得堪称粗野：三个相互关联的小山墙式门廊结构（入口），中殿和圣坛，只是简单地用石头砌成，上面是由封闭的圆形拱装饰。时间可能是它唯一的优势，但粗制且狭窄的教堂内部，却总是随着时间的推移而改变。

## 达勒姆大教堂

1093年后 英国达勒姆
卡拉立夫主教 礼拜场所

残酷的军事和政治力量也推动了诺曼征服在建筑领域的爆发，并取得惊人的成就。城堡可能是其最直接的产物，作为诺曼天才般的教会建筑形式，也被证明是最为持久的一种建筑形式。威廉二世（William Ⅱ，1087—1100）统治时期，建成的达勒姆大教堂就是最好的例证。简朴、大胆和壮观的设计，充分体现了设计者的要求。此外，达勒姆大教堂也见证了11世纪晚期，盎格鲁—诺曼建设者在技术实力方面的成就，并使他们成为当时欧洲最具盛名的建筑工程师。另

### 威廉圣加来

在1081年，诺曼本笃会修士成为达勒姆的主教。在1093年，他拆毁了盎格鲁—撒克逊大教堂并开始将其替代为罗马式和本笃会修道院建筑。与苏格兰国王唐纳德三世的联系，使其在国王威廉二世前非常不得人心。1095年，在接受温莎国王调用前不久，主教患病去世。

**权威的视野**

达勒姆市占主导地位的是大教堂和附近的城堡，这里是强大的“王子主教”（Prince-Bishops）的古老家园。

外，它还是欧洲第一座使用肋骨拱顶的建筑， 交叉肋骨虽早有使用，尤其是1082年后，在德国的施佩耶尔就被广为应用，但从来没有出现过像达勒姆大教堂的这种使用方式，或达到如此这般的戏剧性效果。而且也不能简单地将它归结为用一座石头屋顶将两座开间合二为一的问题，虽然这么做的确使它令人印象更加深刻。交叉肋骨拱有力地向上，并扩展至整座屋顶，从而达成了高度的一致性和高耸的视觉效果，缔造出一座令人震惊的纪念性建筑。这种做法显然对其后出现的哥特式建筑具有巨大的启示作用。尽管在这里，哥特式建筑的早期迹象已初露端倪，但达勒姆大教堂绝对是地地道道的罗马式建筑。比例精确的几何花纹雕刻的中殿墩柱，巨大且坚固，同时也为弧形拱门增添了动态的节奏感。此外，大教堂的外观设计也毫不逊色，位于威尔河（River Wear）河畔的地理位置更为它平添了戏剧般宏伟的视觉效果。总之，它是盎格鲁—诺曼建筑的最高典范。

由青铜制作的北门门环

## 奥斯特拉斯教堂（OSTERLARS CHURCH）

1150年 丹麦博恩霍尔姆 未知 礼拜场所

800年至1050年期间，因为海盗和诺斯曼的征服以及从俄罗斯到地中海的殖民地掠夺，其中也包括英格兰东部和法国北部的大部分土地，从而把斯堪的纳维亚（Scandinavia）的影响延伸至欧洲北部的大部分地区。从11世纪中叶开始，随着斯堪的纳维亚的日益基督化，开拓的脚步开始放缓。其直接的结果就是地方与基督教传统的融合，最明显的例证就是建筑。例如，波罗的海的博恩霍尔姆岛（the Baltic Island of Bornholm），就是从传统圆形石头建筑发展而成的，与十字军骑士团的中央十字圆形教堂相类似。犹如城堡般坚固的设计使其对抗波罗的海海盗的目的就不言而喻了，当然这里还是一个礼拜场所。

**融合的建筑风格**
奥斯特拉斯教堂外部可观的大幅倾斜辅壁，是在其建成后许久才加筑的。

## 博尔贡教堂（BORGUND CHURCH）

1150年 挪威松恩峡湾 未知 礼拜场所

博尔贡教堂是挪威最有名的“木板”教堂。充满异国风情的外观部分像是佛塔；部分像维京（Viking）火葬用的木柴堆。但教堂的内部却是拜占庭式中央设计的教堂，也是维京世界深远影响的证明。

最初，这座高耸的木制建筑是由高耸塔楼下的拱廊中厅（东端的后殿是后加筑的）构成，显示了此处哥特式建筑与法国建筑之间的联系。木板建筑是指木材（或“木板”），将原木垂直分割，弯侧面朝外，将内平侧面朝内，然后将其接合在一起。尽管这是斯堪的纳维亚历史悠久的建筑手段，但这种技术从未这么大规模地使用过。

教堂外部，给人们印象最深的是：倾斜尖细的屋顶以及山墙上龙头的浮雕雕刻。所有这些都从侧面反映了该地区过去的异教传统。

**传统的融合**
教堂是将传统与现代的建筑方法融合在一起，来满足基督教崇拜的需要的。

## 隆德大教堂（LUND CATHEDRAL）

1103年 瑞典隆德 那图斯 礼拜场所

地方传统与斯堪的纳维亚的建筑风格在奥斯特拉斯教堂和博尔贡教堂上可一目了然，而隆德大教堂则与此形成了鲜明的对比，它完全是成熟的罗马式风格，尤其可以作为在德国罗马式风格发展的典型代表。即使缺少西方式的后殿和双耳堂设计，但在莱茵地区，隆德大教堂还是颇受瞩目的建筑。

西立面主要是由两座采用3层一系列连续的圆拱装饰的四方塔构成。此外，尖尖的屋顶设计使其看上去就像是尖塔。中央山墙同样是位于3层连续的圆拱窗口上，山墙的三角面部分（拱圈和拉梁间的弧度部分）采用了充满活力的雕刻。教堂内部，中殿采用双拱交叉的形式，是不久前由斯派尔（Speyer）在德国地区首创的建筑手法。同样，这里也有许多丰富的雕刻装饰，尤其体现在中殿柱墩的柱头部分。教堂的东端是以深深的耳堂和后殿为主要建筑特点。

后来，教堂虽经大规模修复，但隆德大教堂还是强调了在斯堪的纳维亚，罗马式教堂已成为基督教建筑的主流。

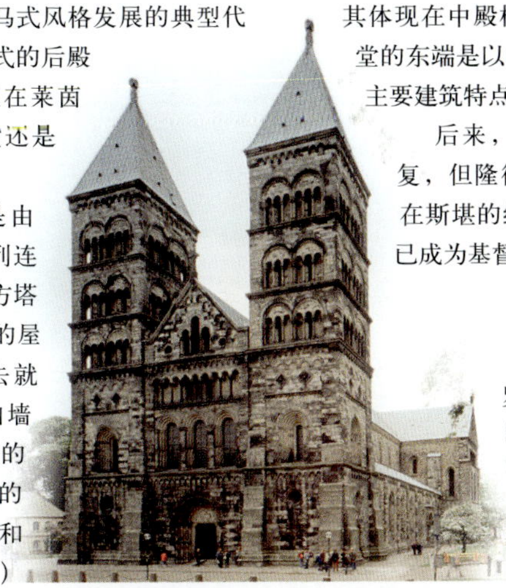

**罗马式建筑的声明**

隆德大教堂令人印象最深刻的特点是其充满活力的立面设计，而令人印象最深刻的当属两座侧翼塔的设计。

## 赫达尔木板教堂（HEDDAL STAVE CHURCH）

1250年 挪威泰勒马克 未知 礼拜场所

赫达尔木板教堂是挪威幸存下来的木板教堂中最大的一座。据估计，曾经建造的1 000座木板式教堂现仅存28座。无论以什么样的标准来衡量，赫达尔木板教堂都是一座令人难忘的建筑：层层累加的陡峭尖细的木屋顶、山墙和塔楼，强烈的重复节奏感一直延伸到四方形角楼的顶端。

此外，该建筑的异教特征也十分明显，尤其体现在精雕细刻的教堂内部。在昏暗的灯光下，这种暗示就更加明显，同时这也是所有木板教堂的共有特点。教堂的窗口甚少，且这些小窗子一般都设在高高的墙上，近乎是紧邻屋檐下。

19世纪中叶，尤其是在挪威人日益认识到对建筑遗产的保护后，对此座教堂的恢复和重建工作也大规模地展开。随着对19世纪教堂修复工作的进行，人们发现对这些建筑历史的认识还非常薄弱。因此，直至20世纪50年代，才重新恢复到接近其原始状态的形式。

**递减的建筑规模**

经常涂抹柏油是保护这些木制教堂必不可少的保护措施之一。而这种陡峭屋顶的涂刷工作就得完全依赖当地的山地人才能完成。

# 哥特式建筑
## 1150—1500

**中世纪伟大的哥特式建筑是欧洲文明的荣耀之一。人们通过建筑高耸的塔楼、拱门和尖塔（只要在当时技术允许下）来表达对天国世界的向往。此外，能够建造出这么伟大的建筑还与主顾和建筑师们共同的美好愿景密不可分；同时，也少不了技艺娴熟的泥瓦匠和工匠们付出的巨大努力。**

高耸得犹如船舶般的中殿建筑，往往超出了我们人类目光所及的范围。只有天使、恶魔、叶片和顶饰等专业雕刻，才能彰显万能的主（the Heavenly Father）的神威。哥特式建筑起源于法国血腥的十字军东征时期，尽管那是一个不争的黑暗年代，但不可否认，正是从那时开始，世界迎来了一种最令人鼓舞、最大胆的建筑形式——歌特式建筑。

### 飞扶壁

对哥特式风格发展起实质作用的是对飞扶壁这种建筑元素的运用。它是可以用来分担主墙壁压力的辅助设施。墙壁越高，装饰性飞扶壁的跨度也就越大。由于飞扶壁的使用，大教堂建设者们能够建设耸人听闻的高度和越来越纤薄的石拱顶，并创造了有史以来规模最大的窗子。渐渐地，整座教堂开始采用大面积的排窗，沙特尔（Chartres，见第250页）就是最好的例子。这里将旧约（the Old Testament）、基督的生活、他的使徒、圣徒和殉道者等宗教故事拼组成一幅幅五颜六色的排窗。这些中世纪的飞扶壁教堂就相当于现代的电影或电视等传播媒介，起到了向不识字的民众宣传教义的作用。但雄心勃勃且竭尽奢华的教堂建筑与农民的黏土板条茅舍之间形成了巨大的反差。难怪，当时的教堂建筑能令身处其中的人们不由得心生敬畏。如果说当时法国是以追求不断提升的拱顶作为目标的话，那么，英国和德国就为建造最高的尖顶而努力。索尔兹伯里大教堂（Salisbury Cathedral，见第256页）的尖顶就高达123米（404英尺），而由马特乌斯（Matthaus Boblinger）设计的19世纪晚期建筑——乌尔姆敏斯特大教堂（Ulm Munster，见第262页）的尖顶，则高达160米（525英尺）。哥特式建筑是漂亮与极端的混合体，在建筑史上占有重要地位。

◁ 韦尔斯大教堂（Wells Cathedral）的牧师会礼堂（The Chapter House）的哥特式拱顶就是采用从中央柱伸出的32根肋骨支撑，犹如掌状向外发散。

# 建筑元素

哥特式建筑因其轻盈修长的飞天感而在建筑史上占有十分重要的地位。尖肋拱顶、高拱顶和飞扶壁等元素使高度和跨度再也不是什么问题，所以，在中世纪的天空下，会出现高耸的修道院、教堂和大教堂。天才般的结构加之石匠的精湛技艺和丰富的想象力，共同谱写了哥特式建筑的伟大乐章。

◁ **花窗玻璃**
辉煌的哥特式教堂中，花窗玻璃为教堂内部平添了神秘灿烂的景象。这些窗子是由复杂的石制花饰镶嵌彩色玻璃制成，通常设计在北部和南部耳堂的墙壁和西面塔楼之间。这里所呈现的是法国东北部城市兰斯大教堂的美丽花窗玻璃。

彩色玻璃就如同一幅幅展示中世纪的幻灯片，生动地讲述了《圣经》的故事

△ **飞扶壁（Flying Buttresses）**
西班牙帕尔玛·马略卡大教堂的中殿高达44米（144英尺），之所以能够达到此高度，是因为砖石支撑的飞扶壁使其成为可能。

△ **哥特式拱顶类型一**
简单的尖肋拱顶，或称为柳叶形哥特式窗户，可追溯到12世纪晚期，这是由约克大主教罗杰·乔·勒韦克建造的约克郡里彭大教堂。

△ **哥特式拱顶类型二**
这座13世纪晚期的法国亚眠大教堂，由托马斯、雷尼奥和罗伯特·德·吕扎什设计完成，展示了将窗拱一分为二的设计手法。

△ **哥特式拱顶类型三**
14世纪比利时龙瑟的圣爱马仕大教堂就采用了拱内拱的建筑形式，显示了日益复杂、细分的哥特式窗户和精致窗饰。

△ **哥特式拱顶类型四**
这种垂直哥特式拱顶选自温莎的圣乔治教堂的设计，呈现了一面墙壁是如何向一个巨大窗子转变的。建教堂日期可追溯到1475年。

△ **尖塔**

以垂直感为主旨的哥特式塔楼仍在继续并通过尖塔得到进一步的夸张，这里所看到的是15世纪晚期可以俯瞰牛津莫德林学院修道院的钟楼。哥特式尖塔往往雕饰蔓草花纹，即雕刻叶形图案。

△ **交织的石雕花格窗**

连续的拱廊，交织的葱形饰石雕花格窗设计，这就是意大利威尼斯的总督府（建于1309—1424年）完全与众不同的设计，从而成为威尼斯哥特式建筑的典范。

△ **交叉穹顶**

这精湛的穹隆拱顶是亚眠大教堂交叉穹顶辉煌曼妙的形式。由于拱顶日益变得轻盈、高挑和纤薄，所以，大教堂的中殿可以采用大面积的高大排窗设计。

△ **扇形拱顶**

哥特式穹顶最终的发展形式出现在英国。在剑桥国王学院礼拜堂内，宛如棕榈树干般的扇面形式的拱顶，是由约翰·维斯特尔设计的。

**滴水兽** ▷

在哥特式大教堂所缔造的众多奇迹中，不能不提到滴水兽。它们不仅仅起到滴水嘴的作用，而且有的带有宗教的含义，即这些带有翅膀和尖牙的怪兽是旨在驱除邪恶的一种设计形式。此处是高高耸立在巴黎圣母院西端的最有名的滴水兽。

## 巴黎的圣礼拜堂

1248年　法国巴黎
路易九世　礼拜场所

此教堂的设计堪称中世纪最为奢华的基督教教堂，同时这座教堂也是作为法国王公大臣们特权和虔诚的声明。它是作为安放法王路易九世（Louis IX）从君士坦丁堡鲍德温二世（Baldwin II）处购得的圣物而修建，其中就包括“耶稣棘冠”和“十字架的碎片”。一目了然的垂直外观设计：扶壁上冠以精致的顶端饰，西端陡峭的山墙两侧由同样峭拔的塔楼环绕。此外，陡峭的屋顶上还耸立着一座精致的小尖塔。教堂内部共分两层。暗淡的教堂下层充当上层教堂的基座，所以墙面较封闭；上层是圣礼拜堂本身，彩绘柱子上是如烟花般绚烂的束柱，一直绽放到教堂的拱顶，并因此构成一个令人眼花缭乱的空间。纤细的壁柱之间是巨大的窗子，给人整个墙面几乎都是窗户的感官效果。这些绚烂夺目且壮丽无比的光墙，将整个教堂内部统整为一个整体，是哥特式建筑的精髓。

**闪光的教堂**

圣礼拜堂是一个令人吃惊的哥特式建筑杰作，它看起来更像是一座虚幻中存在的建筑。

## 巴黎圣母院

1163年后　法国巴黎
苏利主教　礼拜场所

壮丽的巴黎圣母院是哥特式建筑新表现形式的最佳范例。从12世纪中叶开始，这种影响一直持续到其后整个西方的基督教建筑。巴黎圣母院的落成还是技术和资金之间完美的结合。与圣丹尼斯（St Denis）、桑斯（Sens）、拉昂（Laon）和诺扬（Noyon）的大教堂一样，巴黎圣母院借鉴了法国北部（欧洲新知识的中心地带）建筑形式。同时，巴黎圣母院也是树立欧洲基督教新自信所要迫切解决的问题：世间创造的建筑物必须能够回应上帝所在的天国，或者它的本意就是要缔造一个新的耶路撒冷。

**巴黎圣母院大教堂西端的辐射式玫瑰窗**

当时，几乎所有先进的技术都被应用到巴黎圣母院的建设当中。中殿的拱顶相当高，达30米（98英尺），一层又一层的交叉拱肋不仅是建筑结构布局，还提供了一种强烈的视觉统一效果。教堂外部，首次采用了飞扶壁的建筑元素，使得上层得以开辟大量的天窗，为内部提供了丰富的光线。以一个巨大的玫瑰窗为主导的正立面简洁有序并镶嵌有雕像，采用了左右对称的严整布局形式。13世纪中叶，在中厅两侧又加盖了耳堂和上面精美的玫瑰窗。小尖塔则是19世纪才增建的。

### 苏利主教（BISHOP DE SULLY）

12世纪初，苏利出生在奥尔良（Orleans）附近一个卑微的家庭。1160年，莫里斯·德·苏利（Maurice De Sully）成为巴黎的大主教。他发起重建圣母院的动议，并确保其有生之年得以建成。作为一位老于世故的政治家，他在1190年十字军东征期间就成为皇家的监护人之一。此外，他还是坎特伯雷大主教托马斯·贝克特的支持者，反对英格兰国王亨利二世（King Henry II）的统治。后来，他退隐在修道院内，直到1196年去世。

**岛屿上的教堂**

从某种程度上来讲，巴黎圣母院的影响是与其位于巴黎市中心的西堤岛的戏剧性位置密不可分的，旁边就是流经巴黎市中心的塞纳河。

# 沙特尔大教堂（CHARTRES CATHEDRAL）

1230年　法国沙特尔　未知　礼拜场所

沙特尔大教堂的东立面景观

1020年，在一场火灾后重建的沙特尔大教堂，标志着法国伟大的哥特式建筑盛期的到来。但是这次的重建又毁于1194年的另一场火灾，大部分重建工作都化为灰烬仅余留了西立面，于是又开始了新的重建，并最终为世人呈现了一座和谐统一的宏伟建筑。重建后，大殿更为广阔，丰富的雕刻装饰使得门廊更显生动：华丽的彩色玻璃窗以及为信徒传递虚拟的耶路撒冷朝圣路径十分迷人。这些只是这座伟大建筑所取得的建

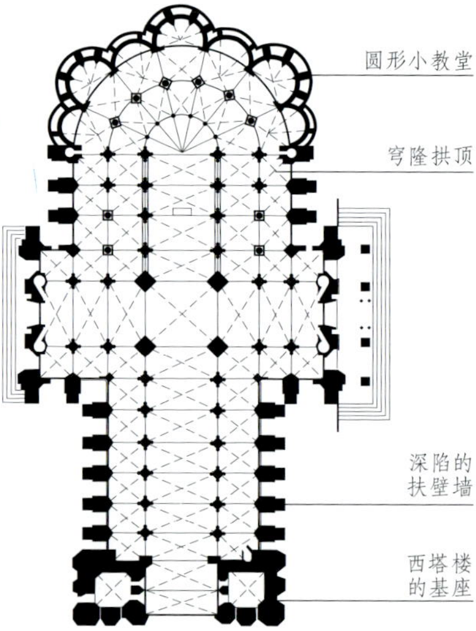


△ **建筑平面图**

中殿长为130米（427英尺），正面宽为16.5米（54英尺）。这是法国哥特式教堂的典型设计，与兰斯（Reims）和亚眠大教堂的平面设计非常相似，但就其高度、采光、中殿以及唱诗班的划分则与英国的平面设计不尽相同。

△ **拱形天花板**

由于沙特尔大教堂使用了创新技术飞扶壁，从而使教堂的天花板达到34米（112英尺）的高度，而看起来就好像完全是由彩色玻璃构成的彩色玻璃墙支撑的一样。

△ **彩色玻璃的装饰细节**

超过3 000平方米（32 295平方英尺）的中世纪彩绘玻璃窗，使整座大教堂都沐浴在彩色的光线内。

◁ **雕塑**

门廊上凹陷的三角山花空间以圣人和天使围绕在荣耀的基督身旁为描述主题。这些丰富立体的装饰细节，一直延续到整个飞檐。

筑和精神的部分成就。

教堂就建造在德鲁伊（Druids）和罗马人尊敬的圣井（从教堂地下室可以看到）上。教堂除了拥有古老的圣母木雕外，还拥有一件据称为圣母生耶稣时所穿的衣服，现保存在一个圣盒内。

## 博韦大教堂（BEAUVAIS CATHEDRAL）

1247年后　法国博韦　未知　礼拜场所

于1247年开始筹建的博韦大教堂，是自1144年哥特时期圣丹尼斯（St Denis）开始直线建筑高度演变极限的最后阶段。或者说，正是这座大教堂将法国的哥特建筑推向了顶峰。博韦大教堂的中厅拥有世界举世无双的高度，达48米（157英尺），是当时法国最高的建筑，但在1284年，整个建筑都垮掉了。工匠们并没有放弃，对这座教堂的修复工作一直在持续。1337年，按原设计又进行了大规模重建，尽管审慎地增加了柱墩等防护措施，但中殿却一直都未能建成。重建这样一个宏伟的项目似乎太昂贵。尽管如此，令人眩晕的教堂中厅高度还是堪称一绝。

**充满雄心的拱顶设计**
博韦大教堂是法国哥特式垂直高度的经典范例。

## 阿尔比大教堂（ALBI CATHEDRAL）

1282年后　法国西南部阿尔比　未知　礼拜场所

通过阿尔比大教堂，我们可以看到其与近现代法国北部高耸的哥特式教堂之间惊人的差异性。教堂外部，与其称之为教堂还不如说更像是一座堡垒：地基底坡向外突出，仿佛摆出了一副要随时准备击退敌人进攻的架势；窗户也与法国北部教堂大面积使用彩色玻璃形成了鲜明的对比，似乎只是一道撕开的细缝；飞扶壁则是以半圆形桥墩的形式从玫瑰色的砖墙中胀出。事实上，这座犹如城堡般的建筑，不仅反映了区域间的差异，还是权力的象征：在王权的支持下，毫不含糊地展示了教会的势力范围，并首次延伸到朗格多克（Languedoc）地区。

内部奢华的大厅与外部简单的设计也形成了鲜明的对比。尽管是由一个单一的中殿构成，但殿内宽达18米（59英尺）使其成为法国最宽的建筑。由一系列结实的内部柱墩向内凹陷而成的是一系列小教堂，共计有22座。内部装饰可以追溯到14世纪至15世纪的宏伟祭台屏风，还有豪华的壁画、壁饰和塑像等。此外，教堂还拥有法国令人印象最深刻的风琴之一。

**基督要塞**
从外表来看，阿尔比大教堂是正统的砖结构，实际上正是这种砖结构掩盖了其激进的本性。

## 卡尔卡松（CARCASSONNE）

1350年 法国奥德 未知 城镇

暂不论19世纪所进行的大规模修复，俯瞰奥德（Aude）河的卡尔卡松，位于法国西南部的朗格多克，是欧洲保护最完整也是最完好的中世纪要塞城市。固若金汤的双重城墙和箭楼是这里的最大特点。虽然城镇的建筑遗迹有的是建于1世纪的罗马时期，有的是建于5世纪西哥特人时期，但主体建筑还是建于13世纪，由路易九世和他的继任者菲利普三世修建（1247年，先后落入西蒙·德·蒙福尔等法国贵族手里之后，又转移到法国的君主手中）。总之，历经了建城、毁城、修城的一系列过程。因此，它最终成为一个针对西班牙阿拉贡王国的一座不断膨胀的关键性防御堡垒。从15世纪开始，它在军事方面的重要性逐渐被放弃，卡尔卡松也开始衰落。1835年，当诗人普罗斯珀·梅里美到访这里时，看到这里破旧的模样，下定决心要还其中世纪城镇的荣耀，于是他委托法国著名的理论家、建筑师维奥莱·勒·杜克来监管整个工程的重建。

**恢复昔日的荣耀**

尽管历经大规模的修复与重建，卡尔卡松仍是法国最令人瞩目的中世纪城堡小镇。

## 阿拉斯市政厅（HOTEL DE VILLE， ARRAS）

1502年后 法国阿拉斯 未知 民用建筑

无论中世纪晚期的法国多么繁荣，真正称得上著名的民用建筑却屈指可数。一般而言，从10世纪开始，大教堂和教堂的建筑风潮开始逐渐消退，继而转向修建最负盛名的宫殿和城堡等建筑形式。当然，中世纪晚期，诸如意大利和一些低地国家堪称杰作的民用建筑还是少得可怜。但是，阿拉斯的市政厅就是一个完美的例外。阿拉斯不仅在地理上更接近低地国家，而且在16世纪初，它还处在西班牙哈布斯堡王朝（Hapsburg Spain）的统治下（当时它的统治触角还涉及其他一些低地国家）。阿拉斯的市政厅带有显著的布鲁日和伊佩尔布馆（the Cloth Halls in Bruges and Ypres，见第254页）特征。建筑装饰极尽奢侈华丽，目的是有意识地表现出民众的自豪感。市政厅底层是一个拱廊结构，上面是饰有花饰窗格的窗子为市政厅的一楼大厅提供采光。陡峭的屋顶上星罗棋布地布满了3层天窗。巨大的钟楼更是高达76米（250英尺）。

**民众的自豪感**

大楼原址在第一次世界大战时已被摧毁，今天我们所看到的建筑是经过战后重新修建的。

## 伊佩尔布馆（CLOTH HALL，YPRES）

1214年后　比利时伊佩尔　未知　民用建筑

中世纪由安特卫普（Antwerp）、根特（Ghent）、布鲁日（Bruges）、鲁汶（Louvain）和布鲁塞尔（Brussels）等组成的低地国家当中，建筑规模既庞大又令人印象深刻的世俗建筑，非伊佩尔布馆莫属。从某种程度上而言，这也是一个简单的规模问题。仅132米（443英尺）的长度，就要远远超过同时期最大的教堂。与布鲁日布馆一样，这是一座只能用神庙的规模来界定的建筑。

另外，也正如布鲁日布馆一样，伊佩尔布馆陡峭的屋顶中央矗立着一座精致高耸的、带有采光塔的钟楼。尽管垂直的线条通过两侧立面上高耸的角塔得以进一步地强调，然而，水平空间还是占据了主导地位。正立面相对简单：矩形基座上是两层的拱廊窗子，一层窗子为圆形，而二层则较大且变成了尖拱形状。二者的交叉重复为整座建筑带来了活力与韵律，给人以自信和确定的整体感。

**商业圣殿**

伊佩尔布馆原址在第一次世界大战中被摧毁后，于20世纪30年代重建。

## 布鲁日布馆（CLOTH HALL，BRUGES）

1282年后　比利时布鲁日　未知　民用建筑

由布鲁日布馆所带动的“中世纪后期商业经济发展的强大动力”开始日渐明晰。布馆大厅不仅是布鲁日布料交易中心，处于汉萨（Hanseatic）市领先地位，同时也是欧洲最富有的贸易中心。布鲁日是10世纪后，在北欧和意大利出现的典型的城市中心。贸易使其日益富有的同时，也唤醒了当地民众公民意识的狂热。从建筑结构上而言，它是集市场、仓库、社区会堂和会馆为一体的新型建筑类型：在促进贸易发展的同时，也尽可能地为这座城市打造了令人印象深刻的建筑形式。布馆大厅的主要特点是其高80米（262英尺）的塔楼，高耸在与其不成比例但坚固的3层砖瓦打造的大厅之上。就其规模而言，它丝毫不亚于伊佩尔布馆，甚至安特卫普大教堂（Antwerp Cathedral）。后两者之间的比较很容易，虽然没有任何的反宗教意图，但在中世纪鼎盛时期，这些北欧富饶的贸易之城，不仅意识到其新的历史地位，而且还决心以建筑的形式来展示其地位和财富，因此，壮观的规模堪与最壮丽的大教堂相媲美也就理所当然了。1282年，大厅被烧毁后，在原来的基础上重建了塔楼的下半部；上半部的八角形采光塔则是在1482年到1486年之间增建的。

## 韦尔斯大教堂（WELLS CATHEDRAL）

1180年后　英国萨默塞特韦尔斯　未知　礼拜场所

韦尔斯大教堂与林肯和索尔兹伯里大教堂（Lincoln and Salisbury，见第256页）一并，在传统上被认为是毋庸置疑的、首批英国本土（相对于受法国影响而言的）三大哥特式大教堂。事实上，它也是英国早期成熟哥特式建筑的典范。与所有教堂的布局一样，坐落在一个宽敞密闭的空间内，对空间在跨度上的重视要远远超过对高度的要求。教堂设有双耳堂，并在东端设有一个广场；位于西侧的主要入口非常小巧可爱。此外，大教堂最著名是其庄严华丽的西立面，并以众多座雕像和雕刻装饰。大教堂内部最显著的特点是1338年建成的中殿，它是采用倒置剪形拱来支持中央塔楼的。

**全景展示**

大教堂神奇宽广的西立面宛如一块大展示板，上面装饰有大教堂的许多优秀雕塑作品。

## 伊利大教堂（ELY CATHEDRAL）

1080年后　英国剑桥伊利　未知　礼拜场所

伊利大教堂以其庞大的规模和兼容并包的建筑元素（涵盖从11世纪诺曼时期，到14世纪哥特式等不同的装饰风格），而使它成为英国大教堂中最为独特和最引人注目的大教堂之一。它最不寻常和令人最难忘的特点是：1322年至1340年之间，在耳堂和中殿处建立呈八角形的中央高塔，并在塔体上建有同样特殊的木制八角形采光塔。在欧洲的其他地方，这两种设计都从未出现在哥特式建筑当中。中殿和耳堂都是诺曼风格，即采用坚固的圆形拱装饰的拱廊、耳堂和天窗，使其至少与达勒姆大教堂同样令人印象深刻。相比之下，可追溯到14世纪的华丽唱诗班，则由飞扶壁支撑（这种形式很少出现在英国建筑中）。此外，圣母堂（the Lady Chapel，1321—1349）更是精雕细刻的典范。

**高耸的外观**

中央塔与西立面的塔楼使得伊利大教堂庞大的建筑主体更具戏剧性。

## 索尔兹伯里大教堂（SALISBURY CATHEDRAL）

1258年 英国威尔特郡索尔兹伯里 埃利亚斯·德·迪勒姆 礼拜场所

平静而厚重的索尔兹伯里是英格兰南部独有的中世纪风貌小城，而索尔兹伯里大教堂就位于英国最大的中世纪教堂建筑群内。尖顶、寺院，以及无以匹敌的长度使其成为英国13世纪哥特式建筑的典范。

中殿的拱顶

索尔兹伯里并不是以横空出世（它是在较早建筑的基础上修建而成，这与大多数其他主要教堂的情况基本相同）来彰显其独特，而是用38年的时间建成如此规模的建筑，才使其风生水起。除尖塔是一个世纪以后加盖的外，这座大教堂几乎保持了最初的设计。因此，它是英国早期哥特式建筑中最完整、最显著的例子，从而确定了其建筑原型的地位。我们将通过它与法国同时期建筑的比较，来阐述各自的差异。亚眠大教堂作为法国哥特式代表（而索尔兹伯里大教堂作为英国的代表），是以一个统一的整体存在，逻辑上，外立面就阐释了教堂内部的结构，并大力强调垂直的外部特征；而索尔兹伯里大教堂，强调单个元素在整个建筑中的位置且以横向跨度为主要特征，而不是强调建筑的垂直感。布满了雕塑作品的正立面（19世纪进行了修复，通常情况下，这里是最令人挑剔的建筑元素）延展至教堂整个宽度。一般在教堂内部，中殿是其强调的中心，所以，人们的视线也自然而然地吸引到远处的圣母堂（Lady Chapel），所以拱顶就被弱化了：以拱顶轴为例，它只是向下延伸至耳堂的拱门而不是一直延伸到地板。如同韦尔斯大教堂（见第255页）一样，这里也使用了双耳堂，从而加强了空间的分割感。所以，教堂的整体效果是清爽而不是强迫，并且这种感觉会一直延续到分会教堂。

### 埃利亚斯·德·迪勒姆

中世纪，“建筑师”这个专有名词并不总是与实际概念相符。虽然有一大把众所周知的人名，但能够真正与此相匹配的几乎是凤毛麟角。一般来说，建筑都是直接由牧师指挥并由泥瓦匠队伍来执行。在索尔兹伯里大教堂的建筑过程中，这个管理的任务是由大教堂的咏礼司铎（Canon）埃利亚斯·德·迪勒姆来承担。但在何种程度上出自于他的设计还不能确定，因为在1245年迪勒姆去世时，大教堂还未竣工。

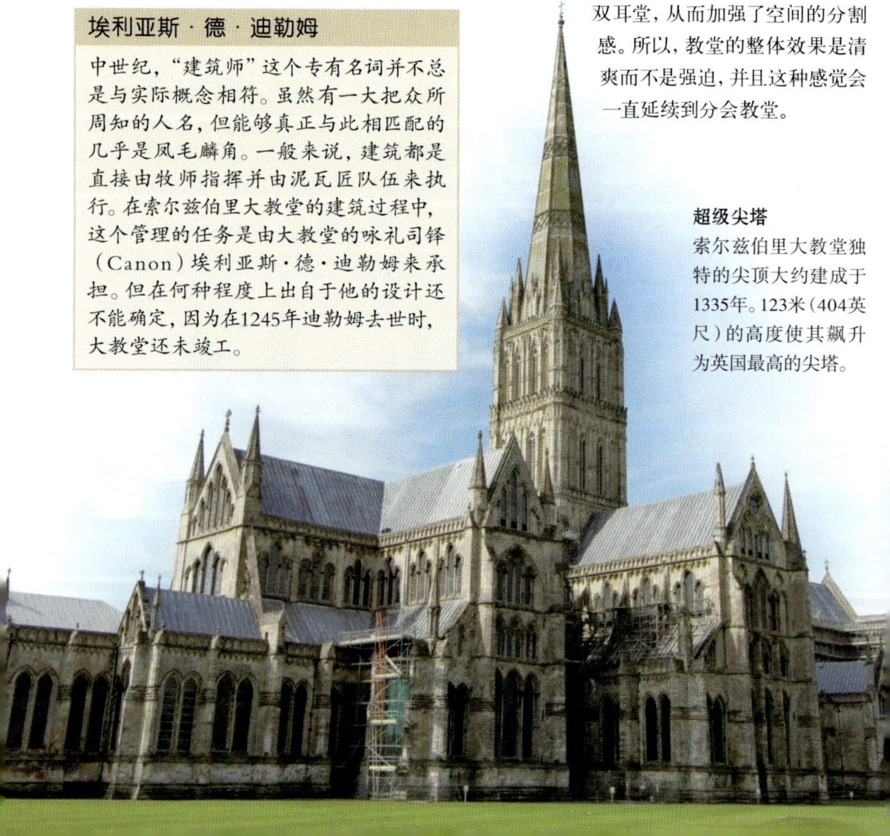

**超级尖塔**

索尔兹伯里大教堂独特的尖顶大约建成于1335年。123米（404英尺）的高度使其飙升为英国最高的尖塔。

## 国王学院礼拜堂（KING'S COLLEGE CHAPEL）

1515年 英国剑桥 亨利六世 礼拜场所

国王学院是剑桥大学最著名的学院，于1441年成立。礼拜堂是垂直式（英国独特的建筑风格）的典范，也是英国最后绽放的一朵哥特式建筑奇葩。平面本身是一个非常简单的矩形，88米（289英尺）长，12米（40英尺）宽，24米（80英尺）高。总之，这是一个统一的空间，没有过道，只有一块精致的文艺复兴早期木屏风对内部进行分割，从而并没有破坏教堂内部的整体感。

建筑最大的壮举莫过于其巨大的中殿，每边还各开有12个等高的窗户。窗子的大面积使用，减少了墙壁的面积，使墙壁变成了轻薄的支柱；除令人惊羡的精致装饰外，拱顶天花板在其顶端更是以华丽的扇形呈现。教堂还广泛应用了几何图案装饰，同时，部分扶垛和墙壁上还装饰有很多都铎玫瑰、吊门、香根鸢尾和徽章动物等装饰。从外部看，这座教堂位于彩色玻璃窗之间，沿地平线向上无限延展的纤细扶壁是其外在最大的亮点；此外，还有位于教堂四角处的4座威严肃穆的尖塔。

**完美的垂直**
简单的结构布局和精致的装饰细节使国王学院礼拜堂更显庄严与雄伟。

## 威斯敏斯特大厅（WESTMINSTER HALL）

1399年 英国伦敦 亨利·耶维尔和休·赫兰德 宫殿

威斯敏斯特大厅的对面就是珠宝塔（Jewel Tower），它是中世纪威斯敏斯特宫（现今已大部分被国会大厦占据）1834年大火后唯一幸存的建筑。大厅的主体就是石匠亨利·耶维尔（Henry Yevele）的杰作，他本人就是中世纪晚期艺术家状况不断变化的反映，也是一位几乎可以用现代意义来解读的建筑师。

然而，这里最显著的特征还是休·赫兰德（Hugh Harland）打造的悬臂托梁屋顶结构。它反映了中世纪英国在发展不同形式的木制屋顶、不同复杂程度装饰上独一无二的特殊地位。虽然建筑的主体部分是教堂建筑，但最宏伟的当属威斯敏斯特大厅：共有70米（230英尺）长，20米（66英尺）宽。它不仅是悬臂托梁支撑的橡木双拱梁技术的杰作，而且还是垂直式风格的典型。庞大的建筑木料上皆刻有非常丰富微妙的窗饰，其中令人印象最深刻的是位于悬臂托梁两端雕刻的天使。

**引人注目的中世纪建筑**
威斯敏斯特大厅是中世纪欧洲最大的大厅之一，而且大厅的屋顶采用无柱支撑结构。

## 康威城堡（CONWAY CASTLE）

1289年 北威尔士阿伯康威和科尔温 爱德华一世 防御建筑

康威城堡与夏力的威尔士城堡、波马利斯城堡（Beaumaris）和卡尔纳冯城堡（Caernarvon）等兄弟城堡一道，都是为印证爱德华一世（Edward Ⅰ）对英国威尔士领土占领的野蛮宣言而修建。这些令人敬畏的堡垒虽然代表了中世纪城堡的最高成就，但在不到一个世纪，火药的使用使其最终没有了用武之地。同时，它也反映了城堡建筑的巨大转变。12世纪时，城堡的主要功能是防御外界的进攻，后来逐步转变为牢固的镇守。这座城堡的防御重点是外墙，并且拥有8座巨大并能自我防卫的圆形城堡。此外，为了进一步巩固其固若金汤的城池，康威城堡还将庭院分为内院和外院两部分。

**战略设计**

康威城堡的塔楼都是各自孤立的：如果城堡的任何一部分被攻陷，其余仍可进行自我防护。

## 斯托克西城堡（STOKESAY CASTLE）

1305年 英国什罗普郡斯托克西 劳伦斯·德·勒德洛 防御建筑

如果说康威城堡是作为国家权力的象征而修建的话，那么斯托克西城堡则是一个比较温和的建筑。它实际上是一座庄园，因毗邻威尔士边界的地理位置使其不得不以防御的性质而存在。如今，这座城堡最显著的军事特征是位于城堡南端的塔楼。这里原本有护城河环绕的，整座城堡和大部分外墙都已消失，而且原来的门楼也是17世纪重新修建的。然而，16米（52英尺）长，9.5米（31英尺）宽的城堡大厅，就更加充分地证明了此建筑的主要目的是出自民用而非军事用途，是商人的宅邸而不是武士的堡垒。

**防御攻击**

斯托克西城堡西端的塔楼可以全方位俯瞰整个领土范围。城堡左边则是城堡大厅的后部。

# 中世纪小旅馆

中世纪时，穿越欧洲的旅行已颇为普遍，但主要还局限于士兵、商人、朝拜者，尤其是神职人员之间。当时，天主教会在欧洲所起的作用要比今天的欧盟还具有凝聚力。而且，或许最初的连锁客栈和旅店的经营模式，就是出自于他们的首创。

**抵达修道院的朝圣者**
在整个欧洲，由于拉丁语被神父和朝圣者作为共同语言使用，因而极大地促进了旅游业的发展。

坎特伯雷大教堂是当时最吸引朝圣者或旅游团的中世纪欧洲景点之一，那里的大主教托圣马斯·贝克特（1118—1170），似乎是在国王亨利二世命令下，中断了为诺曼底骑士提供服务。随后的几个世纪，仅是来自英国和欧洲各地的朝圣者已使修道院不堪重负。传统上，压力的来源主要是为旅行的人们提供住宿。最后，普莱尔·戈德斯通（Prior Goldstone，1449—1468）在庭院周围建造了一座漂亮的、非常有利可图的“公牛”（the Bull）旅馆。客房位于一楼的底商上，房客可通过单独的楼梯通往自己的房间，这种方式在中世纪的牛津大学和剑桥大学也非常普遍。如今，这座15世纪的旅馆的许多细节得以保留。不过，比它还早的是格兰瑟姆天使旅馆，现为天使皇家旅馆，是1212年由圣殿骑士建造的石头旅馆。 共有7位英国国王下榻在天使旅馆，其中就包括窘于贵族武力要挟而认可《大宪章》的约翰国王。

**旅行小憩之地**
在这些最初的酒店原型中，最令人印象深刻的是15世纪格拉斯顿伯里（Glastonbury）的乔治旅店（George inn，见第260页），以其高贵的后哥特式临街建筑为主要特征。

## 格拉斯顿伯里的乔治旅店

1480年 英国索美塞
未知 旅馆

16世纪30年代，在亨利八世（Henry Ⅷ）解散修道院的命令下，萨默塞特格拉斯顿伯里附近的圣玛丽本笃会修道院（the Benedictine Abbey of St Mary）也逐渐被荒废。这里曾经是英国最古老也是最富有的修道院之一。修道院本身，除了为朝圣者和其他旅客提供住宿外，它本身还包括位于格拉斯顿伯里（Glastonbury）的一座庞大且华丽的旅馆。现在，因其名为乔治旅店（the George and Pilgrims Hotel）而众所周知。旅馆共有3层，其中，主要的公共房间位于一楼，采用大窗子的设计。整座旅馆采用了统一的外观设计，屋顶则以大胆的锯齿装饰。此外，窗扇间的竖框使垂直的视觉更为明显，使整座建筑看上去就像是格子板一样。通过外立面四中心的浅拱门可通往后面的庭院。

## 布拉德福什一税谷仓

1350年 英国威尔特郡
未知 农业建筑

这种用石头建造的什一税谷仓虽然建筑结构非常简单，但却给人以强烈的教堂感。两端饰以三角墙，倾斜的屋顶，两座山墙门廊，墙壁采用众多的扶壁墙支撑。正是这种矫健的建筑结构使得这座非同寻常的建筑能够幸存下来。 谷仓是地方的生活的中心，是用来储存所有农产品（因此，会有“什一税”的术语）的地方，这也是由佃户向教会缴纳土地税款的一种形式。

## 科隆大教堂

1248年后 德国科隆
格哈特 礼拜场所

这座中世纪大教堂的中央大礼拜堂穹顶高达46米（150英尺），细长、高耸的支柱不间断从地面一直延伸到高耸的穹顶。拱廊和巨大的彩釉玻璃天窗几乎以相同的比例延伸，窄通道后的天窗一直从中殿和唱诗班的拱廊延伸到拱顶，形成了几乎连续的玻璃幕墙。这种设计形式体现了法国博韦（见第252页）和亚眠哥特式大教堂的影响。但是，只有高耸的唱诗班和中殿才是真正的中世纪产物；大教堂的其他部分都是较晚时期建造的。

科隆大教堂内的拱顶天花板

在东端，另一个受法国强烈影响的是一座由通道环绕的圆形后殿，并以此为中心发散出7座小教堂。然而，科隆大教堂的耳堂要比法国同类教堂更为壮观，跨双通道的宽度达84米（275英尺）。 教堂的西入口两边各树立着两座尖塔，高达152米（500英尺），像两把锋利的宝剑，直插云霄。很显然，这是回应唱诗班的最初设计，这些塔都是1824年到1880年之间，重新发现教堂的原设计图纸后补建的。

### 科隆的建筑大师格哈

科隆的格哈是中世纪典型的泥瓦匠大师。与其同时代更为著名的建筑师维拉·德·哈尼科特（Villard de Honeycutt）相比，哈尼科特为研究欧洲中世纪大教堂的建设者提供了意想不到的图纸和注释，而与其不同的是格哈却没有一件注释能够幸存下来。但是，很明显，他经常穿梭在法国，所以建筑形式大多以法国博韦和亚眠大教堂为蓝本（当时二者也都正在建设中），但巴黎圣母院以及圣丹尼斯（St Denis）等大教堂对他的启发也功不可没。

**奢侈的外立面**
科隆大教堂以其大量使用飞扶壁、花色窗棂、尖塔和高耸的山墙门廊而使其尽显奢侈与华贵。

## 乌尔姆敏斯特大教堂（ULM MUNSTER）

1377年后　德国乌尔姆　乌尔里希和其他　礼拜场所

乌尔姆敏斯特大教堂位于德国的巴伐利亚州，它还包括一个更古老教区教堂的部分建筑。大教堂宏大的规模和华丽的装饰，是14世纪到15世纪之间欧洲城镇商业财富日益增长和不断扩大权力的集中反映，尽管这里曾饱受黑死病（the Black Death，1347—1351）的蹂躏。乌尔姆虽对哥特式晚期那种不断增加的装饰趋势采取了抵制的态度，但也还是积极地标榜了这种趋势。并最终以乌尔姆市民对其新地位略微过于兴奋表白的形式展示在世人面前。

教堂外部，色彩缤纷的花边砖石装饰，精致的飞扶壁上冠以轻盈的尖塔，并采用浮雕式连续小券檐部和腰线等装饰为特点。大教堂的西立面只设有唯一的中央塔楼，它以罕见的161米（528英尺）高度而著称于世，虽然直到1890年才完成，仍不失为世界最高的教堂尖顶。

乌尔姆明斯特（Ulm Munster）集中体现了德国哥特式晚期的信仰，即“多即是更好”。但是，无论这是一座多么引人注目的建筑，它在许多方面都还不尽如人意，尤其是没有耳堂的设计，所以它只是一座简单的巴西利卡设计的教堂。此外，教堂的主体（中殿、祭坛和唱诗班），仿佛怕不堪上面塔楼的重负而都小得不成比例。

**拱顶天花板**

乌尔姆敏斯特大教堂的双侧廊具有相同的高度，都是21米（68英尺），上面是具有装饰风格的复杂星状拱顶。

## 纽伦堡海关（CUSTOMS HOUSE， NUREMBERG）

1502年　德国纽伦堡　汉斯　民用建筑

纽伦堡一直以来都是德国最有吸引力的中世纪城市之一。这应归功于当地大规模的恢复工作，共计有90%的中世纪建筑先后得到修复和重建，新近完成的恢复工作是对在第二次世界大战中被盟军轰炸而遭彻底破坏的城市。

中世纪的纽伦堡作为神圣罗马帝国（the Holy Roman Empire）的皇城，是只听从皇帝指挥的自由之城，并逐步发展成为重要的贸易城市以及制造工艺中心。雄伟的海关大楼（原址为粮食仓库）就是这座城市中世纪繁荣的最好例证。该建筑最显著的特点是陡峭的金字塔式屋顶，只是由连续排列的5层窗户将其意外地打断。高耸于三角墙上和尖拱下的是三组玻璃窗，从而在外观上形成了第六层建筑的形式。在屋顶的一侧，一个巨大的天窗一直冲向天空。总之，这座3层的主体建筑，让人感觉有点严肃。

## 马尔堡的圣伊丽莎白教堂（CHURCH OF ST ELIZABETH, MARBURG）

1283年　德国马尔堡　未知　礼拜场所

圣伊丽莎白教堂既承袭了德国本土教堂的建设传统，又受到法国哥特式的影响，虽然这种影响力早在科隆大教堂（见第260页）就有所体现。如同许多德国哥特时期的教堂一样，圣伊丽莎白教堂也采用了一个完全连通的教堂形式，即中殿与侧廊等高的设计。这样就形成了一个完全通透的整体空间，这与法国哥特式的那种一直上升到中殿拱顶的垂直空间观念完全不同。但在教堂的内部又可分为拱廊、耳堂和天窗等建筑结构，所以它还是体现了法国哥特式的一般布局形式，但飞扶壁在这里就不再需要。教堂的东端和耳堂的尽头以环形殿结束，则明显带有德国罗曼式怀旧设计特点。不过，大部分细节，特别是中厅柱墩上的线脚一直延伸向上到中殿和过道的穹顶之上，则又体现了法国的影响，同样，这里也有花饰窗格等装饰细节。

**双子尖塔**

圣伊丽莎白教堂的双尖塔设计显示了与法国建筑形式并行发展的强烈时代特征。

## 马尔堡城堡（MALBORK CASTLE）

1276年后　波兰马尔堡　条顿骑士团　防御建筑

1233年，在神圣罗马帝国皇帝和教皇的允诺下，条顿骑士团开始强行将欧洲中部大面积范围内的居民转化为基督教徒。原本是带有防御设施的修道院马尔堡城堡，被条顿骑士团占领后，开始转变为欧洲最大的中世纪砖建城堡建筑。占地面积为32.4公顷（80英亩）的城堡设有多道防御墙、入口和塔楼等防御系统。1309年，齐格弗里德·法持万根会长将德意志条顿骑士团的总部搬到了马尔堡，使这里得到进一步的发展扩大。建筑共分为几个阶段：上游城堡（the Upper Castle）最先落成；1382年至1399年之间，中部城堡（the Middle Castle）是最后落成的，也是建造得异常豪华、宏伟壮观的4层砖建骑士团长宫殿。在第二次世界大战期间，城堡受到严重的损坏，后来被精心修复。

**条顿骑士城堡**

左边是宏伟壮观的骑士团长宫殿，右边则是戒备森严的上游城堡。

## 兰茨胡特的圣马丁教堂（ST MARTIN， LANDSHUT）

1498年　德国巴伐利亚兰茨胡特　汉斯·冯·伯格豪森　礼拜场所

圣马丁教堂是德国中部和南部晚期哥特大厅式教堂中，如弗赖堡（Freiburg）、纽伦堡（Nuremberg）、美因茨（Mainz）、马尔堡（Marburg）和慕尼黑（Munich）最典型的范例。中殿与侧廊等高，从而使内部形成了一个单一的圆柱大厅，过道的窗户就可为教堂带来充足的采光，因而也就不需依赖天窗。通常这些过道的窗子是以一层或两层的形式设置，也就是说，这里并不缺乏对垂直感的强调：教堂给人以一个显著上扬的空间感，狭窄的窗户和无耳堂的设计更是强化了这种感觉。唯一的一座塔楼位于教堂西部，高133米（436英尺），是典型的晚期哥特式建筑特征，但是在13世纪法国大教堂的设计上，由于东部也设有这样的高大塔楼，所以，就使人们的视线不得不在东西轴之间来回移动。唱诗班上低矮的屋顶巧妙地将其与中殿分割开来，而并不打断教堂内部辉煌的敞开空间。

**油然而生的崇敬**

直通到顶的柱墩将人们的视线引领向上，从而缔造了一种光明和敬畏之感。

## 锡耶纳大教堂（SIENA CATHEDRAL）

1226年后　意大利锡耶纳　未知　礼拜场所

意大利一直以来都以抗拒法国北部等地方如火如荼的哥特式建筑而闻名。这里一直承袭着古代的传统并且积极发展罗马式建筑，从而形成了欧洲独一无二的建筑类型。

锡耶纳大教堂是最大、最负盛名的意大利中世纪教堂，同时也是此时期最典型的范例。从表面上看，西立面外观与当时法式建筑有很多相似之处，3座壮观的大门，雕刻的使用以及中央的玫瑰窗等。但二者的差异性却更加显著，这种差异不仅体现在色彩方面，更主要的是大理石生动的条纹装饰使得这里明确无误地展现了横向延伸感。此外，这种大理石条纹还在教堂的内部得以进一步延伸，即在大理石镶嵌的地板上得以强化。然而，这里六角形交叉基座上的非哥特式穹顶才是其最不同寻常的特点。南耳堂上矗立的是一个正方形钟楼，也覆以大理石装饰。总之，法国哥特式的那种明晰的优先次序，已被纳入到古典、罗马式、意大利北部传统的混合元素当中。

**法国的影响**

该教堂的下半部立面建于1285年至1295年之间，而上半部则一直到1376年才建造完成。

## 帕多瓦的圣安东尼奥大教堂（SANT'ANTONIO，PADUA）

1307年　意大利威尼托帕多瓦　未知　礼拜场所

如若想满足自己的好奇心而不被建筑形式混淆的话，没有比在帕多瓦的圣安东尼奥教堂更具有意大利哥特式特征的建筑了。它将法国哥特式，隆巴德罗马式（Lombard Romanesque）以及最古老的拜占庭式等建筑元素相结合，共同缔造了一种惊人的混合式建筑。考虑到拜占庭位于威尼斯的附近，那么它对帕多瓦的影响也就不会使你感到意外。而真正令人惊讶的是在教堂的平面设计上，它基本上采用的是法国哥特式的中殿、过道、耳堂和唱诗班等的建筑布局形式，最后终止在教堂东端的9座呈辐射的小礼拜堂上。

从外部来看，混乱的风格在细长的圆塔形采光塔上得以进一步夸大，这些圆塔形采光塔间或穿插矗立在中殿的中心。同样，不寻常的还有中殿两侧的三角墙，大量飞扶壁以直角形式一直延伸到过道并将山墙分割开来。

精致的山墙外立面是最明显的罗马式建筑元素。四个大型尖拱环绕在中央较小的圆形拱门旁，下面则是拱廊式回廊。

**东方的影响**
纤细的柱子上是拜占庭式的尖拱拱廊，并一直延伸到教堂南侧的穹顶下。

## 圣乔凡尼暨保罗教堂（SANTI GIOVANNI E PAOLO）

1385年　意大利威尼斯　未知　礼拜场所

圣乔凡尼暨保罗教堂的规模、拉丁十字的平面设计和内部飙升的高度使其成为北部哥特式教堂的代表。这里素来就是安置总督（威尼斯的统治者）灵寝的地方。尖拱门、肋骨拱顶和高高的天窗是这里的典型特征。从教堂的其他角度而言，它又明显承袭了威尼斯本地的传统。巨柱支撑而备显通畅的中殿，抹杀了中殿与过道之间的界限。尽管空间高度是毋庸置疑的，但其强调的重点仍是纵向与横向的延伸。此外，它的外部不是采用哥特式典型的飞扶壁作为支撑，而是在内部采用了相对原始的“系梁”（Tie Beams）结构。备受称赞的砖建外立面的中央山墙（可追溯到1430年）好像就在由通道形成的第二道较浅山墙前大幅度攀升，使其更具戏剧性。十字基座上的穹顶修建得要略晚一些。

**内部支撑**
内部纵横交错的木质系梁或横梁，起到将墙壁和支柱向内拉伸的效果。

## 威尼斯总督府（DOGE’S PALACE）

1438年　意大利威尼斯　乔瓦尼和巴托罗梅欧　宫殿

这座优雅且带有异国情调的哥特式建筑就是总督、地方官员以及威尼斯共和国（Venetian Republic）领导者们的宅邸或政府机构的所在地。但是，总督府却似乎是一个不合时宜的建筑，因为在其落成时，意大利哥特式已被重新发掘并利用的古典主义建筑所取代。也就是说，将总督府称为哥特式，就等于没有抓住要点，因为它是一种完全不受外界影响的威尼斯哥特式建筑。之所以这么说，是因为其所呈现的建筑特点都不是典型的哥特式风格：一楼是开放式的拱形长廊，主入口处饰以丰富的雕饰（纸门，the Porta della Carta）和皇冠式的屋顶轮廓线等。这座建筑另外一个最显著的特点就是在两层装饰楼层上，砌以高度约占总高度一半的实墙。是不是这种形式会给人带来头重脚轻的感觉？其实不然，如果不去考虑它作为公共建筑的严肃性，它为我们呈现得最多的还是优美和有趣。底层是尖拱门构成的敞廊，二层设有大会议厅（the Grand Council Chamber），这里是欧洲最好且规模最大的作为公共用途的房间之一。

**多彩的外立面**

长50米（164英尺）的威尼斯总督府外立面上，镶嵌有粉红色和白色的大理石。

## 黄金宫（CA D’ORO）

1440年　意大利威尼斯　乔瓦尼和巴托罗梅欧　宫殿

坐落在贯通威尼斯全城的大运河（Grand Canal）旁的黄金宫，可能是中世纪晚期最壮观的民用住宅之一。此外，它还拥有所有城市宫殿的共同特点。它的拱廊和中央庭院不仅具有装饰作用，在夏季更能起到通风的作用。大型的底层敞廊是该建筑作为仓库、办公建筑和部分居住功能的显示；楼上或主层，是最宏伟的公共房间。此外，它还是带有威尼斯哥特式独特构想的代表之作，当然这里还有拜占庭和阿拉伯等建筑元素的影响。装饰有镏金大理石的外立面使其更显奢华，所以，才会有“黄金宫”的雅称。此外，三层拱门之上都有精致的花饰窗格装饰细节，而外立面上，不同寻常的波浪形尖塔则明显是受到阿拉伯建筑元素的影响。

**意外的不对称性**

黄金宫的不对称性不是故意的：原本侧翼是打算建造在外立面的左侧。

## 锡耶纳市政厅（PALAZZO PUBBLICO，SIENA）

1309年 意大利托斯卡纳 阿戈斯蒂诺和其他 民用建筑

简朴而优雅的锡耶纳市政厅位于扇形中心的田野广场上，最初建筑的动因是作为由长官和九人委员会组成的共和政府办公地。锡耶纳市政厅是意大利中世纪建筑受哥特式影响的显著例证，但与同时代的许多城市宫殿相比，则少了几分军国主义而多了几分柔美，即使锯齿状的垛口也似乎更像是生动的装饰而不是出自防御的目的。

原本是作为海关建筑，但几经扩大，还合并了当地的一所监狱。市政厅建筑底层为石灰石大理石覆面，上面各层则完全采用砖砌筑结构。尖拱门装饰下是入口与窗子。正立面的左侧是高达102米（334英尺）的曼吉亚塔楼（the Torre del Mangia），它是市政当局强大权力的象征。在钟塔的基座上是一个庞大且错综复杂的装饰性柱廊。广场的礼拜堂是由多米尼科·阿戈斯蒂诺设计的，它与一楼窗户等高。除塔楼和柱廊外，值得一提的就是它的对称性，即中央是4层高的大楼，两侧分别由3层高的侧翼（每侧又各含三面间隔墙）围绕。市政厅是集办公、商会和生活区为一体的建筑，并由许多当时处于领导地位的艺术家创作的壁画装饰。大楼现在是锡耶纳公民馆的所在地。

### 多米尼科·阿戈斯蒂诺

多米尼科·阿戈斯蒂诺，意大利著名的雕塑家及建筑师，尤以1300年和1347年之间在锡耶纳的工作而备受世人瞩目。在这里，他与拉吉纳（Lagina di Nese）结婚，拉吉纳是皮斯托亚著名雕塑家切里诺的妹妹。他们的两个儿子，乔万尼（Giovanni）和多梅尼科都成了著名的雕塑家或建筑大师，阿戈斯蒂诺本人似乎还是这个家族中最重要的艺术家，尤以在锡耶纳市政厅的工作而闻名。

**高塔**

矗立在田野广场的曼吉亚塔楼（the Torre del Mangia）是意大利最高的建筑。

## 阿维拉的圣托马斯教堂（ST THOMAS’S CHURCH，AVILA）

1493年 西班牙阿维拉 马丁 修道院

漂亮的圣托马斯教堂就坐落在阿维拉城外，采用传统的拉丁十字平面布局。这里还是国王费迪南德和卡斯蒂利亚女王伊莎贝拉的避暑圣地。另外，这里也是埋葬他们唯一的儿子的地方。费迪南德成功地说服了教皇使这里成为西班牙的宗教裁判所；此外，臭名昭著的西班牙宗教法庭庭长托马斯·托克马达（Tomas de Torquemada，1420—1498）死后也埋葬在这里。数以千计的犹太人和所谓的巫师及异端基督徒，在这里被残忍杀害。1492年，当摩尔人和犹太人被从这里驱逐出去后，这里成为西班牙重新收复领土的里程碑式的建筑。

坐落在一个庭院后的教堂外观整体以素朴为主要风格，但在西立面，凶悍狮子之间装饰着费迪南德和伊莎贝拉的盾形纹章。据说，这里的73把胡桃坐椅，出自一个摩尔囚犯之手，他以重获自由作为交换条件而雕刻了这些坐椅。坐椅之上还有佩德罗·贝鲁格特描绘圣托马斯生活的5个场景。宽阔的中殿是以四个低矮的中心拱门为主要特征，这里共有3条回廊，它们分别是：新信徒回廊、静默回廊以及国王回廊。

**皇家园林**

修道院教堂（the monastery church）最初是由国王费迪南德和他的王后伊莎贝拉修建，这是一个位于城外防御城墙内的僻静处所。

## 塞维利亚大教堂（SEVILLE CATHEDRAL）

1520年 西班牙塞维利亚 未知 礼拜场所

塞维利亚大教堂是中世纪世界上最大的教堂，部分是因为这座教堂本身就坐落在原世界上最大的穆斯林清真寺基础上。建造这样一座至少与其所取代的大清真寺一样大规模的基督教建筑，显示了基督教重新控制西班牙后的统治地位及决心。

所以，这座教堂就是一座充满奇妙组合的建筑：在长方形的平面布局上采用的却是哥特式装饰细节。中殿的两翼是通向同样宽阔礼拜堂的巨大双过道。教堂的外部，最引人注目的特点是三重飞扶壁和98米（322英尺）高的吉拉尔达塔，原清真寺的宣礼塔现已成为基督教日常宗教事务的一个组成部分。

**规模优势**

吉拉尔达塔内宽而低楼梯设计，可使马匹和骑手长驱直入。

## 塞戈维亚大教堂

1525年后　西班牙塞戈维亚
胡安　礼拜场所

16世纪初，塞戈维亚（Segovia）才开始哥特式大教堂的修建，而在此100多年以前，意大利的建筑师早已将兴趣转向重新发现古代建筑的魅力。由他们开始兴建的欧洲经典时期建筑，至少可以再持续3个世纪之久。12世纪中叶，大行其道的欧洲（精心设计且不同风格的）哥特式建筑，显然已走到了尽头，仅在一些细枝末节的地方还残留着这种建筑风格。

在西班牙，本地的建筑传统与中世纪基督教相组合，使哥特式仍然占据着基督教“真正”的建筑风格。1492年，作为最后一个将摩尔人驱逐的国家，基督教优越的牢固地位仍是其强调的重点所在，所以，哥特式在这里的核心作用一直持续到16世纪。塞戈维亚大教堂是西班牙哥特式最后蓬勃发展的代表：除了巨大高耸的建筑结构外，还将摩尔式和哥特式的雕刻元素交融在一起。

## 可可城堡（COCA CASTLE）

1453年后　西班牙塞戈维亚
阿隆索·丰塞卡　防御建筑

位于塞戈维亚西北45公里（28英里）外的巨大城堡——可可城堡是欧洲中世纪晚期城堡中，令人印象最深刻的一座。它的设计主要遵循了基督教十字军东征期间所制定的城堡建筑规则，即外部塔楼和制高点向中央围拢，从而形成巨大的防御体系。

摩尔的泥瓦匠大师完成了此城堡的修建工作。西方式的平面设计，摩尔人的装饰细节再加之其庞大的规模，所以，视觉上的冲击效果是显而易见的。

## 布尔戈斯大教堂

1221年后　西班牙布尔戈斯
未知　礼拜场所

布尔戈斯大教堂（Burgos Cathedral）几乎是一本可以导读西班牙各个时期哥特式建筑的教科书。中殿、耳堂和唱诗班是这座大教堂最早完成的建筑部分，所以，来自法国哥特式的影响也显而易见。教堂外部，飞扶壁和西立面的下部也采用了法国的设计形式。

然而，十字形平面布局大厅上巨大的采光塔，东端的元帅礼拜堂（the Capilla del Condestable）以及西端的尖塔，都验证了西班牙后哥特式的精致。

## 巴利亚多利德的圣巴勃罗大教堂

1276年至1492年　西班牙巴利亚多利德
未知　礼拜场所

15世纪晚期的圣巴勃罗大教堂（San Pablo）的外立面，根据当时的品位可以用“火焰风格”来描述。它可能是德国科隆西蒙在1486年后的作品，也是西班牙晚期哥特的“伊莎贝拉式”（Isabeline）装饰最极端的例子，并以伊莎贝尔天主教（Isabel the Catholic，1474 — 1504）的名字命名。

教堂高大狭窄的中央立面采用了大量的雕刻：图形、徽章、尖塔和拱门都是以细致明确摩尔设计为灵感的几何图案背景作为装饰。

# 文艺复兴建筑

文艺复兴时期见证了许多从未出现过的新思想，并且在印刷术革命的推动下，这些新思想得以不断地喷涌和传播。书籍传播知识，使识字不再是宫廷和神职人员的专利。教会的权威也受到前所未有的挑战，并诞生了一大批伟大的世俗艺术家和赞助并庇护文学艺术发展的新兴资产阶级。同时，这个时期也是建筑的分水岭。

确定文艺复兴是从什么时候开始的，这确是件很困难的事情。但在黑暗时代，大批的穆斯林学者和基督教僧侣对整个欧洲古典文明的保护都作出了不可磨灭的贡献。早在14世纪中叶，意大利传教士兼学者和诗人的弗朗西斯科·彼得拉克（Francesco Petrarch, 1304—1374）可以称得上是人文主义的鼻祖，是他第一个发出了复兴古典文化的号召，提出以“人学”反对“神学”的理念。事实上，也可能是他率先使用“黑暗时代”这个短语来描述他所看到的古典文明与重新觉醒的欧洲世界之间的差距。甚至早在彼得拉克之前，

**罗马梵蒂冈西斯廷教堂的天花板**

由于受到对人尊严的尊重与鼓舞，文艺复兴时期的艺术变得更加生动逼真。这幅由米开朗琪罗（Michelangelo）创作的壁画，就是以上帝为亚当（Adam）注入生命活力为主题而创造的作品。

## 关键日期

1469年，多那太罗的代表作青铜雕像《大卫》是自古罗马以来，文艺复兴中第一个大型裸体雕像。

1475年

1485年，莱昂·巴蒂斯塔·阿尔贝蒂创作的《建筑论》又称《建筑十书》出版。

1492年，哥伦布开始亚洲探索航行之旅，他横越大西洋最后到达了加勒比海地区。

1500年

1502年，多纳托·伯拉孟特在蒙托里奥创建了圣彼得教堂，成为文艺复兴建筑的最重要代表，并为建筑奠定了标准。

1517年，马丁路德将他的95篇论述纵欲的文章钉在威滕伯格大教堂门上，抗议教会的腐败和罗马教廷滥用神职权力的行径就从那一刻开始了。

1522年，麦哲伦的同伴完成了首次航行世界的旅行，预示着全球贸易的开端。

1525年

1534年，亨利八世创立了英格兰教会，从而结束了教皇在英格兰的统治。

1547年，恐怖的伊凡成为俄罗斯第一位皇帝或沙皇。

1550年

1563年，特兰托公会议结束，罗马天主教会的倒行逆施，导致从罗马开始反宗教改革。

## 印刷革命

“活字印刷术”，是由德国古藤堡发明的（编辑注：此说法有误，中国毕昇发明的泥活字比其早400多年），为印刷的进步起到了决定性的作用。因为大量可重复使用金属铸字印刷技术，使得印刷变得既便宜又快捷。此前，书籍主要靠手写的方式，誊写一部《圣经》可能要耗费一整年的时间，而古藤堡的印刷技术却可以在一年之内印刷出几百份。

**文学生产线**

印章、拓印、印染等程序后，将排好的文字印制在纸张上，这就是现代的文学生产线。

就有诸如但丁·阿利格里（1256—1321），在其《神曲》的前几部分，就有古罗马诗人维吉尔救但丁脱离险境，并游历地狱和炼狱过程的描述。如果说彼得拉克的黑暗时代是魔兽争霸的时代；中世纪晚期是上帝主宰的世界；那么欧洲文艺复兴时期则是以人为本的时代，它见证了人文的上升和胜利。按照古希腊哲学家普罗塔哥拉斯（前485—前420）的说法，就是“人是万物的尺度”。

这是一个以人本主义为基础，主张个性的张扬与表达的时期，而意大利则是文艺复兴时期的中心。在建筑上，由非利浦·布鲁涅内斯基（Filippo Brunelleschi，见第280页）设计的佛罗伦萨大教堂的穹顶（1436），是第一个明确摆脱中世纪设计审美观念的建筑。布鲁涅内斯基也是第一个采用透视手法进行创作的建筑师。

### 印刷与思想的传播

伴随着活字印刷的传播，书籍就成为传播新思想的一种革命性新媒介。文艺复兴时期第一部重要的建筑专著是由佛罗伦萨的建筑师莱昂·巴蒂斯塔·阿尔贝蒂（Leon Battista Alberti，1404—1472）创作的《建筑论》

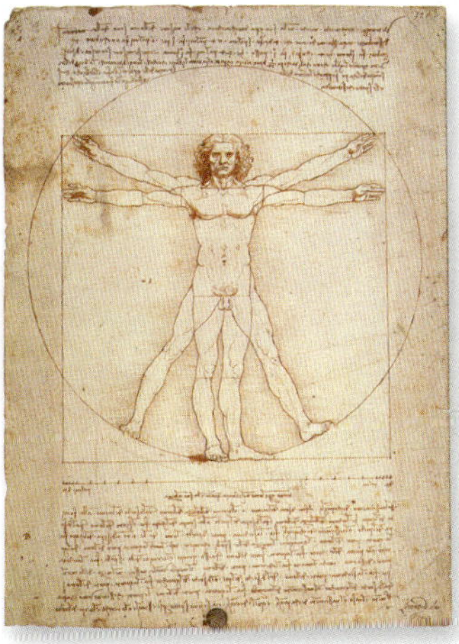

**维特鲁威人**

列奥纳多·达·芬奇在研究了由罗马时期建筑师维楚维斯所描述的维特鲁威（男性）人体四肢伸展的比例后，创作了被认为是当时在生理结构上最标准的素描图画。

**1575年**

1570年，安德烈·帕拉第奥出版了他的《建筑四书》。

1588年，西班牙无敌舰队被弗朗西斯·德雷克领导的英国都铎海军迎击，几乎全军覆没。从此，西班牙的海上霸权被英国取代。

1591年，伟大的艺术家米开朗琪罗所设计的圣彼得大教堂圆顶在罗马建成。

**1600年**

1608年，法国殖民者在加拿大定居，并建立他们所谓的新法国——魁北克（Quebec）。

1611年，钦定版《圣经》是英格兰有史以来最优秀的翻译，它不仅影响了英文版《圣经》，现仍在世界范围内广为流传。

1618年，开始了天主教徒和新教徒之间长达30年的宗教战争（Thirty Years' War），从波西米亚（Bohemia）开始并一直蔓延至整个欧洲。

**1625年**

**1650年**

1656年，罗马开始建造圣彼德广场和柱廊，开始了建筑大师贝尔尼尼的伟大设计。

**一个理想城市的构图**
这幅文艺复兴绘画中所描绘的是意大利的乌尔比诺总督府（Palazzo Ducale at Urbino），它被认为既隐含了人类视觉表象的同时，又体现了神圣的秩序。

（De re aedificatoria），这部作品写作于1452年并于1485年出版。1世纪罗马时期的建筑师维楚维斯有关建筑的论著也相继出版。此书的出版，在建筑界所产生的影响不亚于圣经类读物，并一直影响建筑界近400年的时间。

阿尔贝蒂的书籍被认为是建筑的启示录。它规定了建筑在数学元素上的详细理论框架，包括：平方、立方、圆体和球体在建筑中的理想比例。这些比例被认为是如同音乐与自然般的和谐，当然也可与人体的黄金比例相媲美。那么，按照阿尔贝蒂的逻辑就是，人类是按上帝形象创造的，那么建筑就代表了其创建者的形象。

文艺复兴时期，虽然以人文开始不断地挑战宗教权威为主要特征，但罗马教会仍然拥有至高无上的权力，而且这种趋势至少又持续了一个世纪。文艺复兴早期的许多伟大建筑都是由雄心勃勃的教皇或富庶的神职人员主持兴建的。

阿尔贝蒂绘画实践的目标深刻地影响了文艺复兴时期人们的头脑：人类面对一个万能的上帝时，不再渺小与无能，而是越来越能够独立地运用艺术来践行上帝的旨意，去塑造一个人类自己的世界。所以，建筑师自己的作用和自我形象得到大大地提升。他们已不再是哥特式世界中的无名氏，而是另外一个创造世界的上帝。无怪乎，为什么自此以后，许多的建筑师都如此的自大！

其后，又相继出版了一些重要的建筑著作，包括1537年的塞巴斯蒂安诺·塞里（Sebastiano Serlio， 1475—1554）以及1562年维尼奥拉创作的建筑著作。继阿尔贝蒂和维楚维斯（Vitruvius）的建筑论著翻译印刷出版后，由安德烈·帕拉第奥（Andrea Palladio，见第288页）创作的《建筑四书》（1570），是文艺复兴晚期对建筑师影响最大、最广泛的一本建筑著作。第一本英文建筑著作是1563年，由约翰·舒特爵士（Sir John Shute）发表的著作《建筑的首要及主要基础》。

写作该书的目的是将建筑以比例构图的形式呈现，并将建筑的精确设计、布局和建筑高度一一呈现。也就是从这时起，

建筑师的思想可以自由传播，自此他们的思想不再局限于某个建筑工地。

### 城市规划

文艺复兴时期的建筑与城市规划是同步进行的，恰如柱廊与广场一样密不可分。二者的目的都试图表现适当的人性化与合理化，如在意大利总督府的这幅文艺复兴绘画中（见上文）就是最好的例证。这幅著名的城市构图，可能是皮埃罗·德拉·弗朗切斯卡的作品，他描绘了在一个理想化的环境中的新建筑形式。这里全然没有人的踪影，自此，这种方式成为大多数建筑师介绍作品的主要方式。这并不是因为有了人的存在就会破坏这种视觉效果，而是阿尔贝蒂认为，文艺复兴时期建筑的根本，就是建筑物本身，通过建筑完美的比例，来阐述人类视觉的表象和神圣秩序。

总督府绘画之所以具有重要意义，还在于它表明了欧洲设计师已经开始把城市规划建立在合理的基础上。很快，这种设计的主要表现形式开始以格子式、放射状的街道和棋盘状发展为特点。自此，这种理想的城市规划图景就在整个意大利出现了，并借助于书籍的印刷出版和新的学习方式而传遍了整个西方世界。

**新教（PROTESTANTISM）**

罗马教会不仅面临外部人本主义的挑战，也受到内部神职人员和学者的抗议。这些新教徒中，比如马丁·路德（1483—1546）就是其中的一位代表。他抗议教会的腐败和罗马教廷滥用神职权力，并且已远离圣经教义中的基督教理想的规定。这些都促使教会作出改革，措施包括：恢复简单的宗教仪式；强调较少的祭司干预以及使用当地语言传教和布道来替代拉丁语。此外，新教势力的增长得益于印刷术发明的同时，教会的应对行动则相对较迟缓，因此，新教徒在某些国王和统治者的支持下，通过创造这种新教形式来展开他们的宗教改革行动。

**马丁·路德**
路德是一名牧师兼大学教师。他认为：通过个人对《圣经》的研读，可以使人们自己找到个人对上帝的信仰。

S·PETRI GLORIAE SIXTVS PP·V·A·M·D·XC·PONTIF·V·
LORVM TV ES P

# 意大利文艺复兴时期建筑

1420—1550

**15世纪的意大利，不断地从银行和新生资本主义企业获得的利润中受益，从而富裕的城邦犹如雨后春笋般涌现（见第275页）。此时，伴随大批私人、商业和民用建筑的兴建，城邦之间展开了激烈的竞争与博弈。就其辉煌的建筑和公共场所而言，他们不断寻求超越其竞争对手的新建筑形式。竞争的结果必然对建筑的发展产生一定的启示。**

文艺复兴时期最早的建筑理想，主要以石材和大理石等建筑材料来实现。比如佛罗伦萨的方济各教堂、圣十字教堂的帕奇小礼拜堂和15世纪中叶，为佛罗伦萨皮蒂、里卡尔迪（见281页）和斯特罗兹家族建造的府第等都是此类的典型代表。这些巨大的城镇房屋仍是中世纪的建筑形式，因为它们还是以注重防御性和私密性为主要特征。尽管他们自称建筑细节是出自古典设计，如出色的飞檐就将斯特罗兹府第的正立面与天空做了完美的分割，但它们还不能代表半个世纪后，由多纳托·伯拉孟特在罗马所创立的那种理性和轻盈的建筑形式。伯拉孟特是意大利文艺复兴顶峰时期的代表人物。此外，这时也是一个用宏伟建筑重新演绎古代建筑原型的伟大时代。许多参与设计这些建筑的建筑师都是文艺复兴时期的活生生的人物：他们可能是雕塑家、画家、邮递员、工程师、剧作家以及士兵等。

◁ 由米开朗琪罗设计的罗马圣彼得大教堂是在一座坟墓上建立起的圣殿。当时，米开朗琪罗承担此项建筑任务时，已近72岁高龄。

## 伯拉孟特的坦比哀多礼拜堂

奇怪的是，在这一光荣与活力迸发的创造年代，最有影响力的著名建筑竟是伯拉孟特的坦比哀多礼拜堂（见第282页），它位于罗马的蒙托利欧（Montorio）圣彼得大教堂（San Pietro）附近。在这里，伯拉孟特所追求的不是简单地模仿古代维斯太圆形神庙（见第108页），而是在精神气质上创造出与古典建筑具有同等意义的现代纪念性建筑。他超越了古人，因此这座建筑可称之为文艺复兴鼎盛时期的纲领性作品，可谓是米开朗琪罗建造圣彼得大教堂（见第282页）的先声。此外，它还是伦敦雷恩的圣保罗大教堂（Wren’s St Paul’s，见第326页）、华盛顿国会大厦（见第368页）等建筑创作灵感的来源。集中式的圆形建筑，外加一圈柱廊，建筑虽小，但却富有层次感并充满了丰富的几何比例变化。人们惬意地徜徉在阳光肆意漫射的柱廊中。总之，设计充满了理智与人文气息，而不再是宗教统治下的威严与恐惧。此外，在新式教堂与府第之间，一股新鲜的民用建筑力量也在长期埋藏的古罗马遗迹上破土而出。

# 建筑元素

文艺复兴时期，建筑师们投入大量的精力和想象力从古罗马的建筑中汲取营养。其结果是，各种建筑形式见诸于世以回应市场需求的同时，也扩大了客户基础。精湛的设计不再只是教会和宫廷的专利，而是越来越多地作为富庶个人自我品位扩张的显示。

△ **多利克柱式**
从考古学中得到启示的多利克柱式被正确地使用在古典柱式的顶部，这在位于罗马蒙托利欧的伯拉孟特的坦比哀多礼拜堂的环形柱廊得以很好的体现，该教堂建于1502年。

◁ **爱奥尼克柱式**
卡佩拉罗拉的法尔尼斯府邸（Farnese）所追求的就是雄伟的纪念性，所以采用了素朴的爱奥尼克柱式。

△ **科林斯柱式**
罗马的圣塔苏珊纳教堂的三角楣就采用了科林斯柱式。这种建筑手法被越来越广泛地使用在文艺复兴时期教堂的正面和内部。

▽ **文艺复兴晚期的大柱廊**
贝尔尼尼在圣彼得广场两侧的半圆形大理石恢弘雄伟的柱廊上装饰了腾飞的翅膀。该柱廊始建于1656年，从此奠定了纵贯整个欧洲柱廊建造的标准典范。

△ **对称设计**
文艺复兴庄园的理想设计形式是完全对称式设计。帕拉第奥在设计维琴察克卡普拉别墅(villa Capra)上就充分见证了这一点。

△ **粗石外墙设计**
这种建筑物地基设计给人以强大和坚固的印象。这里看到的是由米开洛佐为佛罗伦萨的梅迪奇·里卡尔第宫的设计形式。

◁ **叠加的三角楣设计**
将叠加这种古典建筑形式发挥得淋漓尽致的，是帕拉第奥在威尼斯的救世主大教堂天才般巧妙的呈现。

◁ **喷泉**
文艺复兴时期的建筑师和设计师喜欢炫耀自己在水利工程上的实力。这是位于蒂沃利城的伊斯特别墅的椭圆形喷泉。

## 圣母百花大教堂（DUOMO， FLORENCE CATHEDRAL）

1436年 意大利佛罗伦萨 菲利浦·伯鲁乃列斯基 礼拜场所

令人着迷的圣母百花大教堂（the Cathedral of Santa Maria del Fiore），中央精美而巨大的穹顶标志着文艺复兴运动时期建筑开始的序幕。在此巨大的示范效应后，伯鲁乃列斯基使得这座高大且轮廓分明的大教堂跨越了哥特式建筑世界。此外，它也是建筑师作为鲜明艺术家身份诞生的标志。

当时，伯鲁乃列斯基所面临的问题是：首先，是如何在中世纪的教堂之上建造穹顶或穹隆；其次，他如何使自己的方案在众多教堂征集方案中脱颖而出。如果可以建造如此巨大的穹顶，它的直径跨度必须达到46米（151英尺）以上，这将是史无前例的跨度。1418年，这两个令其困扰的难题终于在极具古典美学的方案中迎刃而解了。1420年，伯鲁乃列斯基获得市政当局的授权，开始建造这座大穹顶。伯鲁乃列斯基从古典建筑获得灵感，他在穹顶的建造过程中，创造性地采用了双层结构以减轻其自重。他汲取了古罗马万神殿的建造技术，支撑肋采用了尖拱形式来建造结实的内壳。此外，值得一提的是，在穹顶的搭建过程中，他并没有使用诸如巨大的脚手架等辅助工具。这种强劲有力的内壳给外层穹顶以有力的支撑。

伯鲁乃列斯基设计的穹顶内部壁画

穹顶建成后它的内部高度达到91米（299英尺）。建成后由于内部有肋骨和隐藏的链条，所以略微呈现尖拱形式，而不是纯粹的圆形穹顶，而另一方面也是为了与下面哥特式的建筑设计相协调。尽管这样，伯鲁乃列斯基的设计依然属于独创性的。1436年，伯鲁乃列斯基又设计了位于顶端的采光亭，但他没等采光亭建好就于1446年去世了。

**大功告成**

1474年，采光亭顶上的镀金圆球安装完成，当时是在列奥纳多·达·芬奇的指导下完成的。1600年，被闪电击中后，被替换取代。

### 菲利浦·伯鲁乃列斯基

伯鲁乃列斯基，1377年出生在佛罗伦萨，开始是作为一名雕塑家和金匠学徒。但自1401年开始，他将注意力转向建筑，并师从于罗马雕塑家多那太罗（Donatello）。他的天才创造，不但使其同时代的人们看清了哥特式建筑不必要的纷繁与神秘，而且他还将更理性、更简洁的建筑轮廓带到人们的面前，从而改变了佛罗伦萨这座古老城市的轮廓。

## 英诺森提育婴院（OSPEDALE DEGLI INNOCENTI）

1445年　意大利佛罗伦萨　菲利浦·伯鲁乃列斯基　民用建筑

英诺森提育婴院漂亮的外部敞廊正好面向阿努兹亚塔广场，它也是早期文艺复兴建筑设计中最具影响的一个部分。建筑立面下方采用轻快开敞的古代科林斯半圆形拱券，檐口和线脚装饰有由陶土制作的大徽章；上半部分则较为平实。这种建筑风格很快就在其后的文艺复兴时期建筑上有所体现。伯鲁乃列斯基的建筑设计充满了人性化——创造一个轻盈、温馨的建筑形式。建于两座修道院附近的英诺森提育婴院，是欧洲第一家由丝织商业行会赞助下专事收养孤儿的地方。由于缺乏资金，1430年至1436年间，建设一度中断。而当时，伯鲁乃列斯基也越来越忙于大教堂的事务，他委托弗朗西斯科·黛拉·露娜替代他的工作。

**著名的建筑正面**
英诺森提育婴院漂亮的外部敞廊上曾经是孩子们日常活动嬉戏的场所，如今已改为一个小型美术馆。

## 美第奇宫（PALAZZO MEDICI-RICCARDI）

1459年　意大利佛罗伦萨　米开罗佐　宫殿府邸

受科西莫·德·美第奇（Cosimo de Medici）的委托，这座略带厚重感觉的城市府第于1444年开工建设。其固有的不对称设计布局是建立在一个近似方形的广场庭院上，楼梯将不同的生活起居和精美小代贤士（Cappella dei Magi）壁画部分相连接，这幅壁画是由戈佐利创作。建筑的外立面仍带有厚重的城堡感，但在细节处理上很有特点，在于其质地的变化，这样一来，由下往上墙壁由厚重而渐趋轻快，从而缔造了安定稳妥的感觉。与此相反，建筑的内部庭院则完全是一片温馨的场面。这里的柱廊几乎完全复制伯鲁乃列斯基的英诺森提育婴院设计。米开罗佐（Michelozzo，1396—1472）继任已故伯鲁乃列斯基的职位，开展佛罗伦萨大教堂的后续工作。1642年，这座府第出售给了里卡尔迪（Riccardi）家族，原来的设计也进行了部分修改，目的是与米开罗佐在1680年的设计风格相一致。在原有的基础上，增加了6飘窗的设计。虽然面对城市街道的建筑立面给人以敬畏的厚重感，但这座民用府第靠墙的地方设有5把宽大石椅。

**与世隔绝般的平静**
优雅柱廊环绕的庭院，有科林斯柱头和水平的脚线装饰，其间还装饰有美第奇家族的族徽。

## 蒙托里奥圣彼得坦比哀多（TEMPIETTO SAN PIETRO IN MONTORIO）

1502年　意大利罗马　多纳托·伯拉孟特　礼拜场所

这座精美且比例和谐的多利克柱式穹顶是为纪念耶稣的十二门徒之首圣彼得（St Peter）而修建。据说，在耶稣死后不久，他就被倒钉死在十字架上。透过一个尺度很小的神庙式建筑，即“坦比哀多”地板中心的小孔就可以看到圣彼得的石棺。这座圣彼得小教堂矗立在蒙托里奥圣彼得修道院内。

这是多纳托·伯拉孟特（1444—1514）在罗马设计的第一件重要作品。此外，这座建筑也充分体现了早期文艺复兴建筑是如何展现新的、但又有所克制的情感、也可以洞悉伯拉孟特是如何巧妙地发扬了古罗马建筑的形式：主体部分是建立在高耸鼓座上的基督教穹顶，而下半部是一圈罗马风格的多立克圆柱装饰组成的柱廊。布拉曼特杰作所产生的巨大的影响，通过安德烈·帕拉第奥出版的《建筑四书》（1570）得以传播到文艺复兴时期意大利以外的地方，并且这种影响一直持续了近400年。

**综合影响**
这座坦比哀多小教堂将古典与早期基督教建筑风格融为一体，为整个文艺复兴时期开辟了先河。

## 圣彼得大穹顶（ST PETER’S DOME）

1591年　意大利罗马　米开朗琪罗　礼拜场所

几经波折，最后由米开朗基罗·博那罗蒂（1475—1564）受命建造圣彼得教堂的穹顶工程。米开朗琪罗在从事了40年的艺术工作后，在他已近72岁高龄，成为了大教堂的主建筑师，并以使“古希腊和古罗马黯然失色”的雄心壮志开始了他的工作。以上帝的名义，他唯一一个附带的条件是不要报酬，他在解决大穹顶的技术问题上，吸取了伯鲁乃列斯基在建造圣母百花大教堂（见第280页）的经验，并加以自己新的创造。

巨大的穹顶采用半圆球的形式，内径达到42米（138英尺），分为内外两层，由砖石混合建造而成。从外表看，巨大的穹顶坐落在鼓座上，鼓座上突出的科林斯双柱设在巨大的假窗子两旁。从外部视觉上来看，穹顶更像是一个半球形，从穹顶底下看，它比半球形式略微突出，但穹顶下厚重的装饰已经巧妙地隐藏了这个缺陷。

巨大的穹顶结构，由4根16米（52英尺）高的大柱墩支撑，其间还有隐藏的铁链加固。穹顶上冠以王冠式采光塔，上面自然装饰着一个铜球和十字架，最后，连同顶端的十字架，整座建筑高达137米（450英尺）。穹顶在米开朗基罗去世后的1588年到1591年才最后建造完成。

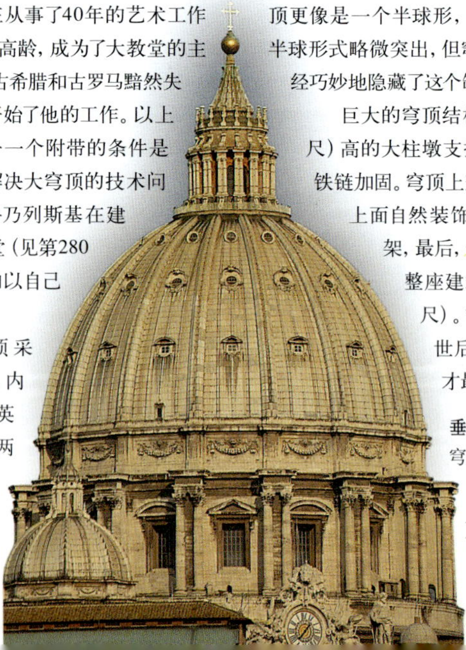

**垂直线条轮廓**
穹顶上的肋骨与支撑鼓座的柱子以及采光塔上的装饰柱相连接，从而统一为一个整体。

## 穹顶（DOMES）

在古代，观测天空的人们，通常将天空尤其是夜晚的天空描绘成天穹。地球好像就被一个巨大的穹顶覆盖着，而天际的那边就是天堂。继万神庙（Pantheon，见第110和第111页）开始，穹顶不仅代表了浩瀚的宇宙，同时也成为建筑师不可或缺的宏大的表现手法之一。

**浅穹顶**
都柏林最高法庭大楼的穹顶（见第359页），采用了较为简洁的设计。

穹顶最初出现在罗马人的天空下，但因查士丁尼将壮观的圣索菲亚大教堂（Hagia Sophia，见第126页和第127页）上冠以巨大的整体穹顶设计，使得这种建筑形式也成为伊斯兰建筑的一个关键因素。在意大利文艺复兴时期，穹顶建筑形式再度盛行，并为意大利教堂赢得了一个非常恰当的名字——“大教堂”（duomo）。自伯鲁乃列斯基建造跨越圣母百花大教堂（见第280页）的穹顶开始，意大利建筑师开始变得越来越有信心，因为他们不断尝试新的技术，以满足对穹顶更高、更大的跨度要求。例如，罗马圣彼得教堂就建有双层穹顶结构。

在伦敦，建筑师克里斯托弗·雷恩爵士（Sir Christopher Wren）在双层结构的基础上，进一步创造了三层穹顶设计的圣保罗大教堂（St Paul’s Cathedral，见第326页）。内层砖结构是穹顶结束的地方，同时也是外部铅制穹顶开始的地方。外层穹顶使用质量较轻的铅木材料，附着在高于内部砖锥形穹顶的上方，自身要承受采光塔和球体以及十字架的重量。这个复杂的设计，使得圣保罗教堂能够承担起文艺复兴时期对哥特式尖顶重新诠释的重任：它是崇高与广阔的代名词，同时，就其对城市轮廓线的重要意义而言，从万神殿混凝土建造的巨大穹隆开始，还有很长的路要走。

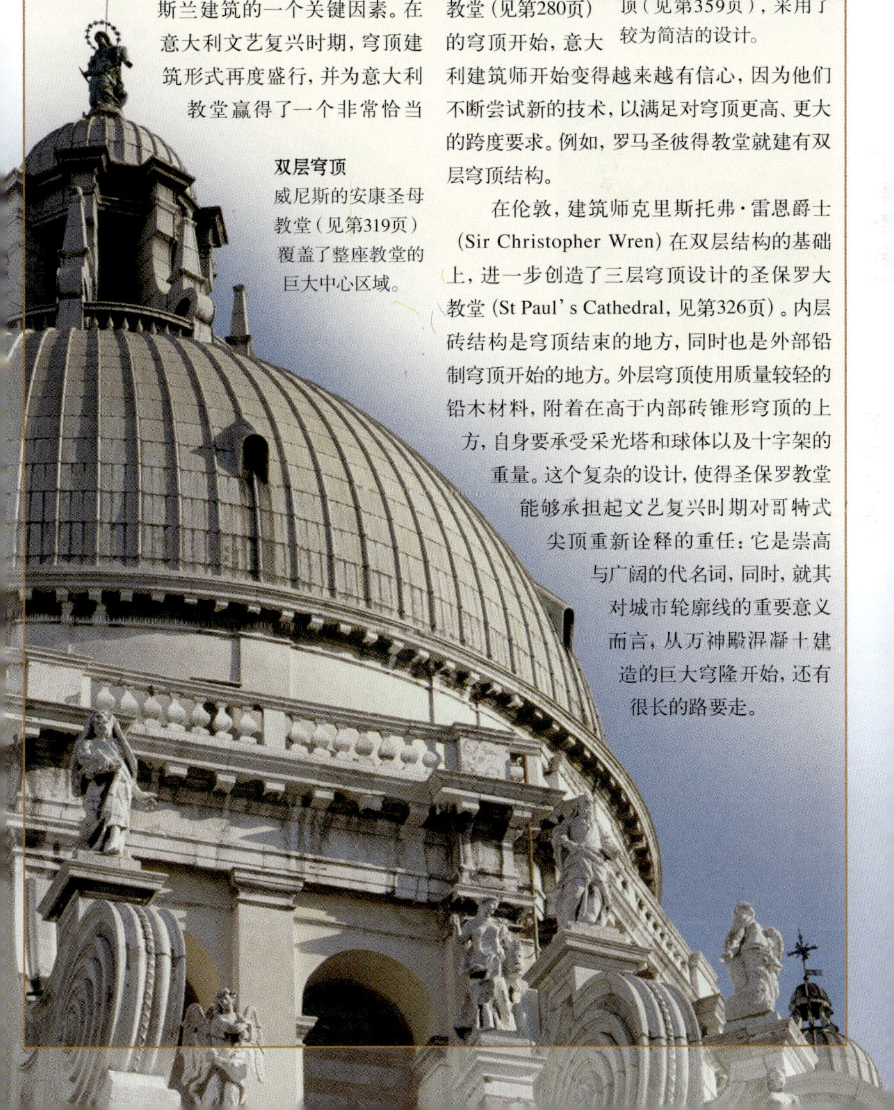

**双层穹顶**
威尼斯的安康圣母教堂（见第319页）覆盖了整座教堂的巨大中心区域。

# 卡普拉罗拉法尔尼斯（CAPRAROLA）别墅

1560年 意大利罗马附近 维尼奥拉 住宅

建筑正面

这富丽堂皇的别墅，主宰了当地及罗马以北的风景线。是由画家出身的建筑师贾科莫·巴罗兹·达·维尼奥拉（Giacomo Barozzi da Vignola，1507—1573）设计。法尔尼斯别墅最初是小桑伽洛（Sangallo the Younger）设计的正五边形建筑，后来由维尼奥拉接手完成。这座别墅宏伟庞大，部分邻近的村镇都被拆除来建造这座建筑，但可惜的是它从未完成。

△ 天使大厅

大量丰富的装饰壁画及天花板是格洛瓦尼·迪奥·维奇奥的创作，壁画描绘了反叛天使堕落的场景。

△ 宽阔的路径

别墅是由一个双斜坡设计的小路与外界联系，在巨大的双楼梯之间，以奢华的溪流瀑布装饰。

鉴于其军事建筑的背景，法尔尼斯别墅可以看做是文艺复兴时期对中世纪防御建筑的另一种诠释。建筑选址在一处高地上，而且还由一连串的巨大楼梯和平台构成，所以完全掩盖了这座建筑地基处的护城河和战斗堡垒等。相对而言，其内部也同样宏大气派。

**△ 萨拉·埃克莱**

法尔尼斯别墅以其内部高质量的壁画而闻名于世。在秀美的一楼主厅的上面是一座精致的大厅，大厅中的部分壁画是由费代里科·祖卡罗（1541—1609）创作，大厅的尽头还有一个洞穴式的喷泉。

**▽ 建筑平面图**

别墅的主体设计形式是五边形建筑，而柱式的中央庭院则采用了圆形平面设计。两层主楼是由五个回旋围绕在中央庭院的楼梯相连。

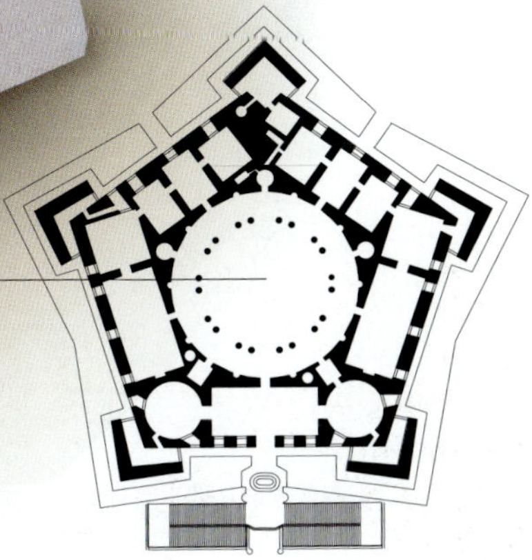

## 曼图亚的德·泰宫（PALAZZO DEL TE）

1535年　意大利曼图亚　朱利·罗马诺　宫殿

是当地世袭统治者贡扎迦家族和他情妇的别墅——德·泰宫是朱利·罗马诺(1499—1546)的杰作。朱利·罗马诺是拉斐尔的学生，其富有想象力的创作风格，我们有时称之为矫饰。尽管其任性的立面设计和奇特的内部采用了高度的手法主义，但就其整体布局而言，还是最为普遍的简单设计。建筑的外部仅用了18个月就建造完成，花费大量时间的是其富有想象力的室内装饰。壁画描绘了奥海宴会和奔腾的马匹，此外，还有惊人的三维立体巨人厅。客人可以在贝壳镶嵌的卡西诺·德拉·格罗塔小瀑布下沐浴。

**宫殿设计规划**

德·泰宫的四大经典设计之一就是受帕拉第奥(Palladio)启发而修建的敞廊设计形式，对称性地围绕在中央庭院两侧。

## 德埃斯特别墅（VILLA D'ESTE）

1572年　意大利蒂沃利　皮罗·年利戈里奥　住宅

德埃斯特别墅漂亮的花园是16世纪最宏伟、最美丽和最有影响力的花园之一。受蒂沃利总督红衣主教伊波利托·德埃斯特的委托，文艺复兴时期的别墅和花园主要由皮罗·年利戈里奥和阿尔贝托·高尔瓦尼共同设计完成。直到1572年逝世之前，红衣主教一直住在这座辉煌的建筑中，当时该建筑也即将完成。红衣主教的灵感既有来自巴比伦空中花园的奇思妙想，又受到附近的哈德良离宫(见第117页)的启发。他设想，如果有可能的话，因地制宜，通过巧妙地利用数以百计的喷泉来超越古罗马皇帝的宫殿。当所有这些工作都就绪后，德埃斯特别墅也真正成了文艺复兴时期最鼓舞人心的建筑和园艺奇迹。

**崛起的辉煌**

德埃斯特别墅的花园建在一层层平台上，别墅就选址在一座修道院的遗址上。

## 朱利·罗马诺府第

1546年 意大利曼图亚
朱利·罗马诺 住宅

朱利 (Giulio) 所有的重要建筑作品都位于曼图亚 (Mantua)。从1524年开始，一直到1546年去世，他都是当之无愧的的建筑师、设计师和画家。他为自己建立这座极具夸张性的住宅，并且打破许多墨守成规的古典主义建筑规则。很少有建筑师 (如果有的话)，能够史诗般地将入口门廊置于主厅之上。庞大的建筑规模，也足以证明朱利对自己有多么的好。在这里，他将曼图亚的德·泰宫、重建曼图亚教和圣·贝纳德托教堂，以及翻修公爵宫等设计图纸一并保存在府第的壁橱内，并在瓦萨里创作其著名的《艺术家的生活》(*Lives of the Artists*) 一书时，将这些设计无偿地赠送给了他。朱利甚至还用色情图画来表达其希望摆脱梵蒂冈壁画规则的束缚。他是唯一在莎士比亚 (Shakespeare) 的《冬之故事》(*A Winter's Tale*, 第五回，场景2) 中提到的意大利文艺复兴时期的艺术家。

## 马里诺宫（PALAZZO MARINO）

1558年后 意大利米兰
加里亚佐·阿勒西 住宅

这一宏伟的住宅是为热那亚 (Genoese) 银行家托马索·马力诺 (Tommaso Marino) 建造的。这位西班牙政府统治米兰的元老，不仅借钱给神圣罗马帝国和罗马教皇，还征管地方税务。他还豢养了大批家仆，其中就包括一个全副武装并拥有“杀人授权”的27人城市巡逻团。从米开朗琪罗和朱利·罗马诺那里得到了大量的借鉴，所以，马里诺宫的立面采用了极其丰富的装饰。1861年，这座宫殿改为米兰市政厅。

## 圣马可图书馆

1553年 意大利威尼斯
雅格布·圣索维诺 图书馆

圣索维诺 (Sansovino) 设计的古典图书馆以其白色石头外表和漂亮的内饰而著称，所以，这里让人感到喜悦的同时又令人舒适。环绕东侧的21座突浮壁敞廊是一个漂亮的公共通道设计，就整个组成而言，规模不大却拥有流畅的装饰，而且还是圣马可广场 (St Mark's Square) 对面雄伟的总督府 (见第266页) 的优美背景。敞廊两旁采用多立克半柱式装饰；而主厅，也就是图书馆本身，圆顶窗口的两侧采用了爱奥尼克半柱式装饰；拱门之间或其上精心地雕刻着“胜利”和海神的雕塑。

## 维琴察的巴西利卡

1617年 意大利维琴察
安德烈·帕拉第奥 民用建筑

帕拉第奥 (Palladio) 应要求改造维琴察的中世纪市民大会堂，而且他的确不负众望，以其卓越的创作天赋，将这里改头换面。从1549年开始，他以自己的想法，诠释了什么是当代罗马的巴西利卡。帕拉第奥对这座15世纪的中央大厅进行了改造和扩建，他采用了两层环廊设计，使之成为最为后人称道的设计。在此，他不仅创造了一个最引人注目的建筑，还创造了一座意大利文艺复兴时期巧妙的民用建筑。一层的拱廊是多立克柱式，二层则是爱奥尼克柱式。建筑师将这两种柱式巧妙地运用在入口、窗子或拱券之间，同时将多余的拱券两侧各开一个平卷，从而形成两方形夹一拱的构图。巴西利卡的护墙以雕塑装饰为主，而其后高耸的封闭中世纪会议室的铜覆屋顶却苍劲有力。受大厅原有开间和层高的限制，帕拉第奥采用了将立面与拱券一分为三的设计形式。

## 大圣乔治教堂（CHURCH OF SAN GIORGIO MAGGIORE）

⌛1610年 意大利威尼斯 安德烈亚·帕拉第奥 礼拜场所

至美的意大利威尼斯本笃会（Benedictine）的大圣乔治教堂，不仅是一座昂贵的建筑，更是欧洲一座不朽的伟大建筑。如同古代神庙般的比例秩序，风景如画，浪漫而又不失文雅的这座大教堂坐落在一个岛屿上，毫无疑问，它就是这座城市的中心。总之，它是文明与崇高的代名词。

### 安德烈·帕拉第奥

开始在帕多瓦是一名训练有素的石匠，然后在罗马接受教育，安德烈·帕拉第奥这位优秀的建筑师最后定居在维琴察（1508—1580）。他在这里修建了农舍，建造了威尼斯教堂，并写作了著名的《建筑四书》（1570），所有这些都对建筑的发展具有深刻的影响，而且其影响范围之广，甚至波及遥远的俄罗斯，英国和美国等地。

巧妙地将比例与高尚的内容相结合，大圣乔治教堂冷静而又深刻的设计，应归功于任何时候都是最具影响力的建筑师之一的安德烈·帕拉第奥。虽然被告知是建造一座传统的十字教堂，但是建筑师将神庙立面的三角楣引入到教堂的设计当中。立面位于高高的底座上，采用了四个四分之三身长的组合柱式并以花彩相连（以花彩装饰）。建筑师尤其隐藏了传统哥特式或中世纪的建筑规则，虽然是一种建筑的手法转换，但是他将两个不同高度和宽度的神庙立面巧妙地加以组合，并将三廊式中厅高于侧廊的特点引入到教堂的设计当中。雕塑壁龛和洒脱的铭文雕刻将人们带回到古罗马建筑的回忆中。受古罗马的浴场的启发而设计的白色明亮的教堂中殿，采用了拱形穹顶的建筑形式，由半圆形窗户采光，穹顶上冠以一座采光塔。10世纪时，修道院的部分建筑元素被帕拉第奥增加或改造后，引入到大教堂的设计中，教堂在建筑师死后，才完美地落幕。

安德烈·帕拉第奥

**对面的风景**

大圣乔治教堂那令人印象深刻的立面设计与河对岸的圣马可小广场（the Piazzetta di San Marco）遥相呼应。

## 救世主教堂（IL REDENTORE）

1592年 意大利威尼斯
安德烈·帕拉第奥 礼拜场所

救世主教堂被广泛地认为是帕拉第奥最杰出的作品之一，是其职业生涯的巅峰之作。在全世界看来，它就像是一艘巨大的红船驶进满是住宅房屋的圭德卡岛，与圣马克教堂隔岸相对。它的设计包含了许多传统因素，比如这座建筑中长长的中殿，周围的小教堂是由半圆形玻璃窗采光照明，突出的扶壁支撑以及简单的十字式穹顶设计等。白色的粉刷石头立面非常引人注目，而最引人注目的是其高超地连续使用多个三角楣的设计手法：这是较高的建筑技巧，是比例与秩序完美的统一，欢快而不失典雅。

## 波图布雷甘泽宫

1605年 意大利维琴察
安德烈·帕拉第奥 住宅

帕拉第奥去世的时候，这座宫殿才开始在文森佐·斯卡莫齐（Vincenzo Scamozzi）的指导下建造。当时，只建成了七分之二的隔间，然而，这已赋予了这座建筑以巨大的力量，而且尚未完成的建筑部分，仍是当下令人津津乐道的话题。帕拉第奥原本设计的是一座围绕在一个合适的庭院周围的大房子。建筑物建在巨大高起的地基上，采用了大规模科林斯半柱式装饰，柱头之间采用大量的花彩相连接。为了让大家对这座建筑浩大的规模有个最直观的印象，那就是一楼主厅的天窗要比周围普通住宅的3层阁楼还要高，就很能说明问题。建筑主体也应与其宏大的立面没有差别才构成合理的比例，但是，只要看一眼侧墙后被压缩的楼层，就与当初帕拉第奥的设想相差甚远。当然，内部也不例外。

## 叹息桥（BRIDGE OF SIGHS）

1600年 意大利威尼斯
安东尼奥·孔蒂尼 桥梁

这座巴洛克式风格的白色石灰岩桥，如此曼妙的名字却不是游客因为它的美而由衷地发出赞叹的意思，而是因为它的两端连接着总督府和威尼斯监狱。事实上，这座漂亮建筑的上部由穹隆覆盖，漂亮、封闭的桥梁内铺设有两条通道，桥的两侧上部由弧度三角楣装饰，在三角楣上面，还有象征着潮起潮落海浪的涡卷造型装饰。此外，族长的石头雕像，至今仍表情凝重地注视着乘坐狭窄小船在这座桥下来往的游客。

## 奥林匹亚剧场（TEATRO OLIMPICO）

1585年 意大利维琴察
安德烈·帕拉第奥 剧场

帕拉第奥对罗马时期的露天剧场进行了改造。奥林匹亚剧场是罗马时代以后第一个永久性剧场，建筑整体具有高度的比例和秩序感。木制剧院的观众席被设计成椭圆形，建造在一个简单的砖框结构下，已经很不符合当时时尚的舞台设计理念，但最初设计的目的是使其看起来如同置身于露天剧场一般，天花板饰以蓝色彩绘和花园般的雕像装饰。斜坡式观众席面对的是一个长方形舞台，舞台上有飞檐和木质柱廊环绕。

CAROLO ALEXANDRO
LOTH. ET BAAR DUCI, BELGARUM GUBERNATORI, ETC, ETC.
ÆDIBUS EFFICIES TUA QUANTUM AD SIDERA TENDIT
CAROLE TANTUM IMIS CORDIBUS URIT AMOR,
UT QUEM NULLA DIES MEMORI POST EXIMAT ÆVO
HÆC POSUIT FIDEI PIGNORA CARA SUÆ.
CORPUS BRAXAT. BRUXELL.
BRASSE
ON DES

# 欧洲其他国家的文艺复兴建筑

## 1500—1700

**早在1502年，也就是罗马著名建筑师伯拉孟特奉献坦比哀多（Tempietto，见第282页）之前，克里斯托弗·哥伦布“发现”了美洲新大陆。当欧洲正在疯狂攫取拉丁美洲的财富时，而葡萄牙探险家已开辟了通往东方的新航路。自此，西方的世界观也开始发生重大变化。由于受到意大利激进思想的冲击，欧洲迎来了另外一个鲜花盛开的新文艺复兴建筑高潮。**

文艺复兴思想通过书籍和贸易广为传播，尽管它已渗透到欧洲一些国家，但传播到诸如英国等边远国家，还是费了一段时间。比如，剑桥国王学院礼拜堂（见第257页），这座垂直的哥特式建筑杰作，就要比伯拉孟特的坦比哀多早近10年建成。但是逐渐地，英国的主顾们也开始接纳意大利的设计形式，虽然他们的法国同伴要比他们略微早一步。但一开始，也只是局限在装饰的细节部分，如大量使用多立克、爱奥尼克和科林斯等壁柱形式，同时，天使、龙、怪诞的事物以及魔鬼等雕刻又相互掺杂，所以，给人的感觉就是中世纪与文艺复兴两者在相互较量中争夺建筑的主导权。在英格兰，第一座真正算得上古典设计的建筑是由伊尼古·乔纳斯设计的格林尼治女王宫（见第302页）。这是他受国王詹姆斯一世的派遣到访过意大利后设计的作品。

### 文艺复兴的融合

这种缓慢融合意大利建筑方式，导致了16世纪至17世纪，在欧洲的西部和北部出现了一些有趣的建筑融合现象。如在斯堪的纳维亚、苏格兰和英格兰等低地国家，本土建筑风格开始与来自意大利的建筑风格交融合并。在法国产生了丰富的样式风格设计，枫丹白露宫（见第294页）已成为艺术中心，而最明显的当属卢瓦尔宫的设计。在荷兰，希罗尼穆斯·波希是一位非常活跃的艺术家，但如同噩梦般的哥特式传统，在此却一直延续到16世纪。伴随着西班牙和葡萄牙横渡大西洋的探险者和征服者的足迹，简单易行的文艺复兴时期的设计理念之风也扑面而来。最终，文艺复兴时期的设计已被作为新欧洲帝国展翅腾飞的标志而震撼了整个世界，并逐步占领了世界大部分地区。

◁ 布鲁塞尔大广场的同业公会（The Guild Houses）建筑，都似乎竞相以创新和富丽堂皇的装饰来压倒对方，这也是文艺复兴晚期典型的佛兰德（Flemish）文化特征。

## 建筑元素

当文艺复兴逐步蔓延到整个欧洲后，就不可避免地与早期建筑传统相碰撞。两者之间的交融，就产生了混合风格的建筑。有时会迸发出卓越的想象力；而有时又融合得一塌糊涂，但即使是这样，也丝毫没有削减其迷人的程度。

△ **三角楣与石头涡卷**
这种流行的建筑手法被直接从罗马建筑中引入进来，在勒梅西埃设计的巴黎格拉斯教堂立面上有着再好不过的表现。

文艺复兴时期设计的细节主要从中世纪设计获取灵感

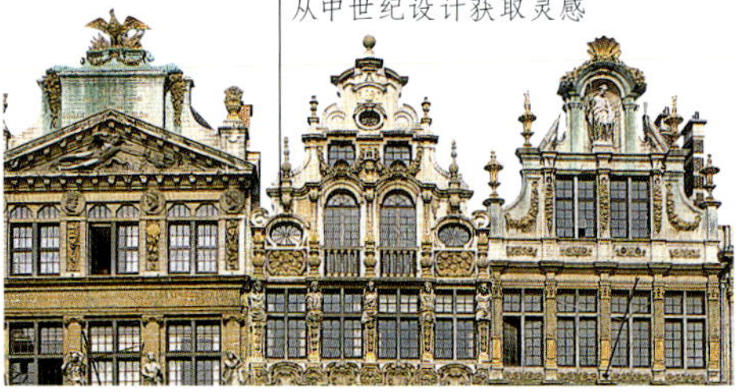

◁ **多种形式的三角墙设计**
学习和利用文艺复兴时期的建筑细节要比学习其严格的设计和规划要容易得多。别出心裁的金色镶边外立面在意大利以外的地区广为流行。

徽章雕刻或刻有纹章标志的人像

◁ **长方形或椭圆形徽章**
这些尤其是古典装饰徽章形式，成为欧洲北部流行的建筑装饰形式。

越是在建筑的制高点，文艺复兴的建筑风格就越是让位给哥特式建筑形式

科林斯柱式一般装饰在建筑的最高层

爱奥尼克柱式一般装饰在建筑的中间部位

多利克柱式则一般是从经典的地基开始使用

◁ **叠加连用的古典柱式**
古典柱式连续装点着享誉世界的英国牛津博德莱安图书馆各个不同楼层。

△ **精致的天窗**
这些位于法国商堡上的屋顶窗，即使意大利建筑的完美比例避而不谈，这里还是体现了大量的意大利建筑细节。

## 休农索城堡（CHATEAU DE CHNONCEAUX）

1576年 法国休农索 菲利伯特·德洛姆 住宅

菲利伯特·德洛姆(Philibert de l' Orme, 1510—1570)是第一个专业在意大利开展研究工作的法国建筑师，随后他被任命为法国皇家建筑监理师。休农索城堡的主堡建在横跨希尔河(Cher River)白色长廊上的地基上，为正方形建筑，建有圆角和4座尖塔。1513年至1523年之间重建，休农索城堡混合了哥特式建筑与文艺复兴早期建筑的风格。此外，建筑师菲利伯特·德洛姆还在住宅后面的歇尔河上修建了一座修长优雅的五拱桥，为其设计画上了圆满的句号。菲利伯特·德洛姆小心翼翼地在组合中寻求一种平衡。游客在五拱桥上的两层走廊里漫步，可以俯视清流，四顾林野，颇有流连忘返之感。拱门两侧是巨大的拱壁，上面是带有窗户的3层建筑。顶层的窗户样式是后来由尚·比朗(Jean Bullant，约1520—1578)建于1576年，此时，这座建筑已归法国王后凯瑟琳·德·梅第奇(Catherine de Medici)所有。虽然几经易手，而且在法国大革命时期还险遭破坏，但是，现在这里仍然是仅次于凡尔赛宫(Versailles)的法国最著名旅游景点。

**河流上的城堡**

原来哥特式塔楼的风头让位给文艺复兴时期对称性的美妙桥翼。

## 香波尔城堡（Château de Chambord）

1547年 法国香波尔城堡 多达·科托纳 住宅

虽然弗朗西斯一世(Francois Ⅰ)决心将香波尔城堡改造成一座文艺复兴式的大型宫殿，但它还是保留了中世纪的一些建筑风格，比如高墙、城门和两旁的角楼与锥形屋顶等。此外，它还有早期文艺复兴时期的石雕建筑装饰，并拥有法国这个城堡多产时期，最迷人的内部设计。这座宫殿早期的建筑设计可能来自达·芬奇(Leonardo da Vinci)，最后是由意大利建筑师科托纳(Domenico da Cortona)完成。“城堡主楼”的核心采用了壮观的双螺旋石台阶，这与现代百货公司交错安排自动扶梯的想法如出一辙，这样客人就可以上上下下而互不干扰。

**强大的保护措施**

这座城堡不仅有护城河保护来加强防御，它还坐落在一座花园中，有长达35公里(22英里)的围墙环绕在其周围。

## 枫丹白露宫（PALAIS DE FONTAINEBLEAU）

1586年　法国巴黎附近　吉列斯·勒·布雷东　PALACE

枫丹白露宫原本是一处王室猎庄，对其进行重建也是弗朗西斯一世的一系列改造计划之一，遂于15世纪30年代到40年代委托建筑师吉列斯·勒·布雷东（Gilles Le Breton）重建。这座中世纪的王室猎庄，早在12世纪就被法国王室使用，然而弗朗西斯一世要使它成为其“新罗马”视野的一部分，当然这一词也暗含了宏大之意。这是一座由一望无际的森林围抱的文艺复兴时期法国传统式宫殿。单从宫殿建筑的外表和规模来看，这是一座素朴的建筑；但是就其壮观的文艺复兴式内部而言，最有名的当属“弗朗西斯一世廊”。这条长廊是由画家罗索·菲奥伦蒂诺（Rosso Fiorentino, 1494—1540）创作的精美绝伦的壁画装饰。当这种装饰风格越来越自成体系时，在1553年，也就是吉列斯·勒·布雷东去世后，城堡的大部分装饰重任都是由弗兰西斯科·普里马蒂西奥（Francesco Primaticcio, 1504—1570）来承担。

**退隐山林**
由一望无际的公园和园林景致环绕的城堡就坐落在枫丹白露森林中。

## 罗浮宫（PAVILLON DE L’HORLOGE, LOUVRE）

1640年　法国巴黎　雅克勒·梅西埃　宫殿

罗浮宫始建于1190年，当时仅是皇宫的城堡，在14世纪时，作为查理五世（Charles V）的宫殿重建，1527年，弗朗西斯一世继承王位后，便把这座宫殿拆毁了。1546年，他下令由建筑师皮尔·莱斯科（Pierre Lescot, 1500—1578）在原来城堡的基础上重新建筑了一座宫殿。其后不久，国王逝世，又经历次恢复，才完成其全貌。莱斯科在研究文艺复兴稍早时期的卢瓦尔宫（Loire Chateaux）之后，也就是建立了法国文艺复兴风格与旧罗浮宫庭院相联系的伟大建筑形式：密切接合的双柱，精雕细刻的石刻后依然是精细的雕刻；三角楣套三角楣的设计，大规模人字形或有弧度的屋顶以及混合模式的雕像。法国罗浮宫其后又由索邦大学建筑师雅克勒·梅西埃（Jacques Le Mercier）于1624年接手，并对其进行了扩建。他最后成熟、甚至过于娴熟地运用了法国文艺复兴风格。他与画家尼古拉普桑（Nicolas Poussin）有过许多激烈的交流，因为这位画家认为雅克勒·梅西埃的做法过分矫饰或手笔过重。

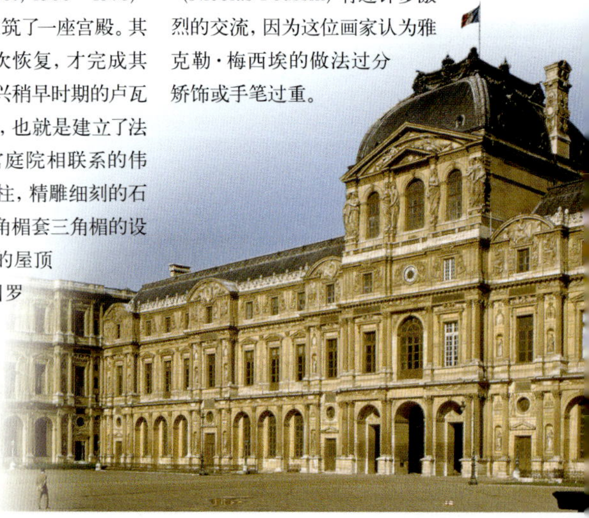

**法国宏伟建筑**
梅西埃设计的罗浮宫是沿袭了莱斯科的建筑风格，在红衣主教黎塞留的指导下，他自己又建造了另外一座宫殿。

## 孚日广场（PLACE DES VOSGES）

1612年　法国巴黎　克洛德·沙蒂永　住宅

孚日广场是由一座红砖围合的优雅广场，由亨利四世（Henry Ⅳ）下令修建。孚日广场（Place Royale，原名为皇家广场）是法国城市设计的一个颠覆性建筑代表，因为这里是普通的房屋而不是宫殿建筑。在巴黎中心围合而成的广场，因非常精致而备受瞩目。广场周围一座座拔地而起的房子不仅是精心设计，而且采光充足，并由一个统一的拱廊将花园广场四面连接起来。此外，每一座建筑的屋顶都设计得非常独特，秩序中又有个性的变化。广场为140 米×140 米（460英尺 × 460英尺）的正方形，位于广场中心的花园是1680年精心建造的。在广场的两端，隐蔽在拱廊入口后的是高大结实的房屋，这些所谓的房屋都是国王和王后的房间，尽管从没有君主居住在那里。但是，孚日广场的确是一个名流聚集的地方，最声名卓著的居民当属维克多·雨果（Victor Hogo）和红衣主教黎塞留（Cardinal Richelieu），以及出生在这里的塞维涅夫人（Mme de Sévigné）等。如今，对这座广场的全面恢复工作已经完成，它仍然是巴黎的著名旅游景点之一。

**豪华气派的入口**
国王和王后的房屋还设有游廊，因而形成了进入北部和南部广场的入口通道。

## 布鲁塞尔基尔房舍

1700年　比利时布鲁塞尔
威廉姆·德·伯鲁因　住宅

环绕在布鲁塞尔广场周围的这些美妙的房屋是由不同城市的行业协会和私营业主建造的，1695年8月遭法国轰炸后，于17世纪90年代重新修建。高度个性化且到处充斥着混乱的文艺复兴式装饰，反而使这些房屋形成了一个特殊的整体。所以，奢华的雕塑、凤凰图案、古瓮、男像柱、马匹、扇形彩绘玻璃、带有凹槽的半壁方柱 、涡卷以及其他花边样的装饰等不一而足，十分热闹。这里的房屋也成了建筑师和木匠技能展示的空间。如今，这些房屋的用途也是多种多样：从公寓到办公室再到餐馆五花八门一应俱全。但这里每一座房屋都有着丰富的历史：1847年，马克思（Marx）和恩格斯（Engels）就曾住在天鹅之家（La Maison du Cygne）餐馆的上面，在那里他们会见德国工人联合会（又名德国工人联盟）的代表。广场南侧的大型建筑物看起来就像17世纪晚期的百货公司，实际上是在一个巨大立面后的几座房屋共同组成的整体，出自威廉·德·伯鲁因的手笔。

## 圣母教堂

1627年　比利时斯海彭赫弗尔
瓦茨拉夫　礼拜场所

这座圣母教堂是为在附近栎树里奇迹般发现的圣母雕塑而修建。这座教堂建于1300年左右，并以其宏伟壮丽的穹顶而闻名于世，因为这样的规模和建筑水准在低地国家的确是首屈一指。沿大道远望大教堂，就宛如坐落在两座古典游廊中似的。尽管这座集中设计的教堂，整体设计都非常精致，但穹顶却是这里毋庸置疑的主宰。瓦茨拉夫（Wenceslas Coberger）时任西班牙荷兰天主教哈布斯堡（Catholic Hapsburg）的宫廷建筑师，是他在此创作了不朽的作品，不仅使教会成为欧洲新教反天主教信条的堡垒，而又使其更加的不同寻常。此外，教堂的设计，很有可能是瓦茨拉夫在研究了罗马圣乔凡尼教堂（San Giovanni dei Fiorentini）后设计的。

## 安特卫普市政厅（TOWN HALL，ANTWERP）

1566年　比利时安特卫普　科内弗·罗里斯　民用建筑

占据安特卫普格罗特市场（Grote Market）一面的安特卫普市政厅，是文艺复兴早期的一座伟大建筑。它是由建筑师兼雕塑家科内弗·罗里斯设计（Cornelis Floris，1514—1575）设计。当时，罗里斯深受塞巴斯蒂安诺·塞尔利奥（Sebastiano Serlio）所著的《建筑》（*l'Architettura*，1537年出版）一书的影响，并将最新的意大利风格与佛兰德（Flemish）地区及荷兰传统有机组合。巨大的尖屋顶下是令人印象深刻的烟囱。罗里斯设计立面的中心部分是以一个分为四个等级，连续上升的罗马拱门构成，上面饰以三角楣山墙，两侧矗立着细长的尖塔。在由多立克、爱奥尼克和科林斯柱式形成的壁凹之间装饰有盾牌和雕像，以示谨慎和公正，侧翼则非常谦逊，几乎无任何装饰。此外，位于装饰简朴的一层的是45家店铺。

**欢迎访客**
屋顶房檐下的三楼是一个露天画廊。

## 莫里斯住宅皇家美术馆（MAURITSHUIS）

1640年　荷兰海牙　雅各布·凡·坎彭　住宅

17世纪中叶，荷兰建筑深受意大利文艺复兴时期建筑师帕拉第奥和斯卡莫齐等人的影响。原先这里是荷兰巴西伯爵莫理斯·凡·拿骚的居所，是由荷兰建筑师雅各布·凡·坎彭和彼得·波斯特设计。广场设计、正中心的接待场所和位于两旁的私人套房，或多或少是来自帕拉第奥的威尼斯别墅设计理念。砖砌立面和爱奥尼克柱式以及浅浮雕的装饰细节，是明显的意大利式建筑风格，但斜坡屋顶设计和曾经高耸的烟囱，则是典型的荷兰本土建筑风格。建筑师弱化了正面入口上的三角楣：事实上，它也的确可有可无。1704年，住宅的大部分内饰毁于一场火灾，并于1720年重新进行了装饰。在法国占领期间，这里曾一度作为监狱，但自1822年开始，这里就一直用来安置皇家内阁的画作。如今，它拥有规模庞大的艺术收藏，包括荷兰油画家杨·维梅尔、杨·斯蒂恩、保卢斯·波特（Paulus Potter）、伦勃朗（Rembrandt）以及德国油画家小汉斯·荷尔拜因（Hans Holbein the Younger）等名家的作品。莫理斯住宅在低地国家及英国发展新型的家居住宅建筑方面起到了举足轻重的作用。

**经典的影响**
莫理斯住宅，曾令英国最伟大的建筑时代的建筑师，克里斯托弗·雷恩（Christopher Wren）赞叹不已。

## 恩格浩森市政厅（TOWN HALL， ENKHUIZEN）

自1686年　荷兰艾瑟尔湖　史蒂芬　民用建筑

17世纪，荷兰北部繁荣的城镇恩格浩森是一个风景如画般的海港，除拥有近400艘鲱鱼船外，还有东西印度公司（East and West India Companies）在此设立的各种办事处。可以说，这里在许多方面都不亚于当时商业实力强大的阿姆斯特丹（Amsterdam）。

这座新的市政厅，于1686年开始设计。来自阿姆斯特丹的设计师史蒂芬（Steven Vennekool）负责其设计工作：一方面，此设计要反映出这座城市的地位；另一方面，还要体现出港口城市的自由精神，因为作为一个海口城市，这里也是来自世界不同地区思想自由交流的地方。虽然他是荷兰重量级建筑师雅各布·坎彭（Jacob van Campen）的弟子，但史蒂芬并没有完全囿于所谓传统的经典秩序：市政厅俊秀的外表由其宽大且伸展的窗口、粗糙的隅石和利落的切石来表现；斜屋顶上还饰以圆顶阁（Cupola）。总之，这座建筑影响了荷兰古典建筑的发展方向，即建筑越来越依赖其内在所固有的朴实表达和干净利落的窗饰设计来展现其优雅、简洁与不凡。

**荷兰经典**
装饰细节仅限于中部立面这一唯一地方。

## 洛吉亚瓦伦斯坦宫

1631年　捷克布拉格
安德烈·施比萨　宫殿

1626年，捷克最富有、最强大的贵族阿布雷契哈·韦尔·优西比乌上将（General Albrecht Vaclav Eusebius）下令修建了瓦伦斯坦宫和花园。修建的目的就是要与布拉格城堡（Prague Castle）一争高下。宏伟的立面，4座巨大的庭院，完全结合了意大利文艺复兴后期和当时北欧的主要建筑要素。而且内饰也同样丰富，不拘一格，极具戏剧性的长廊，临街的大道都充满了镂空雕像，这显然又属于纯粹的意大利风格。双重柱子之上是三个巨型拱门，而这些拱门似乎属于一个比瓦伦斯坦更大的宫殿，足见这座宫殿规模之宏大。所以，这座浩大的建筑景观里，当然不缺乏马厩、人工石窟、喷泉、鸟场和意大利式的花园。整个工程于1631年完工，1950年，这里成为文化部办公所在地，并自1994年以来，一直作为捷克共和国的参议院议会所在地，而且修复工作一直在继续。

## 查理五世宫

1568年　西班牙格拉纳达
佩德罗·马丘卡　宫殿

这一宏伟的建筑，以专为斗牛设计的场地和从未建成的中央大厅而名噪一时。但是，使这座建筑显赫的是皇家建筑师米开朗琪罗的学生，是他的设想使这座建筑如此声名显赫。中央大厅是由多层次的多立克和爱奥尼克柱式围绕，间或有深深凹进的门道，创造了一种鲜明的光影效果。大厅位于方形宫殿内，外立面有大量大理石和一些奇妙而强大的粗石装饰。

## 埃斯科里亚尔圣洛伦索王家修道院

1582年 西班牙中部埃斯科里亚尔 胡安·德·托莱多和胡安·德·埃雷拉 宫殿

埃斯科里亚尔圣洛伦索王家修道院是一座呈暗色调的庞大建筑，它不仅反映了渴望征服全世界的腓力二世（King Philip Ⅱ）内敛的性格和难以接近的品性，而且也代表了西班牙建筑的一个特定时代。当时，正值西班牙帝国强大时期，因此具有高度的求知欲望，所以必然会出现令世人震惊的旷世绝作。这座宫殿处处以方正为特点，极有规则性（是圣劳伦斯的象征）；此外，它还是教堂与世俗宫殿融为一体的庞大建筑群。即使是今天到访此处的游客，也会由衷地慨叹其规模的宏大。宫殿、寺院、教堂、陵墓和宗教学院分别对称地分布在庭院周围，灰色调的城墙更是达5层之高，从四周将庭院围合。穹顶教堂就位于灰白色大理石贴面墙壁内，简朴而俊朗，反映了意大利文艺复兴对设计的影响。国王腓力二世在此度过了其人生的最后几年。

**密闭的秩序**

一座5层高的矩形大教堂外墙、壁柱、檐壁均由灰白色大理石贴面。

## 都会大教堂

1813年 墨西哥墨西哥城
克劳迪奥德·阿奇尼加 礼拜场所

都会大教堂是西班牙的第一座大教堂，在1628年被拆除的阿兹台克神庙（Aztec Temple）旧址上，建造了这座气势雄伟的新教堂。当然阿兹台克神庙最后幸存的部分石头也免遭不了被洗劫的命运。教堂最初建造的部分包括：空灵缥缈的暗殿、双通道和附属小教堂。此外，教堂内部全部由黄金装饰，是由卡斯特罗（Jose Damian Ortiz de Castro）在1793年设计的。

## 伊格莱西亚·德·拉萨梅塞德

1737年 厄瓜多尔基多
未知 礼拜场所

位于南美基多（Quito）的伊格莱西亚·德·拉萨梅塞德，是保存最完好也是最古老的南美洲首府之一。建于第一个千年伊始，在西班牙殖民者征服这里之前，它还是印加（Inca City）的一个城市。此后，它还承担了与其宗教对手竞争重要中心的使命。当时，到处都在争相建筑宏伟的教堂，都试图将西班牙、意大利、佛兰德、摩尔以及土著风格混杂在一起。拉萨梅塞德是一座白墙围绕的大教堂，是以阿拉伯手法装饰巨大的方形塔和5座穹顶组成的建筑。入口处雕刻着太阳和月亮，这些都是印加信徒所熟知的图案。1701年开始奠基，塔楼在1736年完成，1747年教堂开始交付使用。与此毗邻的主要建筑是一座可爱的修道院，也是由令人眼花缭乱的白色拱门支持的石柱和中央海神雕塑喷泉构成。第二座修道院内设有一座从塞维利亚（Seville）运来的瓷砖铺成的博物馆。教堂在多次地震后，还是顽强地幸存下来。

## 杰洛尼莫许修道院

1610年 葡萄牙贝勒姆 迪奥戈·德·波伊塔卡及其他 寺庙

国王曼努埃尔一世（King Manuel Ⅰ，在位时间1495—1521）为了遵照圣杰罗姆令（the Order of St Jerome）而修建了这座壮观的修道院。始建于1501年，费用主要来自非洲和东方香料贸易征收的皇税。耗时大约一个世纪之后建成，可以说这座修道院是建筑师、艺术家和泥瓦匠花费毕生精力的结晶。因为它是代表葡萄牙海上强国时代的一座建筑，它融合了哥特式及文艺复兴建筑特色并加入所谓的曼纽尔建筑风格的精华。在这座建筑中，风格起到独一无二的效果。石头建造的修道院主立面长达300米（985英尺），虽然以简洁为主，但由于当时恰逢葡萄牙探险家开始其史诗般海上航程的年代，所以雕刻的入口和窗子装饰了许多象征物，如珊瑚、绳索及其他自然或人工制品等。此外，内部房间也不乏杰作：长长的休息室就相当壮观。1833年，在宗教维系保护的系统崩溃时，寺院转变为一所学校；1984年，被列入世界文化遗产名录。

**壮丽的安息之地**

国王曼努埃尔就安葬在这错综复杂装饰的修道院教堂墓穴中；修道院还是探险家维斯科·达·伽马（Vasco de Game）墓地的所在地。

## 贝伦塔（TORRE DE BELEM）

1600年 葡萄牙贝勒姆 迪奥戈·德·波伊塔卡和弗朗西斯科·德·阿鲁达 防御设施

位于贝伦区的港口的贝伦塔建于曼努埃尔一世时期的1514年到1520年间，它是葡萄牙国王若昂二世（King Joao Ⅱ，1455—1495）提出的三个防御计划中的最后一座建筑。贝伦塔就是这个计划的一部分，其他两个分别是卡伊斯（Cascais）、昂达卡帕里卡（St Sebastiao da Caparica）。16世纪初，贝伦塔开始建造，由皇家工程大臣迪奥戈·德·波伊塔卡（Diogo de Boitaca）主管，同时，他还负责附近的热罗尼姆斯修道院（Jeronimos Monastery）的建设。弗朗西斯科·德·阿鲁达（Francisco de Arruda）也被任命为贝伦防御工事具体设计工作。他以前在北非建造过许多防御工事，颇有名气。尽管设计此塔耗费了他大量的精力，阿鲁达还是创造性地使用了摩尔人和阿拉伯人的艺术元素，比如说岗亭顶端的胡椒粉盒形状的炮台。为了显示出国王的声威，塔上装饰了许多曼努埃尔式的（Manueline）象征物，比如石绳环绕的塔身，点缀石结、浑天仪或是耶稣十字架和一些其他的动植物元素。在18世纪，增加了新的城垛和回廊，以及旨在被大炮射击中后的排烟装置。

**曼努埃尔塔**

这座迷人的曼努埃尔塔先后被用做海关、电报站、监狱甚至是灯塔。在1983年，被列入世界文化遗产。

## 哈德威克庄园（HARDWICK HALL）

1597年　英格兰德比郡　罗伯特·史密森　住宅

15世纪，威尼斯人发现了罗马透明玻璃的设计形式，并将其应用在自己的建筑设计当中。从16世纪开始，这种形式也被英国大面积使用。这种设计就是在财富允许的情况下，窗户的规模也尽可能地增大。哈德威克庄园当然也毫不例外，它是“哈德威克的贝丝”夫人（伊丽莎白，洛普伯爵夫人）的豪宅，拥有杰出的伊丽莎白式对称结构，这位女士凭借四次婚姻，成功地使自己进入了上流社会。字母组合图案“ES”被雕刻在大楼精致的栏杆上。长长的画廊贯通于二楼的整个主立面，是所有英国房子中最引人注目的房间。

**“哈德威克庄园，玻璃多过墙”**

这里的大窗户几乎上可触天花板，下可至地面，在表现出主人巨大财富的同时，也取得了良好的采光效果。

## 沃勒顿庄园（WOLLATON HALL）

1588年　英国诺丁汉郡　罗伯特·史密森　住宅

这一宏伟建筑是为威洛比爵士（Sir Francis Willoughby）建造，出自罗伯特·史密森（Robert Smythson, 1535—1614）的设计。寺院解体后，富裕家庭为其提供赞助资金，同时还拆毁了附近萨顿·帕西（Sutton Passey）的村镇。这座精心设计的庄园，尽管看起来像一座城堡，但却是一座整体建筑，内部设有庭院。 它最显著的特点是其塔状的宴会厅，庞大的后哥特式窗户高高地悬挂在大厅的中央墙壁上。建筑的立面下方分别由多立克、爱奥尼克和科林斯柱式装饰，空龛和漂亮的栏杆设计，显示了意大利文艺复兴时期建筑师的影响，特别是建筑师塞巴斯蒂安诺·塞尔利奥（Sebastiano Serlio）的影响。顶部的塔楼，遍布着精致的三角楣涡卷设计，四个角落的位置还设有方尖碑。原来史密森设计的内部装饰已被大火烧毁，后改为杰弗里·怀亚特维尔爵士（Sir Jeffry Wyatville）的设计。

**高度戏剧性**

尽管宴会厅现有的建筑，看似被现代的起重机进行过降低处理，但它的确是出自史密森的设计，这一点是千真万确的。

## 伯利屋（BURGHLEY HOUSE）

1587年 英格兰林肯郡 威廉·塞西尔 住宅

文艺复兴时期建筑形式第一次大举进军英国，是在亨利八世（Henry Ⅷ）统治时期。但即使在他的女儿伊丽莎白一世统治时期结束时，对英国建筑师而言，这种形式也只是一个小把戏而已。这座伟大的乡村石头房屋建造在一所天主教修道院基础上，当时亨利八世推行宗教改革解散了许多小修道院后，较大的修道院根据国会议案也先后被伊丽莎白首席国务卿威廉·塞西尔（William Cecil）及后来的伯利勋爵（Lord Burghley）解散。如果你能将那些塔楼、尖顶、洋葱穹顶、方尖碑和精致的风向标等华丽的装饰想象着从天际线中抹除的话，你就会发现这是一座聚集在一个大型中央庭院周围相当奇妙且朴素的石头建筑。高大的门楼和高屋顶大厅，基本上还是中世纪的建筑元素，也是尚未消失仍在蚕食文艺复兴这种革命的因素之一。房舍就坐落在鹿园中，它出自园林设计能手布朗之手。

### 内外的宏伟气势

伯利屋外观基本上没有太大变化。但在17世纪，由才华横溢的工匠，其中就包括格林宁·吉本斯对其内部从根本上进行了改造。

## 白厅宴会厅（BANQUETING HOUSE，WHITEHALL）

1622年 英国伦敦 伊尼古·琼斯 民用建筑

英国白厅宴会厅是破除中世纪建筑风格余风的建筑，是英国第一个真正意义上的古典建筑。七飘窗的设计灵感是受帕拉第奥古罗马大教堂的影响，是伊尼古·琼斯（Inigo Jones，1573—1652）到意大利考察后受启发而设计。建设一座轻松娱乐活动大厅是设计者的初衷，许多的设计草稿都出自琼斯本人。这座宴会厅是外观呈两层的建筑，但内部却只有一层，而壁面则由爱奥尼克和科林斯柱式将其分为两层。天花板的画作出自北欧大画家鲁本斯（Rubens）之手。

### 经典组合

下层是由爱奥尼克柱式隔断带有三角楣装饰的窗子，上层窗子则以平整的檐口装饰并由科林斯柱式和附壁柱进行分隔。

## 格林尼治的女王宫（QUEEN'S HOUSE, GREENWICH）

1635年 英国伦敦 伊尼古·琼斯 宫殿

最初是詹姆斯一世国王（King James Ⅰ）为丹麦王后安妮（Anne of Denmark）建造的女王宫，但一直到女王去世很久以后，才建造完成。这座宫殿的前身也是王室的狩猎庄园，横跨公共道路一直延伸到戴普弗德港（Deptford），直穿格林尼治宫，并将花园与房屋分割开来。所以，女王宫是真正意义上的一座桥梁建筑。因此，在纯洁和隐蔽的立面下，暗含着一个非同寻常的设计规划。

直至1662年，当约翰·韦伯（John Webb）受查理二世（Charles Ⅱ）委托，进行内部改造时，女王宫才真正成为名副其实的宫殿建筑。20世纪80年代，经过6年的闭馆后，才完全恢复原貌（曾长期作为国家海事博物馆的一部分），并于1990年重新对外开放。它的装饰主要以16世纪60年代的风格为主，其中混合了原始与复制家具。原始设计的特质仍然很明显，当然也有壮观的帕拉第奥式曲线双层楼梯，俊朗的敞廊可以俯瞰整座庄园，螃蟹状的楼梯可引领至主要入口。

**帕拉第奥式（Palladian）的比例**

这座建筑是典型的帕拉第奥式设计：三重立面采用实虚的均衡设计理念，素雅的墙壁外由栏杆将粗石装饰的一层围绕，彼此交叉又各自完整。

## 伯德雷恩图书馆

1615年 英国牛津
未知 图书馆

托马斯·博德利（Thomas Bodley），这位牛津大学的学者兼退休外交官，将他的毕生精力和财富都投入到恢复大学图书馆的建设中（1550年，在动荡的改革中被毁）。在对图书馆的塔楼和主要庭院改造后，于1602年重新对外开放。这座塔楼以其五种柱式的使用而闻名于世，包括斯卡纳、多利克、爱奥尼克、科林斯和复合柱式等分立在其两旁。图书馆入口处，确实给人以一座哥特式建筑披着文艺复兴式花边的感觉，所以，很明显这里采用的是一种混合式装饰形式。

## 圣保禄科芬园

1633年 英国伦敦
伊尼古·琼斯 礼拜场所

这是宗教改革仅局限于计划时，建于伦敦的第一座全新的教堂。大殿内部设有广阔的画廊（以便使尽可能多的人听到经文）以及有各种珍贵的小装饰等；当然外部也是以低调的装饰为主。即便如此，琼斯设计的东向托斯卡纳（Tuscan）门廊仍不失为其一力作，但因其后面就是祭坛，所以，这里并不是教堂的入口（通常教堂的入口位于门廊的右侧）。谷仓式的入口位于教堂西端，穿过一个小城市花园就可到达。

## 哥本哈根证券交易所（THE EXCHANGE, COPENHAGEN）

1640年　丹麦哥本哈根　小汉斯　民用建筑

由雕刻家路德维希（Ludwig Heidriffer）设计的这栋大楼的采光塔令每个人都记忆犹新，顶部是一座以4条龙盘绕着的青铜尖塔为造型形式。采光塔下的漂亮建筑，也用其自身的实力展示了其辉煌的成就。这是欧洲最古老的证券交易所，是国王克里斯蒂安四世（Christian Ⅳ）下令修建的。长长的而反复的两层砖立面，并不能掩盖其微妙与漂亮。重复设计的原因是，这座建筑首先要满足作为仓库的需求：将丹麦、瑞典和挪威船只运载来的货物在此卸载。建筑三角楣顶端的皇冠一直延伸到其面对海滨的立面上。

**消失点**

今天，设在哥本哈根商会（the Copenhagen Chamber of Commerce）的总部，也是由如针般纤细的尖塔装饰。

## 菲德烈城堡（FREDERIKSBORG CASTLE）

1620年　丹麦哥本哈根附近希勒罗德　汉斯和路维斯　防御设施

菲德烈城堡最初是为丹麦和挪威国王弗雷德里克二世（Frederick Ⅱ）修建，但直到他的儿子克里斯蒂安四世（Christian Ⅳ）即位时（1599年加冕），这座城堡才初具我们今天所看到的规模。3座砖石建筑分别建在3个湖泊岛屿上，它们之间由一系列优雅的桥梁相连接。这里注定永远不会是一座普通的城堡，特别是其辉煌而浪漫的屋顶设计，是那种快乐得都令你无法相信的形式，这是因为1577年，一位出生在菲德烈堡的基督教徒，决心使之成为一个丰富多彩的和充满愉快的地方。 在两个建筑师的帮助下，他计划将菲德烈城堡呈现出由许多山墙、愉悦的雕塑、尖塔、铜覆盖的屋顶、螺旋尖塔和细砂岩装饰品为特点的快乐建筑。

**岛屿生活**

这童话般的城堡，位于三个相互联系的岛屿上，其周围还环绕着完全按照法国最流行布局设计的花园。

# 巴洛克和洛可可建筑

巴洛克（Baroque）是17世纪广为流传的一种艺术风格。它的名称来自葡萄牙，意思是不圆的珠子，它无疑与反宗教改革有关（1545—1650年）。巴格克艺术虽然不是宗教首创，但它的确是为教会服务的，被天主教利用来反对遍及欧洲所谓的“异端邪说”的。洛可可（Rococo）一词是从法语（rocaille）演变而来，原是指一种混合贝壳小石子制成的室内装饰物。与巴洛克的建筑相近，着重内部繁复的装饰。

大部分反宗教改革斗争所采取的形式是动态的说教，或在罗马天主教内进行改革，如罗马天主教耶稣会（Society of Jesus），成立于1534年，是由西班牙士兵依纳爵罗耀拉（Ignatius Loyola，1491—1556）创立，并在1540年获得教皇的批准。然而，巴洛克这种艺术形式，很明显，而且非常显著地在戏剧艺术与建筑领域一同出现，从罗马开始，然后遍及西班牙、法国、奥地利、巴伐利亚和拉丁美洲等国家和地区，甚至波及信仰新教的英格兰（尽管那里是以一贯较为清醒的方式）。因此，巴洛克建筑成为宣传信仰的一种手段，尤其是在教皇西斯托五世（Pope Sixtus V，见下页）强大力量和决心的支持下，罗马教廷才终于以巴洛克建筑来对抗文艺复兴建筑，他极力推行这种赋予罗马新建筑与公共场所这种巨大的新风格。

巴洛克艺术的特点就是怪诞、扭曲、不规整，喜好富丽的装饰和雕刻以及对强烈的色彩的使用。这种风格无论是从卡拉瓦乔（Caravaggio）明暗对比的画布还是在建筑上，因为在此时期，几乎所有的意大利教堂，巴洛克艺术意味着高度发挥的光影效果。此外，最好以及最极端的例子是鲜活的雕塑，如体现在罗马贝尔尼尼（Bernini）或德国巴伐利亚（Bavaria）的巴洛克先锋艺

**凡尔赛宫（The Palace of Versailles）**
巴洛克艺术与建筑相结合的典型就是凡尔赛宫镜廊（the Galerie des Glaces）中那个戏剧性的画作《假面舞会》（*bal masque*），它描绘了庆祝多芬（Dauphin）婚礼的场面。

## 关键日期

1620年，清教徒前辈在美国马塞诸塞州建立了普利茅斯殖民地。

1625年

1633年，贝尔尼尼（Bernini）完成了罗马圣彼得大教堂的建设。

1643年，法国国王路易十四，自称太阳王，从5岁就开始了他72年漫长的帝王生涯。

1650年

1666年，伦敦大火灾以及1665年发生的伦敦大瘟疫后，城市开始保守地重建。

1675年

1685年，路易十四发布敕令，宣布废止《南特敕令》，标志着在法国对新教徒全面反攻的开始。

1685年，约翰·赛巴斯蒂安·巴赫和格奥尔格·弗里德里希·亨德尔两位巴洛克著名作曲家诞生。

1687年，牛顿的《自然哲学的数学原理》一书出版，代表了自然科学史上的里程碑，其中主要论述了重力理论的基本原则。

1694年，英格兰银行（The Bank of England）成立，标志着国家和全球金融制度化的开端。

1700年

## 教皇西斯托五世

西斯托（Felice Peretti，1520—1590）是巴洛克风格的有力支持者。他出生于一个贫困家庭，就职司铎前曾是一个猪倌。他以旺盛的精力并利用教皇的职权，通过征税和买卖教会职位来使罗马教会摆脱财政困境。他花费巨资来建设大型项目，并想以雄心勃勃的巴洛克方式改变整座罗马城。此外，他还曾设想排干蓬蒂内沼泽（Pontine Marshes），征服埃及，击溃土耳其，将圣墓教堂（Holy Sepulchre）从耶路撒冷（Jerusalem）用船搬运到罗马。

**1712年，**彼得大帝（Peter the Great）建立了圣彼得堡这座崭新的城市，并开始作为俄罗斯的首都。

**1766年，**法国洛可可艺术家让·雷诺雷·费拉戈纳尔的油画《荡秋千》创作完成。

**1773年，**发生了波士顿倾茶事件：北美殖民地反抗英国的统治，倾倒了从印度进口的茶叶。

**1818年，**约翰·纳什重新开始了伦敦市中心的规划设计，并设计了摄政公园和摄政街。

1725年 1750年 1775年 1880年

**1732年，**科文特花园皇家歌剧院（Covent Garden Opera House）在伦敦开幕。

**1763年，**法国转让了所有位于北美和加拿大的领土，英国从法国手里得到了密西西比河以东的全部地区。

**17世纪60年代，**欧洲启蒙运动呼吁人的理性、挑战教会、国家、君主政体、教育和社会机构等传统观念。

术家阿萨姆兄弟（Asam Brothers）的创作中；而对于建筑的内部而言，更是一场全新的大变革。

许多巴洛克风格的教堂、宫殿和乡间府第都拥有宏伟的穹顶、小天使、电影画、雕塑装饰，犹如贝尔尼尼在《圣特蕾莎的沉迷》（*Ecstasy of St Theresa*）里以优雅而性感的方式描述。许多与此相同的建筑物开始环绕在街道广场的两侧，如贝尔尼尼为罗马圣彼得大教堂设计的圣徒雕像柱廊环绕的广场。此外，还有些广场，比如罗马纳佛那广场（Piazza Navona，见第315页），将整个城市视为一个巴洛克式创作的舞台，今天也只能在电影方面，如艺术指导和背景等手法中，才可能出现如此激动人心的场景。巴洛克发展出两个相互独立又彼此重叠的形式：有热情洋溢的巴洛克式；也有英格兰、荷兰和北欧等温和的巴洛克式。

英国最著名的巴洛克风格建筑大师，莫过于克里斯托弗·雷恩（Christopher Wren，1632—1723）、约翰·范布勒（John

**《圣特蕾莎的沉迷》**
里面是这样热情洋溢地描绘到：一只天使般的手掌正在暴露她的乳房，这位加尔默罗修会的修女（Carmelite）看起来确实很陶醉，之后她宣布道：“我的灵魂只能交付给万能的上帝。”

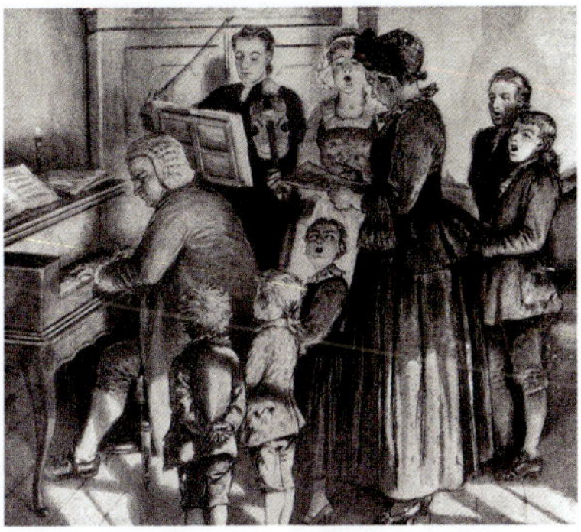

**巴赫及其家人**

巴洛克风格影响的不仅是一种建筑形式，还包括绘画、雕塑和音乐。约翰·赛巴斯蒂安·巴赫的音乐被认为是雄伟抒情而崇高的一种音乐风格。

Vanbrugh，1664—1726）和尼古拉斯·霍克斯莫尔（Nicholas Hawksmoor，1661—1736）。他们发展了自己与时代相呼应的风格，不完全囿于英国本土，而是发展了与美洲或世界其他地方相呼应的建筑风格。

## 欧洲：洛可可的游戏场

洛可可是一个比巴洛克更轻快，更富有想象力，更有趣的艺术风格形式，它首先在法国开花结果。其特点是色彩缤纷、细腻柔媚、镀金、大量使用镜子，喜欢用弧线和S形曲线，尤其爱用贝壳、旋涡、山石作为装饰题材。其实质可以通过那个时代的艺术家的作品，比如意大利的提也波洛（Tiepolo），和法国的华托（Watteau）、鲍彻（Boucher）和弗拉戈纳尔（Fragonard）等来体现。费拉戈纳尔最著名的绘画《荡秋千》描绘了穿着层层薄丝绸的年轻姑娘，毫不费力地在树木繁茂的花园里荡着秋千。一位年轻的小伙子，也身着丝绸，斜躺在姑娘旁边的草地上，与荡着秋千的姑娘相比，在小伙子身上没有过多地使用洛可可手法。虽然看起来似乎有点儿幼稚，甚至比较粗糙，但整个画面还是给人以愉悦之感。此外，这种洛可可精神在当代法国和德国的宫殿内饰中也有体现，甚至可以说，壮观的罗滕堡的教堂（Rottenbuch，见第335页）也采用了这种漫不经心的设计，如到处在演奏乐器的小天使，而且装饰也似乎在游客的眼前跳着轻快的华尔兹。

## 俗艳的结束

虽然巴洛克非常成功地远播到俄罗斯及拉丁美洲等国家和地区，但是这种艺术形式很快就被欧洲放弃。当然，或许这也并不奇怪，尤其是在信奉新教的英格兰。洛可可风格，在新的严肃思考下，其魅力也急剧下跌。具有影响力的建筑师兼作家雅克·弗朗索瓦·布隆德尔（Jacques-Fançois Blondel，1705—1774）就这样描述道：“我们的内饰就是荒谬混乱的贝壳、龙、芦苇、棕榈树和植物。”洛可可虽然给人们带来很多乐趣，当然也不得不为即将到来的严肃新古典主义（Neo-Classicism）让位。

**弗拉戈纳尔的《荡秋千》**

让我们仔细看一下：年轻女子被躲藏在灌木中的牧师情人一推，而就这么轻轻地一推是多么令人不耻。

VOTA MEA REDDAM IN CONSPECTV TIMENTIVM DEVM

# 巴洛克式建筑
## 1600—1725

**热情洋溢的且铺张华丽的，宛如布景式的巴洛克艺术和建筑，并不符合每个人的口味：对某些人来说，它是天主教会过分炫耀财富和追求神秘感的表现；对另外一些人来说，又过于夸饰而不够规范。然而，欧洲各地的城镇都从巴洛克风格的设计中获益良多。的确，那里的人们已意识到，他们就是在这种艺术所搭建的舞台上生活。巴洛克建筑是最优秀的道具和生活布景，然而，却过分强调了它的目的性。**

如果这种艺术形式放在当今，那么，那些巴洛克建筑师或许能在好莱坞闯出一片天地，这是因为最好的巴洛克建筑竟是高度电影化的：每个曲线与细节都处于动态中，直到最后一个细节。这种艺术到处充满了惊奇、光的轨迹、感觉和夸张的戏剧感。当然，它在新教国家也树敌颇多，这种热情在那里被描绘成顽固不化和宛如肉体般的庸俗。即便如此，一些最具魅力的巴洛克式设计，尤其体现在两位英国建筑师范约翰·范布勒爵士和尼古拉斯·霍克斯穆尔（Nicholas Hawksmoor）为贵族所展开的热情洋溢的富有魅力的工作上。事实上，范布勒爵士是一位剧作家、美食家，有时还充当雇佣兵。他的戏剧粗俗而不失机智，由他设计的布伦海姆宫（Blenheim Palace）和霍华德城堡（Castle Howard，见第329页），使他成为巴洛克艺术的一位代表人物。

### 引人注目的设计

如果你不是清教徒的话，当你接近这些艺术时，你不可能不被眼前的伦敦圣保罗大教堂（见第326页）或者威尼斯的安康圣母教堂（Santa Maria della Salute，见第319页）震撼或感动。据我所知，没有哪一位在访问了巴伐利亚罗尔的本笃会修道院教堂，看过由埃吉德·奎林·阿萨姆（1692—1750）创作的雕塑作品，即在绝妙的祭坛上，圣母玛利亚升天时，掠过比真人还高的追随者头顶的雕塑，而不为其眼前的雕塑作品所迷惑。因为圣母好像真的飞了起来。像所有的巴洛克艺术一样，其最好、最精湛的技艺，最后也会转向媚俗。但最好的巴洛克建筑的雕刻家和画家知道如何引导观众在戏剧性与无味的情节之间进行自由的转换。所以，正是因为这些成功的作品形式，使得巴洛克建筑从未如此地令人信服。

◁ 维也纳（Vienna）卡尔斯大教堂（Karlskirche）的外部，是由建筑师费舍·冯·爱尔巴赫（Fischer Von Erlach）设计。它不仅是一个不寻常的建筑，更是彻头彻尾地将巴洛克与古典罗马建筑的要素成功地结合在了一起。

## 建筑元素

巴洛克建筑是盛大、最富有想象力和最奢华风格展示的舞台。这种建筑形式最先出现在罗马，但其宏伟的穹顶，丰富的曲线和矮胖的小天使，最终也蔓延到一些新教国家。一提到巴洛克艺术，我们想到最多的可能是其一贯的自信、纯粹与夸张的戏剧性效果。

△ **小天使**
几乎所有的巴洛克式教堂、宫殿、桌子或椅子上都有小天使的形象出现，至少都会有几个被用来作装饰。这些就是出现在西班牙的阿兰胡埃斯夏宫中好玩的“爱神”。

在石头材质的对比下，铜制穹顶更加熠熠生辉

△ **罗马风格**
装饰罗纹的穹顶与罗马圣彼得教堂交相辉映。在费舍设计的维也纳卡尔斯大教堂上，仅绿铜穹顶上的采光塔和十字就高达72米（236英尺）。

镀金的穹顶无论在阳光下或者雨天都倍加突出

△ **制高点**
为了要创建一个高过巴黎所有建筑的穹顶，巴洛克设计师芒萨尔在巴黎的荣军院上不仅建造了一座两层的鼓座，而且采光塔上还建有尖塔。

柔和曲线弧度的穹顶顶端伫立着采光塔

△ **特征符号**
巨大且卷曲的波浪式涡卷在支持雕像的同时，还对建筑主体起到扶壁墙的作用。这是由隆盖纳设计，位于威尼斯的安康圣母教堂走廊上的穹顶。

△ **违反重力原则的雕塑**
巴伐利亚罗尔修道院著名的祭坛背壁雕塑，圣母看起来好像真的要飞起来。

△ **层次感极强的室外楼梯**
高贵典雅，奢华富丽是典型的巴洛克风格。这座葡萄牙鲍姆圣子教堂除了教堂前引人注目的楼梯设计外，这座复杂的建筑还包括洛可可和帕拉第奥式等建筑元素。

颜色的对比提高了建筑的戏剧效果

逐级攀登而上时，教堂会逐渐出现在你面前

## 罗马的圣彼得大教堂（ST PETER' S ROME）

1615年　意大利罗马　米开朗基罗及其他建筑师　礼拜场所

如果仅就教堂规模而言，圣彼得大教堂是基督教首屈一指的宏伟建筑，它成功地预示了罗马教会的权力与潜力。然而，就是这一浩大的工程，所面临的重重困难也是令人无法想象的。政治的动荡，恶化了工程的进度，使施工进度停在了最开始阶段，拖了一个多世纪。

穹顶内部

负责大教堂设计工作的有三位主要建筑师，他们分别是：米开朗琪罗、马德尔诺（主要负责穹顶部分）和卡罗·马德诺。

1546年，米开朗琪罗开始负责教堂设计时，重建教堂已经进行了40年，共涉及五位建筑师：伯拉孟特、桑加罗、弗拉·乔孔德、拉斐尔（Raphael）和佩鲁齐，并且每一位后任者都会更改前任的设计。

米开朗琪罗的设计奠定了一个集中、完整的希腊十字式设计。然而，尽管设计方案很理想也很人文，但是对礼拜仪式并没有什么意义。1564年，米开朗琪罗去世后，其后续的三位建筑师，德拉·布达、丰塔纳和维尼奥拉继续大教堂的设计工作，他们在很大程度上执行了米开朗琪罗的设计（但穹顶搁置）。1606年，马德尔诺增建了中殿和教堂的立面，但放弃了米开朗琪罗的集中式设计。

### 米开朗琪罗·博那罗蒂

当米开朗琪罗（1475—1564）被任命为圣彼得大教堂的建筑师时已近72岁高龄。他是欧洲广受敬仰的最伟大的雕刻家和画家。然而，他将其生命最后浓重的一笔挥洒在了建筑，也就是圣彼得大教堂的设计上。为了这座建筑杰作，他提出的唯一要求竟是不要报酬。然而就其设计的规模与可塑性而言，他为巴洛克这种建筑形式的广泛使用铺平了道路。

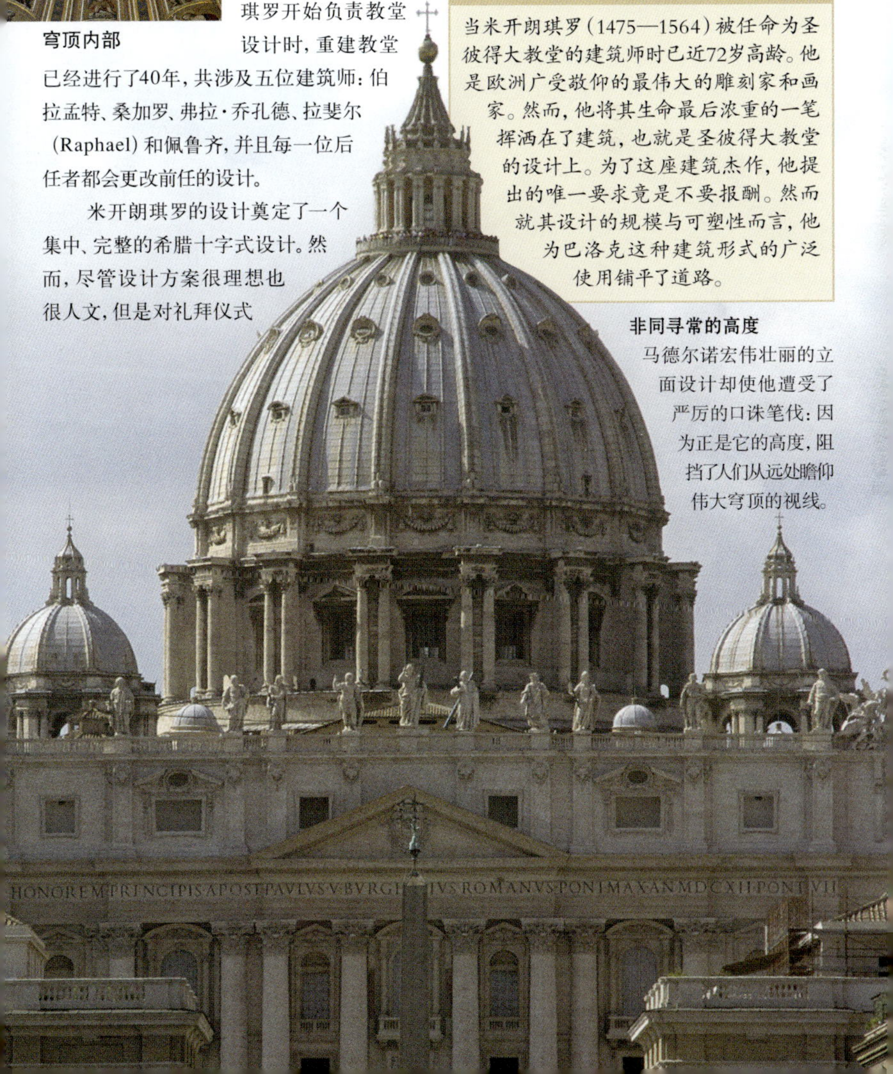


**非同寻常的高度**　马德尔诺宏伟壮丽的立面设计却使他遭受了严厉的口诛笔伐：因为正是它的高度，阻挡了人们从远处瞻仰伟大穹顶的视线。

## 圣卡洛教堂（SAN CARLO ALLE QUATTRO FONTANE）

1665年 罗马意大利 弗朗西斯·波洛米尼 礼拜场所

尽管圣卡洛教堂的规模无法与圣彼得大教堂（见第313页）相提并论，但这些并不足以掩盖其前所未见的动感与创造性。作为罗马巴洛克艺术最高水平象征的关键建筑之一，它是弗朗西斯·波洛米尼（Francesco Borromini）最杰出的作品。

柱式围合而成的椭圆形庭院

除去微型的规模，圣卡洛教堂实际上是一座修道院教堂。教堂的后面及一侧，分别是一座修道院（寺院建筑）和一座公园，这两者也与教堂一样，都是规模较小的建筑。然而，毋庸置疑的是，圣卡洛教堂是波洛米尼的第一个独立作品，这才是问题的关键。16世纪30年代，波洛米尼开始了教堂的设计工作，但因财政问题，教堂的建设工作不得不分为两个阶段进行。教堂内部虽然已在1641年完成，但教堂的立面却在1665年，也就是在波洛米尼去世后不久，才开始动工修建。无论就建筑的内部还是外部，这座建筑给人最深的印象是：这是一个正在形成的活动空间，运动是这个空间存在的主题。主体的空间体现了巴洛克形式的最典型特征，即一个纵向的椭圆设计。这种设计有双重优点：既赐予了空间以动感，又调和了集中与长度的矛盾。此外，波洛米尼又进一步对内部进行了划分，在横纵两轴上各设一个椭圆，这样它们就被套在了一起。出色的内部设计还体现在其连续波浪起伏状的弯曲墙壁上，从而产生了令人叹为观止的运动空间，并通过不间断的檐部和柱廊进一步强调了这种联系性。椭圆形主题又与外表上下两层波浪起伏的墙壁相呼应。这是对巴洛克风格的重新界定。

**波浪式立面**
圣卡洛教堂的底层立面是凹—凸—凹的设计，而上层则是凹—凹—凹的设计。

### 弗朗西斯·波洛米尼

波洛米尼（1599—1667），出生在意大利北部。自1617年开始，就活跃在意大利的罗马，在与贝尔尼尼一起工作以前，师从于马德尔诺。与贝尔尼尼既是名官员又是名建筑师和雕塑家的身份相比，波洛米尼则既保守又激进。尽管他的天分被广泛地承认，但由他所负责的建筑设计很少。最终因生活拮据而自杀，结束了生命。

## 公共场所（PUBLIC SPACES）

文艺复兴和巴洛克时期，执政当局在炫耀自己的慷慨给予的同时，也促进了公共建设项目的蓬勃发展。毫无疑问，最讨人喜欢的就是那些大广场和广场上精致的雕像、喷泉及其他令人印象深刻的建筑。人们在这里可以自由地散步、身处喧嚣都市的同时，也可以享受纯粹得犹如剧院般的城市生活。

**米开朗琪罗的《大卫》** 这尊著名的雕塑创作于1504年，大卫原本露天安放在佛罗伦萨西纽利亚广场。自此，它就为民众空间装饰雕塑定下了竞相模仿的对象。

罗马的纳佛那广场是典型的巴洛克式风格设计。它拥有那个时代意大利民用广场所应有的一切：贝尔尼尼和德拉·波尔塔创作的巨大喷泉；波洛米尼设计的教堂、方尖碑和英雄雕像，等等。而且，广场的每一次设计都使它更加完美和谐，也更受当地居民和游客的欢迎。此外，这样的广场还是意大利城镇的中心。这种设计形式逐渐被世界各地所效仿，并随着城市化趋势的发展，城市规划或设计再次被提上日程。早在17世纪，好多城市还处于设计规划当中时，意大利的许多城市都已在竞相地设计和建造最好的广场了。这些广场是公民的舞台，因此，这里也奠定了在这个戏剧般的舞台上，人们生活的基调。

纳佛那广场本身是一个封闭的空间。在其建设之初，建设一个城市剧院是其初衷或出发点。这里是为人们雕塑和建筑所建造的空间，而不是现在汽车、商店、街道家具店铺、广告和其他杂乱无章东西所充斥的地方。这些公共广场就是巴洛克建筑取得的最优秀的成就之一。

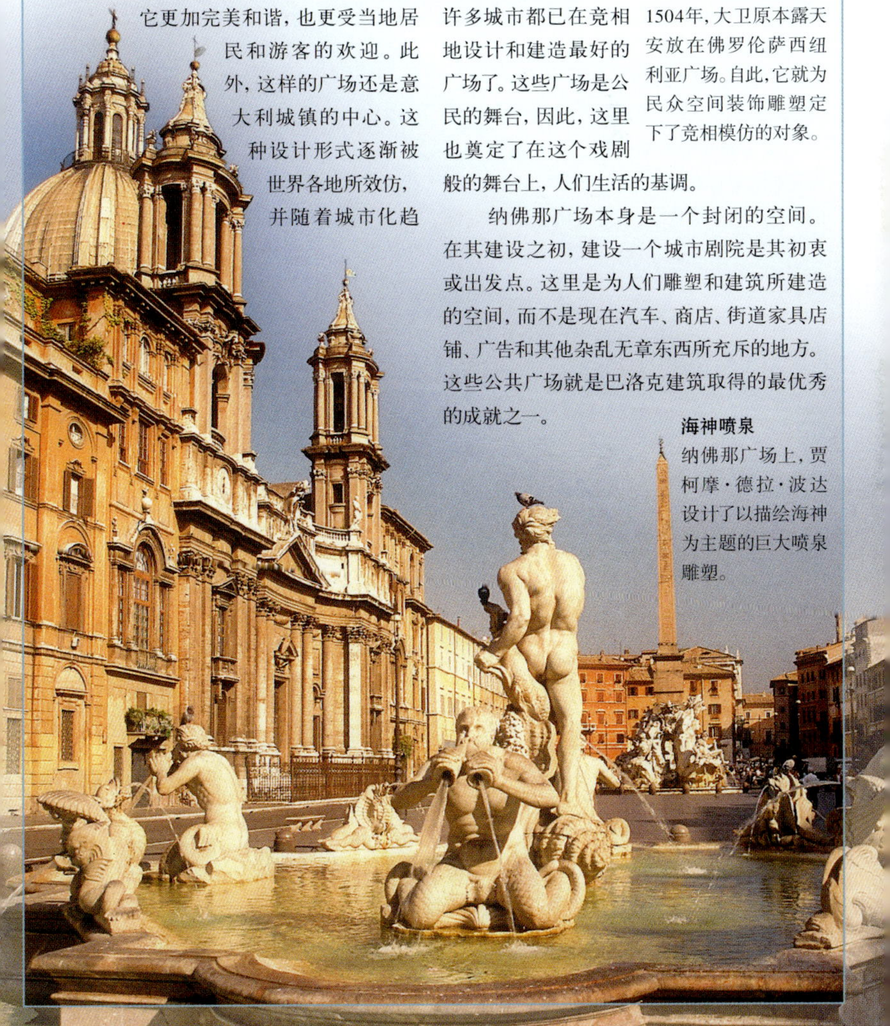

**海神喷泉** 纳佛那广场上，贾柯摩·德拉·波达设计了以描绘海神为主题的巨大喷泉雕塑。

## 菲利浦·内里礼拜堂（ORATORY OF ST PHILIP NERI）

1640年 意大利罗马 弗朗西斯·波洛米尼 礼拜场所

虽然外表给人以强烈的教堂感，但菲利浦·内里礼拜堂其实是奥拉托利会会友的总部。这是一个成立于1564年的反宗教改革社会团体，由后来册封的菲利浦·内里创办。它坐落在宗教运动教堂，圣母小堂（Santa Maria in Vallicella）附近。大约于1620年完成的内饰设计，是由众多设计师共同创造的结晶，其中就包括波洛米尼。也正是波洛米尼对教堂外立面的设计，使它真正具有了意义。部分原因是，他采用的曲线设计，为罗马巴洛克建筑奠定了第一个基调；另外，波洛米尼动感和富有创造性的设计，为罗马的巴洛克建筑注入了新的特质。

**凹立面设计**
独特的直线和曲线三角楣设计是波洛米尼不断发明创新的典型特征。

## 蒙泰桑托圣玛丽亚教堂和圣玛利亚木里可利教堂

677年 意大利罗马纳尔迪 丰塔纳和贝尔尼尼 礼拜场所

双子教堂蒙泰桑托圣玛丽亚教堂和圣玛利亚木里可利教堂，其重要性不仅在于它们所体现的建筑优点，更在于它们对宏伟城市规划的重要影响。这对于越来越具有活力特征的17世纪罗马显得格外重要。反宗教改革的紧迫性，要求罗马重新焕发活力，彻底清除中世纪城市中残余的贫民窟，并创建一系列巨大的公共空间和广阔的新前景都迫在眉睫。在教皇和同样雄心勃勃建筑师的推动下，逐步将这些转变为现实；伟大的巴洛克艺术赋予了这些建筑以巨大的活力，所以，城市规划也呈现了一个全新的规模；同时，这也体现了一个要不断改变城市的愿景。这对双子教堂是波波洛广场（Piazza del Popolo）的重点建筑工程，但坐落在三条街道交会处的这座广场本身也于1518年同时动工修建。虽然两座教堂极其相似，但它们并不相同（源于难以处理的地理位置），但还是尽了最大的努力，使其大胆的穹顶外观设计尽量保持一致。

**双子教堂**
蒙泰桑托圣玛丽亚教堂位于左侧，圣玛利亚木里可利教堂位于右侧。

## 特莱维喷泉（TREVI FOUNTAIN）

1762年 意大利罗马 尼古拉·萨尔维 喷泉

1453年，由教宗尼阁五世（Nicholas V）将水渠延伸到这里时，人们就计划在这里修建一座喷泉。工程不断地被定期推进，特别是在1629年，贝尔尼尼受教皇乌尔班八世（Pope Urban Ⅷ）的委托，设计一个无论其规模与壮观程度都要超过其他城市的喷泉，但工程还是在1643年被搁置了。18世纪初，另外两次企图恢复该建筑设计的计划也同样以失败告终。直到1732年，也就是目前我们所见到的喷泉设计，是出自尼古拉·萨尔维（Nicola Salvi）的设计，是由8名不同的雕塑家共同完成的。然而，萨尔维的观念占据了主导地位，至少是由他决定将现有的海神宫（Palazzo Poli）作为喷泉的背景，从而使这项工程拥有了更加宏伟的背景。喷泉设计以戏剧性著称：壮观、雕塑云集的凯旋门，水就从这里喷涌而出，倾泻到主水池中，跨越一簇簇的石头，然后肆意地奔流。

**神圣的喷泉**
喷泉的中心人物是海神尼普顿（god Neptune），于1762年才建造完成，两边的人物雕塑则分别象征着丰盛与健康。

## 西班牙台阶（THE SPANISH STEPS）

1728年 意大利罗马 弗朗西斯·德·桑克蒂斯 公共空间

西班牙台阶是指位于意大利罗马的一座户外阶梯，与西班牙广场相连接，而圣三一教堂（Trinità dei Monti）就位于西班牙台阶的顶端。在两者之间修建的阶梯，早在教堂竣工（1570）之前就有所打算。17世纪，一系列相关设计建议的提出中，就包括贝尔尼尼等建筑大师的设计。但是，一直到1717年，在克莱门特十一世（Clement XI）的一再坚持下，该项目才终于开始动工。西班牙台阶无疑是罗马巴洛克建筑艺术晚期最具代表性的城市规划例证。它是全欧洲最长、最宽的台阶，总共有137级。两个主要的大台阶是它最显著的建筑特色：随长度收缩的楼梯，每至一个大平台，楼梯就逐步缩窄，踏入另一个平台后，又继续向上扩展。除总体给人以强烈的节奏感外，在一个英雄般的巴洛克阶梯基础上，预示了较为温和的洛可可建筑形式的到来。位于圣三一教堂前的方尖碑是皮尤斯六世（Pius Ⅵ）在1786年后增建的。台阶几经恢复，最近一次则是在1995年。

**神圣的阶梯**
这座令人印象深刻的户外台阶，居然一头连着教堂，一头连接着罗马西班牙广场最优雅的购物街。此外，台阶上到处都是售卖东西的小摊贩。

## 苏佩尔加教堂

1731年 意大利都灵
菲利波·尤瓦拉 礼拜场所

尤瓦拉设计的苏佩尔加修道院教堂位于都灵（Turin）外，是18世纪巴洛克式建筑艺术晚期多才多艺建筑师流畅作品的又一力作。与其曾设想建造的规模宏大的建筑相比，显然这座集中设计的教堂并不很大。但其高大雄伟要超过其所附属的大修道院建筑。建筑的主体要素，曾设想着要有巨大且突出的四柱门廊，在巨大的鼓座上建一座气势威武的穹顶，周围要有尖顶的钟楼环绕。而这些仅仅是其雄心勃勃的设计，因为在具体实施过程中，它却相当的冷静与克制。总之，这座教堂整体都给人留下难忘的印象。

## 圣辛多尼小教堂

1690年 意大利都灵
瓜里诺·古亚力尼 礼拜场所

都灵大教堂的圣辛多尼小教堂的穹顶出自瓜里诺·古亚力尼（Guarino Guarini）的设计，这是他最惊人的创新杰作。要想在这座建筑上找到任何可辨认的古典传统都非易事：这里的建筑元素有的来自哥特式；有的来自摩尔式；其间还渗透了古亚力尼自己在数学方面的兴趣。总之，他所要建造的是尽可能体现欧洲本土化的建筑。它的主体空间平面呈圆形，圆周被分成九段，其上分别横跨一个大拱券，呈三角形排列，穹顶坐落在高耸的鼓座上。内部在帆拱和拱券的中央等距离地开着6扇圆窗。穹顶本身由一系列拱肋构成，每一根都由中心向下的拱肋支撑。肋骨之间共有72个小窗子。位于最顶端的是十二星形肋骨，可以直接从上面采光。总之，这座教堂的设计产生了惊人的巨大影响，几乎可以说是超脱尘俗的设计。

## 佩沙罗城堡（CA' PESARO）

1710年 意大利威尼斯 隆盖纳 宫殿

位于威尼斯大运河（the Grand Canal）上的佩沙罗城堡是最热情、最成功的巴洛克式宫殿建筑之一，气宇不凡且星光熠熠。从建筑的外表而言，建筑的主体要素都非常简单：底层及上面各自等高的两层主体建筑，底层结构较为粗糙而上面每一层都开有7扇高大的圆窗；整个建筑的屋顶是典型的威尼斯金字塔式造型。这座建筑真正的闪光点是其质感和丰富的装饰。鉴于在威尼斯建设的重重困难（比如拥挤的陆地场所和难以预测的潮水），威尼斯建筑师总是不得不采用较为简洁的立面设计。此外，隆盖纳的设计灵感还迸发在具体的装饰细节中。地面层采用深切割的手法，英雄人物和巨人的头像群集在一层入口处和圆窗周围；交替变化的单双栏节奏间或点缀在上两层楼上，并在整体的三层结构中缔造了一种强烈的视觉平衡。

**滨水立面**

不同寻常的深切割及粗面抛光边工艺，打造了一种锯齿状的钻石图案，也被称为“凸面浮雕装饰”。

## 安康圣母教堂（SANTA MARIA DELLA SALUTE）

1681年　意大利威尼斯　隆格纳　礼拜场所

安康圣母教堂不仅是威尼斯最重要的巴洛克式教堂，更是历史最悠久和最伟大的意大利教堂之一。其重大的影响，部分源于其独特的地理位置——位于大运河南端的入口岬角上，对岸就是总督府（Doge's Palace）和圣马可广场（St Mark's Square）。此外，还有其宏伟的规模和大胆的建筑设计。

**内部景观**

教堂的主体是由一个上覆八边形的主体穹顶和一个覆有小穹顶的司祭空间构成。小穹顶的两侧还有两座锥形钟塔。这座建筑不仅预示了巴洛克建筑形式的到来，而且它还缔造了城市的新轮廓和真正的威尼斯本土建筑。另外，建筑的主体采用一个八边形的主体空间（威尼斯独一无二的建筑形式），除壮观的入口设计外，四分之三柱式的设计贯穿整整两层空间。其中，中央穹顶鼓座与环廊顶部的16个大型涡卷装饰，不仅起到了支撑的作用，翻滚的波浪造型也与其坐落的背景相吻合。最后，也是最重要的一点，是隆格纳将巴洛克建筑很好且有效地补充进了威尼斯的哥特式建筑，这是他的巨大贡献之一。

### 隆格纳

隆格纳（1598—1682），威尼斯人，主要工作在威尼斯这座水上城市。他是那个时代最伟大的巴洛克建筑艺术倡导者之一。他师从温琴佐·斯卡莫齐，斯卡莫齐去世后，隆格纳也完成了自己位于圣马可广场上的旧行政官邸这座不朽之作的设计工作。安康圣母教堂是他最著名的建筑设计，这座教堂是为了纪念死于黑死病的威尼斯人而修建的。

**都市地标**

无论从哪个角度来看，隆格纳幻梦般的穹顶都好像漂浮在威尼斯住宅的屋顶上。

## 凡尔赛宫

1772年 法国巴黎近郊
朱哈·哈杜安·芒萨尔等人 宫殿

虽然没有任何明显的证据表明，罗马作为欧洲艺术的中心地位已被法国动摇，但也没有比凡尔赛宫这座伟大的宫殿更能说明问题的了。此外，这座宫殿也反映了17世纪法国宗教的统治地位。凡尔赛宫宏伟的花园也将整个欧洲设计元素都统整到此。与现在压倒性的辉煌规模相比，这里原本只是法王的狩猎地。1623年和1631年，路易十三在此建立了猎庄。1661年起，路易十四下令，将举全国之力把这里建成为新的宫廷和政府的所在地。这项工程不仅证明是浩大的：原来的猎庄阻碍了他建造欧洲最宏伟建筑的野心；还证明这项工程不能一蹴而就：共分为几个阶段，耗时100多年，时至18世纪。第一阶段（1661—1670）：著名建筑师勒·沃在猎庄的基础上，为其设计新的行宫。首先建造了德荣院，这是一座直接与主立面相连的三面式庭院，以及西花园立面的中央部分。与此同时，安德烈·勒·诺特（Andre Le Notre），扩展到西部宫殿的庞大皇家园林也开始建设。

芒萨尔的皇家礼拜堂

第二阶段（1678—1708）朱哈·哈杜安·芒萨尔将勒·沃的花园立面拓展到北面和南面，建造了402米（1 318英尺）长的立面。此外，芒萨尔还设立了70米（230英尺）的假窗形大镜子的镜厅和豪华的皇家礼拜堂。最后

### 朱哈·哈杜安·芒萨尔

路易十四最喜欢的建筑师芒萨尔（1646—1708），几乎主宰了整个17世纪末期法国建筑。他的影响力是巨大的：他的直觉感观形式，毫无遮挡的宏伟建筑品位，以及承担大型建筑的能力，如果放在今天，足以有能力获得项目设计大奖（grands project）。然而，无论他的执行天赋多么高，都不能掩盖其作为一名优秀建筑师的伟大能力。荣军院（les Invalides）和皇家礼拜堂以及镜厅都在凡尔赛宫里占有一席之地。

阶段 (1770—1772) 是由著名建筑师加布里埃尔 (Jacques-Ange Gabriel) 承担，他最主要的贡献是在宫殿的北翼修建了歌剧院。当宫殿最终建造完成时，与其说它是一座巨型宫殿还不如说它更像是一座微型城市。

**皇家远景**
从狩猎小屋的前身到路易十四的宫殿，凡尔赛宫成为法国巴洛克式建筑最壮丽辉煌时期的典型代表。

## 荣军院（LES INVALIDES）

1706年　法国巴黎
朱哈·哈杜安·芒萨尔　礼拜场所

荣军院包括教堂和几层楼的大院，它是路易十四用来安置战争中有功的伤、残和老官兵的建筑。就其建筑形式而言，这里丝毫不逊于凡尔赛宫，并给人留下深刻的印象。这座建筑给人印象最深刻的特点是其立面设计：一座镀金花的巨大穹顶上饰以镀金的采光塔，最上方的尖顶距地面达106米（348英尺）以上。穹顶坐落在不显著的双重鼓座上，其上层有涡卷支撑，下层则由突出的大型双柱支撑。正面的两层门廊均采用双柱支撑；此外，同样有力的装饰还体现在三角楣的设计上。

## 旺多姆广场

1720年　法国巴黎
朱哈·哈杜安·芒萨尔　公共空间

旺多姆广场标志着从17世纪晚期开始，法国的城市规划开始走向正规化。这是一座整齐划一的公共空间，和谐的长方形建筑立面，铺以粗石地面；一层和二层巨大的壁柱；复折式屋顶装饰以交替的椭圆和矩形的窗口以及带有斜角的中央广场设计等都是这里的设计特点。广场中央原先立有路易十四雕像，现已改为拿破仑记功柱（尽管有很多改变）。

## 梅尔克修道院（MELK ABBEY）

1736年 奥地利梅尔克 雅格布·普兰陶尔 礼拜场所

奥地利天主教和德国南部开始对巴洛克建筑产生了罕见的兴趣。雅各布设计的本笃会贝纳迪克汀修道院和位于莫克的教堂都是这种放荡不羁创作手法下的杰作。梅尔克修道院就建在多瑙河河畔的一座小山上，它的设计是那么奔放并具有创造力。充满异国情调的采光塔就位于两座传统立面之上。曲线环绕的立面上，采用东欧风格的葱头式双塔设计。这种跃动的组合周围还有修道院大厅和图书馆等建筑，也都分别在底面采用了曲线装饰，更进一步加深了其欢乐、跃动和富丽堂皇的感觉。

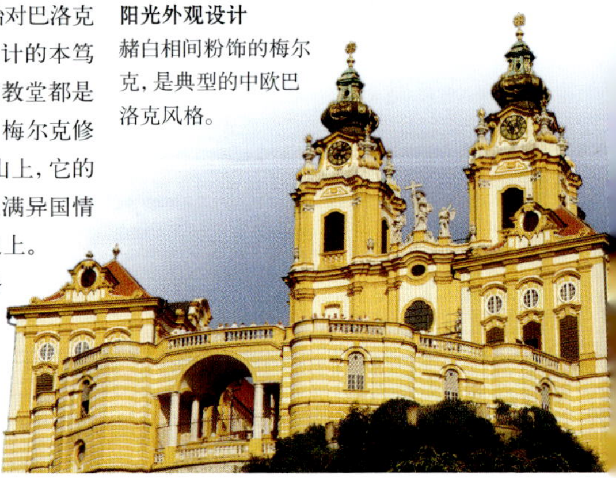

**阳光外观设计**
赭白相间粉饰的梅尔克，是典型的中欧巴洛克风格。

## 特罗哈宫（TROJA PALACE）

1696年 捷克共和国布拉格 简·巴蒂斯特·马泰 宫殿

巴洛克建筑艺术从其诞生之地西欧传到捷克的最好例证就是特罗哈宫。它兼有巴洛克式的浩大又有帕拉第奥式的克制品性。特罗哈宫占主导地位的是中央立面3层高的五飘窗设计。立面还各向两侧伸出两翼，在两翼的旁边，各伸出一个采用陡坡屋顶的前置侧翼和天窗设计。最引人注目的建筑元素也是整座建筑统一的主题——巨大的复合壁柱设计，这种壁柱从地面一直贯穿到建筑的顶部。一层侧翼的窗子和中央立面一层的窗子，都大胆地延伸到二层空间。此外，一个精致的双层式楼梯与雕塑可以引领你进入一个受法国影响的花园入口。

**颜色对比**
特罗哈宫红白色相间的设计方案，在稳重的建筑设计中注入了欢快的元素，这些都对建筑的发展产生了深刻的影响。

## 卡尔斯赫教堂（KARLSKIRCHE）

1737年 奥地利维也纳 费舍·冯·埃尔拉哈 礼拜场所

维也纳的卡尔斯赫教堂将奥地利哈布斯堡（Hapsburg Austria）皇朝扩展的夸张形象表露无遗，或许它尤其应该向古罗马致敬。然而，尽管令人印象深刻，但是这座建筑的每一部分都是独立的，即每个建筑部分都彼此分立，每一个建筑细节都很完美并富有吸引力，但很难构成一个和谐的整体。它的设计形式，我们可以轻松地找到巴洛克词汇来描述，如穹顶，曲线立面，记功柱和三角楣柱廊等。然而，所有这些，都没有坐落在高大鼓座上的穹顶和精心设计椭圆形窗子更能说明问题。两侧的记功柱，是仿照罗马的图拉真柱（Trajan' s Column，见第116页）设计。因其庞大的规模，或许根本就不能算做建筑的一个部分。中央门廊（仿效万神庙，见第110 页和第111页）在这些巨大的圆柱和同样巨大的底座面前似乎相形见绌。教堂门厅的两侧是那种类似于凯旋拱门的设计，但设计得比中央门廊还要高，上面饰以非典型的塔顶。实际上，这些元素都使得立面在纵向上被拉伸，所以，教堂的主体要比中央门廊宽，这就更增加了建筑整体上的分离感。虽然在理论上，卡尔斯赫教堂存在这样或那样的缺陷，但它仍然不失为巴洛克建筑的一个杰出代表。

**感恩**

这座教堂是为圣人圣·查理·波洛美修建的。在大瘟疫发生时，他不顾个人安危仍然主持和推进救助工作。

## 圣母教堂（FRAUENKIRCHE）

1743年 德国德累斯顿 乔治·加扎勒 礼拜场所

德累斯顿（Dresden）的圣母教堂是德国最引人注目的巴洛克建筑之一。它的不寻常之处还在于它建于新教居于主体地位的乡村北部地区（尽管在城市里有异常丰富的巴洛克式建筑）。“二战”中被毁，使其躺在废墟中近几十年，直到2005年，恢复工作才逐步完成。此外，它就像摆在桌上的大规模装饰品，有着一种奇妙的吸引力。教堂外观采用对称性设计，而这种对称性只是被曲线凹槽偶尔打破。教堂的外立面采用了大胆的断续三角楣设计，下面是成对但并不显眼的双壁柱支撑。建筑的转角处，采用斜面浅圆三角楣设计，且在每个转角都搭建了优雅精致的塔楼。在结实的基座上，是一个较为奇特的陡峭穹顶，并且穹顶上还由间或出现的天窗装饰。此外，穹顶之上还有一座敞开式设计的采光塔。

**精致的细节**

圣母教堂是一座轮廓设计大胆，但又重视将建筑细节结合的精致建筑。

## 萨拉曼卡新教堂（NEW CATHEDRAL， SALAMANCA）

1738年　西班牙西部萨拉曼卡　阿尔贝托·德·丘里格拉和其他　礼拜场所

这座新教堂建于1510年，是在国王费迪南德的命令下修建的。但工程却在三年后，在让·吉尔德·亨塔南指导下才开始动工。萨拉曼卡新教堂是一座令人兴奋的哥特式晚期和巴洛克式完美联姻的建筑：早期哥特式是由胡安·德·里贝罗设计，后来的巴洛克设计则分别由丘里格拉家族成员共同设计完成，高耸的巴洛克穹顶高出地面80米（262英尺）。此外，这栋建筑会让你体会到意大利的建筑细节是如何以巴洛克的全盛战胜晚期哥特式的乐趣。建筑内部装饰是其最引人注目的一部分，这里可以说是由丘里格拉家族共同谱写的乐章。精致的祭坛座位是由诺则·德·拉菈和穆希卡设计的；圣人、殉道者和使徒的浮雕以及巨大的管风琴则是佩德罗·德·艾奇瓦利亚设计的。

### 新老并存

新大教堂“拉努埃瓦”（La Nueva）就位于这座建于12世纪的罗马式旧教堂“老大教堂”（Cathedral Vieja）的旁边。

## 圣弗朗西斯科·维尔教堂（CHURCH OF SAN FRANCISCO XAVIER）

1762年　墨西哥特波措特兰　洛伦索·罗德里格斯　礼拜场所

白色石灰岩的外立面和呈洞穴状的外观是这座教堂明显的外部特征。位于众神之母的阿兹台克神殿旁的这座教堂是一座典型的巴洛克式建筑。这里装饰有近300个雕塑：天使、圣人、小天使、洋蓟、花椰菜、古瓮、菊苣植物和各种人物，两侧还装饰着锥形壁柱。内部的耶稣教堂装饰比外观还要丰富，并以其华丽镀金祭坛背壁装饰画而著名。正立面划分成三个起伏的平面，在阳光和月影下，这些曲折的线条产生了强烈明暗投影。一天当中，这些阴影会不停地向我们展示和掩映一些细节，所以，在我们看来这里的设计是变动的，这种巴洛克风格的舞蹈是我们现代胶片永远都无法全部捕捉到的精彩。此外，超大号的山墙下挤满了各种瓮钵装饰。1777年，世俗教士将特波措特兰（Tepotzotlan）转变成一座修道院，旨在指示和“修正”世俗教士。长时间被遗弃后，在19世纪中叶，墨西哥政府将特波措特兰转变成基督教教堂。为了逃避反神职的激进革命家，基督教会在1917年放弃了整座建筑。自1964年以来，这里一直作为墨西哥总督区国家博物馆（Mexico’s National Museum of the Vice-Royalty）所在地。

## 马夫拉国家宫（PALACE-MONASTERY OF MAFRA）

1770年　葡萄牙马夫拉　若昂·弗雷德里科·路德维　宫殿及礼拜场所

位于里斯本（Lisbon）西北40公里（24英里）的马夫拉国家宫，是由挥金如土的若昂五世（Joao V）建造的一座庞大建筑，用以庆祝他继承人的诞生。筹建经费的主要来源是该国在巴西发现了钻石。庞大的建设规模明显是要与西班牙的埃斯科里亚尔圣洛伦索王家修道院（Escorial，由150年前的腓力五世修建，见第298页）一决高低。工程之浩大，投入近45 000名工人；建造房间之多，达800多个以及4 500多套门窗，或许这些数字会给你留下一个直观的印象。但是，这座宫殿所耗费的成本，使整个国家都濒临破产的边缘。修道院教堂长220米（722英尺）的主立面是整座建筑的核心部分。从主立面还延伸出了巨大两翼，并在四面冠以穹顶。南北面则分别是国王和王后的房间。总之，如此巨大的建筑，会令你不得不肃然起敬。

**超级巨无霸**

修道院教堂是一座两层三角楣建筑，两侧是巨大的钟楼，内共有大钟57座。

## 圣三一学院的雷恩图书馆

1695年　英国剑桥
克里斯托弗·雷恩　学院

圣三一学院图书馆（Trinity College Library）是雷恩（Wren）为剑桥设计的3座建筑中最具天才的作品。无论是过去还是现在，它的许多方面都给人留下了深刻的印象。学院采用的是较低的两层布局结构：一楼是敞开式柱式大厅；二楼是图书馆。但是，二层的图书馆，并不像外表看上去的那样，是从陇板开始，而是从一楼的玄月形窗子处就已经开始了。这不仅为一摞摞的书架提供了广阔的空间，更重要的是，使这里获得了良好的光线。四分之三形式的多立克柱子用于底层，而爱奥尼克柱式则装饰在楼上。

## 拉德克里夫之家

1749年　英国牛津
詹姆斯·吉布斯　学院

拉德克里夫之家（The Radcliffe Camera）可以称得上是英格兰极致与和谐建筑的典范。原因应归功于底座、楼层主体和穹顶等各个部分对整体的精确表述。厚重的粗石基础部分，采用壁龛分隔间和交替出现的三角楣为装饰；底座并非圆形，而是划分成16个面；但是，楼层的两层主体部分，则采用的是圆形结构，周围由成对的四分之三科林斯圆柱装饰，上面是巨大的飞檐和古瓮装饰的栏杆。位于高耸顶部的是一座上面由肋骨支撑的穹顶，穹顶下面还有突出的拱墙支撑。当然，最顶端还有采光塔。

## 圣保罗大教堂（ST PAUL’S CATHEDRAL）

1710年 英国伦敦 克里斯托弗·雷恩 礼拜场所

在英国，巴洛克式建筑的发展宛如昙花一现，而圣保罗大教堂是这种形式发展的最高形式。因为这种建筑风格与天主教有关，所以在信奉新教的英格兰是很少考虑的元素。那么，雷恩如何说服新教的神职人员接受如此显著的巴洛克建筑，并为我们呈现了这样一座超级和谐的建筑？这似乎是一个未知的矛盾。

圣保罗大教堂如今所散发的古典与宁静，在当初也是妥协的产物。从某种意义上来说，雷恩打算建造一座集中形式的教堂，而新教教徒却坚持采用纵向的拉丁十字形：教堂中殿、走廊与祭坛等来满足新教仪式的要求。然而，雷恩恰恰为我们呈现了极少数能够在纵向教堂中无误地展现集中的趋势。比如中殿，只比祭坛长出一个隔间。另外，直径34米（112英尺）鼓座部分呈现向下张开的圆台形，这种设计夸张了内部穹顶的高度感。此外，穹顶下方的鼓座是由8个墩柱支撑。这种设计的冲突，在如此和谐的建造内部是不易察觉的。整个建筑共分为两层，然而，上层的中殿和祭坛仅是用来掩盖一层通道的建筑手法。一如往昔般矗立在高耸鼓座上的穹顶，依然骄傲地耸立在伦敦的天际线下。

### 克里斯托弗·雷恩

雷恩（1632—1723），是一位受过良好训练的数学家和天文学家，他投身于建筑时，年仅30岁。1666年，伦敦遭受特大火灾，这也为他提供了展示才能的大好机会。他雄心勃勃地计划重建整个伦敦城，虽未能付诸实施，但却为他提供了重建圣保罗教堂和其他52座教堂的机会。

克里斯托弗·雷恩

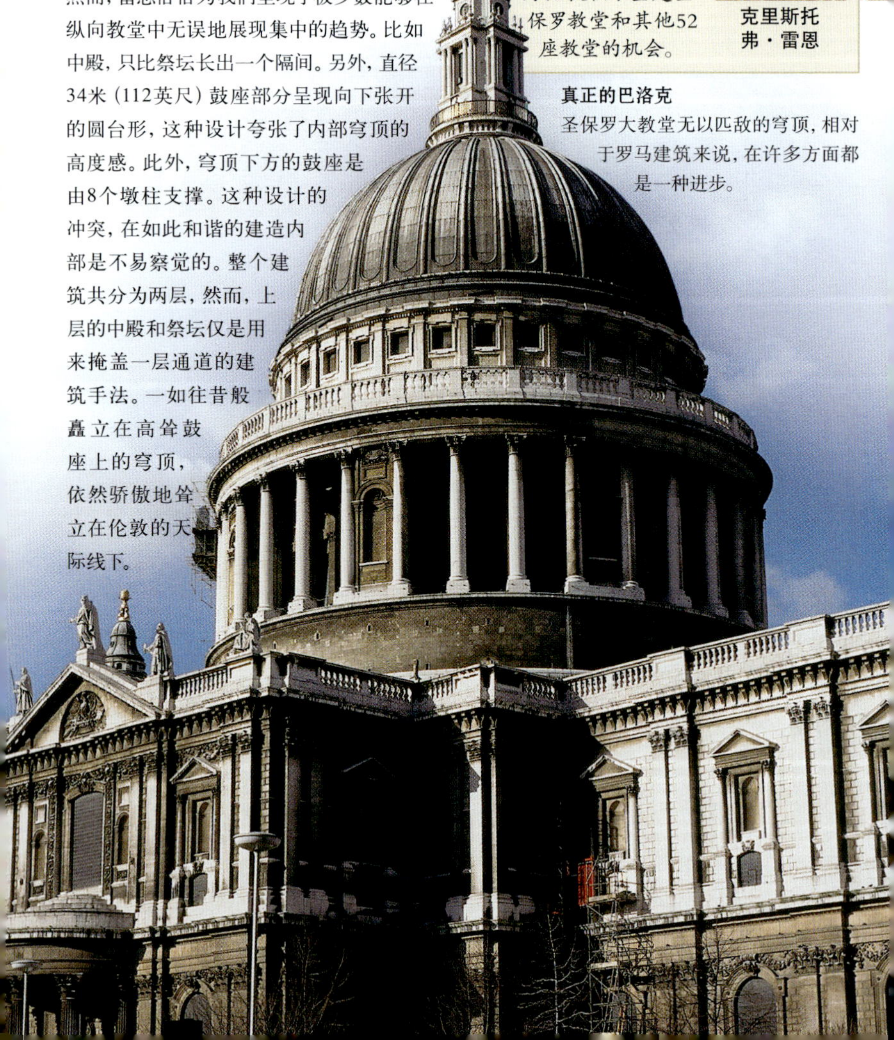

**真正的巴洛克**

圣保罗大教堂无以匹敌的穹顶，相对于罗马建筑来说，在许多方面都是一种进步。

## 圣玛莉里波教堂（ST MARY-LE-BOW）

1673年 英国伦敦 克里斯托弗·雷恩 礼拜场所

伦敦大火灾后，由雷恩负责设计的52座教堂，的确验证了他的实力、聪明才智（至少他都是在拥挤和非规则的地点开展工作）和勤奋。教堂的内部设计大多较为简洁明了，如圣史蒂芬（St Stephen）教堂和沃尔布鲁克（Albrook）教堂都精彩演绎了这位技艺精湛的大师是如何处理空间（如何将一个内部呈纵向的教堂设计成集中形式，这是问题的关键）的手法。部分出于资金方面的原因，部分出于新教教义的考虑，圣玛莉里波教堂与城市中的大部分教堂一样，也是纵向的设计，宽阔的中殿由结实的柱子将其与过道分开，半柱式柱子一直延伸至有大型窗子穿过的桶拱。此外，过道还设有木制画廊，这几乎代表了雷恩设计的所有教堂的特征。所有这些建筑中，最值得注意的地方还是塔楼的设计。

无论如何，直至19世纪末，雷恩设计的教堂塔楼的知名度都仅次于圣保罗大教堂的穹顶，成为伦敦天际线的标志性建筑。通常，圣玛莉里波教堂的底座所呈现的设计较为朴实，只有当你登临它的制高点，俯视周围建筑的屋顶时，这座教堂才会在你面前呈现前所未有抑或经典、抑或哥特式的精致景观。钟塔上的柱栏随高度的攀升而越显狭窄，形成一个又一个的小庙宇，最后在最高处形成三面的尖塔。

**杰出的天才**
只有雷恩这样天才般的创意与想象力，才能使教堂的塔楼完全呈现出巴洛克精神的实质。

## 圣玛丽伍诺斯教堂（ST MARY WOOLNOTH）

1726年 英国伦敦 尼古拉·霍克斯莫尔 礼拜场所

如果说雷恩设计的教堂是以平静和优雅而著称的话，那么他的前助理霍克斯莫尔（Hawksmoor）修建的6座教堂，早在18世纪，也蕴涵着一股干扰世俗的巨大能量。与约翰·范布勒（John Vanbrugh，他也是曾与霍克斯莫尔合作过的伙伴）设计的建筑一样，他们都以惊人的独创性而闻名。古典装饰的大部分细节与巴洛克式英雄般的自信，都以自己的方式还以传统重重的一击。

圣玛丽伍诺斯教堂的立面设计完全是典型的霍克斯莫尔风格。建筑的低层采用粗石，这种粗犷的设计被设在拐角处的四分之三柱式更加强化（这些柱子本身也是粗石设计），并且粗石立面设计一直延伸到拱形大门和半圆形窗户的上方。

相比之下，一楼几乎没有什么特别的装饰，只在其中心开有三个正方形小窗户。上面是一座塔楼，两侧设有双复合柱装饰。另外，在百叶窗两侧还有两根柱子，它们之间是空白的墙壁。建筑的最顶端是两座矩形小塔，但在牢固的檐部上却设有大号的栏杆。

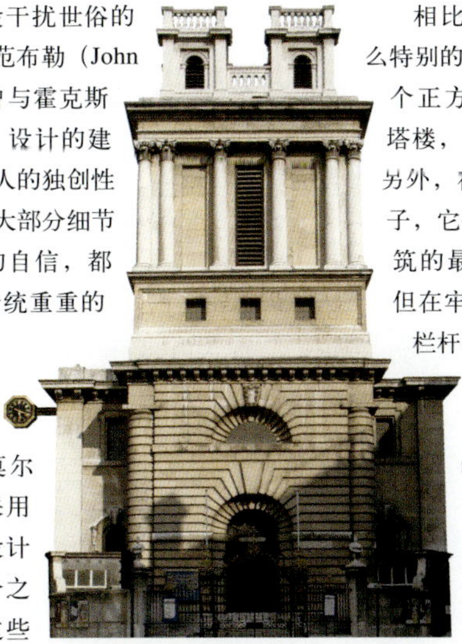

**额外维度**
霍克斯莫尔在处理复杂建筑及对比鲜明质感等手法的使用时，为他的作品平添了强烈的雕塑质感。

## 史必特菲尔德教会

1729年 英国伦敦
尼古拉·霍克斯莫尔 礼拜场所

尼古拉·霍克斯莫尔（1661—1736）是一个受过传统教育的建筑师，对于王室工程深有造诣，但其大部分工作都带有明显的个人风格。利用熟悉的形式以不同的方式来表现，在这方面，他具有无与伦比的能力。

由4个多立克柱式支撑的门廊，实际上采用的就是帕拉第奥式拱门的突出设计，即主拱券旁开设两个矩形开口的设计理念。使其从外表看来好似一堵坚实的墙，但实际上只不过是一种双层的装饰手法。从侧面看，其设计胆识确实令人震惊。此外，矗立在这座庞大的巴洛克主体上的竟然是一座哥特式尖顶。

## 圣马丁教堂

1726年 英国伦敦
詹姆斯·吉布斯 礼拜场所

尽管这是吉布斯（1682—1754）最大胆的设计，但这座巴洛克建筑还是预见了18世纪后期的平静和更为合理的结构。因此，圣马丁教堂（St Martin-in-the-Fields）在许多方面，都代表了18世纪英国教堂设计的典型。

建筑采用的是简单的长方形布局，巨大的科林斯壁柱衬砌在教堂的南北和东面外墙上；教堂的西端，是由6根科林斯柱支撑的壮观的三角楣柱廊。优雅的栏杆围绕在屋顶，只在门廊处有所中断。它的显著特点是到处都充斥着非常丰富的细节装饰。例如，柱廊的天花板就采用方格式的精致装饰。

然而，最能代表这座建筑特征的是它的尖顶设计。虽然在当时也是设计师遭受最多指责的部分，但后来证明是非常具有影响力的一种设计形式。它的设计堪比雷恩的别致：位于三角楣之后的尖顶，在视觉上形成了一种悬浮在屋顶上的感觉。

## 查茨沃斯庄园（CHATSWORTH HOUSE）

1687年 英国德比郡 威廉·托尔曼·托马斯·阿彻 住宅

查茨沃斯庄园是英国最大、最壮观的庄园之一，拥有一直延续到19世纪复杂的建筑历史。黄色石头建筑的房屋立在伊丽莎白时期建筑基础之上，在此可以俯瞰美丽的花园和环绕周围的草木场。

较为厚重的南立面是由威廉·托尔曼（William Talman，1650—1719）设计的。最显著的特征是：建筑的底部坐落在厚重感极强的粗石地基之上，粗糙的外表面与凹入式的接口设计；此外，巨大的拱顶石下是两排等高的窗子设计。两侧的三联式浮窗由爱奥尼克壁柱支撑。古瓮装饰的栏杆为屋顶带来了动感与活力。双斜坡阶梯是后来增加的。

较为轻盈的西立面是1700年后，出自一位不知名的建筑师的设计。厚重的三角墙由四分之三的柱子支撑，将其划分为三个中央隔断面。稍晚一些建造的北立面是由托马斯·阿彻（Thomas Archer，1668—1734，最初的花园也是由他设计的）设计的。他采用了独特的曲线设计，巧妙地掩盖了这座建筑两个不对称的拐角。

**神奇的曲线**
站在查茨沃斯庄园的西立面方向，你所能看见的只是阿彻设计的北立面的左侧。

## 布伦海姆宫（BLENHEIM PALACE）

⌛1724年　英国牛津伍德斯托克　约翰·凡布娄　宫殿

这座宫殿规模十分庞大，是约翰·凡布娄（John Vanbrugh，1664—1726）最大胆的设计。这是一座不言自明的建筑，对自己有着绝对的自信。这不仅仅是规模的问题，虽然它看起来的确是很巨大。然而，凡布娄与霍克斯莫尔（见第328页）都曾是雷恩的助手，虽然凡布娄在处理大型建筑上拥有足够的自信，但二者在创造上仍然有着几分竞争的意味。所以，这座建筑也是极尽奢侈。具有讽刺意味的是，甚至在它完成之前，建筑的大体风格都是巴洛克式，针对凡布娄所擅长的夸张手法而在英国大受嘲笑。

**招摇的立面设计**
南面入口大胆设计的中央浮墙和巨柱式柱廊正对着精心装饰的绿地花园。

## 霍华德城堡（CASTLE HOWARD）

⌛1712年　英国北约克郡　凡布娄　住宅

虽然不及布伦海姆宫的规模，但作为巴洛克盛行时期的作品，霍华德城堡也算得上是一座大型的建筑。在成为一名建筑师之前，以士兵出身，其后又做过商人、剧作家等的凡布娄，这是他最惊世骇俗的一件作品。

与布伦海姆宫的设计一样，主立面（朝北）也是面对一片开阔的庭院。两翼围绕的是巨大的中央主体，中间铺设宽广的楼梯，巨柱式门廊和坐落在高高的鼓座基础上的充满装饰的穹顶。同样，霍华德城堡也采用了完全对称式的结构布局。大楼南侧，尽管也采用了同样细节丰富的装饰，但相对于中央的主体设计还是被弱化成单一的平面的设计。立面后是安排在一个相互关联的公共房间，这又与布伦海姆宫的设计如出一辙。然而，迄今为止，最宏伟的内部空间是位于北侧的大厅，因为这里有延展至整个大厅的高度。

**强势的外表**
霍华德城堡的南面，是凡布娄创作最令人最意想不到的好地方。在这里，它舞动了伦敦上空的天际线。

# 洛可可式建筑
## 1725—1775

**洛可可从来就不是一个确定的建筑风格。它只是在衰落的巴洛克建筑的基础上发展起来的一种形式，它是那些寻求精美、浮华的法国、意大利和德国的艺术家、装饰家及建筑师们轻巧思维变化的一种表现形式而已。在法国，路易十五（Louis ⅩⅤ，1715—1774）时期，是这种艺术形式发展的顶峰；而在德国主要以巴伐利亚为代表，如罗腾堡（Rottenbuch，见第335页）教堂的内部装饰就采用了洛可可装饰手法。**

无论是一种情绪抑或是一种时尚，洛可可都是一个短命的建筑风格或装饰形式。18世纪30年代到40年代之间，开始从宫廷中淡化并逐渐消失。尽管这种风格以华丽甜腻、纷繁琐细为特点，但却在法国、德国的巴伐利亚和俄罗斯盛行一时；并且也曾出乎意料地遍及整个欧洲的城市乡村。或至少从表面上看，就品位而言它还是非常保守的一种形式。18世纪，时值都柏林城市进行大规模重建和外扩，因而出现了大批漂亮、纯洁的砖露台和花园广场。然而，就是在许多庄严的帕拉第奥式房屋后，就是欢乐的洛可可书写的天花板。打个比方来说，好比是在严肃的萨维尔定制的西装里发现花式条纹里衬一样有趣。总之，洛可可是一个为古典建筑添加了光明与欢乐的艺术形式。或者最差的评价也无非就是将其批判成纯粹堕落的媚俗。从建筑的外部来看，最显著的是主要应用在奢华的教堂和宫殿的塔楼，或云集在乡村庄园花园草坪上，还有宛如童话般的洞穴。

### 洛可可建筑大师

罗腾堡教堂的内部装饰工作是约瑟夫（1683—1752）和他的儿子弗兰兹（1713—1775）共同完成的，两位都是室内粉刷装饰的专家。同样，还有瑞士出生的拉法兰切尼兄弟保罗（1695—1776）和菲利普（1702—1779）。他们把这种轰动且繁荣的艺术形式带进了若干爱尔兰的帕拉第奥式房屋内。意大利建筑师桑巴特鲁姆·拉斯特雷利（1700—1771）在俄罗斯创作了华丽的洛可可式的杰作——位于圣彼得堡附近（St Petersburg）的凯瑟琳堡（Catherine Palace，见第338页）。

◁ 位于俄罗斯圣彼得堡附近的（Petersburg）瑟露凯瑟琳宫（the Catherine Palace at Tsarskoe Selo）的镀金穹顶和浅蓝色外墙，彰显了洛可可光辉而短暂的存在。

## 建筑元素

洛可可是一种追求华美与闲适的设计风格，较常见于室内装饰、绘画和工艺品而并不侧重于建筑的本身。即便如此，在欧洲，从爱尔兰到奥匈帝国，还是可以看到遍地开花的洛可可建筑。

△ **墙面石膏装饰图案**

所有洛可可设计的一个特点是大量使用石膏装饰图案，这里展示的就是杰出的位于德国巴伐利亚阿尔卑斯脚下的威斯教堂中的装饰图案。

**镜子装饰** ▷

洛可可设计师喜欢镜子（越多越好）装饰。这里是德国布鲁尔宫中最有趣的镜子装饰的例子。

周身镀金的漂亮且烦琐的镜子

自立式设计的山墙和雕塑使得立面更加具有动感

△ **华丽典雅的外立面**

马特尤斯宫（Palacio de Mateus）的两翼，还有葡萄牙的雷阿尔城（Vila Real）都将重点着眼于壮观的中央立面设计，还有谨慎控制的砖塔、烟囱和雕像。

嬉戏的天使是洛可可建筑中漫不经心的表现形式

△ **嬉戏的天使**

洛可可艺术表现手法中，天使很少是静止状态。在巴伐利亚罗腾毕克教堂上，你会看到一对看似是在击鼓的小天使。

▽ **镜子大厅（Halls of mirrors）**

这间是位于德国宁芬堡宫的阿玛琳堡阁（Amalienburg）奢华的洛可可房间，全部采用镀金镜子装饰。

## 德累斯顿的尊阁宫（ZWINGER）

1722年 德国德累斯顿 伯培尔曼 宫殿

尊阁宫不同于其他任何的欧洲建筑，因为它既是享乐的花园，又是剧场和艺术画廊。然而，如若因为如此，你就将其定位为一个宫廷娱乐活动场所的话，那你就错了，这座建筑难以用确切的定义概括。它不仅是巴洛克艺术与新兴的洛可可艺术完美的结合，更是建筑与雕刻相互交融的典范。

钟琴阁上的石雕雕刻

尊阁宫是萨克森选帝侯的宫殿，作为他收藏艺术品和举办比赛的场地，建筑师伯培尔曼将其称为“罗马竞技场”。空间构成比较简单，是由封闭花园广场、一层建的室内长廊和用作楼梯间和庭院入口的二层亭阁组成。作为建筑主体的立面采用相当严谨的古典拱廊和法国巴洛克的檐口处理，对“王冠阁”（Kronentor）等建筑的高潮部分起衬托作用。楼梯间和庭院入口的亭阁是建筑装饰的重点和高潮，特别是作为入口的“王冠阁”，造型呈独特的压扁式洋葱状，并装饰着辉煌的皇家徽章。楼上饰有断续的曲线三角楣，这一主题与一层相呼应，只是此处的三角楣各自远离对方。这样似乎是不协调的，但确切的情况正好相反。总之，这座建筑所体现的是不受约束的生活之乐，振奋人心并且令人陶醉。

**法式庭园**

虽然从未完成，但尊阁宫仍然不失为一座令人印象深刻的庭院。伯培尔曼（Poppelmann）的精心设计使得这座法式庭园影响更加深远。

### 马特乌斯·丹尼尔·伯培尔曼

1685年，宫廷建筑师马特乌斯·丹尼尔·伯培尔曼（1662—1736），负责德累斯顿大火灾后的大部分重建工作，其中就包括1701年烧毁的选帝侯宫殿。迄今为止，尊阁宫是伯培尔曼对洛可可发展的最大贡献。通过他的创作，德国成为洛可可艺术发展中一个最重要的中心，无论是世俗的还是教会建筑而言，他的影响都是巨大的。

## 慕尼黑的圣约翰·内包姆克教堂（ST JOHN NEPOMUK， MUNICH）

1750年 德国慕尼黑 爱吉德·奎林、科斯马斯·达米安、阿萨姆兄弟 礼拜场所

这座小教堂在每一方面都具有不同寻常的意义。最初这里只是一座住所旁的私家教堂，是由阿萨姆兄弟，画家科斯马斯·达米安（1686—1739）和雕塑家爱吉德·奎林（1692—1750）共同设计建造。它是专门为纪念14世纪的波希米亚（Bohemian）神甫而修建。神甫在1729年册封，据说被瓦茨拉夫四世下令淹死。教堂的入口处，圣徒从布满岩石的河岸升到天堂。但它的内部装饰最令人眼花缭乱。内部纵深高且狭窄，但却挤满了动感的因素：各种绘画、粉饰、雕塑、建筑都由色彩黯淡的主旋律来统一，尤其檐板更是隐蔽了光源，强调了这种效果。

**阿萨姆风格（Asam style）**
起伏的墙壁，曲线三角楣及运用强烈色彩的正立面设计，代表了阿萨姆兄弟的整体设计风格。

## 维尔茨堡宫（RESIDENZ， WURZBURG）

1722年 德国维尔茨堡 约翰·巴尔塔萨·纽曼 宫殿

位于维尔茨堡的宫殿是在王室大主教的资助下兴建的。这座建筑本身并不是一无是处，尤其值得一提的是其奢侈的教堂装饰：兼有晚期巴洛克和洛可可两种装饰风格。然而，维尔茨堡宫同时还是融合了建筑、雕塑、粉饰及绘画为一体的典型建筑，在欧洲中部，它也越来越成为代表洛可可建筑特点的一座建筑。约翰·巴尔塔萨·纽曼（Johann Balthasar Neumann，1689—1753）设计的厚实宽敞的楼梯间和正殿堪称设计的经典。18世纪，杰出的壁画家乔瓦尼·巴蒂斯塔·泰波罗（Giovanni Battista Tiepolo）还为此创作了大厅中的壁画，这幅悬挂在楼梯上的巨大壁画，至今仍是世界上最大的天花板油画。此外，正殿也有泰波罗优雅的壁画。宫廷礼拜堂也是出自纽曼的设计。

**皇宫**
约翰·菲利普王室大主教的宫殿，据说，拿破仑称它是“欧洲最美的主教宫殿”。

## 维尔腾堡修道院教堂（ABBEY CHURCH， WELTENBURG）

1724年 德国克罕 爱吉德·奎林、科斯马斯·达米安·阿萨姆兄弟 礼拜场所

位于多瑙河沿岸的维尔腾堡修道院教堂，是阿萨姆兄弟的戏剧品位开始初露端倪的早期代表作品。从外表看，教堂不会给你过多的惊喜，但就内部而言，它却是18世纪德国第一个伟大且完全成熟的洛可可建筑。椭圆形的前庭和中殿，位于唱诗班里面的是高高的祭坛，整体设计布局不是很复杂。但是，装饰却抵消了这种内容上的简单，在祭坛后的雕塑，描绘了圣乔治（St George）与恶龙格斗的场面。当然，这些都不外乎是设计的戏剧情节中的一部分：阶梯状的唱诗班相当于一个礼堂，圣乔治雕塑两侧盘旋扭曲的柱子巧妙地形成了一个舞台的框架。此外，隐蔽在雕像背后的光源投射出灿烂的光线，仿佛照亮了整个舞台，这与教堂的其他部分形成了鲜明的对比。

**犹如剧院的教堂**

华丽的洛可可装饰，室内墙面粉刷着鲜艳的浅色调，线脚大多采用金色。以弧面旋涡相连的天花板和墙面，将你的视线一直引导到高高的祭坛上。

## 罗滕堡教堂

1747年 德国罗滕堡
约瑟夫和弗兰兹·克萨韦尔·斯库姆泽 礼拜场所

巴伐利亚对洛可可的热情可以从罗滕堡教区教堂中窥探一斑：一座原本普通的15世纪哥特式建筑被热闹的洛可可装饰改变了其内部装饰风格。阿尔特·卡佩勒（Alte Kapelle）设计的罗滕堡哥特式教堂曾受到由阿萨姆兄弟类似的转换模式影响，但是哥特式与洛可可的冲突却从未完全解决。从而也没有找到适用于罗滕堡的妥协方式。

## 阿玛林堡厅（AMALIENBURG）

1739年 德国慕尼黑
齐默尔曼 宫殿

慕尼黑纽芬堡宫（Schloss Nymphenburg）是国王避暑的行宫，其中的阿玛林堡厅是王公们休息的洛可可小筑。他是由设计师齐默尔曼（Elector Max Emanuel，1716—1728）设计完成。 如果说洛可可原本是在法国兴起，并且逐步转换为一种室内装饰风格的话，那么，阿玛林堡厅就是这种艺术形式最纯粹、最令人信服的一个例子，甚至可以说是宫廷贵族生活趣味的圣殿。

阿玛林堡厅的中央是一间椭圆形的镜厅（Hall of Mirrors）。除了入口的两端和一端的窗子以外，墙上满是装饰的椭圆镜子。其间还由千变万化舒卷着的镀银灰泥装饰，以乐器、植物、鸟类和小天使等造型不断地向上延伸，一直延伸到淡蓝色的天花板。这里呈现出一幅浑然天成的自然景观，牧羊人与牧羊女被如此美妙的事物包围着的画面的确令人着迷。

## 威斯朝圣大教堂（WIESKIRCHE）

1754年　德国巴伐利亚　多明尼库斯和巴提司特兄弟　礼拜场所

威斯朝圣大教堂或草甸教堂，是基督受难的朝圣教堂。坐落在阿尔卑斯山脚下的草场上，是由建筑师多明尼（1685—1766）和巴提司特（Johann Baptist，1680—1758）这对兄弟共同设计，同时它也是德国巴洛克和洛可可艺术相融合的一个杰作。现已被列入《世界遗产名录》。传说，有一天从耶稣受鞭笞的木雕像的眼里流出了眼泪，从此，这里就成为一个重要的朝圣地和主要的旅游景点。

威斯朝圣大教堂与其周围环绕的大草坪

威斯朝圣大教堂是一个令人愉悦的地方。出色的设计使得日光能从隐蔽的地方射进中殿，而且尽量与其周围朴素的环境保持一致。 教堂内部到处都是藤蔓涡纹装饰；而教堂的外部却是直线条占据绝对的主导地位。虽然丰富得犹如一块巴伐利亚蛋糕，但教堂设计却是一丝不苟。颜色以具有一定的象征性意义的红和蓝为主。红色象征祭祀的血液，而华盖上倾泻的蓝色旋涡代表上帝的宽恕和恩典。此外，绘画、石膏装饰和雕像等天主教经典仪规比比皆是。

**△唱诗班的窗子**
色彩丰富的镀金大理石柱沐浴在唱诗班大窗子的阳光下，更加显得金碧辉煌。

△ **花板壁画**
色彩缤纷的二维或三维绘画及石膏装饰，描绘了坐在一道彩虹上的基督以及嬉戏的小天使、公正和永恒之门等宗教场景。

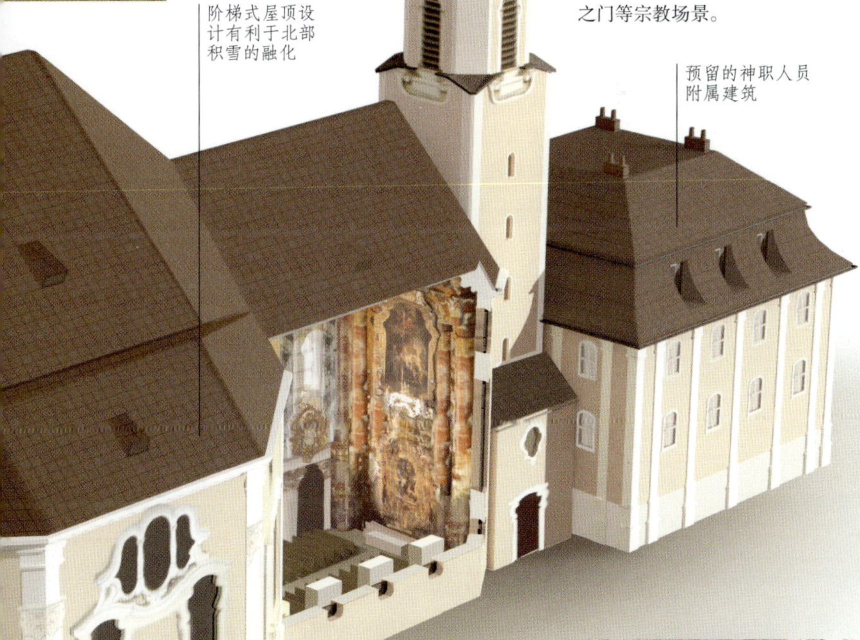


**神殿与祭坛** ▷
每当外面阿尔卑斯山上被皑皑的积雪覆盖时，教堂内部白色与金色也就被映衬得愈加明亮。

## 凯瑟琳堡（CATHERINE PALACE）

1756年　俄罗斯圣彼得堡附近瑟露　弗朗西斯科·巴托洛梅奥·拉斯特雷利　宫殿

凯瑟琳堡，无论就其规模还是奢华程度，都可与圣彼得堡的冬宫（Winter Palace in St Petersburg）相媲美。与法国的凡尔赛宫相比，也丝毫不逊色。它很好地诠释了建筑是如何成为君主专制政权服务的工具。坐落在的公园内的凯瑟琳堡，占地面积567公顷（1 398英亩），建筑主立面长298米（978英尺）。

镀金的洋葱式穹顶

宫殿是由伊丽莎白女皇（Sarina Elizabeth）修建，并以她的母亲凯瑟琳一世（Catherine Ⅰ）来命名此座城堡。尽管建筑融合了现有的所有建筑的元素，但其外部却是地地道道的洛可可风格，并以其壮观的规模展示了一个最成熟的建筑杰作。花园主立面被仔细地拆分成有节奏的三角楣隔断形式。中央立面的三个隔断墙地基部分采用白色粗石贴面，精致的楼座还以4对双柱装饰。一层以上是巨大的四三式壁柱和由拱臂支撑的旋涡式断续三角楣。同样，类似的设计手法也在中央立面的两翼延伸，只是阳台没有柱子的支撑，而且三角楣也是以三角形的形式出现。但是，这座宫殿最显著的特点还是其立面整体颜色的运用：蓝色的墙壁、白色的柱子、三角楣和窗子、镀金的柱头、盾形纹章、涡卷和巨大的少女列柱。

### 弗朗西斯科·巴托洛梅奥·拉斯特雷利

拉斯特雷利（1700—1771）是一位意大利雕塑家的儿子，于1716年来到俄罗斯。他是数以百计被雇用修建圣彼得堡城（St Petersburg）的西方艺术家和工匠之一。1741年，在巴黎学成之后，他成为沙俄女皇伊丽莎白的一名宫廷建筑师。他一生的设计成果当中最著名的，就包括凯瑟琳堡和冬宫的设计。

**气势非凡的到来**

两旁由雕像环绕的宽广楼梯，一直通向绚丽多彩的花园正立面。

## 葡萄牙鲍姆圣子教堂（BOM JESUS DO MONTE）

1784年后　葡萄牙布拉加　克鲁兹·阿马兰蒂　礼拜场所

除了其显著的位置和大胆的暗色轮廓设计外，这里还有通往教堂独一无二的楼梯设计。这是一座非同寻常的建筑，著名的之字形花岗岩石阶，在茂密树林斜坡上一直延伸到顶端的教堂。这座楼梯之所以会产生这样非凡的影响，是因为其连续折叠和复回的设计，从而创造一个确切而又抽象的布局形式。从下面看，效果也是非同凡响：楼梯后，由白色石膏砌成的墙壁更加强调了这种效果。具体地说，楼梯上越来越多的精致装饰使它更加特别。墙壁上的喷泉装饰也代表了某种意义，即越接近阶梯顶端的喷泉也越代表美德。此外，一系列的雕塑伴随着阶梯每升高一个水平高度，也越趋精致。虽然此座楼梯的设计是出自洛可可时代，但是这座著名的建筑既有早期巴洛克式，又有帕拉第奥式等多种装饰风格。

**独特的方法**
大部分朝圣者都会虔诚地以膝盖跪立的方式爬上这座巨大的楼梯。

## 圣地亚哥·德·孔波斯特拉大教堂

1749年　西班牙圣地亚哥
费尔南多·德·卡萨斯·诺沃亚　礼拜场所

也许只有达勒姆大教堂（见第240页和第241页）才是圣地亚哥·德·孔波斯特拉大教堂的竞争对手，只有它们才具有竞争欧洲最伟大罗马式大教堂的资格。然而，达勒姆大教堂的外部保留了中世纪的辉煌，而圣地亚哥大教堂已经完全采用了最极端的“具有西班牙巴洛克建筑风格”的外立面。 这个定义来自丘里格拉家族，一个来自巴塞罗那的雕塑家和建筑师组成的家庭，其中最重要的当属何何塞·贝尼托·丘里格拉（1665—1725）。有人认为，这种风格是受拉丁美洲的艺术形式的影响，当然，很显然在这里，这是一种非常受欢迎的艺术形式。这种装饰形式包含大量建筑装饰，并特别喜欢塔楼和角塔尖顶饰的设计，几乎在建筑的每一英寸都要创造出极致，但往往是不协调并总是美妙的装饰，并以最好的名义呈现古典的形式。

## 圣泽维尔北团大教堂

1797年　美国亚利桑那州
图森，尤西比奥·弗朗西斯科·基诺　礼拜场所

圣泽维尔北团大教堂（见下图）是西班牙殖民者修建的最大、令人印象最深刻的教堂之一，现位于美国西南部。由扶壁支撑的两个大胆开放的广场塔楼主宰了这座建筑的整体外观，除了鲜明的白色外，还有一座精致的红砖豪华入口，位于一个断续的曲线三角楣下。小穹顶除了顶端的一个十字架标志这里是一座基督教教堂外，毫无任何其他装饰。此外，着重设计的檐口部分，提升了内部沉稳的严肃性。

# 古典复兴建筑

随着新的科学——考古学的出现以及诸如赫库兰尼姆（1738）和庞培古城（Pompeii，1748）的相继考古挖掘，西欧重新点燃了对古典主义的热情。文艺复兴、巴洛克和洛可可等艺术形式先后让位于——更正确地说——考古发现的古希腊或古罗马建筑形式。

无论是那些经历了民主诞生剧痛的强大的欧洲国家，还是年轻的美利坚合众国，这种新古典主义（Neo-Classicism）被认为是一个理想的形式。这种形式提供了一个象征性的连接，将前奥古斯都（Pre-Augustan）罗马、民主雅典及希腊城邦的共和理想连接在一起。

最终，新古典主义几乎能够为所有可以想象的建筑服务：乡村房屋、市政厅、法院、车站和民族纪念碑等，并成为这一系列建筑形式的高尚外衣。在英格兰，新古典主义的盛行更是作为对所谓庸俗的巴洛克建筑风格的一种纯化。其中最主要的是理查德·波义耳（Richard Boyle，1694—1753）这位百灵顿第三伯爵（3rd Earl of Burlington），在3次伟大的意大利之行后，成为安德烈·帕拉第奥最强大的拥护者。1723年，在伦敦市中心，基于帕拉第奥式宫殿的形式，他为韦德将军（General Wade）设计了房子的正立面。正因为如此，他创造了一个纯洁、精致的比例风格形式，被称为帕拉第奥主义（Palladianism），在其拥有的广袤的爱尔兰土地上广泛传播，并一直传播到美国。此外，它还影响了乔治亚浴场（Georgian Bath）、都柏林（Dublin）和爱丁堡（Edinburgh）等，以及许多优秀的英国乡村房屋的设计风格。

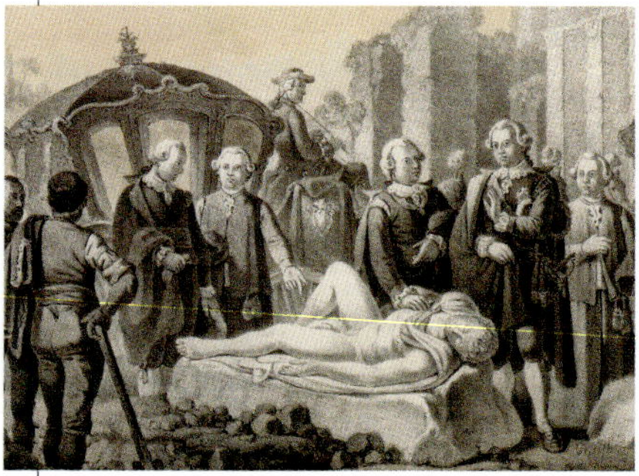

**1783年，瑞典古斯塔夫三世的大旅行**

皇室和贵族，同时也是艺术家、建筑师以及他们富有的主顾们对罗马和希腊所展开的古代遗迹之旅，在当时算得上是风行一时的时尚。

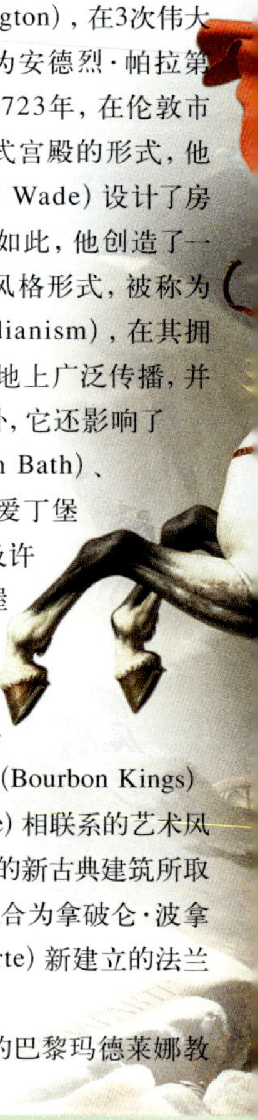

就连在后革命的法国，漫不经心的洛可可，这种与波旁王朝（Bourbon Kings）旧制度（ancient regime）相联系的艺术风格，也被英雄帝国性质的新古典建筑所取代，因为这种风格更适合为拿破仑·波拿巴（Napoleon Bonaparte）新建立的法兰西帝国服务。

建于19世纪中叶的巴黎玛德莱娜教

## 关键日期

1755年，温克尔曼（Winckelmann）颂扬古风雕刻的庄重性。

1757年，乔瓦尼·保罗·帕尼尼描绘的古罗马，英雄地歌颂了罗马古迹中的重要建筑。

1762年，詹姆斯·斯图尔特和尼古拉斯·瑞维特到访雅典，并出版了《雅典的古典遗迹》一书来推动希腊的复兴。

1769年，詹姆斯·瓦特和马修·博尔顿发明了第一台蒸汽机。

1770年，英国皇家海军詹姆斯·库克船长的一次探险行动，使他发现了澳大利亚的东海岸。

1771年，克莱门特十四世为拥有庞大古典艺术收藏的梵蒂冈博物馆揭幕。

1776年，美国的《独立宣言》发表，从此摆脱英国殖民文化的桎梏。

1786年，普鲁士的弗雷德里克大帝去世，他被称为“开明的暴君”，极大地推动了新古典建筑的发展。

1750年 1760年 1770年 1780年

堂（the Madeleine，见第349页），高大的科林斯柱廊式教堂就是模仿了罗马的卡斯托神庙（Temple of Castor），显示了在不到半个世纪的时间内，法国设计上的巨大跨度。在相对较少的新古典主义建筑师中，法国建筑师艾蒂安·路易·布雷（Étienne-Louis Boullée, 1728—1799）是其中最有影响的一位。他的国家图书馆（National Library）和牛顿纪念馆（Monument to Newton, 1784）的设计，显示了像蚂蚁一样渺小的人类，是如何建造出了令人无法想象的庞大和肃穆的建筑。此外，这些建筑也为像希特勒和阿尔伯特·施佩尔（Albert Speer，见第462页）那些狂妄的政客提供了素材，他们认为野蛮的规模和夸大其词都是非常重要的。

**拿破仑·波拿巴**
拿破仑是一名出色的军事家和野心勃勃的政治家。他于1804年就任法兰西第一帝国皇帝。

## 希腊复兴

18世纪中叶，根据约翰·温克尔曼（1717—1768）创作的古典希腊艺术史和阿贝·洛吉耶（1713—1769）的西方建筑根基等论述，他们认为是希腊而不是罗马，为我们提供了美好的建筑体系。这种论述一直持续到19世纪，而且希腊主题日益成为艺术的主流。在许多主要的城市，希腊风格的建筑，如两边装饰着门廊、柱廊和有弧度的三角墙等风格形式也与日俱增。

**万神庙，雅典18世纪的蚀刻**
对于那些复兴运动的倡导者而言，再也没有比5世纪的雅典建筑更为完善的建筑了。而雅典的极致又首推万神庙，它影响了许多新古典建筑。

1789年，巴士底监狱的倒塌标志着法国大革命推翻君主制的开端。

1790年

1793年，雅各宾派接掌政权后，实行恐怖统治，数以千计的人在一年内被送上了断头台。

1799年，拿破仑·波拿巴成为法国的独裁者，也是他将欧洲拖入了多年的战争。

1800年

1805年，纳尔逊在特拉法加战役（the Battle of Trafalgar）摧毁了法兰西舰队。

1806年，拿破仑下令建造凯旋门（Arc de Triomphe）。

1807年，英国禁止奴隶贸易，美国在1865年也最终废除了这项贸易。

1815年，滑铁卢战役：英国和普鲁士联军击败拿破仑，并将他流放。

1825年

1837年，维多利亚女王登上了英国王位的宝座，并开启了以她名字命名的一个时代。

1848年，卡尔·马克思（Karl Marx）和恩格斯（Engels）发表《共产党宣言》（*The Communist Manifesto*），标志着社会主义制度的确立。

1850年

# 新古典主义式建筑
1750—1850

**从18世纪中叶起，欧洲许多城市开始全面革新其对复兴古典建筑的方式和方法认识。其结果是，在工业萌芽时期，最先进的建筑理念和城市设计开始根深蒂固，而且在文化方面，令人惊奇的是已达到2000年或较早时期的高度。**

圣彼得堡（St Petersburg）、爱丁堡新城（Edinburgh New Town）和赫尔辛基（Helsinki），它们都是新古典主义时代的缔造者，都有改弦更张的宏伟目标；但这些地方寒冷、潮湿甚至冰冷的气候条件是否适宜采用在爱琴海（Aegean）阳光普照下或亚得里亚海（Adriatic）和地中海（Mediterranean）滋养的建筑形式，他们都佯装不知。值得注意的是，这些自负的建筑在很大程度上，已成为这些城市的荣耀，因为，再利用这些建筑时，他们因地制宜地根据需要对建筑结构进行了细致的调整。有趣的是，那些迷人的古老建筑形式，在这里却被认为是最新甚至是“现代的”（modern，这个词开始在18世纪进入英语词汇）。这些欧洲城市清晰、有时甚至色彩缤纷的街道、宫殿、教堂和民用建筑，因为远离雅典和罗马，所以看起来确实很现代，即使在今天也依然保持着活力。

## 古典文明

真正的新古典主义所缔造的辉煌不仅在于穹顶、三角楣饰、柱廊和精确的比例，还在于它潜在的文明。有的建筑设计只允许步行，但圣彼得堡却是一种可以骑在马背上或乘坐四轮马车穿行的城市建筑设计。即使是浮夸的大型建筑，如凯旋门（见第348页），给人的感觉就像是城市舞台上熟悉的演员。到19世纪时，许多最引人注目的新古典建筑开始逐渐呈现出地方特色。圣彼得堡海军部大厦（Admiralty Building，见第363页）的尖塔是只有俄罗斯才会有的建筑。而格拉斯哥（Glaswegian）建筑师亚历山大·“希腊”汤姆森（Alexander “Greek” Thomson），由他设计的喀里多尼亚路自由教堂（Caledonia Road Free Church，见第358页）在世界上都拥有其独特的地位（现在大部分被拆毁）。

◁ 巴伐利亚的路德维希一世（Ludwig Ⅰ）建造了德国雷根斯堡（Regensburg）新古典主义的沃哈拉（Walhalla）多立克柱式神庙。矗立在多瑙河畔上的沃哈拉，典藏了许多德国历史上著名人物的肖像雕塑。

# 建筑元素

新古典主义建筑，不仅借助于考古来再现古希腊和罗马的辉煌，而且还是新一代欧洲帝王们野心的体现，他们通常把自己看成是传承古典文明的化身。这些庞大建筑的规模体现了他们赫拉克勒斯式的决心。

△ **新古典罗马**

玛德莱娜教堂是一座罗马式神庙，位于巴黎市中心，是拿破仑时期赞美陆军荣耀的纪念堂，最终这里转变成一座神圣的教堂。

△ **新古典希腊立面设计**

当古希腊遗址被发现后，就成为新希腊式（Neo-Grecian）外立面的基础，如伦敦的大英博物馆就是这样一座爱奥尼克式庙宇。

△ **庄严的柱廊**

位于柏林的老博物馆（altes museum），它的柱廊纯洁而不矫饰，是非常有影响力的新古典设计。

△ **凯旋门**

拿破仑·波拿巴下令修建的巴黎凯旋门，使古罗马都黯然失色。新古典建筑师微妙的感情往往被那些自我的主顾们推翻。

△ **希腊雕塑**

希腊“双轮战车”多次出现在纪念雕塑中。其中最有名的一座是位于柏林的勃兰登堡门上的雕塑。

## 巴黎先贤祠（PANTHEON， PARIS）

1790年 法国巴黎 雅克·日尔曼·苏夫洛 民用建筑

这一伟大的巴黎标志性建筑是苏夫洛（Jacques-Germain Soufflot，1713—1780）的杰作。他在勤奋地研究了古罗马废墟建筑后，成为古典主义的最优秀建筑师之一。“先贤祠”曾是路易十五建造一座奉献给圣女日内维吾的教堂，所以原名为圣吉纳维夫教堂，后又改做安葬伟人的祠庙，故名先贤祠。

**穹顶内的壁画**

先贤祠采用的是中央大穹顶设计，与雷恩设计的伦敦圣保罗大教堂（St Paul’s）十分相似。正如圣保罗大教堂一样，它位于一座教堂之上（或曾经打算建造一座教堂），拥有狭窄的中殿和过道，而且周围环绕的高墙使得这座建筑看起来要比原设计的规模更大。这并不是吹毛求疵：首先，这是一座长110米（361英尺），宽85米（279英尺）的希腊十字式平面设计；其次，这里还有非常巧妙的新古典立面设计。此外，教堂的前面采用的是基于罗马万神庙的科林斯柱式，使其更加气势雄伟。从内部看，希腊十字上覆盖着的是经典的穹顶和桶拱设计。1757年，教堂新建于6世纪当时已成为废墟的圣吉纳维夫修道院的旧址上。原来建筑上的窗子都被改造为纪念法国伟大历史人物的神龛。1806年，又重新改做教堂，1885年，这里成为一所博物馆。无论其名目如何转换，先贤祠都是以一个伟大目的而存在。

### 雅克·日尔曼·苏夫洛

欧塞尔出生的雅克·日尔曼·苏夫洛在1731年至1738年间，一直在罗马的法兰西学院学习。1755年，马黑尼侯爵任命他掌管所有巴黎的皇家建筑。尽管作为一名古典主义建筑师，苏夫洛还是不合时宜地迷上了灿烂轻巧的哥特式建筑，在先贤祠的设计中，苏夫洛就采用了中世纪的技术来实现其新古典主义风格的目的。

**巨大的穹顶**

先贤祠的穹顶高83米（272英尺），站在巴黎中央的许多街道或林荫大道上，它都是人们眼前的焦点和最醒目的建筑。

## 叶维特城门

1789年 法国巴黎
克劳德·尼古拉·勒杜 民用建筑

现在，叶维特城门已经成为公园内的装饰性建筑，而且它是原40座收费房屋中仅存的四座之一，其余的都在法国大革命时期被拆毁。这些房屋曾建设在巴黎城墙内，由国库拨款支持。这座庞大的建筑，建在方基座上，采用了巨大穹顶的建筑形式。由多立克柱式装饰的立面，轻巧纯净毫无虚饰。150年后，这种建筑形式被阿道夫·希特勒（Adolf Hitler）的建筑师大量采用。

## 协和广场

1775年 法国巴黎
雅克·昂日·卡布里耶 民用建筑

这座广场位于罗浮宫西端、塞纳河北岸，并贯穿杜伊勒利花园和香榭丽舍大街。1753年，协和广场开始建造，中间立有路易十五（Louis XV）的骑马雕像，显示了其在位时期的威势。现在，它仍然不失为一件伟大的作品。协和广场两端是两座宫殿建筑，都有漂亮的三角楣和科林斯柱式亭装饰。这里是法国海军总部和克里昂大饭店（Hotel Crillon）的所在地。但在法国大革命时期，雕像被革命人民推倒，并改建了断头台，在1793年至1795年，大约共有1 300名皇室成员及保皇派在此被处决，其中就包括国王路易十六（Louis XVI）、皇后玛丽·安托瓦耐特、丹东（Danton）和罗伯斯庇尔（Robespierre）等。广场正中心矗立着一座高23米（75英尺）的埃及方尖碑（L'obelisque de Louxor），这是1829年由埃及总督穆罕默德·阿里（Muhammad Ali）作为礼物赠送给法国的，从而替换了原先的断头台。杜邦协和桥，是1787年至1790年，由鲁道夫·佩罗内特（Jean-Rodolphe Perronet）设计，穿过它，就来到了国民议会的所在地。

## 众议院

1810年 法国巴黎
伯纳德·普耶 政府大楼

要求为法国革命议会修建一座既“高尚又带有宗教风格”的建筑，伯纳德·普耶（Bernard Poyet，1742—1824）按要求设计了这座前面是雄壮的柱廊，后面是日益复杂的宫殿建筑，并且这里最终成为国家议会的所在地。普耶还在协和广场和众议院之间划分了一条等分线。此外，他还设计了一个奇怪的装置（但最终放弃了），可以让市民体验零重力，就是将人们放入铸铁气缸中（里面装有弹簧，从而可以减缓下降的重力）将他们从大桥降落到塞纳河上。

## 凯旋门（ARC DE TRIOMPHE）

1836年 法国巴黎
沙尔格兰 纪念碑

法国皇帝拿破仑为纪念奥斯特利茨（Austerlitz）战争的胜利而修建的凯旋门，是仿效欧洲纪念战争胜利的一种始建于古罗马时期的建筑形式。凯旋门1806年奠基，1836年落成，为单一拱形门，高49.5米（162英尺）是世界上最高的拱门。凯旋门的设计当然少不了纪念建筑的痴迷者沙尔格兰（Chalgrin）和布雷（Boullée，见第343页）的参与。凯旋门位于巴黎星形广场的中央，面对香榭丽舍大街，广场的周围有12条放射形林荫大道。门上有描写历次重大战役的浮雕，主要的四幅位于正面（面对香榭丽舍大街）。此外，拱门顶端镌刻着曾跟随拿破仑征战的将军的名字。另外，那些不是参加较大战役的558名法国将军的名字，也被镌刻在凯旋门的内壁。

## 马德莱娜教堂（EGLISE SAINTE-MADELEINE）

1842年后 法国巴黎 皮埃尔·亚历山大·维尼翁 礼拜场所

这里原本应是一座教堂，但在1806年，拿破仑颁布法令，在借鉴原尼姆梅宋卡瑞神庙（见第108页）的基础上，在此建立这一巨大的科林斯柱式建筑，以此来褒奖自己伟大的军队。1842年，这座建筑最终被献给巴黎的保护者圣玛丽·马德莱娜，所以故名马德莱娜教堂。这是一座非常庞大的独体建筑，位于7米（23英尺）高的底座上，四面环绕着20米（66英尺）高的科林斯巨柱。无论如何这座雄伟的建筑都向世人传递了1 400年前，罗马帝国时期民主与权力的兴衰沉浮。这是出自勒杜的学生维尼翁（1762—1838）的伟大杰作。在1793年，他成为共和国建筑的监理长官。教堂内部是一个巨大的中殿，被穹顶的隔断三等分。此外，教堂内由半圆形玻璃窗采光，并以令人印象深刻的教堂后殿结束。

**古典理想**
教堂的门廊设计虽然稍宽，但却与尼姆梅宋卡瑞神庙的设计如出一辙。

## 里沃利街（RUE DE RIVOLI）

1855年 法国巴黎 皮埃尔·方丹和查尔斯·柏西埃 民用建筑

正好面对杜伊勒利花园的这座漂亮的拱廊式街道，自马莱区一直延伸至协和广场。里沃利街是由两个拿破仑最喜爱的建筑师：皮埃尔·方丹（Pierre Fontaine，1762—1853）和查尔斯·柏西埃（Charles Percier，1764—1838）共同打造。拱廊总长1.5公里（近1英里），可以为逛街的巴黎人遮风避雨。

尽管看似容易，然而，几代帝王都投入到这条既流行又具有政治意义的工程建设中去，并且建设一直继续到波旁王朝（Bourbon）复辟、查理十世（Charles X）、路易斯·菲利普（Louis-Philippe）和拿破仑三世（Napoleon III）等时期，建筑此街花费时间之长，可见一斑。与此同时，巴黎市的主要下水道也在这条街下开工铺设。

在第二次世界大战即将结束的时候，希特勒下令摧毁巴黎，但占领这座城市的德国指挥官——迪特里希·冯·肖尔蒂茨违抗了他的命令。1944年8月25日，他在里沃利街上的梅乌里塞酒店（Meurisse Hotel）的总部内被盟军抓获。谁会想破坏这样的一条街呢？

**民主的胜利**
这座精致的民用城市规划设计堪称建筑的典范，是以拿破仑战胜奥地利的里沃利之战（the Battle of Rivoli，1797）来命名的。

**凯旋门**

这座著名的巴黎古迹上有着丰富的装饰浮雕。虽然是拿破仑修建的这座凯旋门，但历代政府都在上面留下了自己的印迹。在凯旋门的正下方，是20世纪建造的无名烈士墓。

## 勃兰登堡大门（BRANDENBURG GATE）

1793年 德国柏林 卡尔·戈特哈德·兰甘斯 纪念碑

这座多立克柱式的大门明显是基于雅典卫城山门入口的设计理念，是由普鲁士国王腓特烈二世在1780年以象征和平的名义下令修建的，尽管它看起来更像是去征战。多年以来，这座大门一直是柏林城墙中最著名的一段。柱廊式山门建筑高26米（86英尺），位于德国原野菩提树（Under den Linden）的尽端，从此穿过如荫的椴树大道可通往威廉宫殿（Wilhelm's Palace）。这是昔日通往柏林城门中的最后一座。两排6根大型石柱支撑的门楼，形成一个中央多立克柱式屏障，两旁各饰有一对素雅的多立克式亭阁。门楼顶上，耸立着由青铜铸造的赶着一辆两轮四马战车疾驰的胜利女神。她头戴桂冠，背插双翅，左手执辔，右手握杖，立在飞驰的两轮四马战车上，英姿飒爽。大门是第一座穿过柏林市中心的新古典主义作品，当时的审美学家曾评判它为“狂欢雅典”，或者称为“施普雷河上的雅典”。

**宏伟的大门**
多立克柱廊式山门的建筑宽65米（213英尺），进深11米（36英尺）。

## 老博物馆（ALTES MUSEUM）

1830年 德国柏林 卡尔·弗里德里希·辛克尔 博物馆

这座冰冷但完美得令人魂牵梦绕的老博物馆是希腊复兴时期最重要的一座建筑。它是两次世界大战之间（特别是针对希特勒的建筑师施佩尔的工作而言）影响巨大的一座古典流行建筑形式。辛克尔（Schinkel）首先建造了一个庞大的鼓座基础（明显是受罗马的万神庙的影响），坐落在一个突出底座上的是由18根爱奥尼克柱式组成的宏伟的屏廊，廊上饰有普鲁士双头鹰，而呈立方体的鼓座上面是一尊自豪的希腊运动员勒马雕塑。这是一种柏拉图式的建筑形式，将纯正的考古柱式与单纯严格的几何轮廓完美结合。自德国统一以来，对这座老博物馆进行了全面恢复，如今，它已是一个深受人们欢迎的画廊博物馆。

**现代玻璃建筑**
博物馆的屏廊现在被装上了玻璃，通往楼上画廊的入口为露天的楼梯，所以非常冷，几乎很少有人愿意为欣赏艺术而上去。

## 夏洛登宫园丁之屋（COURT GARDENER' S HOUSE， CHARLOTTENHOF）

1829年 德国波茨坦 卡尔·弗里德里希·辛克尔 宫殿

这座建筑表现了辛克尔温柔甚至好玩的设计情绪，因此这是他建筑生涯中最可爱的一个例子。夏洛登宫园丁之屋房子是在一座旧建筑的基础上改造的，这里尤其体现了英国新古典主义者约翰·纳什（John Nash，辛克尔前一辈建筑师）对这座建筑的影响（好玩、辉煌也是约翰·纳什的建筑特点）。1826年，辛克尔前往伦敦参观新大英博物馆落成时，二者在此期间有过密切的接触。在那里，他对气体的街灯和泰晤士河下的布律内尔（Marc Brunel）隧道一直印象深刻。这是辛克尔在夏洛登宫重建的众多房屋中的一座，他将一个旧农舍进行了改造，以前这里是归夏洛特（Charlotte Reventzow）王储和他的妃子，伊丽莎白（Elisabeth）所有。夏洛登就是普莱桑斯之家，因为这里的设计宗旨是不仅要带给人以审美体验，同时还要有无尽的喜悦。所以，其主人从画室能直接进入风景如画的景观花园。园丁之屋在形式上是罗马神庙和质朴的意大利别墅的缩影，并将其以快乐的形式呈现出来。或许，今天的我们再也无法找到这种美妙的设计了，这是件多么令人惋惜的事情。

**园丁的喜悦**

充满魅力与智慧的设计形式，这座建筑代表了辛克尔风格和其最平易近人的设计理念。

## 柏林剧场（SCHAUSPIELHAUS， BERLIN）

1821年 德国柏林 卡尔·弗里德里希·辛克尔 歌剧院

随着柏林歌剧院设计的完成，辛克尔向我们展示了如何通过最雄心勃勃新的民用建筑来恢复希腊的设计理念。这座巨大的剧场不仅拥有华美的性能和大胆的设计，而且绝对避免各种多余的装饰纹理，它以坦白的直线条勾勒出其后巨大的房间。采光完全是通过其连续不断的窗子，正因为如此，剧场的设计可以看做是四分之三世纪之后，欧洲街道上大型新古典百货公司的前身或原型。正对着德国科学院广场（the Platz der Akademie）的正立面入口是著名的爱奥尼克柱式门廊，门廊上是三角楣装饰和一座含有礼堂的阁楼层，上面矗立着阿波罗驾驶着由狮身鹰首兽拉着的战车雕塑。就是因为设计者高度意识到这是一座公共剧院，所以，辛克尔将其建立在精致的德国式塔楼和法国大教堂之间。剧场内，他设计了一个希腊风格的圆形剧场舞台，舞台大到可以深入到观众席上的宽度。1945年，剧场被大火烧毁；1984年后，重新对外开放。

**文化地标**

《贝多芬第九交响曲》(*Beethoven's Ninth Symphony*)的柏林首演就是在这里举行；此外，瓦格纳（Wagner）的《漂泊的荷兰人》(*Der Fliegende Hollander*)也选择在此首映。

## 百灵顿大屋（CHISWICK HOUSE）

1739年 英国伦敦 百灵顿伯爵 住宅

百灵顿大屋这栋精致的别墅，是原大屋中仅存的一部分。它是由理查德·波义耳，这位第三伯爵百灵顿（3rd Earl of Burlington，1694—1753）自己亲自设计完成的。他是一名建筑师、鉴赏家和赞助家，此外，他还在英国领导了帕拉第奥式运动来反对所谓的晚期巴洛克式粗俗的感官设计。正因为如此，他也创造了一个纯洁、精致的比例风格，被称为帕拉第奥主义（Palladianism），虽然这种风格早在一个世纪之前，就被尼戈·琼斯（Inigo Jones）引入了英国。由帕拉第奥设计，位于维琴察的卡普拉别墅（Villa Capra），虽然不完全对称，但百灵顿大屋还是借鉴了它的简单形式：切割利落的石头、方尖碑式的烟囱，八角形穹顶、半圆壁和威尼斯窗户，或许还有出乎意料的丰富内饰和家具。大屋其后的工作由威廉·肯特（William Kent）开展，他是1719年百灵顿从意大利聘请来负责大屋内部和花园设计的。内部设计以可爱为出发点，围绕中央高耸穹顶设计的房间，分别隐藏在立方体、双立方体、球体和六边形等几何图案下。此外，螺旋楼梯的设计，可通往穹顶顶部。

**建筑区块**
在百灵顿大屋，对称的结构占绝大部分，体现了整体的简洁与优雅。

## 萨默塞特郡议院（SOMERSET HOUSE）

1786年 英国伦敦 威廉·钱伯斯勋爵 政府建筑

位于河滨路（the Strand）与泰晤士河之间，作为一系列政府办公场所的萨默塞特郡议院占地面积非常庞大。事实上，这是英国第一座专门用于办公而建筑的大楼。它拥有如此宏大的规模应归功于它的设计师威廉·钱伯斯（1723—1796）。他先后在巴黎和意大利学习建筑，并成为威尔斯亲王也就是未来的乔治三世的老师。位于河滨路的主立面，显然设计得比较低调，只有9个间隔宽。然而，一条拱道却通向壮观的庭院，庭院周围有巨大的两翼围绕，这使其成为英格兰文艺复兴时期的城市规划最优秀的代表。而朝向泰晤士河的主立面的设计就犹如凡尔赛宫一样，长200米，中央立面被分为三段，中央向前突出，上面冠以三角楣阁楼和缓坡穹顶的设计。此外，拉长的正立面位于较大的地基平台上，由粗石砌成的拱廊支撑，这种方式可以理解为帕拉第奥式的桥梁设计形式。当然，这种设计主要还是出自泰晤士河的影响，直至19世纪中叶，在河流两岸修建了堤坝后，拱廊才失去了作用。

**河畔旁的办公室**
原来作为政府办公室的萨默塞特郡议院，现在主要是作为欧洲艺术收藏品之家。

## 巴斯皇家新月楼和皇家圆形广场

1775年 英国西南巴斯 约翰·伍德和小约翰·伍德 住宅

从空中看，这座建筑的设计就像一个巨大的问号，巴斯皇家新月楼和皇家圆形广场在18世纪的城市规划中引领了一场伟大的运动。在这里，约翰·伍德（John Wood，1705—1754）和他的儿子小伍德（John Wood the younger，1728—1782）为罗马设计理念注入了新的生命。无论是排列成新月弧形的新月楼，还是优美的曲线的广场，都尽显高贵典雅的贵族风范。

首先，这两处建筑都非常壮丽气派，一直都是极受欢迎的城市房屋设计。这是因为伍德决定将巴斯——这座昔日的罗马古城，打造成一座现代的都市。1754年，圆形广场率先落成，是出自老约翰·伍德的设计。最初，圆形广场本打算建成一座体育场馆，但考虑到在这个日益流行的疗养胜地，对智能住宅的需求日益增多，就在此处建造了一圈城镇房屋。共有3条街道可以进入这个街区，其中之一就是布鲁克街，从这条道路还可以直接到达新月楼。仿照罗马竞技场外立面设计，伍德设计的蜜糖色石头外立面，采用了具有层次感的多立克、爱奥尼克和科林斯柱式装饰。这里的每个房间都不同，因此，从后面看，圆形广场一点也不完美。然而这却恰恰体现了英国人的务实精神，也解释了为什么这里经久不衰的秘密，即和谐与个性的高度统一。皇家新月楼共有房屋30间，宏伟的设计场景体现了古罗马建筑的风范。此外，高高的基座上是拥有无限荣光的爱奥尼克柱式装饰的立面。

空中俯瞰皇家新月楼

### 伍德一家

约翰·伍德这位巴斯建筑者的后代，在18世纪，设计了许多一流的街道和建筑，其中就包括皇后广场、南北巡礼广场、圆形广场和普赖尔公园（Prior Park）。他一直秉承着在巴斯建立一个“新罗马”的信念，使城市从混乱的英式乡村住宅蜕变为城市宫殿。他的儿子小约翰·伍德先后参与并完成了圆形广场、皇家新月楼和会议室等的设计工作。他们一家对巴斯的影响经久不衰。

### 面向游客开放

皇家新月楼一号楼已在巴斯文物保存信托基金会（the Bath Preservation Trust）的资助下完全修复，并开始对外开放。

## 肯勃兰联排住宅

1813年 英国伦敦
约翰·纳什 住宅

肯勃兰联排住宅是建在伦敦市中心里琴公园（Regent’s Park）周围的许多住宅中的一组。这是一座由灰泥粉饰过的主立面和古希腊爱奥尼克柱式的大柱廊组成的建筑。各栋住宅之间用拱门相接，还有雕塑装饰等，置身其中，使人产生如同身处宫殿般的梦幻感觉。事实上，它是由5栋住宅构成。“二战”期间受到严重破坏，最近一次是在20世纪50年代初，几近被毁，但正立面仍得以完美保存至今。里琴公园原为皇家狩猎场，1811年，由建筑师约翰·纳什（John Nash）为摄政王修建。这里本打算修建约56座高档的新古典风格别墅，王子就生活在新修建宫殿的中央。但后来只建造了8栋别墅而没有宫殿，尽管纳什在公园周围的确建造了一系列白色地基。肯勃兰联排住宅设计尤为宏大，因为最初它是按照宫殿规模设计的。

## 圣潘克拉斯教堂

1822年 英国伦敦
威廉和亨利·因伍德 礼拜场所

带有戏剧般的喜悦感的圣潘克拉斯教堂是一个既聪明而又壮观的砖石设计。威廉·因伍德（William Inwood，1771—1843）和他的儿子索姆·亨利（Som Henry，1794—1843）将希腊建筑的诸多要素运用到教堂的建设中。东端的女像柱门廊就是照搬厄瑞克提翁神庙（见第97页）的设计，塔楼的设计则借鉴了风之塔（见第101页）和留西克拉特斯纪念碑（见第98页）等设计。

## 大英博物馆（BRITISH MUSEUM）

1846年 英国伦敦
罗伯特·斯默克 博物馆

与同时代辛克尔在柏林（见第352、353页）的设计如出一辙，都是秉承严肃的希腊精神。立面的爱奥尼克柱廊两旁是突出的两翼，所有建筑都包裹在爱奥尼克柱式之后。此外，后面的画廊围绕在一个庭院旁。1857年，这里变成一座铜穹顶装饰的阅览室，是斯默克的兄弟悉尼（Sydney）进行的改造。整个20世纪，由于不断地有新的画廊加入，最终于2001年，庭院让位于诺曼·福斯特设计的玻璃钢架屋顶。

## 康希尔（CRONKHILL）

1804年 英国什罗普郡
约翰·纳什 住宅

这座可爱的意大利式房子，坐落在什罗普乡村，可以俯瞰塞文（the River Severn）河畔。它是出自田园经典设计大师——约翰·纳什之手。最初，他的职业生涯开始于建筑监理，1795年，开始转向建筑设计。当时，康希尔就看起来非常具有革新意识：非对称的建筑布局、高耸的圆塔、几个尖尖的屋顶、显眼的栏杆以及拉开一定距离的一楼与拱廊式地基。与其后维多利亚式房屋不同的是，康希尔没有什么繁冗的装饰，并极尽古典设计，因此，本来就不寻常，而非故意倒行逆施。

像康希尔这样的房子，会让居住在里面的人感觉生活在一个田园诗般的景观中，就像在伟大的法国或意大利大师的画作中生活一样。清晰明快的白色墙壁和大窗户设计，现在看起来也不落伍，并为20世纪20年代和30年代的英国郊区别墅树立了典范。

# 城市规划

设计文艺复兴式的理想新市镇是雄心大志的梦想，这些伟大的梦想可以通过石头和大理石来实现；也可以在制定与放弃中实现。但到了18世纪，随着欧洲各国城市的迅速增长，就迫切需要切实可行的城市规划方法。

**彼得大帝**
在沙皇彼得一世（Tsar Peter Ⅰ）的统治下，圣彼得堡被规划和建设成一座伟大的新古典风格城市。

在欧洲，绝对君主统治的国家，如法国、德国和俄罗斯等严谨且优秀的设计往往都是依靠法律来强制实行。早在18世纪早期，俄罗斯的彼得大帝（Peter the Great，1672—1725）就为俄罗斯创立了一个新首都——圣彼得堡（St Petersburg）夯实了基础。在其统治期间，他极力使俄罗斯在文化和技术上赶上西欧国家，也就是要使圣彼得堡成为欧洲国家首都中的佼佼者。确实，他为我们呈现了一座伟大的新古典城市。同样，拿破仑·波拿巴（1769—1821）梦想将18世纪晚期的巴黎变成一座宫殿与公共纪念建筑云集的城市。虽然以建筑为主，但在此过程中，他还兴修了下水道、人行道、通畅的供水系统和新型的市场和屠宰场等市政设施，他确实为这座城市的现代化作出了贡献。在英国和美国，合理的城市开发规划也达成了共识。但英国的城市发展还是以逐步演进为特点。伦敦中心区的广场（Covent Garden）是第一座伦敦文艺复兴广场，是专为富有商人和贵族们修建，以使他们摆脱旧伦敦的噪声和灰尘。几十年后，它还是被更加臭名昭著的城市生活玷污了，比如卖淫和犯罪。所以，这些有钱的人们又开始向一个更新、更清洁的地方——格鲁吉亚广场搬迁，随之，城市也就越扩越大。

在美国，华盛顿特区是从18世纪末开始发展起来的城市。其设计的理念主要有：宽敞的大道；网格设计模式的街道由北、南、东和西四个方向将主要的建筑和开放空间连接起来。自此，这种设计开始作为世界各地城市设计的规范模式而被广泛效仿和应用。

**中心点**
1806年，由拿破仑命令建造的凯旋门，围绕广场周围就修建了像车轮辐条一样的12条放射形林荫大道。

## 圣乔治会堂（ST GEORGE'S HALL）

1854年 英国利物浦 哈维·朗斯代尔·埃尔梅斯 民用建筑

在令人惊叹的新古典庙宇下，容纳了法院、巨大的音乐厅和会议厅的圣乔治会堂，是英国19世纪上半世纪的一座伟大建筑。哈维·朗斯代尔·埃尔梅斯（Harvey Lonsdale Elmes, 1813—1847）在竞争中脱颖而出，赢得了圣乔治会堂的设计权。起初，这里只有一座音乐厅，而当时年轻的设计师也只有23岁。

此外，他还赢得了新巡回法庭（Assize Court）的设计权。始于1842年的修订工作主要在普鲁士建筑师辛克尔（Schinkel, 1781—1841）设计的雄壮的庙宇方案中进行。后来，埃尔梅斯病倒后，取而代之的是建筑师查尔斯·罗伯特·克雷尔（Charles Robert Cockerell，1788—1863）。音乐厅坐落在高高的基座上，虽然其上巨大的阁楼的风格是来自于享乐主义的卡拉卡拉浴场（见第115页），但整体设计风格还是以严谨为特点。音乐厅采用桶拱形并饰以华丽的镀金装饰。另外，这里还拥有一架巨大的管风琴，地板则由精致的瓷砖铺就。总之，这座建筑反映了当时贸易的繁荣，这一点是不言自明且也是毋庸置疑的。

**民族自豪感**
乘客走出利物浦火车站，第一眼看到的建筑就是圣乔治会堂。

## 喀里多尼亚路自由教堂（CALEDONIA ROAD FREE CHURCH）

1857年 苏格兰格拉斯哥 亚历山大·"希腊"汤姆森 礼拜场所

19世纪的苏格兰，新古典主义运动之风尤为强劲。喀里多尼亚路自由教堂是较晚迎来希腊之风的教堂之一，但这并不妨碍使其成为一座了不起的教堂。它是由苏格兰最伟大的、多产建筑师亚历山大·"希腊"汤姆森（Alexander "Greek" Thomson，1817—1875）在继格拉斯哥（Glasgow，其影响力在英格兰已有所减弱）之后，继续着古典传统的设计。

教堂坐落在格拉斯哥（Glaswegian）的高伯（Gorbals）地区，其前身是苏格兰致长老教会（United Presbyterian Church），汤姆森是这里的长老。教堂建在一座巨大的西向基座上，由爱奥尼克柱廊支撑；此外，还有一座方形全石的塔楼高高耸立在格拉斯哥的天空下。不对称的教堂中殿可以容纳近1 150个座位，最初的采光来自建筑上方的天窗。

在1962年，格拉斯哥面临部分旧楼的拆迁改造，因此，教会也逐渐失去了凝聚力。1965年，教堂内部被烧毁。令人费解的是，它虽然被描绘成如何如何的华丽，就连20世纪美国著名的建筑历史学家亨利·罗素（Henry-Russell）都将其描述成世界上最优秀的浪漫古典教堂，而且40多年来，每晚都有泛光灯的照射，但现在矗立的空壳，却是那么的空洞和令人绝望。

## 都柏林的最高法院大楼（FOUR COURTS， DUBLIN）

1802年 爱尔兰都柏林 詹姆斯·甘桐 民用建筑

受雷恩设计的呈希腊十字布局的圣保罗大教堂（见第326页）以及克劳德·尼古拉·勒杜（Claude Nicolas Ledoux，1736—1806）等人不朽作品的影响，最高法院大楼的英国设计师詹姆斯·甘桐（James Gandon，1743—1823）为我们呈现了这座民用建筑力作。通体漂亮的鼓座上是一座浅穹顶设计。最高法院大楼内部设有：大法官法庭（Chancery）、王座法庭（King's Bench）、财政部和民诉法院四个部分，它们都位于巨大鼓座下的中央大厅内。屋顶上是由爱德华·史密斯创作的分别代表：摩西、公正、慈悲、智慧和权威的雕塑作品。建筑在爱尔兰内战（1922—1923）中大部分被损毁。虽然建筑外部已基本恢复原状，但内部进行了重新设计和装修。

**印象深刻的入口**
强大的科林斯柱廊正好面对着滔滔的利菲河（the river Liffey）。

## 都伯林的海关大楼（CUSTOM HOUSE， DUBLIN）

1791年 爱尔兰都柏林 詹姆斯·甘桐 民用建筑

海关大楼有四个立面，每一个立面都不尽相同，并由强有力的角亭（corner pavilions）连接。该建筑除受雷恩设计的切尔西（Chelsea）皇家医院和伦敦格林尼治（Greenwich）的影响外，它还紧邻最高法院大楼。1781年，甘桐接受了为征集消费税而建造海关大楼的任务。愤怒的都柏林商家因担心新海关大楼所建造的位置会阻挡自己建筑的视线，而使自己的财产贬值，因而一再阻挠它的建设，所以这座建筑一直到1791年才最终完成。设计整体较为素朴，但沿着屋檐装饰有托马斯·班克斯（Thomas Banks）、阿戈斯蒂诺·卡烈尼以及由爱德华·史密斯等设计的象征爱尔兰河流的拱顶石。建筑的内部已在爱尔兰独立战争（the Anglo-Irish War，1919—1922）中毁掉。当时，大火熔化了穹顶石头，导致建筑主体部分倒塌，直到20世纪80年代，恢复工作才完全结束。

**河岸边的优雅建筑**
海关大楼是一座优雅的建筑，低低的建筑主体悠闲地游走在利菲河岸边。

## 佩多奇咖啡馆（CAFFE PEDROCCHI）

1831年 意大利帕多瓦 朱塞佩·哈佩利和安东尼奥·格拉代尼 商业建筑

除作为一座大型的民用建筑和会议场所外，这里还以为人们提供了令人愉快的新人行通道而著名。宽敞的咖啡馆深受当地人和游客们的喜爱。

它的设计是由朱塞佩·哈佩利（Giusepped Jappelli，1783—1852）和安东尼奥·格拉代尼（Antonio Gradenigo，1806—1884）携手打造。咖啡馆采用了希腊式的戏剧风格以及罗马的装饰细节。穿过敞廊（开放画廊）位于巨大的多立克柱廊后是两个入口，华美的雕刻和装饰铁艺尽显罗马的设计灵感。在地面入口也就是敞廊之间，是一个更具有戏剧性的两层科林斯式敞廊，也就是从某种意义上说，在建筑的主体前围拢起了一个庭院。

两侧的建筑在科林斯壁柱的装点下也格外动人。侧壁类似于干练的公共办公场所，游客在此不会体会到入口处的那种戏剧感。他们也不打算将新哥特式的建筑细节在建筑的后面体现。这座建筑于1842年完成，后来，哈佩利还沉迷于多种设计风格：比如在帕多瓦（Padua），他就设计了洛可可式的威尔第歌剧院（Teatro Verdi）；而他所设计的别墅却大多深受帕拉第奥的影响。

**优雅地就餐**

咖啡馆桌椅就位于入口处的敞廊和宏大的希腊式立面后，所以人们仍然可以看见外面的街道。

## 赫尔辛基大学图书馆（UNIVERSITY LIBRARY，HELSINKI）

1845年 芬兰赫尔辛基 卡尔·路德维希·恩格尔 图书馆

在重建赫尔辛基的过程中，在卡尔·路德维希·恩格尔（Carl Ludwig Engel，1778—1840）的指导下，大学图书馆的建设成为其中最重要的一部分。恩格尔是出生在德国柏林的建筑师，在来芬兰之前，分别在塔林（Tallinn，现在的爱沙尼亚）、俄罗斯的圣彼得堡等地工作。图书馆的主体建筑是一座赭黄色方盒子造型建筑，里面共有三个房间，都分别装饰着半圆形穹顶，其中的中央图书馆拥有绚丽的穹顶和凹格装饰。所有三个房间都在英雄的科林斯柱式装点下显得格外高尚，而且采光良好，尤其是外面白雪皑皑时，反射的太阳光，使室内更加优雅明亮。图书馆外部设计较简洁，游走在所有墙壁立面上的是科林斯双柱和半壁柱装饰，它们看起来像是柱子其实是镶嵌在墙体内。

图书馆的设计融合了当时普鲁士(Prussia)和圣彼得堡最佳建筑美学设计。它几乎保持了初建时的基本形式，而且现在仍能为人们提供舒适的使用环境。恩格尔的天才设计，主要应归功于其最大限度地利用日光的作用，打造了一座明亮的建筑，因为在当时，这座城市大部分的地方可能还不得不忍受黑暗。

**立体逼真的柱子**

一系列的双柱和半壁柱交替装饰的黄色墙壁，给人以柱式建筑的感觉。

## 赫尔辛基路德教大教堂（LUTHERAN CATHEDRAL，HELSINKI）

1852年　芬兰赫尔辛基　卡尔·路德维希·恩格尔　礼拜场所

赫尔辛基这座非凡的雪白建筑就屹立在巨大的底座上，教堂前是由花岗岩铺就的台阶，这座大教堂是这座城市的主要景观。中央狭窄的鼓座和它上面的穹顶肃穆地凝视着这座城市的港口和波罗的海（the Baltic Sea）。高62米（203英尺）的主穹顶两旁的塔座上还矗立着4个带有俄罗斯风格的穹顶。

大教堂的主体布局采用的是希腊十字形设计，四翼是由等高的科林斯柱廊装饰。教堂内部铺满了由众多窗口照射进来的阳光，非常明媚。尽管四翼是采用柱子支撑，而鼓座用的却是强壮的石墩加固，同样采用的是科林斯风格的装饰，上面是拱券造型。简单的区块排列的教堂长椅为狭长的中殿营造了整齐的秩序，希腊的细节装饰特别是布道坛，设计者虽是寥寥几笔，但却精致无比。恩格尔的设计工作开始于1818年，正式动工兴建则是在1830年。恩格尔去世后，他的弟子恩斯特·劳赫曼（Ernst Lohrmann，1803—1870）继续此教堂的后续工作。

**优越地位**
教堂屋顶上矗立的是耶稣十二门徒的锌制雕像。

## 赫尔辛基古教堂（THE OLD CHURCH，HELSINKI）

1826年　芬兰赫尔辛基　卡尔·路德维希·恩格尔　礼拜场所

古教堂如今孤立地矗立在赫尔辛基公园的中心，本打算是作为一座临时搭建物。然而，当准备建造一座大教堂来取代它时，并且设计已经完成时，城市的人口已发展到这两座建筑物都成为必不可少的建筑。事实上，尽管大教堂可容纳1 300人，而古教堂虽然空间狭小，但也能够聚集1 200 人左右。

当公园里积满厚厚的白雪时，也是古教堂最美的时候。大方利落的外部采用木质结构，四个突出的多立克门廊和一个方形的坦比哀多（tempietto，神庙样结构）使它的造型更加生动，三重檐的设计上面还饰以一个小穹顶。教堂内设计简单明了，阳光通过完美比例的窗子任意倾泻在教堂的内部。

这是赫尔辛基最古老的一座教堂。它现在所位于的这座公园原先是一座公墓。埋葬在这里的遗体大多是1697年大饥荒的受害者；后来，1710年，1 185名大瘟疫受害者的遗体也被并入到这里，其中大部分是瑞典士兵。在建造教堂的同时，恩格尔还设计了公园正门处的石门，以此来悼念那些瘟疫中的无辜受害者。如今，榆树掩映下的树荫使这座古教堂公园焕发了生机，并使其成为一个更加快乐的地方。

## 圣彼得堡总参谋部司令部

1829年　俄罗斯圣彼得堡　卡尔·伊万诺·维罗西　军事建筑

这座庞大的建筑物（曾是驻军办事处）盘踞在巨大的宫殿广场南面，正面是冬宫，目前正在改建，改建后的建筑将部分作为画廊对外开放，部分作为艾尔米塔什博物馆（the Hermitage Museum）的办事处。

将这座新老建筑巧妙掩饰在一起的正立面，设计非常简洁，然而真正的力度体现在建于粗石之上的中央建筑部分，而基础部分也由半壁结构的科林斯柱式装饰。中央建筑部分内凹拱门由庞大的方格板装饰，街道可从下面贯通而过。高高地位于圣彼得堡宫殿拱门上面的是一辆双轮战车（四马二轮战车）雕塑，上面坐着的是插着翅膀的希腊胜利女神奈基（Nike）。

中央拱门是由三个小拱门构成，为了适应街道的弯度，特意将三个拱门设计成不同的角度。巨大的玻璃穹顶为下面的军事图书馆提供了充足的光源，尽管这里典藏着无价的古老军事历史资料，但并不对公众开放。卡尔·伊万诺·维罗西（Karl Ivanovich Rossi，1775—1849）是这里的主设计师，他是出生在圣彼得堡并拥有一半意大利血统的俄罗斯人。1804年至1806年期间，到访意大利，这里为他的设计提供了无穷的设计灵感。

**建筑的震撼**

这座壮丽的建筑向世人传达了在彼得大帝领导下，圣彼得堡强大的军事实力。

## 圣艾萨克大教堂（ST ISAAC'S CATHEDRAL）

1858年　俄罗斯圣彼得堡　奥古斯特·蒙费朗　礼拜场所

这座令人惊叹的希腊十字教堂是由沙皇亚历山大一世（Tsar Alexander I）下令修建的，并且一直都是偌大广场上的唯一建筑。镀金穹顶统领了该地区的整个风光，即使是环绕在地基部分的画廊也可以让人们一睹涅瓦河（Neva）和整个圣彼得堡的风光。宏大的大教堂内部，占地4 000平方米（43 060平方英尺），是为容纳14 000信徒而修建。包括14种不同颜色的大理石和其他43种矿石，如孔雀石、碧玉、斑岩和青金石等几千吨的贵重石料，使它更加光彩熠熠。教堂外部的柱子则是采用红色的花岗岩装饰。俄国革命后许多年里，圣艾萨克大教堂一直被当做无神论博物馆（Museum of Atheism）。这座教堂的恢复工作已彻底完成，并且典藏了大量19世纪的艺术品。

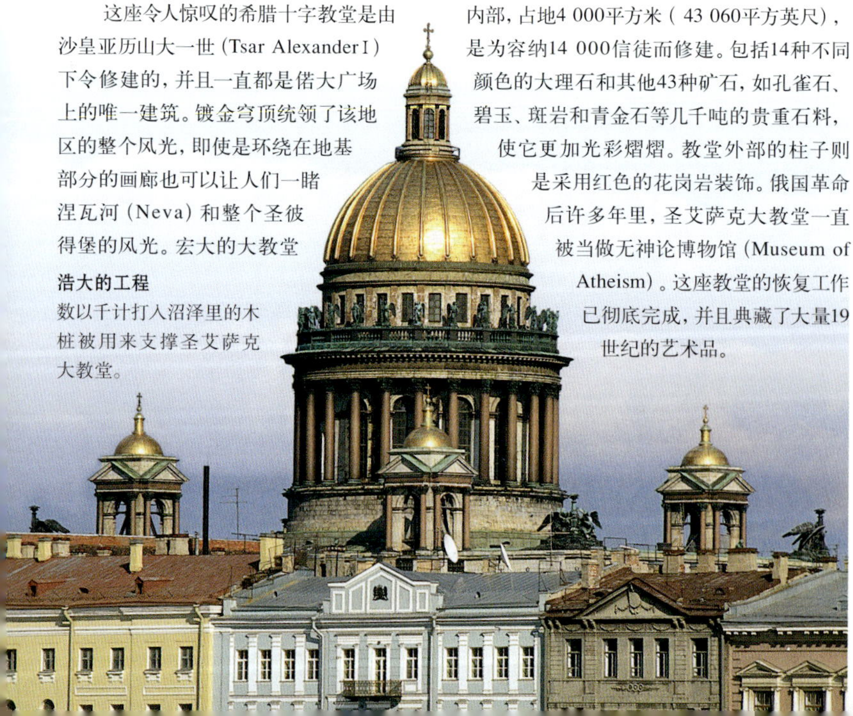

**浩大的工程**

数以千计打入沼泽里的木桩被用来支撑圣艾萨克大教堂。

## 海军部大厦（NEW ADMIRALTY）

1823年　俄罗斯圣彼得堡　艾德里安·米特里耶维奇·扎哈罗夫　军事建筑

海军部大厦是在新古典形式中真正地注入了俄罗斯因素的典型建筑。这座壮观的军事建筑无疑是艾德里安·米特里耶维奇·扎哈罗夫（Adran Dmitrievitch Zakharov）的杰作。在巴黎接受训练时，扎哈罗夫就被艾蒂安·路易·布莱（Etienne Louis Boullee）迷幻般的绘画深深地吸引，这种影响在其设计的镀金尖顶下夸张的中央入口处有着很好的体现。

海军部大厦是所有新古典建筑中最具有代表性的作品之一。扎哈罗夫以海洋和俄罗斯的强大海上控制权作为创作主题。高375米（1 230英尺）的主立面被雄壮的多立克柱式装饰的亭阁分割成几个部分。入口的塔楼和耸入天空的尖顶高73米（240英尺）。像婚礼上分层蛋糕式的檐壁上雕刻着罗马海神（Neptune）正向彼得大帝（Peter the Great）授予其三叉戟的雕塑。较高的檐壁上矗立着古代军事领导的四尊雕像：阿基里斯（Achilles）、阿贾克斯（Ajax）、皮勒斯（Pyrrhus）和亚历山大大帝（Alexander the Great）。更高处是由28根爱奥尼克柱子支撑的飞檐，上面分别饰有28尊雕塑，分别象征着空气、土壤、火和水等元素；此外，还有一年四季和指南针罗盘等装饰。大海和俄罗斯海军等元素，在这里成为建筑的主题。

### 艾德里安·米特里耶维奇·扎哈罗夫

俄罗斯建筑师扎哈罗夫（1761—1811），1782年，在前往巴黎之前，就读于圣彼得堡美术学院。此后，他在巴黎共学习四年，一直师从于凯旋门的设计者沙尔格兰。回国后，一直担任美术学院教授。1806年，受沙皇亚历山大一世委托重建彼得大帝的海军部大厦。此外，他还设计了圣彼得堡科学学院等其他建筑。

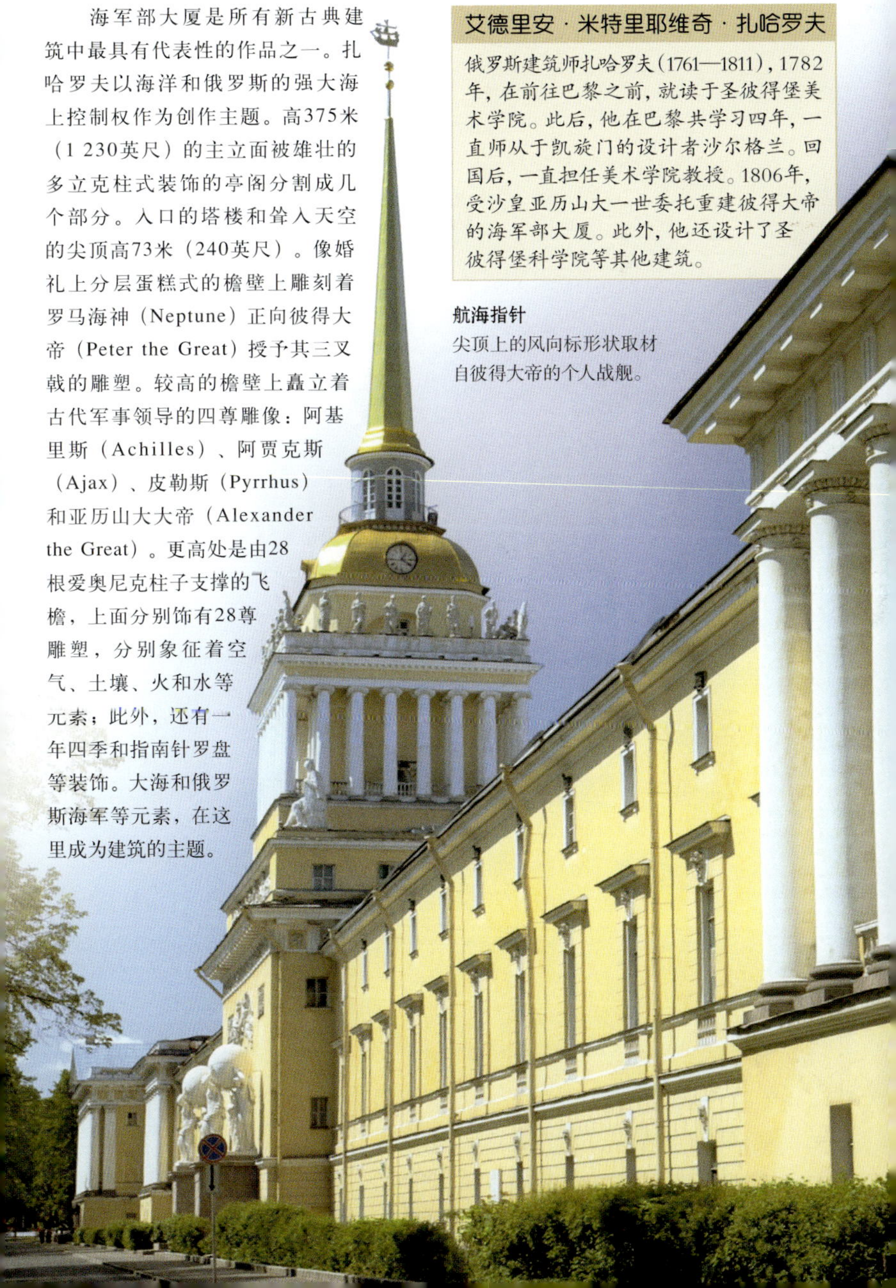

**航海指针**

尖顶上的风向标形状取材自彼得大帝的个人战舰。

# 美国的新古典主义建筑
## 1775—1850

**在美国萌发的新古典主义受到多种因素的影响，其中最主要的影响来自早期定居者的品位。 18世纪，引领美国文化发展的总方向不外乎有两个因素，一是发表的独立宣言（the Declaration of Independence，1776）；二是由托马斯·杰斐逊（Thomas Jefferson，1743—1826，独立宣言的作者）所灌输的信仰：他认为希腊和罗马的建筑最重要的两个出发点是公民权利与民主。**

尽管有着这样或那样崇高的联系，但最初在美国，许多最漂亮的新古典主义建筑却都是为那些南方富裕的奴隶主们建造的种植园房舍。希腊和罗马的宏伟建筑都来自于奴隶的劳动，当然，出生在美国弗吉尼亚州（Virginia）的杰斐逊也不例外。他是一位自学成才的建筑师，里士满（Richmond）的州首府和夏洛特维尔（Charlottesville）的弗吉尼亚大学（the University of Virginia，见第371页）等都出自他的设计。

### 新首都的建筑模式

新古典主义受到大西洋两岸革命政府的欢迎，美国国会将它选作华盛顿特区（Washington D.C.）国会大厦的建筑形式，就华盛顿的首府本身而言，最终看上去就像罗马圣彼得教堂或伦敦圣保罗教堂的世俗翻版。1791年，最初城市规划的起草，出自法国工程师朗方（Pierre Charles L' Enfant，1754—1825）之手。他于1777年来到美国，在独立战争时期（the Revolutionary War）为乔治·华盛顿（George Washington）效力。最终的设计方案选定为：将交叉对角线的大道叠加在原来方格式的设计基础上，这种设计部分源于凡尔赛宫的勒诺特尔式（Le Notre' s）园林设计（见第320页和第321页）理念；部分源于托马斯·杰斐逊交给朗方的欧洲城市新古典设计方案。朗方为华盛顿设计的宽广的大道从国会大厦（见第368页和369页）和白宫（见第370页）呈放射状向外发散。作为新生国家的首都，华盛顿除要为整个美国城市规划树立典型外，最主要的是作为一个国家政府权力的象征，还应得到其他国家适当的钦佩。 朗方所设计的布局，直至今天变动仍不大。这是这个羽翼正日益丰满的新兴国家，一个非常大胆的冒险尝试。

◁ 杰斐逊为弗吉尼亚大学（the University of Virginia，美国的第一所州立大学）设计的圆形大厅（Rotunda）就是源于罗马万神殿的设计理念。大厅位于一望无际的草坪中央，建筑内设有图书馆。

## 建筑元素

随着美国日益成为世界上最强大的国家，设计者们也将目光转向新古典的建筑形式，以使这个新兴国家能够反映古代雅典和罗马共和国的民主精神。新古典主义在新英格兰地区广为盛行，尤其是在肃穆、线条简洁的图书馆和政府大楼等建筑中体现得尤为明显。当然，在民用住宅上，也略有体现。

△ **再现罗马的立面设计**

弗吉尼亚州的首府里士满，是由托马斯·杰斐逊基于尼姆（Nîmes）在1世纪设计的古罗马式庙宇——方堂为原型设计。这是一个理想化的“共和党”建筑，尽管事实上，方堂是建于鼎盛时期的罗马帝国时期。

△ **帕拉第奥的影响**

托马斯·杰斐逊竭尽全力向他的美国同胞们宣扬文艺复兴时期的建筑师——安德烈·帕拉第奥的设计理念。位于华盛顿特区的白宫，带有典型的帕拉第奥式特点：和谐、对称的平面构图，并大量使用三角楣和柱式等结构。

△ **环绕的古典门廊**

具有讽刺意味的是，美国建国之父们的伟大理想，就是利用最优秀且民主的“希腊式”为富有的南方奴隶主修建最精致的房屋。浓荫蔽日的门廊使得这些房屋非常适应当地的气候。

△ **新古典主义城市台基设计**

纽约华盛顿广场的房屋设计，是受到诸如伦敦、柏林和爱丁堡等地众所周知的房屋发展形式的影响。均匀整齐的立面、垂直推拉窗的两旁还有罗马柱式的装饰，这些都是这类建筑的典型标志。

◁ **巨型方尖碑**

能使一座城市的姿态大大超过拿破仑所修建的凯旋门，当属占据华盛顿特区市中心的华盛顿纪念碑。它采用古埃及方尖碑的设计形式，它的建立的确辉映了美国首都的地位和野心。

## 独立纪念馆（INDEPENDENCE HALL）

1745年　美国宾夕法尼亚州费城　埃德蒙·伍利和安德鲁·汉密尔顿　民用建筑

这座建筑在美国历史上发挥了独特的关键作用，因为正是在这里，1776年7月4日，通过了著名的《独立宣言》，而使其理所当然地成为闻名于世的建筑。《独立宣言》认为下面这些真理是不言而喻的：人生而平等，造物主赋予他们若干不可剥夺的权利，其中包括生命权、自由权和追求幸福的权利。

这座建筑是一个带有乔治风格(Georgian)的建筑——如果使用这个词，而没有冒犯美国人情感的话——是在建筑师们共同努力下，长期演化而来的一种建筑形式。漂亮的主体建筑是红砖带有白色石敷料的建筑物，于1745年建完后，就一直作为宾夕法尼亚殖民当局的州议会会场。带有独特尖塔的建筑是在1753年后增建的，后被拆毁；1832年，由建筑师威廉·斯特里克兰（William Strickland，1787—1845）美国华盛顿国会大厦设计者之一，对这座复杂的建筑进行了重建。

独立纪念馆的建筑师明显是受到安妮女王式（Queen Anne-style）红砖房子的影响，因此，也可以说，这座建筑受到17世纪荷兰建筑的影响。无论是荷兰和英国都曾是这里的定居者，所以，毫无疑问，这里也会留下他们的传统和建筑设计理念。当时，这里曾是美国国会、艺术和自然历史博物馆以及法庭的所在地。1943年，它被指定为国家历史遗址。

## 蒙提萨罗别墅（MONTICELLO）

1809年　美国弗吉尼亚夏洛茨维尔　托马斯·杰斐逊　住宅

这间设计巧妙的乡间别墅是由托马斯·杰斐逊（1743—1826）为自己设计的住宅。杰斐逊这位独立宣言的起草者，曾任驻法公使及美国总统（1800—1808），还设计了这座或多或少带有帕拉第奥式传统的山顶建筑。他利用在法国做贸易专员的时间，吸纳了最新的新古典风格思想并对蒙提萨罗别墅进行了重新设计，使其成为一个更迷人、更加闪烁智慧光芒的细致建筑。建设和重建共分为两个阶段：分别为1768年至1784年和1896年至1809年。蒙提萨罗共有光线充足的房屋33间和不少于5个室内厕所，简而言之，这是一栋非常理想的居所。这里还是杰斐逊多达6700卷藏书的著名图书馆，这些藏书为后来美国国会图书馆（Library of Congress）奠定了基础。自1923年以后，这里所有的财产，包括由杰斐逊奴隶照料的房屋、亭台楼阁以及庭院都一并交由托马斯·杰斐逊基金会（Thomas Jefferson Foundation）管理，一直到今天。

**印象深刻的入口设计**

蒙提萨罗有两个主要入口，其中之一就位于漂亮的多立克式柱廊（如下图）下，穿过这里可以到达一个精美的会客室。

# 华盛顿国会大厦（CAPITOL， WASHINGTON）

1863年　美国华盛顿特区　沃尔特　政府建筑

西立面的雄姿

在美国，数十个州政府建筑都采用了国会大厦这种圣洁的建筑设计形式。如今，这座命运多舛的建筑依旧傲然挺立，俯瞰着滔滔不绝的波托马克河。1793年，最初的设计是出自威廉·桑顿（1759—1828）、本杰明·亨利·拉特罗布（1764—1820）和查尔斯·布尔芬奇（1763—1844）三位设计

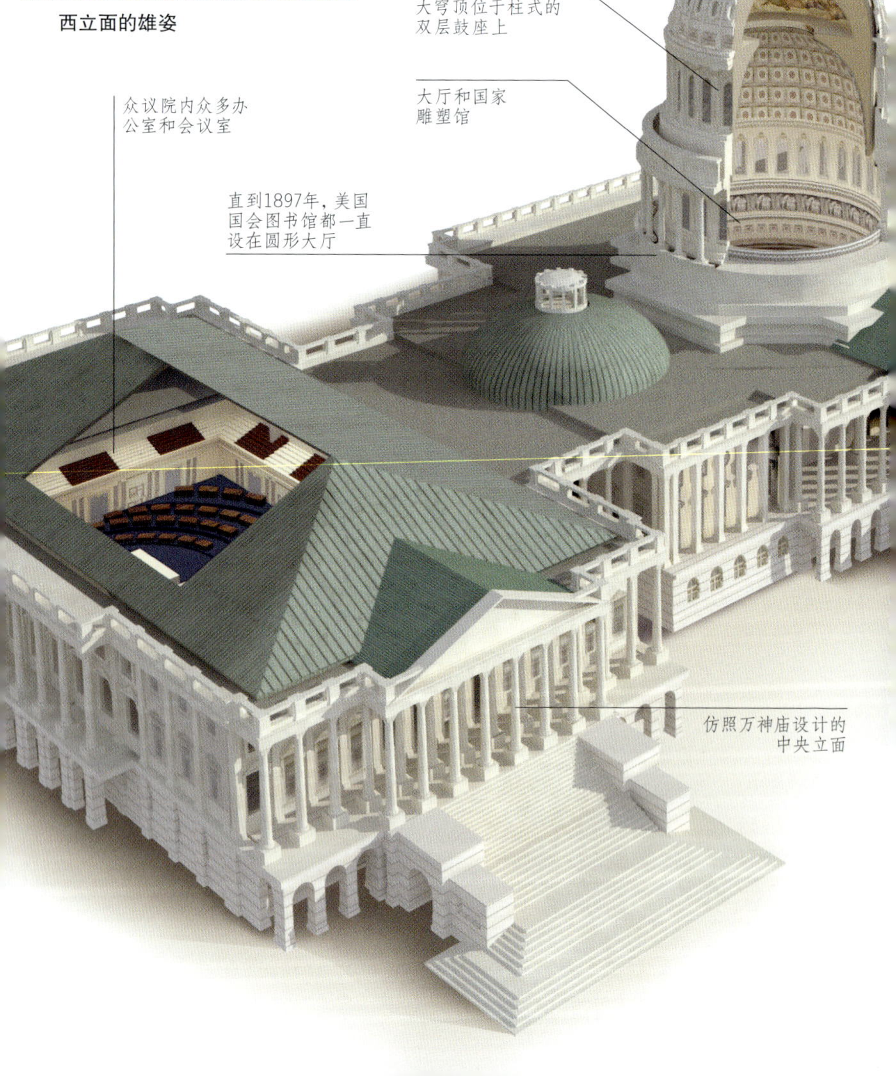

△ 雕塑装饰的三角楣

国会大厦入口上的古典雕塑人物是以自由、智慧和美国的民主政府为主题。

师之手，但无论是出于实际还是政治等因素考量，证明都是不可行的。

因而，沃尔特（1804—1887）设计了一座更大的建筑。大楼的南翼是众议院的所在地（下议院）。北翼是参议院（上议院）。两翼分别位于中央大厅的两侧，中央穹顶采用了钢构架，上面开有108个窗口。正中是一个宽敞明亮的大厅，大厅四周的墙壁和圆穹顶则是由历史上重大事件的巨幅油画和壁画装饰；此外，这里还陈列着重要历史人物的石雕像。

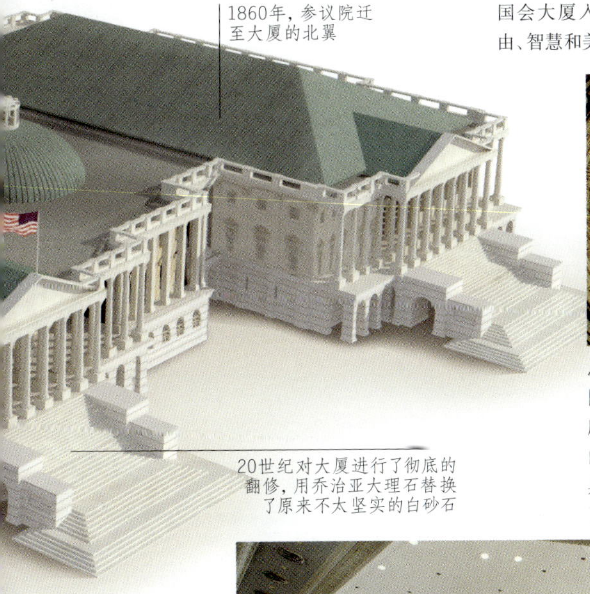

△ 穹顶内部景观

阳光透过众多的窗子倾泻进这座具有防火性能的巨大穹顶内。在这里你所看到的是新古典主义的对称性；同时，也象征了一个新兴强大国家的骄傲。

会议召开 ▷

众议院半圆形的座位设计象征着民主，即所有成员一律平等。此外，两院上都设有公共画廊。

## 白宫（THE WHITE HOUSE）

1817年 美国华盛顿特区 詹姆斯·霍本 政府建筑

美国白宫不仅是总统和政府的办公场所，还是世界上最著名的建筑之一。1792年，著名的美籍爱尔兰人建筑师詹姆斯·霍本（James Hoban, 1762—1831）采用帕拉第奥式风格设计形式设计了这座建筑，并且所使用的建筑材料都是由爱丁堡（Edinburgh）船运到美国的砂岩石。门廊是由B.H.拉特罗布（B.H. Latrobe）在1807年至1808年后增建，1812年英美战争时期被烧毁。其后在1815年和1817年之间重建，由麦克金·米德（McKim Mead）和怀特（White）等杰出的建筑师为白宫进行重新设计和改进。1902年，他们将西翼的暖房改为总统及其工作人员的执行办公室。1909年，白宫的规模进一步扩大，总统的私人办公室，即著名的椭圆形室也开始进驻白宫。1948年到1952年，对建筑主体进行了钢架改造，以替代旧木料托举的天花板办公室。

**总统府邸的门廊**
1901年，西奥多·罗斯福总统正式将其定名为“白宫”。

## 华盛顿纪念碑

1884年 美国华盛顿特区
罗伯特·米尔斯 纪念碑

为纪念美国首任总统乔治·华盛顿而建造，最初是打算建造成一个传统的骑马式雕塑。1848年，最后选定了这个宏伟的设计并开始建造，但在1861年的南北战争（the American Civil War）时被迫中断，前后共耗时近40年才最终完成。通体采用白色大理石，华盛顿纪念碑原打算建造一座高167米（548英尺）的纪念碑，并将其坐落在环形柱式神殿基座上，基座上饰有总统和国家英雄们的雕塑。但无论他们的英雄多么崇高，都不能高于人民的利益（因为这样会给公众带来太沉重的税务负担），所以对设计进行了简化。

## 苏格兰礼仪庙

1915年 美国华盛顿特区
教皇约翰·罗素 礼仪建筑

这座意想不到的历史性建筑是基于1830年毛索洛斯王墓庙（King Mausolus）基础上进行的设计，已被列入“世界七大奇迹”之一。自1915年以来，一直作为苏格兰礼仪共济会（The Scottish Rite of Freemasonry）的总部。它是教皇约翰·罗素（John Russell Pope, 1874—1937）的第一个创作，后来他又接着设计了华盛顿国家美术馆（Wasington’s National Gallery of Art）和杰斐逊纪念馆（Jefferson Memorial）等著名建筑。沿仪式楼梯而上，巨大的青铜门由一对象征智慧和力量的巨石狮身人面雕塑守卫。门内是豪华的礼仪室，并摆放着大量具有象征意义的神秘石雕装饰。

## 韦斯托弗（WESTOVER）

1736年　美国弗吉尼亚查尔斯城县
威廉·伯德二世　住宅

韦斯托弗是为威廉·伯德二世（William Byrd Ⅱ）修建。威廉·伯德二世是一位弗吉尼亚的探险家兼作家。这座建筑在当时是美国屈指可数的大型建筑：坐落在高耸的悬崖上，可以俯瞰詹姆斯河（the James River）；高耸的屋顶和烟囱，张扬和被人关注的设计主旨昭然若是。庄严的红砖结构是以伯德所熟知的英国德雷顿法院（Drayton Court）为原型。

这座种植园建筑也是由主建筑辅以两翼的造型，其中之一就曾经典藏有伯德令人吃惊的4 000卷藏书。但该建筑在1900年内战时期被毁，其后重建。纵穿整个建筑的韦斯托弗大礼堂，以伦敦运来的红木为主要装饰，而会客厅所用的大理石则是来自意大利。一个引人入胜且犹如地下迷宫般的地窖，被用于储藏大量的干红葡萄酒和马德拉白葡萄酒。此外，在某些时候还可作为躲避印第安人袭击的场所。

## 里士满州首府

1788年　美国弗吉尼亚里士满
托马斯·杰斐逊　民用建筑

托马斯·杰斐逊设计的这座建筑位于夏柯山山顶，可以俯瞰詹姆斯河瀑布，并由法国古玩研究者及装饰家查尔斯·路易斯·克莱里索斯进行了内部装饰。这座建筑是杰斐逊看似漫不经心地模仿了尼姆设计的梅宋卡瑞神庙（见第108页），但他在建造时用结实的爱奥尼克柱式取代了法国原型中带有凹槽的科林斯柱式。在内部，伫立在穹顶圆厅下的是人们引以为豪的乔治·华盛顿的雕塑。

## 美国弗吉尼亚大学（UNIVERSITY OF VIRGINIA）

1825年　美国弗吉尼亚的夏律第镇　托马斯·杰弗逊　大学

弗吉尼亚大学以其特有的风格而独树一帜。学生宿舍由流畅的拱廊相连自上而下鱼贯而行可至完美无瑕的草坪。草坪上是一座美丽的砖式圆厅，是罗马万神庙的缩小版。自1826年以来，原址就不断地扩大，当时，杰斐逊本人还在学院举办讲座、在此吃午餐，并在附近的蒙提萨罗（Monticello）吃晚餐。1895年，圆厅穹顶起火，其后由杰出的建筑师斯坦福·怀特（Stanford White）重建，他对杰斐逊的内部设计进行了较大的改进。1976年，在庆祝美国独立200周年时，又将其恢复成杰斐逊时期的设计形式。

**经典校园**
这座以新古典主义为核心的校园，为这里奠定了持久庄严的形象。

# 大工业化时期建筑

19世纪，是一个迎来工业化大潮及以运输和通信跨越式发展为特点的世纪。火车、电力、电报以及在20世纪结束时，电话和汽车等方面的技术革新，极大地改变了西方社会的面貌。对于建筑师而言，已确定的事也不得不让位于重新注入活力的新世界。

奥古斯塔斯·普金（Augustus Pugin，1812—1852），这位英国维多利亚时代的建筑师就曾说过：“我就好比是火车头，前进是我唯一的方向。”普金这位19世纪发电机式的人物，不停地燃烧自己，年仅40岁时，就不幸英年早逝了。在如烟花般绚烂短暂的职业生涯中，他从15岁开始，就在温莎城堡（Windsor Castle）为乔治四世（George Ⅳ）设计哥特式家具，此外，由他设计建造的教堂遍布英国和爱尔兰等地。普金和一群跟他同样具有奉献精神的建筑团队、技工和装饰专业人员一道，致力于使英国实现14世纪，哥特式和天主教辉煌时期的模样。“助理，先生？”他朝一位来客咆哮着，而来者早已被他惊人天赋设计的寺庙、教堂、住宅、家具、书籍、墙纸和伦敦新威斯敏斯特宫（Palace of Westminster，见第400页）的每一个细节惊得目瞪口呆。此外，普金新哥特式设计的影响还远至澳大利亚（Australia）和美国。这位维多利亚时代的建筑师能够如此快速度高产出的一个主要原因之一就是：除了他天生的驱动器式的性格和充沛的精力外，再有就是铁路发展所带来的神奇速度。

**大挪移**

到19世纪末，公共铁路运输已将其触角延伸至工业化英国的整个大陆。

## 关键日期

**1800年**

1803年，理查德·特里维西克建造了第一个能投入实际运行的蒸汽机车。

1829年，在瑞恩山（The Rainhill Trials）比赛中，乔治·斯蒂文森（GeorgeStephenson）设计的“火箭”号机车达到了时速36公里（22英里）。

**1830年**

1830年，从曼彻斯特到利物浦的铁路开放，这是世界上第一条全蒸汽客运铁路。

1862年，法国人路易斯·巴斯德（Louis Pasteur）完善了杀菌过程以防止食物污染。

**1860年**

1866年，由布鲁内尔的大东方轮船铺设的穿越大西洋的电报电缆连接成功。

1876年，亚历山大·贝尔（Alexander Grahem Bell）这位苏格兰人发明了电话。

1879年，托马斯·爱迪生发明了电灯泡。

**1880年**

1880年开始，大量移民从欧洲涌入美国。

1880年，西门子和哈尔斯克共同生产了世界上第一台电动升降机，从而极大地促进了摩天大楼的发展。

**铁路时代**

并不是所有的建筑师都像普金一样适应这种快速发展。即将到来的铁路和迅速蔓延的工业激起了感伤主义者和怀旧主义者的强烈抵制。在英国的手工艺者兼辩论家威廉·莫里斯（William Morris，1934—1996）的滋养和推动下，形成了一股艺术与手工艺运动（the Arts and Crafts Movement），并由此启发了大量浪漫、细腻手工制作的建筑，并极尽所能地阻止现代社会的来临。与此同时，铁路正在以惊人的速度发展，到普金去世时，火车已成为整个欧洲及大部分美国人日常生活中不可分割的一部分。到世纪之交时，机车的最高时速已达到每小时150公里（93英里），许多快速列车，也达到了平均每小时80公里到90公里（50英里到56英里）的速度。有些列车更像是车轮上的酒店，可以提供饮食与睡眠、理发、厕所、照明等的便捷服务。轨道和信号也得到跨越式发展，从而使乘坐火车变得更快、更便捷，也比以往任何时候都更安全。

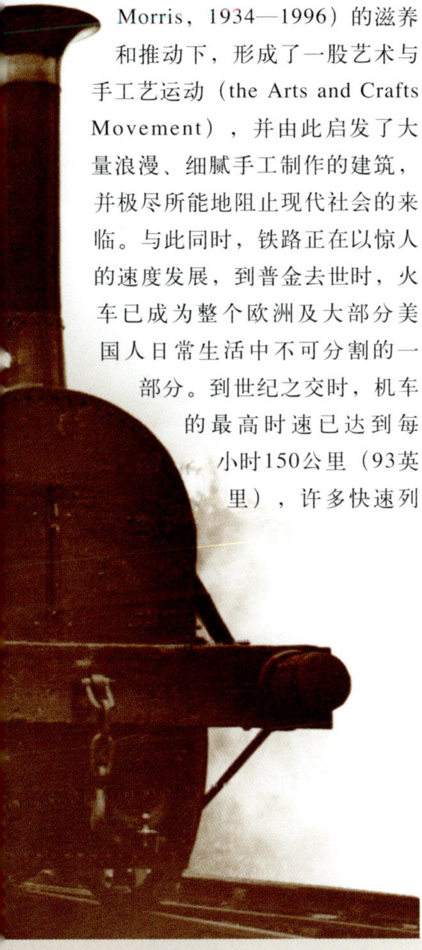

铁路的迅猛发展不仅使陆路旅行速度变得舒适快捷，同时也给社会和经济

**电线杆和电线**

在莫尔斯电码（Morse code）的魔力下，电报能使信息传递得更远。1844年，在巴尔的摩和华盛顿之间架起了第一条电缆。

**1885年**，第一辆汽油驱动的汽车，第一辆马车式三轮汽车由位于德国曼海姆的卡尔·奔驰设计完成。

**1886年**，法国与美国同时发现了生产铝的技术。

**1889年**，古斯塔夫·埃菲尔（Gustave Eiffel）为迎接著名的巴黎世界博览会开幕使用的埃菲尔铁塔建成。

**1894年**，古列尔莫·马可尼展示了首个无线传输技术专利。

**1900年**

**1900年**，在巴黎，纽约的奥的斯电梯公司（the Otis Elevator Company）展示了首个自动扶梯。

**1903年**，莱特兄弟制造了世界上第一架动力飞机，并从美国俄亥俄州吉蒂霍克试飞成功。

**1908年**，亨利·福特宣布了T型车的问世，大规模生产线可以为更多人生产汽车。

**1914年**，斐迪南（Archduke Franz Ferdinand）夫妇被暗杀，第一次世界大战爆发。

**1919年**，沃尔特·格罗佩斯在德国成立了包豪斯建筑设计学院。

**1920年**

的发展带来深远的影响。

随着铁路网络日益变得四通八达，以前无法想象的旅行也变得相对简单。比如在1869年，可以第一次乘坐美国的“铁路”跨越整个美国大陆。各地的时间逐步被标准的铁路时间替代，因为一份切实可行的时间表，可以确保列车的安全和高效运行。

不仅列车在不断地延长其在陆地上的运营时间，远洋巨轮也开始加快海上航程的速度。第一艘定期跨越大西洋的蒸汽船——大西方号（the Great Western，1838）由英国工程师伊萨姆巴德·金顿·布鲁内尔（Isambard Kingdom Brunel，见第387页）设计完成。而大东方号（The Great Eastern，1858）同样由布鲁内尔设计，并在1866年，完成了铺设第一条跨越大西洋的电报电缆任务。便捷的运输和新通信方式的不断涌现，如电报和其后的电话，世界也似乎变得越来越小。各种思想在不同城市、国家甚至是在不同文化的人们当中的传播也变得越来越容易。同时，也帮助了诸如查尔斯·达尔文和卡尔·马克思等人的思想理论的传播。

## 钢铁加工厂

铁路将遥远矿山和森林里的原材料，如煤炭、木材和铁矿石等，运送到冶炼厂和加工厂，从而大大地加快了工业化的进程。它们还可以将制成品进行定点运输。

从此，在没有适合黏土制砖的地方，建造砖结构建筑成为可能；也可以

**埃及苏伊士运河上的轮船**

1869年，苏伊士运河竣工通航，它沟通了红海和地中海。这条运河可使欧洲与亚洲之间实现南北双向水运，从而不必再绕道非洲南端的风暴角（好望角）。从建筑的角度来看，这将意味着建筑材料可以随时从一个地方运输到另一个地方。

**奥狄斯电梯（Otis elevator）**
1854年，伊利萨·奥狄斯（Elisha Otis，1811—1861）向世人展示了第一部由蒸汽驱动的可以安全乘坐的电梯。电力驱动的电梯则是在1880年才发明的。

在城市，这种远离石头和大理石等建筑材料产地的地方，使用砖石建筑而无须耗费大量的成本。水晶宫（the Crystal Palace，见第384页）就是专为1851年的“世界博览会”而在海德公园（Hyde Park）建造的，它所使用的大部分原材料都是经由铁路从伯明翰——这座“世界工厂”运输到当时被称做“大烟囱”的伦敦。此外，铁路还帮助建筑师和建筑者获得了“运输”想法的能力，图纸和材料或任何他们所需要的，都可以很快获得，虽然有可能产生积极或消极的两种结果。现在，优秀的建筑师可以提高以前被忽视的城镇标准，但同时也蕴涵了危险，即建筑变得越来越单一。19世纪，在维多利亚时代的英格兰，大片泛滥的红砖房屋就是这样的例子。

## 查尔斯·达尔文

英国博物学家查尔斯·达尔文（1809—1882）发表了自然选择进化论，介绍了为适应环境的变化，一个物种是如何发展进化成另一物种的理论。这一理论是源自其对世界各地上千种植物和动物物种研究后得出的。他的《物种起源》不仅是生物科学上的一场革命，更是在基督徒中引起了轩然大波，因为它已公然地向《圣经》发起了挑战。

**达尔文的指南针**
19世纪30年代，“贝格尔”号军舰（HMS Beagle）开始环球考察，达尔文以“博物学家”的身份参与了这一漫长的环球旅行。

# 机器时代建筑

## 1800—1914

**18世纪中叶，英国率先完成工业革命。机械大生产代替了手工劳动并提高了劳动生产率、全球货物运输大发展、殖民掠夺以及国内公民权利和中产阶级致富梦想等，都是促使英国能够迅速实现工业化的众多因素之一。保守的建筑师，突然发现自己似乎是站错了位置。**

在城市机械化大发展的工厂中，除给数百万辛勤劳动者们带来苦难外，还有就是他们根本无法适应这种突发、肮脏的迅速增长。污染、疾病和各种新问题变得日益普遍。虽然工业革命也带来了许多好处，而这些对建筑师而言，却未必见得。因为就是在此时，建筑行业正日趋发展成一种专业机构，工业革命的机械化大生产威胁到了这门古老的艺术，使工匠成为多余。从某种程度上说，他们的担心也不是没有道理的。

### 新结构，新材料

最早的工业建筑形式以出乎意料的美好展现在世人面前，如建于1779年、横跨在英国中部塞汶河（the Severn River）上的柯尔布鲁克代尔铁桥（Iron Bridge，见第382页）。这种结构远离建筑师传统的审美观念，并且许多工业时代的重要建筑，其设计和建造都是出自工程师而非建筑师之手。与此同时，建筑师们往往选择谴责他们眼中所看到的“荒唐建筑”，要在鲜为人知的形式之战中（Battle of the Styles）一决雌雄，这种愤怒，或多或少一直持续到“第一次世界大战”期间。然而，新材料特别是钢筋混凝土，确实在革新建筑的方方面面，最终以全胜的方式进入建筑领域。它不仅给建筑方式带来了巨大变化，同时也开辟了新的设计途径。直到工业革命之前，所有建筑物的墙壁都是采用自身承重的形式。而现在，已采用20世纪的幕墙等形式，来减少自身的重量。至于那种预制房屋，如帕克斯顿的水晶宫（Paxton's Crystal Palace，见第384页），就是如此辉煌的一笔，不仅令人震惊，而且还预示了新建筑时代的到来。

◁ 高300米（984英尺）的巴黎埃菲尔铁塔（Eiffel Tower）就是一座于1889年建成的位于法国巴黎的镂空结构建筑。埃菲尔铁塔得名于设计它的桥梁工程师居斯塔夫·埃菲尔（Gustave Eiffel）。

## 建筑元素

工业革命开始动摇世界建筑的形式和审美观点，虽然这种影响没有立刻显现。哥特式的复兴主义者和新古典主义者十分乐于使用这些新材料和工业技术来实现他们想要的效果。然而，毫无疑问的是，一场革命正在孕育当中。

◁ **“曲线”玻璃**

位于英国伦敦皇家植物园内的棕榈屋是较有影响的设计。它由伯顿和理查德·特纳共同设计完成。在此，设计师神奇地使用了铸铁和熟铁两种新材料。此外，玻璃也顺服地沿着架构的曲线铺设。这可是一项了不起的壮举。

△ **古典的铸铁形式**

约翰·纳什这位摄政时期具有创新精神的建筑师，在设计伦敦卡尔顿官邸平台时，使用了铸铁打造的多立克柱式，以方便施工。

▽ **工程设计**

在工业时代，桥梁再也不是建筑师的专利。英国伊萨姆巴德·金顿·布鲁内尔这位工业革命时期的天才设计师，将工程设计天赋与以往的抱负相结合，建造了巨大的埃及式石头塔架，以支持英国伦敦克里夫顿吊索桥。

◁ **临时预制房屋**

1815年，这座历史上第一次以钢铁、玻璃为材料建造的超大型建筑，开创了近代功能主义建筑的先河。弯曲的屋顶和微妙的铁窗格，由大块的进口平板玻璃镶嵌，建造了一座虽然临时但同样具有恢弘气势的展馆建筑——水晶宫。

△ **功能与形式**

福斯铁路桥是世界上第一座桁架钢梁桥，建成于苏格兰，由贝克和福勒共同设计。这种充满戏剧性然而又极尽朴实的建筑形式，培养了未来一代建筑师们的功能主义信条。桥梁共使用钢材54 000吨，历时8年建成。

**摩天大楼的开端** ▷

1895年，芝加哥14层高的信赖大楼被认为是建筑史的革命。虽然起伏的外观和哥特式的装饰广受争议，最终还是成为20世纪上千万钢筋铁骨办公大楼的原型。

△ **钢铁玻璃屋顶**

桶拱式的屋顶让人想起哥特式教堂，但这里却是由钢铁和玻璃创造的屋顶。这就是米兰的维托伊曼纽拱廊。

△ **设计象征功能**

铁的多功能性能为创新设计提供了机会。牛津大学博物馆（the University Museum）的铁建筑骨架，宛如恐龙的骨骼展。

△ **城市景点**

每座城市都希望拥有一座里程碑式的铁建筑。里斯本选择了新哥特式的圣朱斯塔升降机，将人们从步行街送往高处。

## 克里夫顿吊索桥（CLIFTON SUSPENSION BRIDGE）

1863年 英国西南部布里斯托尔 布鲁内尔 桥梁

主设计师布鲁内尔（I.K.Brunel, 1806—1859）在设计这座桥梁时只有24岁。布鲁内尔因为在设计这座桥梁时并没有采纳托马斯·泰尔福特（Thomas Telford, 1757—1834）的意见而备显其设计的卓越。因为事实证明，泰尔福特在1815年设计的小型梅奈悬吊桥（Menai Suspesion Bridge）现已几乎被风摧毁。克利夫顿吊桥横跨埃文峡谷（Avon Gorge），跨度达214米（702英尺），距离峡谷底面76米（250英尺）。桥梁外观颇具当时的时代特征，从某种意义上讲这是一个将工程项目转化为抽象建筑杰作的伟大创举。

**昂贵的创新**

由于缺乏资金，推迟建设多达数年的吊桥终于在布鲁内尔去世4年后完工。

## 柯尔布鲁克代尔铁桥（IRON BRIDGE， COALBROOKDALE）

1779年 英国什罗普郡 亚伯拉罕·达比三世和汤马斯·比察德 桥梁

18世纪，随着炼铁技术的提高，铁作为一种工程材料和建筑材料的潜力得到进一步的开发。铁这种材料比石头结实，并随着铁在各个领域的广泛应用，生产成本也越来越低。也就是说，在此阶段对铁的任何使用，尤其是在建筑上而言，被普遍认为是纯粹出于功利行为，而不是审美的需要。

那么，这座铁大桥（世界第一座铁桥）的显著特点也是显而易见的，即它的造型纤薄优雅，因为这种结构只有铁能够实现。它是功能与形式的完美结合。这座桥是由亚伯拉罕·达比三世（Abraham Darby Ⅲ, 1750—1791）修建，并可能是依据建筑师汤马斯·比察德的设计而来的。现在来看它的确很成功，然而在其建设过程中，河下发生的交通事故却从未中断过。另外，它也突出了新技术的风险：它使达比三世从此陷入了债务之中。

**强度与优雅**

30米（100英尺）跨度的铁桥由五个铸铁拱墩支撑，每个都被分割成半圆拱的形式。

## 邱园棕榈屋（THE PALM HOUSE，KEW GARDENS）

1848年 英国伦敦 伯顿和理查德·特纳 玻璃房

邱园的棕榈屋和德比郡的查兹沃斯（Chatsworth）风景园的温室如出一辙（二者同样大），只是前者要比后者建造得略微晚一些。风景园温室出自水晶宫（Crystal Palace，见第384页和第385页）的设计者帕克斯顿之手。但二者之间也存在着诸多不同之处。帕克斯顿将玻璃镶嵌在构架鲜明的脊状和沟槽内；而棕榈屋则将玻璃平铺在水平平面上，从而形成了单一的光滑表面。此外，虽然棕榈屋也采用了同查兹沃斯风景园一样的“双拱顶”的建筑结构，（其中浅拱支撑第二个较小的拱），但邱园棕榈屋仅将双拱局限于中央区域，从中央伸出的两翼，弯曲成半圆式穹顶向外扩展。然而，二者的相同之处体现在：查兹沃斯风景园和邱园的棕榈屋都成功地使用铁和玻璃制作了预制房屋，这是一种革命性的建筑风格，预示了大规模生产已经建立。

**预制房屋的诞生**
优雅与实用相结合的预制建筑看起来似乎很脆弱，但的确是经受住了时间的考验。

## 煤炭交易所（THE COAL EXCHANGE）

1849年 英国伦敦 J. B. 邦宁 商业建筑

煤炭交易所砖石结构的外墙自拆除后，就采用了意大利文艺复兴时期的建筑风格以适应上流社会的需求。而建筑的内部，相比之下，不仅大胆而且具有一定的前瞻性。大厦的圆形中央大厅几乎完全是铸铁结构。墙壁被分成三层，每一层都有铸铁阳台形成的环围托架，而内部装饰则采用了较昂贵的（因而较少使用）熟铁。上面采用的铸铁肋骨玻璃穹顶，成为稍晚些时候大英博物馆阅览室的直接前身。

**优雅与舒适**
中央的贸易大厅是制定煤炭价格和生产以及股票交易的地方，由高22.5米（74英尺）的玻璃穹顶自然采光。

# 水晶宫（CRYSTAL PALACE）

1851年 英国伦敦 约瑟夫·帕克斯顿 公共建筑

△ 跨越海德公园的水晶宫

1851年举办了一届规模宏大，各国共同参与的世界博览会。会址就选在伦敦海德公园内，这座气势恢弘的展馆建筑长564米（1851英尺），采用玻璃、钢铁和木材等材料建成预制结构。这是约瑟夫·帕克斯顿（Joseph Paxton，1801—1865）的杰作；此外，他还参与建筑了德比郡的查兹沃斯

◁ **自然工程**
帕克斯顿的创新设计，深受巨大的睡莲叶脉络结构的启发。灵活交叉的肋骨与辐射肋骨相连，从而达到了难以想象的强度和韧度。

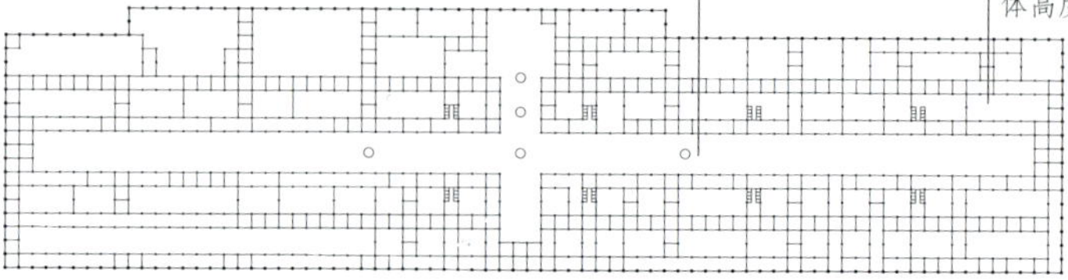


◁ **建筑平面图**
主要通道两旁各设有一个副通道，并有同样宽阔的走廊隔断。

(Chatsworth) 风景园的温室和百合花房。

帕克斯顿最大限度地利用平板玻璃，这种最新发明的材料，仅在法国他就使用了近30万张。钢铁则由附近的伯明翰 (Birmingham) 铸造后，再由火车运抵伦敦，在48小时内就完成了安装，甚至钢铁上仍带有铸造厂的余温。水晶宫是世界上第一座大型预制建筑，预示着新一代工厂的诞生。1852年，世博会结束后水晶宫移至伦敦南部的西得汉姆 (Sydenham)，并以更大的规模重新建造，但不幸的是在1936年，大火烧毁了整座建筑。

△ **建成一座暖房**
走廊的屋顶是桶形拱设计，并且远远高于主要通道的高度，以便在室内种植树木等高大植物。这是帕克斯顿原来的直线设计幸存的最后一刻，但从视觉效果来看，它的确取得了巨大成功。

△ **约瑟夫·帕克斯顿爵士**
帕克斯顿是一个园艺和植物学家，所以难怪，他最初的建筑设计工作是从暖房开始的。

## 奥利欧·钱伯斯

1864年 英国利物浦
彼得·埃利斯 商业建筑

由埃利斯（Peter Ellis, 1804—1884）设计的这座建筑，相对而言，那时他还是利物浦不太著名的建筑师，但这座建筑却很好地阐释了一个英国北部的工业城市如何锻造了一个新的维多利亚时代。在某种程度上，它也是针对新的商业现实的一个简单有力的回击。作为回击，必然要求建筑某种新型的房屋。但是新技术也正以自己的实力来证明自己的胜利。奥利欧·钱伯斯的主体框架采用的是铸铁结构；而外部，则由显眼的大块凸肚窗子占据绝对的主导地位，它所缔造的形式几乎可以同历史上任何一座建筑形式相媲美。虽然建设之初饱受争议，但同时也证明了它是那个时代最具影响力的建筑。

## 皇家十字车站

1852年 英国伦敦
刘易斯·丘比特 火车站

皇家十字车站是伦敦最早建立的主要火车站之一。因此，这种建筑形式没有所谓的原型可照搬或模仿。此外，虽然铁路时代正以不可阻挡之势来临，但同时，人们又不得不综合考虑的一个因素就是纯粹的实际需要，即建筑大量的铁路站台，并且最好是封闭式的站台。建筑师路易斯·丘比特（Lewis Cubitt，1799—1883）提出的解决方案是采用意大利式的砖混建筑结构，实践证明，这个方案是非常务实可行的。其主体建筑是由一个中央塔楼和两个大拱门组成的，这与后面的玻璃铁拱形平台相呼应。当然，它也就成为伦敦最令人满意的维多利亚早期建筑之一，特别是其大胆地将凯旋门式拱门引入到铁路——这样一个服务性行业中。

## 加德纳的仓库（GARDNER'S WAREHOUSE）

1856年 苏格兰格拉斯哥 约翰·贝尔德一世 商业建筑

加德纳的仓库开辟了工业时代由铁和玻璃建造房屋新的可能性。这不仅对一个迅速成长为主要工业中心的大英帝国而言，是技术上最先进的建筑，同时也证明了单纯的功能需求依然得以惊人优雅的形式展现。即不断涌现的新建筑技术，也可缔造建筑的真正价值。乍看之下，最令人难忘的是它的超大尺寸的窗子，所以不难想象，这是一座精美的建筑。在那个时代，建筑价值通常等同于沉重的历史，无论是古典或哥特式，加德纳的仓库总是忙着（而不是偷偷地）改写规则。这并不是说，它完全摒弃了历史。并不张扬的飞檐，还有一层、二层和三层上的圆形窗户，都以不同的形式采用了意大利文艺复兴早期的建筑模式。然而，没有任何缘由，窗子采用了逐级缩小尺寸的设计。显然，现在看来这些都是不合时宜的吹毛求疵。贝尔德的建筑设计开拓了建筑领域的新方向，它标志了正在诞生的现代主义建筑。

## 铁路建筑（RAILWAY ARCHITECTURE）

即使是希腊神庙、哥特式城堡或巨大的玻璃房子，这些对于维多利亚时代的铁路企业家们来说，没有什么更大、更出格甚至更大胆、更英雄的建筑形式是他们不敢尝试或不适用于作为铁路的建筑形式的。铁路是那个时代的奇迹，蒸汽动力将它们带到城市的中心。同时，它们也在四处寻找符合自己大风范式的建筑风格。

**伊萨姆巴德·金顿·布鲁内尔**

布鲁内尔（1806—1859）也许是英国有史以来最伟大的工程师。他除为大西部铁路设计隧道、桥梁、高架桥以外，还设计了布里斯托尔殿堂米兹火车站。

如果说维多利亚时期铁路建筑师是以希腊和罗马的风格来打造公共建筑的话，这是因为他们也正在建立一个帝国，一个蒸汽与钢铁的帝国，他们也想给世人留下深刻的印象。伦敦尤斯顿火车站的大型迎宾入口拱门，采用了精致的希腊神殿入口造型，或三角楣入口，进入这里就标志着你进入了世界上第一条主干铁路——伦敦至伯明翰（1838）的铁路——证明这一革命性的运输模式正在对经济和社会产生重要的影响。铁路的设计者们继续沿着这种古典设计的传统走到了20世纪，一直到纽约宾州和大中央火车站等设计的出现，标志着铁路建筑已达到了其设计的鼎盛时期。从19世纪30年代到“第一次世界大战”之后，各种雄心勃勃的建筑潮流来了又去。铁路也部分支持了预制与反复设计这种模式的发展，因为不断延长的铁轨，使得他们不得不竭尽全力地建造廉价高效的建筑，来跟上铁路的发展步伐。

**伦敦的圣潘克拉斯火车站**

建于1868年至1877年的圣潘克拉斯火车站是当时最好的火车站。

**巴黎东站**

在第一代的铁路车站中，巴黎东站建于1847年至1850年，主要负责巴黎至斯特拉斯堡（Strasbourg）之间的铁路运营。

## 雷阿勒商场

1853年后 法国巴黎
维克多·巴塔尔 商业建筑

1971年被拆毁的雷阿勒商场，可以追溯到1853年至20世纪30年代，在这段时间内，它都在不断地扩建和改建。它是尤金·乔治·奥斯曼男爵（1809—1891）在重建巴黎中央区域时的一个产物。这里是城市主要食品市场的集散地，因此，铁和玻璃等材料就可以大显身手了。这不仅是从这些材料的功能上而言，更是因为这些材料所具有的灵活性。此外，这类材料自身的功利性特点，也使它们在很少或根本不需要建筑特点的地方大行其道。在某些方面，雷阿勒商场也代表了一个失去的机会。 原本铁和玻璃拱顶在设计之初，打算在宽度上达到91米。这是一个惊人的建议：当时它要远远超过英国当时的任何一座建筑。然而，现实的建筑也同样令人印象深刻：6座单体建筑，饰有巨大的玻璃窗和部分由琉璃瓦装饰的屋顶。

## 圣吉纳维芙图书馆

1850年 法国巴黎
亨利·拉布鲁斯特 图书馆

圣吉纳维芙图书馆是一个处于不断演变中钢铁建筑的一个关键性代表建筑。这是一个大型的公共建筑，漂亮的文艺复兴时期宫殿式砖混立面设计和全铁架结构，张扬与瞩目是其追求的设计目的。位于主楼层的长长的阅览室是由超薄铸铁圆柱支撑的两个铁制桶拱建造而成。最令人意想不到的是，缓斜屋顶也是铁制的。

## 巴黎国家图书馆（NATIONAL LIBRARY， PARIS）

1868年 法国巴黎 亨利·拉布鲁斯特 图书馆

拉布鲁斯特（Labrouste，1801—1875）的过人之处开始于19世纪40年代，也就是在圣吉纳维芙（Sainte Genevieve）图书馆的设计中开始崭露头角，并将其壮观的铁和玻璃的风格继续用在国家图书馆（the National Library）的设计当中，相对于圣吉纳维芙图书馆来说甚至有过之而无不及。拉布鲁斯特丝毫不掩饰建筑的结构，事实上，纵情于显露其设计。结合异常丰富层次的微妙装饰，成功是显而易见的。主阅览室由9个浅赤陶穹顶构成，在每一个高点处开有一个圆形窗口以便采光和确保照明。穹顶都是采用铸铁柱支撑，共分为4排，每排3个。这些浅拱在较低的边缘处会集，由设计更为复杂的熟铁支撑。如果阅览室给人以故意夸大的感觉的话（一个功利性建筑无非是要吸引更多人的眼球），相比之下，藏书室则尽显功能性，素朴得几乎跟工厂一样。在这里，共分为4个楼层，也是采用顶部照明。为了最底层的采光需要，地板是采用极其简单的金属网罩铺成。狭窄的人行通道也采用类似的设计穿行在藏书室内，也为其平添了些许优雅。

**阳光与空气**
拉布鲁斯特设计的宽敞优雅的阅览室，反映了19世纪对知识需求的不断扩大，以及同样平行增长公共图书馆的必要性。

## 埃菲尔铁塔（THE EIFFEL TOWER）

1889年　法国巴黎　古斯塔夫·埃菲尔和史蒂芬·叟伍斯特　铁塔

埃菲尔铁塔是一座象征机器文明并在巴黎任何角落都能看见的巨塔。即使是最慷慨的词汇“建筑”（building）都无法拿来定义这座伟大的建筑。相反，它是19世纪晚期，利用新技术来缔造大规模建筑的大胆宣言。

世界上没有比埃菲尔铁塔更能准确地总结和积极地肯定西欧技术在19世纪的领先地位。1889年，法国大革命（the French Revolution）100周年，巴黎举办了大型国际博览会（Universal Exposition），因而建筑了此塔以示纪念。

尽管埃菲尔铁塔的构思是埃菲尔的智力成果，但其大部分详尽工作都是来由史蒂芬·叟伍斯特（Stephen Sauvestre，1874—1919）完成的。四根呈拱状、粗大的带有混凝土水泥台基的铁柱支撑着高耸入云的塔身和灯泡型的塔顶都是出自他的设计。设计之初，所面临的基本问题就是如何来减少风的阻力。同时，优雅的铁塔也是在迫切的工程设计要求下诞生的产物。尽管可预见的反对意见是不可避免的，一位同行将其称为“真正制造悲剧的路灯”（铁塔的灯光将会杀死塞纳河中所有的鱼）就是最明显的反对意见。然而，铁塔落成后，就预示着一个惊人的成功。同时也证明了埃菲尔铁塔施工方法的正确。埃菲尔铁塔是由18 038个部件组成。由埃菲尔本人位于郊区的工厂生产，然后运送到施工现场后进行组装，由于铁塔上的每个部件事先都严格编号，所以装配时没出现丝毫差错。

### 古斯塔夫·埃菲尔

古斯塔夫·埃菲尔（1832—1923）是19世纪晚期法国杰出的工程师。他负责了整个欧洲一系列革命性的金属建筑，尤其以桥梁设计为主，当然也包括埃菲尔铁塔和纽约自由女神像（the Statue of Liberty）的框架设计。在结束了其辉煌的职业生涯后，他把大量的时间投入到气象、无线电和空气动力学等科学领域的研究探索中。

**数字统计**

埃菲尔铁塔高300米（984英尺），重达7 300吨，共用了250万颗铆钉，从塔座到塔顶共有1 665级阶梯。

## 民众之家（MAISON DU PEOPLE）

1899年 比利时布鲁塞尔
维克多·奥尔塔 会议厅

民众之家标志着以铁和玻璃为总体基础的新建筑形式出现的一个决定性阶段。它的主要作用一是作为会议厅（礼堂位于建筑的核心）；一是作为社会党的总部（Socialist Party）。这座建筑经过巧妙的构思，使一处尴尬的地方充满活力。更重要的是，它见证了铁和玻璃如何为新艺术派运动

（Art Nouveau）服务，而这座建筑的建筑师维克多·奥尔塔（Victor Horta，1861—1947）就是这项运动的领军人物。这座建筑的影响是多方面的，同时又兼具功能性，并且还是原创。但在1965年，大楼被拆毁。

## 弗莱西奈飞机库

1923年 巴黎奥利
尤金·弗莱西奈 机场

位于奥利机场（Orly Airport）的弗莱西奈飞机库以其惊人的优雅结构而成为一座优秀的建筑。尤金·弗莱西奈（Eugene Freyssinet，1879—1962）在策划奥利机场的设计时，所面临的问题主要有：首先要建立一座经久耐用的建筑，其次要以最低的成本来建造这座建筑。因为飞艇是圆形的，所以最不浪费空间的拱形结构显然是可取的。但又鉴于它必须175米长，91米宽， 60米高，所面临的技术问题也是可想而知的。

弗莱西奈的解决办法是使用钢筋混凝土结构：也就是在混凝土内加入钢筋。所以，具有压缩性能的混凝土配合拉伸强度高的钢材，有效地解决了耐久性的问题。19世纪90年代初，这项技术在法国还是首次采用。弗莱西奈所作的就是搭建一连串的独立的抛物线拱，其间以窗子作为连接，这种办法既实用又满足了感官上的审美要求。

## 埃马努埃尔拱廊（GALLERIA VITTORIO EMANUELE）

1877年 意大利米兰 朱塞佩·曼哥尼 商业建筑

在埃马努埃尔拱廊之前，在屋顶上覆盖铁和玻璃的建筑形式在欧洲已比比皆是，然而，它的豪华与规模却无以匹敌。事实上，无论它是否成功地将功利性与建筑的购物中心和会议场所的功能性有机地结合，都已不再重要。埃马努埃尔拱廊的真正目的是作为一种象征，象征新近统一的意大利，特别是象征了教会与国家之间的联盟。

作为一个十字形建筑，它与其所在的教堂的整体设计形式相呼应。重要的是，它长长的两翼是南北走势，分别从斯卡拉剧院广场（the Piazza della Scala）世俗的歌剧院延伸到大教堂广场（the Piazza del Duomo）。面对大教堂的入口则是仿照巨大的凯旋门造型，这里主要体现了该国悠久的帝国历史。

埃马努埃尔拱廊内的建筑分别体现了过去与未来不同风格的建筑特点：比如以文艺复兴和巴洛克为代表的传统石砌墙和巨大的柱廊；此外，还有代表着大胆的工业未来的玻璃、钢铁和隧道式拱形屋顶等。这些趋势与走向最后在十字翼的地方交融，这里采用了古典的（八角穹顶）形式并以现代材料（玻璃和铁）来表现。

**统一的象征意义**
传统的建筑形式，大胆的工艺，埃马努埃尔拱廊象征了现代意大利的辉煌。

## 德国通用电气公司的透平机工厂（AEG TURBINE FACTORY）

1909年　德国柏林　彼德·贝伦斯　工业建筑

德国通用电气公司的透平机工厂出自彼德·贝伦斯（Peter Behrens, 1968—1940）的设计，它被誉为第一座真正的现代建筑。这是一个全新的建筑设计：尽管从内到外它都是一座彻头彻尾的工厂建筑。但很明显，从诸多方面而言它也可以被解读为一件建筑艺术品。换言之，它是现代与功能的审美结合。实现这种效果的因素有：设计大胆的大窗户，清楚的钢架结构，以及整体都置于一个突出的大屋顶下的布局形式。工厂转角处的粗石是唯一的装饰品，但即便如此，在那时，它仍可以作为解读新古典主义的示意图。

**工厂建筑**

一个劳动的地方，被建成有尊严的大规模工厂，这是一种全新的理念。

## 加考农庄的牛舍（COWSHED， GARKAU FARM）

1925年　德国吕贝克　雨果·哈林　农业建筑

雨果·哈林（Hugo Haring，1882—1958）是现代建筑发展的先行者，他与柏林的密斯·凡·德罗（Mies van der Rohe，1886—1969）有着密切的联系，他还是20世纪20年代德国最有影响力的现代派建筑师协会的创始人之一。

然而，尽管如此，哈林仍是一个不太为人知的人物。在某种程度上，是因为他所从事的大部分工作都是理论上的，而实际作品相对较少。即使是在吕贝克的加考农庄的牛舍——这座最有代表性的建筑，原本也只作为一个大型建筑的一部分。特定的建筑为特定的目的服务这是哈林建筑设计的出发点，即任何形式的建筑都要满足其所服务对象的需要，而不是作为强加的部分而存在。

**功能形式**

哈林采用这么奇特的牛栏形式，是在其对传统奶牛业发展需要展开广泛调研的基础上设计建造的

## 芝加哥商品市场（MARSHALL FIELD MERCHANDISE MART）

1930年 美国芝加哥 葛拉罕、安德森、普罗伯斯特和怀特 商业建筑

詹姆斯·辛普森（James Simpson），1923年至1930年任马歇尔·菲尔德和公司（Marshall Field and Company）主席；1926年至1935年任芝加哥计划委员会（Chicago Plan Commission）主席。芝加哥商品市场则是他智慧的结晶。建造此市场的目的是巩固分散在菲尔德市13个不同的仓库的批发活动。公司运营6个月就赶上了大萧条（the Great Depression），所以毫无疑问，公司也随之破产。

如今，这一庞大的25层建筑仍是世界上最大的商业建筑。1930年，在其竣工的时候，就是世界最大的建筑，并一直持续到1943年，五角大楼（the Pentagon）落成后，才被夺取了这项桂冠。 商品市场现在可以举办贸易展览，这亦是设计它的初衷；它还是世界上最大的贸易中心。此外，这里还是设计中心；还是举办大小会议和研讨会的场所。1986年，该大楼被恢复了原有的建筑形式。

**史诗般的工业规模**
超大规模的商品市场拥有自己的芝加哥运输局（Chicago Transit Authority），火车站和自己的邮递区号。

## 蒙拿诺克大楼（MONADNOCK BUILDING）

1889年至1891年 美国芝加哥 丹尼尔·伯纳姆和约翰·布特 商业建筑

蒙拿诺克大楼正是处于衔接两个建筑时代之间的代表建筑。就建筑形式而言，它似乎代表了19世纪的建筑。有人曾说，这是“最后的石材摩天大楼”，换句话说，尽管在建筑材料里使用了钢铁，但是最底层的墙壁为了承担上层的重量，厚度达到了2米（7英尺）以上。

但从其他方面而言，这座建筑又是时代的产物。此外，这里还是世界最大的办公大楼，高60米（197英尺），共有16层。无论从哪个角度，它都是美国人自信心的见证。重要的是，它开创了装饰整栋大楼的全新方式，几乎所有挥之不去的历史都在此处被放逐。 蒙拿诺克大楼以简洁为主，几乎无任何装饰，这点就直接预示了现代主义的来临。

然而，有些因素是永远不可避免的，在第一次设计方案中，就将其设计为不恰当的埃及模式。伯纳姆（Burnham，1846—1912）和布特（Root，1850—1891）逐渐看到这种设计的影响，最终取消了一切繁冗的装饰，从而赋予这座建筑以强烈的一致性，也使得这座建筑更加突出。只有林立的窗子才是打破大楼简朴线条的唯一元素。

## 温赖特大厦（WAINWRIGHT BUILDING）

1891年　美国圣路易斯　路易斯·亨利·沙利文　商业建筑

沙利文设计的温赖特大厦是摩天大楼和现代主义建筑出现的标志。沙利文（Sullivan，1856—1924）是一位非常具有远见卓识的建筑师，他重视建筑的功能，提出了“形式服务于功能”的口号。此外，这座建筑关键的所在是：它的立面处理直率地反映出框架结构的特征。

事实上，在圣路易斯（St Louis），沙利文并非完全忠实地履行了这一诺言。他只是大胆地将砖石直立地镶嵌在建筑的外部，暗示了内部垂直的钢架结构。同样，也没有建筑原理来说明转角处的垂直宽于建筑的其他地方。然而，7个主要楼层的统一对建筑而言是非常重要的。每个窗口都是“蜂窝上的一个小隔室”，沙利文这样说道，它们“都必须看起来一致，因为它们就应该是一致的。”尽管如此，他还是保留了古典装饰的品味。标准层和出檐阁楼的手法在此都被大量使用。

**功能就是全部**

大厦的底层设有商店以及为这些商铺服务的银行、办公室等辅助设施。

## 信赖大厦（RELIANCE BUILDING）

1894年　美国芝加哥
丹尼尔·伯纳姆和约翰·布特　商业建筑

虽然只有14层，并且前四层建于1890年，其余的则是在1894年才建设完成，但这些都不能阻挡这座大厦成为一座摩天大楼。大厦的关键特征是：钢架结构（在外部就有所体现）、混凝土和大窗户的使用。

当时，正是这些窗子最具争议性。这么大型的建筑怎么能这样大量地使用玻璃，这样会不会削弱建筑的整体强度？

各层楼之间的陶土装饰也是这两位设计师的设计特点，飘窗设计充斥在整栋大楼之上，并起到了强调出檐阁楼的作用。

## 布雷德伯里大厦

1893年　美国洛杉矶
乔治·H. 怀曼　商业建筑

布雷德伯里大厦是座不同寻常的建筑。它是由一位不知名、自学成才的建筑师怀曼为采矿大亨设计建造的。从外部看，它是一座不起眼的建筑，一座5层高由砂砖砌成的方块建筑，采用的是文艺复兴的风格。而内部，却非常了不起。中央大厅为主体建筑，超大的玻璃屋顶提供采光光源。两端是精致的铸铁楼梯。中庭两侧是将机械原理暴露无遗的两个液压玻璃升降机。此外，这里的装饰以熟铁、釉砖、大理石和瓷砖为主，整体效果非常惊人。

## 熨斗大厦（FLATIRON BUILDING）

1902年　美国纽约　丹尼尔·伯恩罕　商业建筑

熨斗大厦的落成，标志着摩天大楼时代的来临。其夸张的装饰并不是它的典型风格，它真正的亮点是其独特的熨斗形状。这是由于它位于第五大道（Fifth Avenue）与百老汇（Broadway）交叉的一个三角形街区的特殊位置决定的，使其不得不采用了这种设计形式。 圆形“船头”似的建筑尖端部分大约只有2米（6英尺）宽。

熨斗大厦，更准确地应称之为福勒大楼（the Fuller Building），是当时的建筑奇迹。“熨斗”是一个绰号，因为它看起来就像一个熨斗一样。大楼周边的社区称为熨斗区（Flatiron District）。当时是纽约市最高的办公大楼，高87米（285英尺），共有22层。同时，它也标志了纽约新贵们旺盛的斗志。它的特点是：钢架建筑结构、大量使用电梯、升降机、有规律重复的外观和同样强大垂直的视觉效果。这些特点迅速地成为所有摩天建筑的固定标志。然而，伯恩罕并不能完全使自己摆脱出去，他仍然保留了各种文艺复兴时期的装饰形式，以及哥特式的装饰细节，即使这样，它仍不失为20世纪摩天大楼特立独行的先行者。

**过去与未来的结合**
垂直方向的石灰岩墙面被分为三部分，由希腊式立面装饰并饰以花饰图案。

### 丹尼尔·伯恩罕

伯恩罕（1846—1912）是芝加哥学派的领军人物。1893年，在芝加哥召开的哥伦比亚世界博览会上，被任命为总工程师，自此他的核心作用得到确认。他还亲自参与了美国华盛顿特区、旧金山和芝加哥等城市的规划设计。

## 施莱辛格·梅耶百货大楼（SCHLESINGER–MAYER STORE）

1906年　美国芝加哥　路易斯·亨利·沙利文　商业建筑

原名为施莱辛格·梅耶百货大楼，后更名为C.P.S百货公司大楼，是路易斯·亨利·沙利文（1856—1924）最后一项较为重要的设计作品。这座大楼的立面采用三段式处理手法，分三个时期建设完成。前4层建于1899年；1903年至1904年之间，又增加了12层；1906年，由丹尼尔·伯恩罕（见上页）建完，他尽量保持了路易斯·亨利·沙利文的原创设计。

这座建筑完全是沙利文的一贯设计手法的体现，充分体现了芝加哥学派“形式追随功能”的设计理念和一贯的华丽装饰。例如建筑的下面两层，都有丰富华丽的装饰，还略微采用了新艺术派的铸铁花饰。剩下的主体装饰都是以质地较轻的陶土装饰为主。然而，使其占有一席之地的还是这座建筑所带来的强烈的横向和纵向整体视觉的冲击效果。它的立面处理直率地反映出内部框架的结构特征，整体大部分保持一致，只是在拐角处使用了曲线。该建筑是一座跨世纪的建筑，它既涵盖了过去，又预示了未来。

**持久的适用性**

施莱辛格·梅耶百货大楼自从建立以来，在一个多世纪里，就一直作为大型百货公司而存在。

## 福特红河玻璃厂（FORD ROUGE RIVER GLASS PLANT）

自1917年开始　美国密歇根州迪尔伯恩　阿尔伯特·卡恩　工业建筑

20世纪20年代，亨利·福特（Henry Ford）在底特律南部的红河（Rouge River）建立了自己的装配厂；此外，它也是世界上最大的制造工厂。建筑的初衷完全是出于自给自足的目的，设有自己的电厂以及巨大的制造车间。在顶峰时期，共有12万人受雇于红河联合企业。

主要负责建造工厂的是在德国出生的阿尔贝特·卡恩（Albert Kahn，1869—1942），他是美国最有影响力也是最有成效的工业设计师之一。据估计，到1930年，美国所有的工厂设计，有20%是出自他的公司——卡恩协会（Kahn Associates）。他直截了当的设计方法集中体现在玻璃厂（1923年达到满负荷生产）的设计上，即寻找效果最好的材料来为工作寻找最佳的解决方案。然而，虽然该工厂一贯被视为现代主义的代表，但那些“创新只为了创新”，只为新奇和怪异而去创新，无视建筑功能的创新，这样的设计是他所不屑的。

**功能性的现代主义**

工厂设计的初衷是基于效率的需要：大量的汽车在这里组装，提高生产率是建筑的主要设计目标。

# 哥特式建筑的复兴
## 1800—1910

**哥特复兴甚至波及世界的边远角落。作为维多利亚长老教会偏爱的形式，是以故弄玄虚和浪漫作为它的开端，并在此后，随着传教热情蔓延至整个大英帝国、欧洲和美国等国家或地区。作为害怕没有上帝的工业社会的应急式反应，人们开始怀念过去，开始向上天祈祷。**

18世纪晚期，英国的文学运动标志着哥特复兴的开始，并蔓延到舞台布景设计。当然也渗透到建筑领域，细长的教堂和有趣的乡间别墅，形成了一种过于强调装饰的乔治亚风格的建筑形式。只有在普金（见第374页）的《一种基督教建筑复兴的道歉》（*An Apology for the Revival of Christian Architecture, Contrasts*）和《基督教建筑风格的真正原理》（*The True Principles of Pointed or Christian Architecture*）等著作的激烈论辩中，这种过于装饰的建筑才成为一种纯粹的建筑追求形式。

### 哥特式的复兴

哥特复兴式教堂不仅再次穿透了英国城市的天空，还远播至墨尔本、上海、孟买和首尔（Seoul）等地。19世纪，生气勃勃的基督教复兴带来了这种建筑形式的发展。建筑师认为，哥特式将他们从古典主义的桎梏中解脱出来。哥特式被认为是一种自由的、功能性的和自然的形式，并留给建筑师较大的回旋余地。当英国在全球的势力范围达到顶峰时，选择哥特式这种建筑形式，也部分反映了其根深蒂固的理念，即建设一种免受国外影响的建筑愿望。当征询设计一个新的伦敦威斯敏斯特宫（见第400页）时，就明确规定建筑的风格首先必须是哥特式或传统的伊丽莎白浪漫主义风格，因为只有这两种风格才代表英国。 事实上，哥特式诞生于十字军东征（the Crusades）时期，它是融合了西方和中东风格的一种艺术形式，但这一点却常常被人们遗忘了，哥特式是历史的，因此也是英国的。很快，那些威尔士、爱尔兰和苏格兰的一切浪漫情怀都开始被人们珍视并庆祝。19世纪中叶，对一个热情洋溢的年轻哥特式建筑师而言，索尔兹伯里大教堂（Salisbury Cathedral，见第256页）要远远优于安德烈·帕拉第奥设计的所有别墅和教堂。

◁ 查尔斯·巴里爵士（Sir Charles Barry）设计的威斯敏斯特宫采用的是垂直哥特式建筑形式，这种设计最初在15世纪大行其道。他的哥特式建筑得益于奥古斯都·普金的帮助。

# 建筑元素

19世纪，在基督教的活力与复兴的推动下，哥特复兴创造了一些最极端的建筑，即建筑内外都采用极其奢华的装饰。这种灵活的设计形式，不仅为教会所采用，还应用到基督教服务的建筑、市政厅或大饭店，戏剧性仍是建筑的关键元素。

**△ 锥形屋顶**
仿照中世纪城堡的塔楼设计，给人以古老的感官印象，这是一种流行的设计手法，威尔士的科奇城堡采用的就是这种设计。

**△ 色彩丰富的玻璃**
色调往往比中世纪的玻璃要暗一些，19世纪的彩色玻璃都被制作得很精美，但其主要的功能却是遮挡光线。

引人注目的针状尖塔楼

置有雕像的壁龛都是需须的设计

尖状的塔顶

山墙由极其精致的马赛克装饰

**极尽装饰的塔尖 ▷**
伦敦阿尔伯特纪念馆（the Albert Memorial）上有着丰富蔓草花纹雕饰、尖塔和金箔等装饰，复兴式尖塔已成为装饰的必需。

**高大的尖顶 ▷**
精干的尖塔楼，如墨尔本的圣帕特里克大教堂，高高耸立在城市的天际线上，是这座城市最明白无误的明信片。

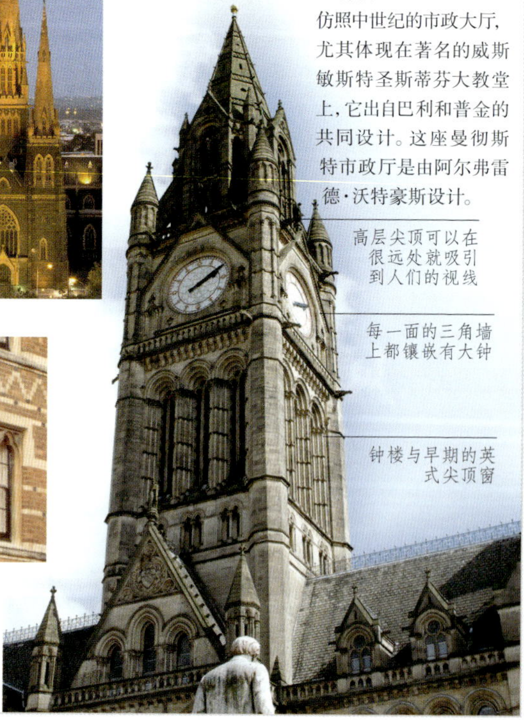

**▽ 钟楼**
仿照中世纪的市政大厅，尤其体现在著名的威斯敏斯特圣斯蒂芬大教堂上，它出自巴利和普金的共同设计。这座曼彻斯特市政厅是由阿尔弗雷德·沃特豪斯设计。

高层尖顶可以在很远处就吸引到人们的视线

每一面的三角墙上都镶嵌有大钟

钟楼与早期的英式尖顶窗

**△ 多彩砖**
最新的材料、更耐久的彩色工业砖意味着世俗建筑的外表像宗教建筑一样，都可以和内部装饰一样表现自己多彩的外观。

## 芳特希尔教堂（FONTHILL ABBEY）

1796年 英国威尔特郡
詹姆斯·韦艾特 住宅

芳特希尔教堂是由极其富有、但又很古怪的收藏家威廉·贝克福德出资建造的。它是从中世纪建筑中汲取灵感并与新古典相抗衡的一种浪漫主义风格建筑。这种风格首次出现在欧洲大陆上，同时它也是最显著的例子。

一座高85 米（279英尺）的八角塔矗立在建筑的中心，内部建有可能是世界最高的房间，大概有37米（122英尺）高。这是一座十字形建筑，北翼和南翼的纵向长度都超过122米（400英尺）。大楼于1807年和1825年两次倒塌，现在只有摇摇欲坠的废墟仍然存在。

## 圣吉尔斯大教堂

1846年 英国斯塔福德郡
奥古斯都·普金 礼拜场所

奥古斯都·普金（Augustus Pugin，见第400页），他是哥特复兴第一阶段最重要、最有成就的建筑师。虽然他一直不懈努力，但一直以来也都是饱受争议的一名设计师。圣吉尔斯大教堂是按照哥特式详细设计的教堂，采用当地材料并忠实于建筑风格。著名的尖顶装饰有窗格和许多尖塔，东部窗口两侧的壁龛还设有雕塑；此外，不同层次的屋顶也是它的特色。教堂内部有装饰华丽的墙壁和丰富的彩色玻璃窗。

## 肯纳姆浆果山别墅（STRAWBERRY HILL， TWICKENHAM）

1777年 英国米德尔塞克斯 霍勒斯·沃波尔 住宅

18世纪下半叶，在日益蔓延的哥特风格的影响下，没有比霍勒斯·沃波尔（Horace Walpole，1717—1797）更具有影响力的人物了；也没有比浆果山别墅更能代表哥特式复兴热潮的建筑形式了。这座由沃波尔设计的别墅位于伦敦郊外。

哥特复兴如中国式风格（Chinoiserie），主要为建筑师提供了一种奇特的风格来替代正统帕拉第奥式。所以，我们看到的是融合了“洛可可”形式的哥特式风格。教训无非是过于注重纯粹的装饰，而且建筑的魅力始终被放在第一位。它显然是深深植根于18世纪中叶的怪异建筑和不切实际的废墟基础之上。

浆果山别墅是大批建筑师数年努力的结晶。它体现了广泛的哥特式建筑元素：塔楼、角楼、雉堞状的开垛、尖塔，都是采用绝对的不对称形式设计。

**虚幻的灵感**

如同舞台背景般优雅的浆果山别墅，引领英国哥特式复兴建筑风潮长达近半个世纪。

## 威斯敏斯特宫（THE PALACE OF WESTMINSTER）

1860年 英国伦敦 查尔斯·巴里和奥古斯都·普金 公共建筑

1834年的大火彻底烧毁了原威斯敏斯特宫。继而引发了19世纪最激烈的争论：新建筑风格是采用哥特式还是希腊式？答案是肯定的，即两个都要包括：既要有古典的希腊式建筑设计，又要有鲜明的哥特式装饰细节。因此，这是一栋两种风格融合的建筑，它标志着英国建筑的历史转折。

其建筑平面沿泰晤士河（the River Thames）南北向展开，与古老的威斯敏斯特大厅（Westminster Hall）相连。尤其值得一提的是其沿泰晤士河方向的立面，平稳中又富有变化，协调中又有对比；在宫殿南端中央大堂之上有高入云霄的尖塔装饰，最高的当属庄严典雅的维多利亚塔（the Victoria Tower），高102米（336英尺）；宫殿东北角是著名的钟楼（The Clock Tower），钟楼四面各有一座大钟，楼顶端的大本钟（Big Ben）已经成为伦敦的标志。宫内是由一个复杂的通道和4层超过1 000间客房组成的庞大宫殿建筑。之所以选择查尔斯·巴里作为

### 查尔斯·巴里和奥古斯都·普金

多年以来，是查尔斯·巴里（1795—1860）还是奥古斯都·普金（1812—1852）来负责威斯敏斯特宫的建设，这个问题在学术界展开了长期的讨论。合作是最后显而易见的办法。特立独行的普金不能独立完成这样一个巨大工程；经典而训练有素的巴里也不可能独自制定这么丰富的哥特式装饰细节。

**风格的融合**

“建筑就是希腊风格，先生。我们要在古典建筑上体现哥特式细节。”普金自己总结了伦敦这座难以置信却最知名的公共建筑的风格。

建筑师，是因为他是一个彻底的传统摄政古典派建筑师，他有能力操控这样一个巨大的建筑工程，而且他愿意将这座宏伟的建筑交给普金这位早期哥特式风格的先锋，由他完成这座宫殿的哥特式装饰细节。

如果说巴里是负责设计这座平静建筑的对称性和庄严性的话，那么普金就是其令人叹为观止复杂收尾工作的缔造者。砚台、帽架和彩色玻璃窗在普金笔下恣意地挥洒，就如同建筑外部垂直的线条一样自如丰富。

## 基布尔学院（KEBLE COLLEGE）

1875年　英国牛津
威廉·巴特菲尔德　教育建筑

即使他们已战胜古典主义并对传统有高度的把握，维多利亚哥特式的高手们还是处于一种焦虑的状态，因为他们仍然是过去的奴隶，他们还只是一味地模仿，远未超越。显而易见，巴特菲尔德（Butterfield，1814—1900）用自己的实际行动证明了他们是错误的。基布尔学院，以雄健且毫无愧色的成就一举成为新建筑形式的代表。他设计的出发点可能是来自威尼斯哥特式作家兼评论家约翰·罗斯金（John Ruskin）对其的拥护；其创作的落脚点是惊人的自信和独创性的设计。

## 牛津大学博物馆

1859年　英国牛津
本杰明·伍德沃德　博物馆

这座大学博物馆是维多利亚哥特式建筑唯一重要的建筑，这里打下了约翰·罗斯金（John Ruskin）——这位19世纪维多利亚时代艺术趣味代言人的烙印。建立在多彩的威尼斯哥特式风格基础上，这也是罗斯金（Ruskin）大力推广的建筑形式（同时也预示了它对于北方气候的不适应性）。正厅是由铸铁的哥特式圆柱支撑的一座玻璃屋顶。由罗斯金指导的具有丰富雕塑装饰建筑外部，仅部分完成。

## 卡迪夫城堡（CARDIFF CASTLE）

1885年 威尔士卡迪夫 威廉·伯吉斯 城堡

当许多维多利亚哥特式建筑师一直为他们建筑是否正当苦恼不已的时候，威廉·伯吉斯（William Burges, 1827—1881）却主持了一系列带有丰富幻想和优雅的中世纪建筑重建工作。他的主要出资人是第三侯爵布特（the 3rd Marquess of Bute），据说他是英国最富有的人，他除了具有无休止的求知欲外，还对中世纪的建筑非常痴狂。卡迪夫城堡就是二者合作的伟大见证。

城堡采用的是诺曼式建筑风格(Norman)，但却是建立在古罗马建筑的基础上。伯吉斯对城堡内部进行了恢复，并设计了一系列丰富颜色的内饰和装饰细节。所以，呈现在我们面前的是既怪异而又迷人的杰作。

**"宫殿"**
卡迪夫城堡显示伯吉斯如何使用戏剧化的形式，为我们呈现了力量与形式的完美结合。

## 科奇城堡（CASTELL COCH）

1891年 威尔士格拉摩根 威廉·伯吉斯 城堡

科奇城堡又名红堡（Red Castle），是因为建筑材料采用了红砂岩石，故得此名。该建筑建在中世纪城堡之上；尽管卡迪夫城堡是一座恢复的古建筑，然而科奇城堡却完全代表了维多利亚时期的建筑形式，因为原建筑只有一些零星部分被保留。这是布特侯爵与建筑师威廉·伯吉斯共同愿景中的一个理想化的中世纪建筑形式。

除了其梦幻般的氛围，两人都打算将城堡建成一座标准的中世纪建筑。因此，一个可使用吊桥和吊闸门的城堡就成为必需，而且这里还建造了一个地牢。城堡的外观设计令人印象非常深刻，陡峭的锥形屋顶下有3座敦实的圆塔，内部则是铺天盖地的维多利亚晚期装饰细节。城堡内所有的房间中，令人印象最深刻的当属八角形客厅上的拱形天花板，在布满星光的背景下，挤满了各种鸟儿的彩绘图案，其他动物则布满了客厅的墙壁。事实上，这些图案隐藏着难以领略的观点，它们表达了布特与伯吉斯对生与死的奇异看法。

**辉煌感**
科奇城堡建在林木茂盛的陡峭的山坡上，更为其平添了无穷的影响力。

## 曼彻斯特市政厅（MANCHESTER TOWN HALL）

1877年 英国曼彻斯特 阿尔弗雷德·沃特豪斯 民用建筑

阿尔弗雷德·沃特豪斯（Alfred Waterhouse，1830—1905）与斯科特（Scott，见下文）都是维多利亚时期建筑师中的杰出代表。由他们参与设计并修建的一大批公共建筑有：银行、办公楼、大学和火车站等。这些建筑大多以隆重的哥特式风格呈现在世人面前。

曼彻斯特市政厅是沃特豪斯的第一个主要代表作品，以哥特式的建筑形式来展示新兴富有阶层以及不断扩大的城市给人们带来的民族自豪感。漂亮而精致的内外装饰，华丽的大厅和令人印象深刻的楼梯，都是这座建筑的特点。同时，它也展示了设计者的天才创造力。

**印象深刻的变化**
沃特豪斯给朝向不同的外立面以独一无二的设计，这是相当罕见的。

## 圣潘克拉斯米德兰大酒店（MIDLAND GRAND HOTEL， ST PANCRAS）

1871年 英国伦敦 乔治·吉尔伯特·斯科特 饭店

20世纪中叶，许多人认为，由吉尔伯特·斯科特爵士（Sir George Gilbert Scott，1811—1878）设计的圣潘克拉斯车站的米德兰大酒店，体现了维多利亚哥特式的庸俗。人们常常谴责它难以置信的丑陋。最近的评论看起来已经不那么苛刻，毫无疑问，正如威斯敏斯特宫（见第400页）一样，它不是一开始就被伦敦接纳的建筑，但却会成为最讨人喜欢的建筑之一。山墙、塔楼和窗格都被那丰富的红色砖墙抵消了，别有一番辉煌气势。同样，伟大的曲线设计和不对称外观都是这座建筑能量的真正来源。

与哥特式狂热者大量使用拱形元素不同的是，斯科特最讨厌任何偏离设计者纯粹内心世界的设计；并且他乐观地认为，建筑师都应像他一样，笃信哥特式是最好的建筑形式。

**能力与热忱**
精粹的“火车站旅馆”与其后繁华的火车站相得益彰。

## 英国皇家法院（ROYAL COURTS OF JUSTICE，LONDON）

1882年　英国伦敦　乔治·埃德蒙·斯驰特　民用建筑

没有比建筑更能令维多利亚时代激动的话题了：任何重大建设工作的宣布都会引起人们激烈的情绪反应。自从被认定为皇家法院的建筑师后，斯驰特（George Street，1824—1881）就遭受到非公平的公共敌意，这也是造成他过早去世的一个原因。就在这种有争议的氛围下，他开始了皇家法院的建设工作，他为维多利亚哥特式建筑缔造了最后一座令人惊叹的建筑。这座建筑借鉴了13世纪法国的建筑模式。这让人不由得想起沙特尔大教堂（Chartres Cathedral，见第250页和第251页），同时也流露出卢瓦尔宫的些许痕迹。这座建筑最显著的外部特征是它投向天空的轮廓：陡峭的斜屋顶、塔楼和半塔，以及回廊式的拱廊贯穿于整个底层。法院内，中殿式的大厅也留下了设计者受教会启发的设计灵感。

**极致的细节**

斯驰特是一位有良知的建筑师。记录显示，他为皇家法院设计的图纸不下3 000张。

## 马修学院（MARISCHAL COLLEGE）

1906年　苏格兰阿伯丁　亚历山大·麦肯齐　教育建筑

大约从1840年开始，哥特式建筑在英国被迫受到自我任命的群体，其中最有名的就是剑桥卡姆登协会（the Cambridge Camden Society）的无情干涉。这些团体主要是出于宗教的目的，强加了某些必须精确运用哥特风格的规则。然而到了20世纪末，这一近乎狂热的影响力终于减弱，哥特式也已成为建筑师驾驭若干历史风格中的一种，因此使用也变得更加自由。马修学院是一座雄浑的都铎哥特式（Tudor Gothic）建筑，由白色花岗岩建成。85米（279英尺）高的马修大楼采用强烈的垂直和故意的不对称结构，这与建筑的主立面形成鲜明的对比。

**当地的石料**

马修学院以其世界第二大的花岗岩建筑而名扬国内外。

## 利物浦大教堂（LIVERPOOL CATHEDRAL）

1903年后　英国利物浦　贾莱斯·吉尔伯特·斯科特　礼拜场所

利物浦大教堂是用智慧重新打造哥特式建筑而胜利的一种见证，还可以将其归为提供现代化服务的一类建筑。

贾莱斯·吉尔伯特·斯科特（Giles Gilbert Scott，1880—1960），是笃信哥特式复兴的乔治·吉尔伯特·斯科特的孙子，他设计这座大教堂时只有22岁。利物浦大教堂是同类型教堂中最大的一座，历经75年的建设，直到建筑师去世仍在建设当中。

这座巨大的教堂是一个不平凡而又特别的建筑，以其庞大的建筑群来肯定自己。外观设计是以红砂岩为主要材料，拱顶则是由混凝土建造，牢固的方形塔矗立在中央十字上方。教堂内部采用的是西班牙风格的装饰。究竟是内部还是外部会给人留下更深刻的印象，的确很难下结论。但是有一点是毋庸置疑的，那就是在其静默的外表下，一旦看到内部，就令你难忘。

**一项长期的酝酿**
101米（331英尺）高的塔体是由斯科特于1932年建造完成的，但在中殿开放前，他就与世长辞了。

## 桑德兰的圣安德鲁教堂

1907年　英国桑德兰
E. S. 皮埃尔　礼拜场所

这座富有想象力的教堂位于洛克的桑德兰（Sunderland）郊区，是皮埃尔（E. S. Prior，1852—1932）对达勒姆大教堂（Durham Cathedral，见第240和241页）展开研究后设计创作的作品，同时也运用了斯科特在建筑利物浦大教堂时使用的充满活力的新方法。

教堂的外观设计更显苍劲有力：裸露的石头，粗野的外表和雄浑的气势。这种效果被东端矗立的巨塔得到进一步强调。此外，角落处还设有斜塔，上面只开有极小的窗户。谦逊的线脚几乎是这里唯一的装饰，而且预先设计的城垛也强调了城堡般的建筑特点。

教堂内，巨大的石拱直接从地面延伸至屋顶，仿佛一个巨大的石船被翻转过来。基座是被掏空的，形成了隧道样的过道。至于简化的石窗格中结实的窗子，则大量采用了早期英式设计，主要被置于教堂的东端。

## 吉尔福德大教堂

1961年　英国吉尔福德
爱德华·茂弗　礼拜场所

吉尔福德大教堂是英国哥特复兴的最后喘息。它是市立的哥特式教堂，全砖墙结构强调了其现代性。它的设计令人印象深刻，但具体实施则未必如此。除西立面设有3扇凹陷的尖顶窗外，十字形建筑主体上还有一座方形塔。从远处看，这座教堂很醒目，但近看，砖墙却非常乏味。可以说，吉尔福德大教堂是一次勇敢的尝试，却只取得了部分成功。

## 维也纳感恩教堂（VOTIVKIRCHE， VIENNA）

1879年 奥地利维也纳 海因里希·冯·费尔斯特 礼拜场所

哥特式复兴完全是以英国式为开端的一种设计形式：首先，企图利用它“优美”的特质；其后，是维多利亚高潮时期，开始更系统地尝试一个适用于“国家”基督教的建筑形式。鉴于它起源于法国，这不能不说是一种讽刺。假设真是这样的话，在讲英语以外的国家，这种风格就少有拥护者，所以也就不奇怪了；事实上，在很大程度上，这种建筑的风潮，只是19世纪利用“历史化建筑风格”趋势中的一种。

尽管如此，它还是断断续续地蔓延到了整个欧洲。维也纳的感恩教堂是代表了13世纪法国哥特式风格的一个特例；此外，它还受科隆大教堂（Cologne Cathedral，见第260页和第261页）的影响。皇帝弗朗茨·约瑟夫（Emperor Franz Joseph）在这里躲过一场暗杀后，命令在此修建一座国家大教堂。

其最显著的特点是其翱翔般的垂直线设计。西端纤长的尖顶塔竟达99米（325英尺）高。这种向上飙升与陡峭的门窗彼此呼应。此外，细长的木制尖顶（fleche）位于十字形建筑的顶部，当然，少不了饰有花边一样的飞扶壁。装饰的效果与陡峭屋顶上复杂的钻石图案相得益彰。

优雅的室内设计更是令人印象深刻。如果你还是认为它有点沉寂的话，这可能与其试图重复过去的风格有关。

**西面**
法国哥特式在重建方面取得了一些成功。

## 纽约三一教堂

1846年 美国纽约
理查德·厄普约翰 礼拜场所

三一教堂是由出生于英国的理查德·厄普约翰（British-born Richard Upjohn，1802—1878）设计，它是美国最早的哥特复兴式建筑。这座优雅的建筑与同时代的英国教堂类似：哥特式风格的拱顶说明其基督教的来源和“优美”特质。但它却是浅尝辄止，以此来对抗中世纪的虔诚和哥特式的泛滥，但它的吸引力却丝毫未受影响。尤为突出的是，在纤长的塔楼上还有4座优雅的角楼。

## 纽约圣约翰教堂

1892年后 美国纽约
不详 礼拜场所

圣约翰教堂是哥特复兴式建筑在美国持久发展的代表。教堂的大规模建设开始于1892年，以大胆的罗马方式建造，并在1911年后，由拉尔夫·亚当斯·克拉姆（Ralph Adams Cram，1863—1942）以成熟的13世纪半英国式、半法国式风格进行了改建。

工程的第一阶段，只是对唱诗班和十字形建筑主体进行了建造；一座暂时的浅穹顶置于十字结构之上。第二阶段，完成于1918年，在东端增建了法式礼拜堂，这是一个环形殿并设有行人通道和7座环绕在周围的小教堂。第三阶段，20世纪20年代，开始了巨大的中殿建设，并对唱诗班进行改造使之与此相匹配。

中殿和重新打造的唱诗班完成于1941年。断断续续的工作一直持续到这座建筑的完成。但即使是建完后，两侧仍然没有走廊也没有任何设想中的塔楼，因此，人们对这些建筑的设计是否会最终实现已不抱太大的期望。

## 伍尔沃斯大厦（WOOLWORTH BUILDING）

1913年　美国纽约　卡斯·吉尔伯特　商业建筑

纽约的伍尔沃斯大厦是一个奇怪的混合建筑：先进的钢筋铁骨看似勇往直前，但又好像为其过于现代而充满了歉意似的。它是伍尔沃斯零售业王国，法兰克·伍尔沃斯企业（F.W.）的总部大楼，大楼采用了哥特式风格。伍尔沃斯大厦近20年来一直是纽约最高的建筑，241米（791英尺）高，并且拥有世界上最先进的电梯系统。

伍尔沃斯大厦最令人难忘的特点是中央金字塔形尖顶，它从29层支撑底座高耸而起，整座建筑共有30层。上层除了铜包裹的金字塔形尖塔外，还有扶壁、拱架和采光塔。

卡斯·吉尔伯特使整座大厦包裹在一个微妙的、奶油色陶土外壳中，几乎没有横向装饰要素。雨天，整座大厦经过沐浴后，看起来既焕然一新又富有光泽，而高耸的窗子更为内部提供了充足的光源。主要入口则云集了各种精细的哥特式雕刻装饰，并在大厦主体的四个部分不断地重复和复制。

最引人注目的当属其大理石装饰的内部：里面充满了浮雕、绘饰、金银细工，以及闪亮的玻璃马赛克天花板等。总之，它是一座精工细琢的大厦。该大厦迄今为止，仍是所谓商业圣堂式建筑的代表佳作。

### 卡斯·吉尔伯特

吉尔伯特（1859—1934）是对美国建筑发展有着巨大影响的人物。他设计了许多公共建筑并引领了一种独特的建筑风格。然而，现代主义嘲笑他的作品有过于浓重的历史色彩。如今，人们对其天才的创造和远见卓识的风格给予了认可和重新评价。

**新视角**
空前规模的哥特式建筑顶部，即使在地面上也能看得清清楚楚。

# 怀旧与新奇建筑

## 1850—1914

**一方面是怀旧，一方面又寻求统一和独立于欧洲建筑体系之外的新建筑形式，所以结合新发现的财富、新的建筑方法，产生了19世纪晚期一系列引人入胜的、有些腐朽甚至是完全疯狂的建筑形式。许多异想天开的创意，有的如同童话般，有的则是担负重要的民族使命，但这时期所有的建筑都所向披靡，成为吸引人们眼球的建筑。**

19世纪晚期，出现了一股反工业和哥特式复兴的风潮，并激发了一种创新的建筑风格。那些由英国艺术家和建筑师设计的房屋力图停止时钟前进的脚步，试图恢复一个没有蒸汽、烟雾以及活塞冲程来消费能源的自由世界；而且最优秀的能工巧匠都试图阻止（而不是似是而非）使用最先进的国内技术。事实上，这些开始令这些设计师们憎恨的建筑形式，最终成为20世纪郊区住房的典范，并蔓延至整个郊区和牧场，成为倍加珍惜的民间艺术工艺品。与此同时，新一代的感伤主义的建筑形式也开始在新近统一的欧洲国家蔓延，其中尤以德国和意大利为代表，迅速下降到品位不高的伤感作品中。

### 异想天开的建筑

纯粹的幻想开始充斥全球的建筑梦想，在这个时期不难看到诸如新天鹅城堡（Neuschwanstein，见第412页）、佩纳宫（the Palacio da Pena，见第413页）、神圣家族大教堂（the Sagrade Familia，见第418页）和德罗戈城堡（Castle Drogo，见第423页）等梦幻般的城堡建筑。其中的一些作品出自真正伟大的建筑师，特别是出自安东尼·高迪（Antoni Gaudi）的神圣家族大教堂和埃德温·路特恩斯（Edwin Lutyens）的德罗戈城堡等。然而，这些建筑仍然更像是玩具而不是某种功能性的建筑。毫无疑问，对于游客而言，这些建筑是非常有趣和不容错过的旅游景点，但它们看起来似乎有点自我放纵甚至有点疯狂。这并不是在批判建筑的堕落：富裕的主顾和富有远见的建筑师一直都在打造最引人注目建筑方面发挥了关键的作用。其中，许多建筑形式的蓬勃发展，也是对多年的外国统治，或对政治和经济抵制的一种反映，这种理解有助于解释这些建筑勉强克制的生命力。

◁ 新天鹅城堡的四角为中世纪圆柱形尖顶；而内部装饰却极为奢华，它涵盖了从拜占庭到罗马再到哥特式的装饰细节。它是为巴伐利亚（Bavaria）绰号为“疯王路德维希二世”（King Ludwig Ⅱ of Bavaria）怪诞的隐退而修建的。

## 建筑元素

多样性与奢侈是这一时期建筑的关键词。试图在效仿中超越早期丰富建筑的形式，还杂糅着一些真正的创新设计，这是这个时期的主要设计理想。所以，这一时期建筑的特点是：一方面，向过去也就是中世纪和文艺复兴时期寻找灵感；另一方面，又面向20世纪蓬勃兴起的现代运动。

城堡四角童话般独特的圆柱形尖顶

◁ **如婚礼蛋糕般绚丽**

19世纪晚期，外观华丽且内部更是金碧辉煌的装饰似乎已经在许多建筑师和其主顾之间达成了共识。比如巴黎的迦尼叶歌剧院，就呈现了过多的巴洛克式装饰，精美的装饰几乎掩盖了其古典的立面设计。

城堡四角童话般独特的圆柱形尖顶

△ **童话般的城堡**

这是一个童话复活的时代。这个时期欧洲大批新城堡开始兴建尖顶、塔楼、多层次的屋顶。巴伐利亚国王，路易二世亲自参与设计的这座新天鹅城堡，就是一座具有高度戏剧性的建筑。

窗格的设计是基于植物的根茎

△ **自由形式的窗子**

在这里，高迪打造了一座有机建筑，他利用曲线的形式，石头在他的手里仿佛变成了一个可以随意把玩的东西。这是巴塞罗那巴特娄宫公寓楼的一个窗口设计。

△ **梦幻般的建筑特点**

建筑物模仿人工制品完全有可能：哥本哈根的葛维隆教堂就是模仿了一个巨大的管风琴造型，出自詹森·克林特的设计，并于1926年完成。

▽ **过于考究的纪念碑**

罗马的维托里奥埃马纽埃尔纪念碑，完成于1911年，用以纪念意大利的统一和第一任国王。与贝尔尼尼设计的圣彼得大教堂（见第313页）相比较，就能得到很好的启示。

铜像几乎可以为每一座意大利广场增光添彩

双轮战车插上了象征胜利的精神之翼

拥挤的门廊充斥着各种雕塑

## 拉合尔火车站（LAHORE STATION）

1865年　巴基斯坦拉合尔　威廉·布伦顿　火车站

红砖墙与童话般的巴伐利亚城堡、中世纪修道院、莫卧尔清真寺以及19世纪中叶的铁路技术相结合，拉合尔火车站可以说既是一座火车站又是堡垒。威廉·布伦顿（Willliam Brunton）在设计时，就被告知要赋予这座火车站以“防御的性质”，为确保其安全甚至可进驻“一支小驻军部队来防止敌人的攻击”。因此，专门在堡垒上设计建造了马克西姆机关枪（Maxim-guns）射孔，而由巨大钢护窗板密封的大规模训练棚，则是采用哥特式和莫卧尔拱廊相结合的设计形式。即使前院立有一尊核导弹复制品的石头雕塑，这座火车站也仍不失某种浪漫的情怀。

**风格的融合**
在那个蒸汽火车开始冲进印度次大陆的年代，这座火车站是一个综合了多种风格与目的的复合体。

## 美尼尔巧克力工厂的汽轮机厂房

1872年　法国马恩河畔　朱·索尼耶　工业建筑

美尼尔巧克力工厂的汽轮机厂房就直接建在马恩河（the Marne River）畔上。它是最早完全采用铁框架结构的原型之一。其细长外露铁架轮廓（外露骨架）以对角的形式形成交叉支撑，为镶嵌在里面的多色砖和陶瓷瓷砖墙壁提供横向的稳定支撑。

墙壁是纯粹的填充物，本身并没有支撑自身重量的作用，更别说是支撑其他重量了，既然如此，它只得完全依赖于铁框架的支撑。窗子本来可以开得更大，但使用小窗口，是因为设计师们仍然坚信建筑必须遵循特定的形式与古典的比例，这是他们所能够接受的建筑形式。

漂亮的砖墙和镶嵌在正立面的多姿多彩的陶瓷以愉快的方式向人们表达了这座建筑的用途：这里是一家巧克力工厂，能够生产美味可口的产品。总之索尼耶（Saulnier，1828—1900）成功地为我们呈现了一座看起来就像一座巨大、精美的巧克力包装盒的建筑。

**水力发电**
马恩河湍急的河流冲击着巨大的涡轮机，靠巨大的动力来发电。

## 新天鹅城堡（NEUSCHWANSTEIN）

1886年　德国巴伐利亚　爱德华·里德尔和乔治·冯·杜尔曼　宫殿

神话般的新天鹅城堡坐落于终年积雪的阿尔卑斯山和围绕城堡四周无尽的湖泊景观中，如幻如梦。这是一座规模巨大且花费昂贵的建筑，它是根据巴伐利亚国王路德维希二世的梦想设计的建筑，同时，它也是一个充满诗情画意、童话般的城堡。直到国王41岁去世时，也只完成了这座庞然大物的三分之一，而且此时他已经倾家荡产了。

宫殿内巨大的挂毯、壁画和绘画表露出路德维希对中世纪神话的痴迷，尤其是被歌剧罗恩格林的故事深深打动，他希望勇敢的骑士和美丽公主的动人故事能在这座城堡里上演。如今，这里共有15个房间对游客开放，每一个房间都是一首光荣的幻想曲。歌剧大厅是基于德国埃森纳赫的瓦特堡城堡游方艺人而设计的，是送给在帕西法尔生活的罗恩格林父亲的，他是一位圣杯骑士。新天鹅城堡充满拜占庭风格的帝王大厅则是从君士坦丁堡的圣索菲亚大教堂（见第126页和第127页）中获得的灵感。这里仿制斑岩和青金石的支柱以及拱形巨大的天花板上，蓝色穹顶点缀着灿烂的星辰。尽管到处弥漫着奢华与梦幻般色彩，但新天鹅城堡自建造的一开始就不乏自来水、热水设备、冲洗厕所等现代化的设备，甚至这里还采用了中央供暖。

### 路德维希二世（LUDWIG II）

路德维希二世（1845—1886）将巴伐利亚王国与普鲁士联合，于1871年形成德意志第二帝国。虽受政治家耻笑，但路德维希还是深受普通百姓的爱戴。此外，他还致力于国家的艺术活动（他曾赞助过德国作曲家理查德·瓦格纳）。再有就是，他一直沉迷于他的神秘世界。

**童话城堡**
砖石建造的墙面铺以石灰石，新天鹅城堡是迪斯尼拍摄的电影《睡美人》中城堡的原型。

## 佩纳宫（PALACIO DA PENA）

1885年　葡萄牙新特拉镇　路德维希·冯·埃施维格男爵　宫殿

耀眼、奇特、矫饰的身姿使佩纳宫看上去像一座乐园式城堡，它是路德维希二世的新天鹅城堡在葡萄牙的翻版。佩纳宫位于葡萄牙里斯本近郊的新特拉镇，建于隐修会修道院的遗址上（Hieronymite Monastery），乃是19世纪葡萄牙女王的丈夫——费迪南德之心血结晶。在极端幻想的情况下，这是一个集摩尔式、哥特式和曼努埃尔式以及巴伐利亚的童话城堡建筑精神的混合体。这里树林阴翳、满目葱茏，风景宜人。建筑师德维希·冯·埃施维格（Baron von Eschwege）英雄般的中世纪骑士扮相的雕像就矗立在附近的峭壁上。参观者现在徜徉漫步的宫殿，一直保持着自第一次世界大战开始，到女王阿米莉亚（Queen Amelia）离开这里时的模样。

**山中奇景**

轻快的粉红色和黄色装扮的城堡，以及如发射火箭般的城堡顶层塔楼，盘踞在高450米（1476英尺）塞拉（Sierra）新特拉镇的山顶上。

## 托尔瓦德森博物馆

1848年　丹麦哥本哈根
麦克尔·戈特利布·班德斯布尔　博物馆

丹麦佛德里克四世（Frederick Ⅳ）下令兴建这座博物馆，主要用来收藏丹麦新古典主义多产雕塑家贝蒂尔·托尔瓦德森（Bertil Thorvaldsen，1770—1844）的作品。可悲的是，托瓦尔德森去世四年后，这座博物馆才开幕。此后，他就埋葬在这座博物馆的一个庭院内。这座长方形的红砖建筑的外墙呈黄色，是模仿希腊庞贝古城的颜色。在微型的桶拱式画廊内部，以马赛克铺成的地板辉映着点燃的数不清的蜡烛。后面是一座以逼真的椰枣壁画装饰的古埃及庭院。

## 布鲁塞尔司法大厦

1883年　比利时布鲁塞尔
约瑟夫·普拉尔特　民用建筑

这座宏伟的建筑，坐落在180米×170米（590英尺×558英尺）的巨大基座上，多年以来，一直是欧洲最大的建筑。其浮夸甚至略显笨拙的设计主要是模仿古埃及和亚述人（Assyrian）的建筑形式，但建筑本身还涵盖了众多其他风格，如希腊式、罗马式、意大利文艺复兴和巴洛克式等。这些形式堆放在一起，就像是一块绚丽的婚礼蛋糕。雄伟的中央大厅上的穹顶是这座建筑的制高点，高耸于距地面105米（345英尺）的位置。内部也流露出同样的厚重感，穿过宏大的景观设计和巨大的楼梯就来到了广阔的中央大厅，但分配给法院和附属办事处的空间却相对较小。总之，占地2.4万平方米（25.8万平方英尺）的司法大厦耗时近20年才建造完成，还拆除了布鲁塞尔马罗洛斯（Marolles）附近的工人阶级住宅区。建筑师约瑟夫·普拉尔特（Joseph Poelaert，1817—1879）去世前，整个工程尚未结束。

## 荷兰国立博物馆（RIJKSMUSEUM）

1885年 荷兰阿姆斯特丹 佩特鲁斯·库佩斯 博物馆

围绕两个庭院呈对称设计的这座博物馆，是新哥特式与早期文艺复兴式相结合的产物，出自荷兰建筑师佩特鲁斯·库佩斯（1827—1921）之手，他是一位在建筑和天主教教堂的恢复工作方面都享有盛誉的建筑师。由加尔文主义主导的阿姆斯特丹市政府反对雇用他，由他设计的镀金装饰立面和精致的线脚装饰更是受到了广泛争议，他们认为那些都是这座清醒城市的一种耻辱。（库佩斯在递交的图纸中，减少了大量装饰设计，并最终获得批准，但他在具体施工过程中，又添加了许多）尽管如此，博物馆的建筑特点还是被许多荷兰新文艺复兴时期的新教建筑师采纳，而且库佩斯又接着承接了城市中心火车站的设计工作。博物馆共有150个房间，其中，有一间是专门为伦勃朗建造的大厅，里面就展示了他的名作《夜巡》。

**文艺复兴式建筑**
高塔和尖顶给人一种法国城堡的感觉。

## 巴黎的迦尼叶歌剧院（OPERA， PARIS）

1874年 法国巴黎 查尔斯·迦尼叶 歌剧院

1861年，查尔斯·迦尼叶（1825—1898）这位出身卑微的建筑师，仅是巴黎美术学院（the Ecole des Beaux Arts）毕业的一个无名小卒。通过参加霍斯曼男爵举办的比赛，他获得了设计巴黎市中心歌剧院的工作。迦尼叶设计歌剧院的初衷是要展现第二帝国文化的多元性，因此建筑师也投入了他毕生精力来参与此项设计，并最终将这些变成现实。但建筑师过度地使用装饰而饱受批评，尤其集中在多色的大理石的使用和错综复杂雕像等细节方面。歌剧院落成时，一位评论家是这样描述眼前的这座建筑，他说它看上去就像“一座塞得满满的餐具柜”。

礼堂本身只占据了整座建筑极小的一部分，巨大的圆顶大厅和宏大的楼梯占据了大部分的空间。奢华的镀金，华丽的烛台，光泽的大理石使这里奢华异常。即便如此，设计还是合理的并经过了深思熟虑的，公众鱼贯而入，视觉效果极佳。正立面的处理手法也与礼堂一致。立面也是同样精心雕琢，或许，这也正好迎合了那个时期的歌剧特点。

**帝国主义的展览品**
新巴洛克式的迦尼叶歌剧院是具有历史意义、基于经典而又对经典进行了丰饶的阐述的建筑。

## 东哈姆市政厅

1903年 英国伦敦
芝华仕和史密斯 民用建筑

这座漂亮的爱德华时代市政厅，是伦敦东区当代民用建筑精致的杰作之一。此外，这座复杂的建筑还包括：技术学院、体育馆、公共浴池、图书馆、消防局和消防员小屋等，甚至还有自己的发电站。原定设计在一处由陶土和红砖围墙环绕的观景公园内，以此与其温暖的建筑主体色调相协调。市政厅采用爱德华时代的自由风格设计，同时也是一篇优美的合奏乐章。它的顶端是一座精致的塔楼，既是地方的里程碑，又象征了当时富于开拓进取精神的伦敦自治区是多么强大与高效，靠自力更生就可以消除城市滞后地区的贫穷。此外，市政厅落成时就栽下的伦敦悬铃树，如今更加映衬了市政厅的宏伟与壮丽。

## 新苏格兰场

1890年 英国伦敦
理查德·诺曼·萧 民用建筑

漫不经心地模仿了苏格兰男爵的城堡，角楼上饰以萝卜式的穹顶，新苏格兰场是英国维多利亚时代的一位重要建筑师理查德·诺曼·萧（Richard Norman Shaw，1831—1912）第一次涉足民用建筑的作品。建在令人震撼的大理石台基上的这座漂亮工艺红砖建筑，由精致的石雕工艺搭配。整座建筑有保留地混合了各种装饰风格，但还是以自己的风格进行了收尾。

## 哥本哈根市政厅

1902年 丹麦哥本哈根
马丁·纽阿普 民用建筑

丹麦首都哥本哈根市政厅明显是受西恩纳（Siena）中世纪锡耶纳市政厅（Palazzo Pubblico，见第267页）的启发而建造的，但它同时也表达了20世纪开端，丹麦人重拾自己的民族自豪感和政治强势。这座建筑最显著之处在于其近106米（348英尺）高的钟塔，城堡般的城墙，以及纯粹地道的壮观建筑气势。手工制作的红砖代表了丹麦农舍的传统民居风格，因为当时这里还是地地道道的农业国家。

## 维也纳邮政储蓄银行

1912年 奥地利维也纳
奥托·瓦格纳 民用建筑

由奥地利建筑师奥托·瓦格纳（Otto Wagner，1841—1918）设计完成，是一座新艺术风格与早期现代主义建筑沟通的桥梁式建筑。此外，它也是展示维也纳建筑工艺的一个极好例子。优雅的立面（如果不是略显严肃的话）以花岗岩和大理石装饰，但这里也广泛使用了一种新的建筑材料——铝。铝被广泛用于栏杆、屋顶的雕塑和房门配件，正厅前独立喷泉的喷水口以及托举外墙大理石板暴露的螺栓等，到处都能看见这种新材料的应用。几乎所有曲面玻璃装饰的天花板都打算由钢索悬挂，这在当时可是一个高科技的运用。在这种情况下，它采用的是超薄钢柱支撑，最后插入两侧墙壁的插槽；此外，为了使其不受雨雪的困扰，上面又加盖了一层平面玻璃屋顶。自1894年起，瓦格纳就一直担任皇家艺术学院的客座教授。之后，他还设计了维也纳新的城市铁路，另外，他还是早期现代建筑运动的启蒙者。总之，他是一位拥有巨大影响力的人物。

## 格拉斯哥艺术学院（GLASGOW SCHOOL OF ART）

1906年 苏格兰格拉斯哥 查尔斯·雷尼·麦金托什 教育建筑

主楼由两个正方形并列而成，格拉斯哥艺术学院（现称麦金托什，Mackintosh）是格拉斯哥建筑师查尔斯·雷尼·麦金托什（Charles Rennie Mackintosh，1868—1928）的杰作。学院的主楼，长长的石头立面由众多工作室窗口和不同形状和高度的辅助窗口隔断，日期可以追溯到1897年至1899年；而壮观的主楼西端则在1909年才完成，但朴实的西立面仅由三个大凸肚窗装饰。这些窗子不仅耐人寻味，而且还是图书馆的采光来源。这里还有复杂的深色染色木材框架装饰，部分模仿了日本传统的宫殿建筑形式。图书馆的壮观的外墙像花岗岩峭壁一样对着正门前急剧倾斜的路面。这座建筑，主要在年轻的德国和奥地利的建筑师中产生了广泛的影响；在英国，影响则甚微。

**岁月沉寂下的美丽**

经过多年的风化，石头外墙呈现出一种拼凑而成的微妙颜色，配上精细、卷须类铁艺和创意灯饰，呈现出岁月沉寂下的美丽。

## 马加利卡住宅（MAJOLICA HOUSE）

1899年 奥地利维也纳 奥托·瓦格纳 公寓住宅

马加利卡住宅是两座6层维也纳公寓中的一座，并在底层和一楼设有店铺。奥托·瓦格纳不仅将其外表饰以色彩缤纷的马加利卡瓷砖而使其得此名，还改变了这座建筑原本略显严肃的立面。在多孔陶瓷釉面金属氧化物下闪闪发光下盛开着生动的紫红、白色和绿色的花朵，翻腾缠绕在日葵图案装饰的熟铁阳台间。越是高处，装饰也就越丰富，直至饰满精致雕刻的挑出飞檐为止。建筑施工完成后，在维也纳市民中引起了极大的反响，有人甚至形容它为“难以想象的丑陋”。瓦格纳只能故作镇静，因为拥有这座建筑的就是他本人。

马加利卡住宅标志着瓦格纳从一个受历史影响的建筑师到原始现代派（proto-Modernist）的过渡。这座建筑对其充满朝气而又充满审美意愿的学生和同事而言，尤其是像约瑟夫·玛丽亚·奥尔布里希以及约瑟夫·普莱克尼克（Josef Plecnik，见维也纳邮政储蓄银行，第415页和斯坦赫夫教堂，第420页）产生很大的影响。

**光洁如新的瓷砖**

马加利卡瓷砖以其耐磨和防水而著称，而且住宅都是定期清洗，所以至今仍然历久弥新。

## 斯托克雷特宫殿（PALAIS STOCLET）

1911年 比利时布鲁塞尔 约瑟夫·霍夫曼 住宅

出生在摩拉维亚（Moravia，现部分属于捷克共和国）的建筑师约瑟夫·霍夫曼（1870—1956）移居至维也纳，就读于瓦格纳指导的皇家艺术学院。后来，他与其他建筑师和设计师，其中就包括科罗曼·莫瑟和约瑟夫·玛丽亚·奥尔布里希合作，共同创立了维也纳分离派（the Vienna Secession），旨在脱离学院派艺术和历史回顾主义，发起了一个无所不包的新艺术运动。霍夫曼的维也纳工作室（the Wiener Werkstätte），是专为分离派房屋设计生产“艺术”家具，这也是他的另一重大成就。他最辉煌的建筑作品就是斯托克雷特宫殿，这里也显示了查尔斯·雷尼·麦金托什对他的影响。三层建筑周身以几何青铜饰框架内镶嵌耀眼的白色大理石为主，一些甚至以金箔镶嵌而令其大出风头。霍夫曼将整个维也纳工作室团队都投入到该项目中，并同时委托维也纳著名画家古斯塔夫·克里姆特（Gustav Klimt）为餐厅设计了两幅壁画：《展望》与《实践》。此外，黑白色大理石、稀有木材和金浮雕皮革家具，丰富的银制桌饰及银器装饰，都是由霍夫曼为餐厅进行的专门设计，并由克里姆特（Klimt）的白色黄金艺术品为其润色。总之，餐厅确保了斯托克雷特宫殿的声誉：它是一个真正完整的，紧跟时代的建筑艺术体，且高度统一的艺术作品。

**阶梯塔楼**

简明直线条立方体设计的斯托克雷特宫殿上是一座纤长的阶梯塔，它预示了装饰派艺术（Art Deco）电影院的到来。

## 塔塞尔公馆（HOTEL TASSEL）

1893年 比利时布鲁塞尔 维克多·奥塔 住宅

塔塞尔公馆是由维克多·奥塔为比利时科学家兼教授埃米尔·塔塞尔（Emile Tassel）于1893年至1894年，在布鲁塞尔设计的城市住宅。从外表看来，除了其大型的凸肚飘窗外，看不出这是一栋了不起的房子。事实上，其所在的位置正是20世纪60年代，由一个沉闷的办公区主导的建筑群，所以，也很难将其与周围的环境区分开来。但是在内部，金属卷须充斥着装饰的细节，引起轰动的大厅使用都是橘黄，咖啡和浅绿色等跳跃颜色，就像是一座异国超级的棕榈屋，圆柱渐变成离奇铁茎从其柱头开始蔓延伸展到楼梯，似乎整个房间都是由蜿蜒铁卷须类花卉纹饰支撑似的。栏杆、墙纸和马赛克地板在这里都似乎充满了勃勃生机，直线似乎被建筑师无情地放逐了，就连穿过彩色玻璃和镶板的阳光都那么奇特。所以，置身其中，会使你恍如置身于幻境一般。当然，设计者追求的就是这种轰动效应和感性的视觉效果，总的来说它被视为真正新艺术运动的第一座建筑，一经完成就引起了轰动。

## 奎尔公园（PARK GUELL）

1914年 西班牙巴塞罗那
安东尼·高第 民用公园

俯瞰整个巴塞罗那中央区域，这座美丽的公园原定是按英国花园城市风格发展的高级花园式别墅区。第一次世界大战时施工被迫停止，留下的只是一个异想天开的城市游乐场，只建造了建筑师安东尼·高第设计的3栋别墅。公园内被划分成几个部分，最精华的设计是位于入口处蜿蜒的石阶，沿着石阶而上就是市场广场，如洞穴似的特殊造型屋顶由100多根多立克柱支撑。弯曲的坐椅也是由充满了的各式马赛克或瓷砖拼贴而成，色彩斑斓，鲜艳无比。

## 米拉公寓（CASA MILA）

1907年 西班牙巴塞罗那
安东尼·高第 公寓住宅

高第在西班牙的巴塞罗那建立了两座公寓楼，它们分别是色彩鲜艳的巴特娄宫（Casa Batlló）和呈蛇形曲线的米拉公寓。后者在当地又名“采石场”（La Pedrera），以灰色石头、凸凹不平的墙面、有高有低的屋檐和屋脊呈蛇形曲线为特点。高第原本是打算将其设计成由两座圆形庭院簇拥的公寓楼。墙体本身也像波涛汹涌的海面，富有动感，但只起装饰作用，采用铁条和铁板固定，有些地方则由砖和混凝土支撑。屋顶有数百个探出的抛砖拱和造型怪异的烟囱，高度镂雕的楼梯出口和镶嵌马赛克的通风井，总之，就如同梦境一般。 高第希望这里的居民能够慢慢欣赏这座建筑，这样，随着时间的推移，其成为类似于一种城市自然形式的坐标而不是传统的建筑。

## 神圣家族大教堂

1881年 西班牙巴塞罗那
安东尼·高第 礼拜场所

神圣家族大教堂位于西班牙巴塞罗那市中心。它是自然、超现实主义的产物，是奉献给劳动者的守护神——圣约瑟夫的圣家堂（Temple of the Holy Family）。虽尚未建成，但仍不失为欧洲伟大教堂的灵魂。1883年，以新哥特式风格在都市计划区的东北面启建。翌年由高第接手，他自己的设计就像100朵盛开的异国鲜花：他认为教堂越自然越好。中殿周围是回廊（人行道），从而形成与城市噪声的天然屏障。高第还将教堂的三个立面分别以隐喻的手法象征耶稣一生：诞生、受难与复活三个阶段。此外，教堂的每个立面都设有4座高107米（351英尺）的圆塔，上面由马赛克装饰，一直延伸到4座空心塔上的管钟琴。其上还有一座大殿，没有飞扶壁的支撑，进而又有6座塔装饰。

基督诞生立面的细节描述

直到1926年，高第去世时，只有教堂的地下室、后殿和诞生立面已经完成。不幸的是1936年，他的大部分图纸被烧毁，尽管建设工作一直持续到今天，但建筑师不得不猜测高第当初的打算。

## 安东尼·高第（ANTONI GAUDI）

安东尼·高第·克尔内特（Antoni Gaudi I Cornet，1852—1926）出生于加泰罗尼亚雷乌斯（Reus）。在巴塞罗那，高第结识了他最重要的赞助者、声名显赫的纺织商人奎尔（Eusebio Guell）和一些贵族天主教徒。他们一起鼓励他为巴塞罗那发展出一种新建筑形式，或称新艺术运动（Modernismo）下的建筑形式，以此代表加泰罗尼亚的独立精神。他曾一度住在奎尔的一所矮小破旧的房子里，后来干脆就搬进神圣家族大教堂中居住。1926年，他被一辆电车撞倒去世时，衣衫破旧，路人还以为他是一个流浪汉。或许，他才是一个真正的圣人。

**尚未完成的事业**
尽管是一座未完工的建筑，但丝毫无损于它成为世界上最著名的建筑之一。

## 赫尔辛基中央火车站（HELSINKI RAILWAY STATION）

1914年　芬兰赫尔辛基　埃利尔·沙里宁　火车站

1904年，埃利尔·沙里宁（1873—1950）为世人设计了世界上最文明的城市中心火车站之一：赫尔辛基中央火车站。火车站的内部设计更犹如路德教大教堂般平静与美丽。站立在火车站入口处正面的是由埃米尔·韦克斯特罗姆创作的巨型雕塑，从远处看来，又像是整座建筑的卫士，它也是沙里宁在设计这座集功能与浪漫为一体火车站的最激情展示。火车站采用的是混凝土框架结构，外贴花岗岩石块建造而成。经典入口处的扇形结构是受维也纳分离主义分子的影响，但总体还是沙里宁自己的风格，既表达了一种民族浪漫主义的审美情怀，同时，它也标志了芬兰这座有着悠久民族斗争传统的国家，越来越脱离俄罗斯的统治。 火车站大堂内的两侧分别设有售票处和一个令人印象深刻的餐厅。1923年，沙里宁移居美国，在那里他还设计了位于密歇根州的克兰布鲁克艺术学院，1932年出任该校校长；培养了诸如查尔斯和雷伊埃姆斯等出色的设计师。

**火车站入口**

火车站的立面采用古典的构图手法，通过优美的覆铜钟楼和入口大厅的扇形轮廓线来主导整座建筑的旋律。巨大的站立人像，每个人手里都捧着一个像地球一样的大灯球。

## 维克多伊曼纽二世纪念碑

1911年　意大利罗马
朱塞佩·萨科尼　民用建筑

这座绰号叫“打字机”的白色大理石建筑夸张地矗立在国会山的山坡上，以此来纪念意大利的统一。朱塞佩·萨科尼（1854—1905）曾设想将其打造成一座罗马的卫城：一连串的台阶通往祖国祭坛（the Altar of the Nation），其上中央骑马的人物塑像就是完成了意大利统一大业的维克多·埃曼纽尔二世（Victor Emmanuel Ⅱ）。弧形立面高15米（50英尺），上面有两座巨大的青铜雕像，右边代表“热爱祖国的胜利”，左边代表“劳动的胜利”。

## 斯坦赫夫教堂

1907年　奥地利维也纳
奥托·瓦格纳　礼拜场所

庄严肃穆的维也纳斯坦赫夫教堂就位于奥托·瓦格纳（Otto Wagner）设计的精神病医院里。如果摒弃这里所有的严肃性，这座教堂丰富的感性与理智装饰还是颇具特色的。砖砌的中殿外以白色卡拉拉大理石镶嵌，其间不乏程式化的青年风格（新艺术运动）等装饰细节。曾经镀金的半球形穹顶现改为铜穹顶，铁窗户也曾经是镀金的，甚至过去用于包裹大理石板的凹槽也都是采用了覆铜装饰。教堂内部，白色的墙壁散发出典雅素朴的气氛，然而，大理石与黄金的点缀也并未对其素雅的气质产生丝毫的影响。设计细节还与功能进行了完美结合，例如教堂长椅的边缘以防刮伤患者，就特意设计为圆角形式。此外，轻快、高耸的穹顶和闪光的马赛克玻璃窗都是为了提升病人的精神而专门设计的。

## 巴黎地铁站（METRO STATIONS， PARIS）

1906年　法国巴黎　埃克托尔·吉马尔　地铁

1898年至1905年，埃克托尔·吉马尔（1867—1942）为一系列新建的巴黎地铁站设计了轻松愉快的、以新艺术风格为特征的地铁入口。设计形式广泛：简单的，只有照明的开放楼梯设计；复杂的，有精致的钢铁和玻璃覆盖下的楼梯以及完整的大厅等，形式应有尽有。设计师对于建筑整体结构的把握、建筑材料和地铁站字体的选择，在很大程度上都源自于比利时建筑师维克多·奥尔塔的设计。即便如此，这并不代表二者完全一样，一位评论家曾戏称其中一座模仿的地铁站为“镀锌的鱼龙骨架”。可悲的是，它实际上却是恐龙的骨骼造型。到了1978年，巴黎地铁站中，只有两个原始设计入口仍然存在。

**新艺术铁艺**
基于模块化的设计的入口是由铁、铜和玻璃等材料建造的。

## 圣心大教堂（SACRE COEUR）

1914年　法国巴黎　保尔·阿巴蒂　礼拜场所

风格奇特的圣心大教堂（Sacre Coeur），位于巴黎市中心蒙玛特（Montmartre）山顶。于1875年由国家发行公债筹建，出自保尔·阿巴蒂（Paul Abadie，1812—1884）的设计。它在集罗马式、拜占庭式于一体的同时，又兼取了罗曼式的建筑表现手法。这使其不仅成为国家的主要景观，还是明信片上的常客。但大教堂的筹建过程是相当艰难的：83根支撑教堂的混凝土圆柱不得不夯进山坡，因此，人们常常说，不知是教堂在支撑山，还是山体在支撑着教堂。此外，四周还建有两个卵形小穹顶，中间为一座大穹顶。教堂后部有一座高80米（262英尺）的方形钟楼，里面有一口钟重达19吨。有时，即使在喧嚣的闹市，也能听到从教堂传来的钟声。

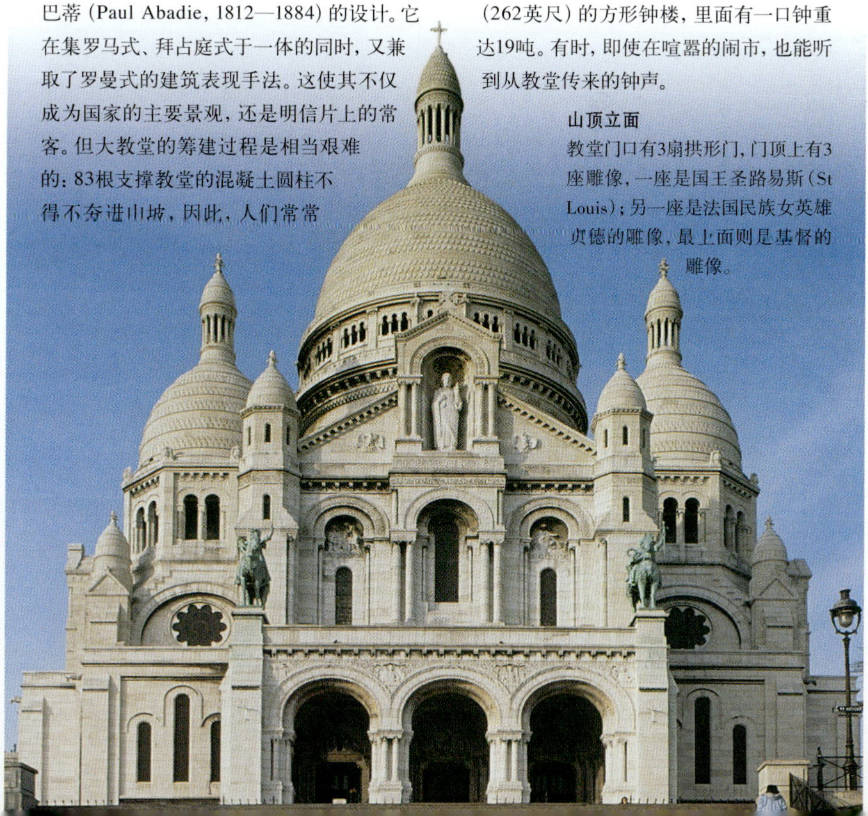

**山顶立面**
教堂门口有3扇拱形门，门顶上有3座雕像，一座是国王圣路易斯（St Louis）；另一座是法国民族女英雄贞德的雕像，最上面则是基督的雕像。

## 鲁特威大教堂（GRUNDTVIG’S CHURCH）

1940年 丹麦哥本哈根 延森·柯林特 礼拜场所

这座强大得甚至有些可怕的教堂，外观呈黄色。虽然严格遵循了丹麦中世纪教堂的建筑传统，即采用了阶梯式山墙立面，但它主要还是出于代表一个庞大的组织而设计修建的。教堂是为纪念广受欢迎的丹麦著名神学家和赞美诗作家哥戎维（N.F.S Grundtvig）而修建的。来自同一家庭的三代建筑师都倾情投入了这座教堂的设计工作。

鲁特威大教堂采用了经典的设计比例，共用了近600万块手工砖，耗时多年才建造完成。建筑师柯林特（P. V. Jensen-Klint）于1930年去世时，教堂仍未建成。此后，他的儿子卡尔·克林特（Kaare Klint）接替了他的工作。他为这座教堂设计了许多家具，包括位于令人眩晕的中殿内的木椅。教堂内有两架华美壮观的管风琴，其中的第二架于1965年被安装在教堂的主入口处，是由卡尔的儿子艾斯本（Esben）设计的。教堂内为76米（249英尺）宽，35米（115英尺）高，其规模令人震撼。无任何装饰的哥特式拱门，在管风琴和唱诗班的音乐中，无限地向上延伸。两个布道台也同样是主体的延伸，采用的也是砖结构，只有石灰石圣洗池是唯一没有使用砖砌的部分。教堂就矗立在哥本哈根比斯柏格（Bispebjerg）郊区，并以其为中心形成了一个由柯林特设计的低密度住宅区域。

### 延森·柯林特

丹麦建筑师柯林特（P.V.Jensen-Klint，1853—1930）旨在恢复“将一代又一代捆绑在一起的红线传统。”他认为古典主义是与过去决裂的一种不健康状态，他试图通过哥特式与巴洛克风格有机结合，来体现丹麦民歌风格的精神。因为这样可以更好地体现简单与力度，以及工艺与材料的完整。他对中世纪丹麦砖结构的热衷，无疑在鲁特威大教堂有着明确的体现。

**多风格融合的教堂**

高耸狭窄的窗口、微型的教堂入口和山墙式立面，鲁特威大教堂将历史的形式与简单的功能巧妙地结合在一起。

## 教区花园别墅（DEANERY GARDEN）

1901年　英格兰波克夏索宁　埃德温·卢泰恩爵士　住宅

看上去田园诗般、采用不对称结构的教区花园别墅，实际上是受美术工艺运动影响的一座规范的砖木混合建筑。它是埃德温·卢泰恩（见第455页）专门为《乡村生活》杂志的创始人爱德华·哈德森设计的别墅。这是一本旨在捍卫设计师工作的杂志。环绕在别墅周围的花园则出自于卢泰恩的长期合作伙伴、园艺师格特鲁德·杰基尔（1843—1932）之手。这也是他们共同为那些新兴的富裕、尚未失去幻想的中产阶级联合打造的一种新型乡村别墅。卢泰恩的房屋设计之所以能这样令人信服，是因为他从幼年起，就在当地的建筑工地上工作；再有就是他接受了严格而不失创造的维多利亚建筑师欧内斯特·乔治、哈罗德·皮托、诺曼·肖和菲利普·韦布（Philip Webb）等人的教育和影响。教区花园别墅真正的辉煌在于它体现了古老建筑的传统、现代的自由房屋设计理念和永恒的感觉，以及它们可以完全融合在一个原始的、令人信服的建筑结构中的和谐。

**浪漫的田园诗**
当地的建筑石材加之精美的设计，这座深檐别墅建筑是英国约曼乡村房屋浪漫想法的现实反映。

## 德罗戈城堡（CASTLE DROGO）

1930年　英国德文郡德鲁斯廷顿　埃德温·卢泰恩爵士　住宅

这是英国的最后一座城堡式建筑。德罗戈城堡戏剧般地位于廷河（Teign）峡谷之上，可以全景俯瞰整个达特穆尔（Dartmoor）。这座中世纪城堡是由卢泰恩专为百万富翁朱利·朱（Julius Drewe）设计修建。这栋建筑不仅占地规模庞大而且外观采用了凹凸不平的岩石作为装饰，而内部却极尽温馨舒适颇具家庭氛围。倾斜的墙壁上开有竖框窗户，而只能通过尚能使用的吊闸门进入城堡。内部是一个经过深思熟虑的建筑组合：拱形楼梯、巨大的窗户、大拱门和不断变化组合的楼层构成。三面采光的客厅尽显精致典雅，而开有天窗的明亮厨房更是蔚为壮观。

**花岗岩的房屋**
德罗戈城堡的外观完全采用花岗岩装饰，没有水槽和排水管道介入的墙壁一直向上延伸，无论如何，这都是一座非常高大的建筑。

# 现代主义建筑

20世纪是以科学和技术突飞猛进发展为鲜明特征的时代。时光倒退到1900年，最先进的技术也不过是蒸汽机、无声电影和试验飞行等充斥的时代。然而仅仅在100年之间，就已经发展成一个航天技术、外太空探索、大众拥有汽车、计算机广泛使用和即时通信占据主导地位的时代。

除许多能够提升生命质量的发明和拯救人类生命的医疗技术发明外，毫无疑问，这个世纪也是人类历史上最血腥和最充满野心的世纪。世界上的人们曾两次被卷入全球冲突，独裁者诸如阿道夫·希特勒等发动了无数次的血腥大屠杀。然而，与死亡和痛苦相伴而生的有激进的哲学、文学、物理、新建筑结构、新音乐和全新的生活方式及方法。

臭名昭著、肮脏污秽、大屠杀和浪费生命是第一次世界大战的代名词，同时也激励了许多建筑师重新考虑他们的创作立场。作为20世纪初“黑暗时代”（Dark

**莱特兄弟的飞行器**

1903年，莱特兄弟（the Wright brothers）设计了载人动力飞机，虽然只是短暂的升空，但其影响丝毫不亚于波音（Boeing）747喷气式客机的发明，因为它揭开了人类航空历史上的第一页。

## 关键日期

**1900年**

1917年，俄国革命（The Russian Revolution）推翻了专制，建立了以列宁为首的世界上第一个共产主义政权。

1919年，《凡尔赛条约》（*Treaty of Versailles*）在德国人心中埋下了仇恨的种子，凡尔赛条约的连锁反应引发了第二次世界大战。

1923年，勒·柯布西耶出版了《迈向建筑》一书，成为现代主义建筑的急先锋。

**1925年**

1925年，世界上第一家汽车旅馆（The Motel lnn）在加利福尼亚州（California）的圣路易斯·奥比斯波（San Luis Obispo）开业。

1928年，得克萨斯州圣安东尼奥的米拉姆大厦成为世界上第一座装有空调的办公楼。

1929年，华尔街崩盘（The Wall Street Cras），纽约证券交易所（the New York Stock Exchange）的大幅下挫，引发了世界范围内的经济大萧条（the Great Depressioin）。

1933年，纳粹党（the Nazi Party）上台执政后，希特勒宣誓就任德意志共和国总理。

1939年，德国入侵波兰，引发第二次世界大战。

Age)的反应，他们开始缔造一种阳光、健康、通透的建筑模式。他们设计了线条简洁的白色建筑，即现代主义，一种来自远洋客轮的灵感，仿佛暗示人类需要集体扬帆远航，远离导致了血腥和愚蠢战争的政治和经济制度。勒·柯布西耶（Le Corbusier，见第444页和第472页）是现代派中最突出的代表，在他具有重大影响的著作《迈向建筑》（1923）中，就涉及了大量有关船舶的想象。1933年，恰逢新一代建筑师和城市规划者智囊团以及游说集团参与的国际现代建筑师协会（Congrès Internationaux d'Architecture Moderne）第四次会议的召开，而此次会议的地址就选择了在一艘一尘不染的白色客轮上。

自此以后，公寓、疗养院以及大酒店都是以令人精神焕发的、带有阳台的巨大客船的形式呈现。

**1915年费城世博会上的电话交换机**
从前，与远方联络只能通过信函或电报，而电话却让远途通话成为一种再普通不过的事情。

## 空袭的毁灭

可悲的是，看似和平解决的第一次世界大战却为未来播下了冲突的种子。1930年，全世界正在挣扎着摆脱经济大萧

### 声音和视觉

20世纪初，通信和大众娱乐媒体得到迅猛发展。1906年，美国发明的无线电广播开始了人类历史上的首次试验性播放。1936年，英国就已开始提供电视节目转播；电影在这个时候也得到全面发展，从无声电影到1927年的有声电影，并在20世纪30年代初，出现了拍摄彩色电影的技术。此外，唱片业也开始兴旺起来，开始向广大群众传播流行音乐。到20世纪结束时，互联网已经可以使电影、新闻、音乐、电视和广播节目等，只要敲击计算机的键盘，就可以欣赏到所需要的任何娱乐或相关资讯。

**主人的声音**
这家唱片公司的商标成为世界上最知名的商标之一，而且目前仍在使用。

**1945年**，美国空军在日本的广岛和长崎投下两枚原子弹，标志着第二次世界大战的结束。

**1957年**，苏联发射第一颗空间卫星——史泼尼克，并将它送入预定轨道。从此标志着太空竞赛开始进入白热化阶段。

**1989年**，英国科学家蒂姆·伯纳斯·李参与并研发了因特网和万维网。

**2001年**，纽约的世界贸易中心（World Trade Center）被基地组织（al-Qaeda）的恐怖分子摧毁。

**1950年** **1975年** **2000年**

**1948年**，以色列（Israel）宣布独立，建立了一个犹太人的国家。

**1949年**，中华人民共和国成立。

**1969年**，尼尔·阿姆斯特朗（Neil Armstrong）和巴兹·艾德林（Buzz Aldrin）迈出了人类在太空行走的第一步。

**1989年**，东欧柏林墙（Berlin Wall）拆除之后，欧洲共产主义阵营也随之瓦解。

**巴兹·艾德林在月球上行走的照片**

1969年，宇航员从“阿波罗11号”（the Apollo 11）飞船的登月舱走出来，首次在月球留下了人类的足迹。从而有力地说明了自莱特兄弟首次飞行不到70年时间里，科学技术已经发展得日臻成熟。

条阴影的同时，却再次卷入了另外一场全球战争的浩劫当中。

第二次世界大战如此具有破坏性的主要原因之一就是空中轰炸技术的使用。摧毁城市的中心是空中打击的明确目标，所以，建筑成为具体的打击目标，也就是所有的损坏都不是出乎意外。

1942年，英国皇家空军（the RAF）轰炸吕贝克和罗斯托克（Rostock），这两

座德国北部海岸最漂亮的汉莎城市，共造成数百人死亡和数千人无家可归。同时，纳粹空军也展开了“贝德克尔空袭”(Baedeker Raids)以牙还牙的报复行动，其目的就是摧毁英国的建筑遗产和士气。从贝德克尔旅行指南中，挑选出三星级的建筑物作为轰炸目标， 德国轰炸机竭力将这里的文化遗产铲除，如对巴斯(Bath)、埃克塞特(Exeter)和坎特伯雷等地区的轰炸。这些针锋相对的行动，最终导致了一系列连锁反应。1945年，由英国皇家空军和美国空军联手，对美丽的中世纪巴洛克风格古城萨克森(Saxony)的德累斯顿进行了轮番的狂轰乱炸。

同年，两架美国空军的B－29轰炸机使用超级堡垒(Superfortress，美国研制的一种加油机)加载的一种新型核武器对日本的广岛和长崎进行了原子弹轰炸，后果令世人震惊。现在，人类可以在瞬间将整座城市化为乌有。

## 战后建筑

人类所谓的进步被奥斯维辛集中营(Auschwitz)嘲笑和质疑；战后的世界，饱受核大战和冷战(Cold-War)威胁，总体而言，这是一个与以往大不相同的世界。建筑师也不得不调整自己以面对新的现实。建筑师设计出可大规模生产的建筑物，以此来满足重建的需要。预制住房、医院、学校和大学等这些社会系统的建成通通被证明是失败的，因为它们仅仅是出于满足实际与社会性的一时之需而已。

自由形式，这种新风格诞生于德国建筑师和工程师们当中，但它的出现还是很令人鼓舞的。这种建筑形式表达了建筑师们自由、民主和文明的希望与理想。在新材料和电脑发展的推动下，有力地促进了这些建筑的发展，从而更能使建筑师摆脱传统的桎梏，设计出了诸如悉尼歌剧院(Sydney Opera House，见第484页)和毕尔巴鄂的古根海姆(Guggenheim，见第491页)博物馆等这些具有挑衅意味而又不失流行的建筑设计。

21世纪伊始，战争仍在肆虐。2003年，以美国为首的联军占领伊拉克，将本书前面较早部分提及的建筑遗迹(见第47页和第50页)以同样令人震惊的方式予以破坏。

**交通运输系统**

在战后的几年里，城市规划和建筑必须适应并着眼于无限增长的机动车交通系统。城镇和城市的规划变得越来越趋向有利于汽车交通的方向发展。

### 计算机与建筑

最近，建筑领域最重要的发展就是计算机辅助设计(CAD)的引入和广泛使用。这种软件可以相对比较方便地生成计算机制图：数学规模图示、比例，维度、曲率等，完成了手工绘制几乎不可能完成的任务。此外，计算机辅助设计还可以计算出支撑建筑表面设计的内部结构所需材料的性质。还有一项特别的功能就是还可以将CAD与工厂连接，从而使设计师能对生产过程进行更好的控制。

**模型与形象化**

计算机辅助设计可以使建筑师和他们的客户预先看到虚拟的模型楼宇。

BAUHAUS

# 现代建筑
## 1910—1940

**以混凝土、钢筋和玻璃等材料为主的现代主义建筑在世界范围内遍地开花之前，在欧洲和美国却是以截然不同的面貌出现：在欧洲，主要体现为要全面改变世界的面貌。比如，在德国，驱动建筑师们设计出包豪斯校舍（the Bauhaus Design School，见第441页）的基本理念就是现代主义建筑的具体设计目的要具有革命性意义，要能够预示一个勇敢的社会主义新世界。**

最初，许多真正的现代主义建筑只不过是一些富有的艺术家们的玩物。所以，公众也很难对现代主义激进的做法给予认真的对待。早在1928年，英国小说家伊夫林·沃（*Evelyn Waugh*）就对现代主义建筑进行了巧妙的讽刺。在其长篇小说《衰落与瓦解》（Decile and Fall）中，一位名叫马戈·贝斯特·切特温德的年轻贵族，就拆毁了勒·柯布西耶为她的祖先设计的勒·柯布西耶风格式的居住的机器。而它的建筑师则是奥托·西勒诺斯（Otto Silenus），一件唯一使其一举成名的就是设计了一座未建成的泡泡糖工厂，并将其设计发表在一个不起眼的杂志上。小说家认为："西勒诺斯的野心就是在建筑中消除人为的因素（他还对建筑是否需要楼梯发出质疑）。"以上，似乎为我们当代人提供了如何观察现代设计的某种角度。现代派建筑师越是声称他们的设计不是追求某种风格，而是为体现某种纯粹的理性设计形式时，人们就越是不相信他们。

### 美国的现代主义

1932年，在纽约现代艺术博物馆开幕的国际时尚展（the International Style Exhibition）就是标志现代主义建筑在美国出现的一个开创性时刻。虽然在此之前，美国就一直不乏现代主义建筑，尤其是在加利福尼亚州，那里的建筑师，包括鲁道夫·辛德勒（Rudolph Schindler）和为躲避第一次世界大战而由维也纳移居至美国的理查德·努特拉（Richard Neutra）就是现代主义的代表。然而，在纽约展当中，注意力主要集中在建筑体裁的选择上，从而进一步开拓了与会者的眼界。不久，现代主义就很快被企业家以及时尚主顾们采纳。回顾过去，具有讽刺意味的是：最初所倾心关注的是要为大众塑造一个更公平、更人道的建筑方法，却成为象征美国企业日益强大，并最终发展成一个全球资本主义领导者的象征。

◁ 位于德国德绍（Dessau）的包豪斯校舍，是1925年至1926年，由沃尔特·格罗皮乌斯（Walter Gropius）设计。包豪斯的设计对西欧和美国的艺术与建筑的发展都产生了重大影响。

## 建筑元素

所谓现代主义者的梦想就如同是在机械驱动下平滑运转的乌托邦。但这种梦想却从来没有发生过，虽然最好的现代派建筑（持非常乐观的看法）也仅是部分实现了这种梦想，他们利用最新的材料，有时甚至将这种运用发挥到了某种激进的程度。但是无论如何，阳光还是欢迎敞开的墙壁。

△ **底层挑空设计**

勒·柯布西耶重新演绎了文艺复兴时期一楼主厅的设计理念，即用修长未加装饰的古典柱式将第一层或客厅抬高，这种设计理念主要应用于他早期现代主义的代表作品，如白色别墅当中。他称这种将所处空间环境进行彻底分离的行为为皮洛蒂。这里列举的是在法国的普瓦西，1929年建造完成的萨伏伊别墅。

△ **钢筋混凝土坡道**

许多热情的早期现代主义建筑采用的是直角的几何形式，有时也可以说是颠覆美丽的一种形式。这是位于伦敦动物园中流畅设计企鹅池中的螺旋坡道，它是由贝特霍尔德·鲁伯金和奥弗·阿勒普联合设计的。

◁ **玻璃砖墙**

法国建筑师皮埃尔·查里奥的设计位于巴黎的玻璃之家，墙壁就是采用最新的建筑材料玻璃砖砌成。这是一个地道的、向新技术和不惜一切代价来最大限度地获取阳光理念致敬的产物。

**混凝土遮阳屏板** ▷

建筑师们意识到新的建筑结构可能面临夏天炎热天气的考验，从而使人不舒服。勒·柯布西耶设计的这些混凝土遮阳屏板，可以用来“屏蔽阳光”，从而在很大程度上缓解了这个问题。

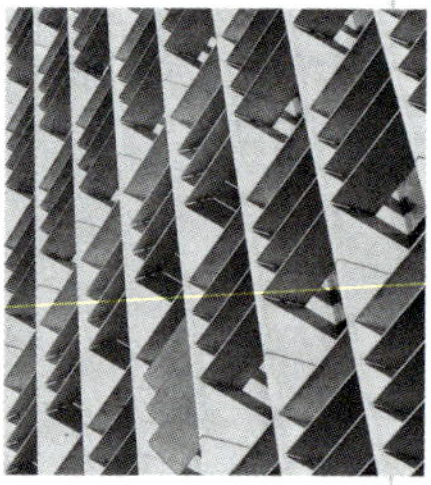

▽ **卧式窗**

由密斯·凡·德罗设计的巴塞罗那的德国馆，证明了使用水泥、玻璃、钢铁和大理石等平板材料可以设计出理想的建筑形式。

简单地使用丰富的材料更加突出了建筑物的质量

该馆的设计理念受到经典设计和日本建筑形式的影响

## 罗比之家（ROBIE HOUSE）

1910年 美国芝加哥
弗兰克·劳埃德·赖特 住宅

这座低矮的房子，是专为自行车及摩托车制造商弗雷德里克·C. 罗比（Frederick .C. Robie）设计建造的。它标志了家庭住宅建筑的革命，所有房间都采用了开放式布局设计。深屋檐可以大大减少正午阳光对朝南房间及餐厅的照射；屋檐甚至到了花园后还在延伸扩展自己的领域。 而由长而窄的罗马砖装饰的墙体似乎又在将建筑无限地横向拉伸，给人以流线型的观感。

## 洛克菲勒中心

1940年 美国纽约
雷蒙德·胡德及其他 商业建筑

洛克菲勒中心是曼哈顿城中的一个巨大商业发展中心。凭借其优美的造型，巨大的RCA 塔、无线电城市音乐厅和世界最著名的室外公共溜冰场而闻名于世。

这一昂贵且及富想象力的建筑力作一经落成，就一直作为民用建筑及商业中心投入使用。纽约人可以畅通无阻地通行在采光优良的地下商场，在咖啡馆惬意地小憩、看电影或在著名的下沉式广场里溜冰。到了20世纪70年代，在RCA大楼的周围又添加了许多新的建筑。

1929年，设计者以非凡的乐观态度开始了这里的施工与建设。约翰·D.洛克菲勒打算在这里建立一座歌剧院，但由于股市的大崩盘而改变了主意。RCA大楼是由雷蒙德·胡德（1881—1934）担纲设计，现在已被改为通用电气大楼。大楼共有70层，259米（ 850英尺）高，采用花岗岩、印第安纳石灰石和铝等材料打造。

## 强生蜡品公司行政大楼（JOHNSON WAX ADMINISTRATION BUILDING）

1939年 美国威斯康星州拉辛 弗兰克·劳埃德·赖特 商业建筑

位于强生蜡品公司中心的大车间就宛如20世纪30年代科幻小说中的场景一样。墙壁上没有窗户，光源只能从巨大建筑上的天窗获得，而且这种窗子不是普通的玻璃窗，而是采用半透明的硼硅管材料制成。

为了营造一种未来的效果，高高的屋顶由林立的、荷叶式倒锥形柱栏支撑。这些柱子到达地面最粗部分的直径也仅有23厘米（9英寸）。起初，建筑监察员为这些柱子是否可以满足法定载荷12吨的重量而忧心忡忡时，为了使他们放心，赖特（Wright, 1867—1959）特别做了一次实验，从而证明了这些柱子的最大可承受重量为60吨。

赖特在拉辛（Racine）带来的不仅仅是现代的办公形式，还有现代建筑的本身。这座建筑的确是一个真正开创性建筑的代表。从外表看，红砖的流线型主体掩映在赖特1944年至1951年之间增建的14层研究大楼（Research Tower）下。

**历久弥新的现代设计**
赖特为现代派办公室设计的新式打字椅，红色流线型钢制办公桌等，即使在21世纪的今天看来，依然还是办公室里的主角。

# 流水别墅（FALLINGWATER）

⌛1939年 🏴美国宾夕法尼亚州熊溪河畔 ✍弗兰克·劳埃德·赖特 🏛住宅

流水别墅的外观设计

流水别墅也是弗兰克·劳埃德·赖特（Frank Lloyd Wright，1867—1959）的现代建筑力作之一。在1936年至1939年之间，建于郊区草木繁盛、溪流潺潺的熊溪（Bear Run）河畔。按照赖特的设计，别墅背靠陡崖，如同生长在小瀑布之上的巨石上一样，溪水从别墅中争先恐后地跃出，而别墅看起来就好像悬浮在瀑布之上。巨大的露台扭转回旋，瀑布水流也曲折迂回地自每一平展的岩石上突然下落，从而创造了一种违反重力原则的视觉效果。

△ 客厅

房间内大部分的家具都出自赖特的设计，它们都是房间整体不可分割的一部分。室内也保持了天然野趣，一些被保留下来的岩石就好像是从地面下破土而出似的。

“熊溪河畔”被正式命名给这条山间湍急的溪流

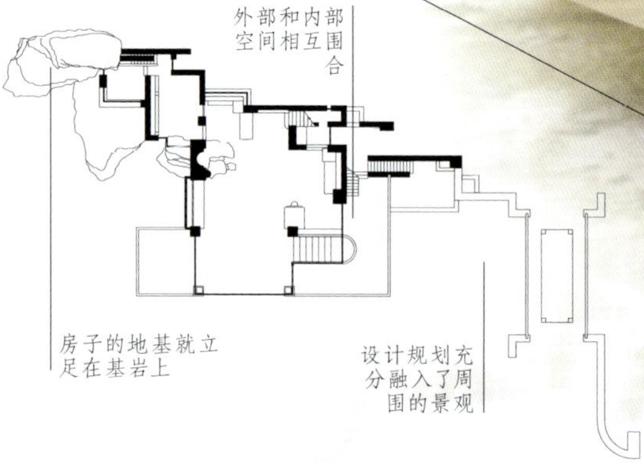


◁ 平面设计图

生活区并没有按常规的方式进行分隔，而是通过空间处理形成相互流通的各种从属空间，并最终统一地通向室外。大烟囱是唯一从底部贯穿整个楼层的建筑。

钢筋混凝土建筑的房屋维护起来非常昂贵，事实上，别墅处境已经处于严重的危险境地。然而，其美丽和独特的位置，足以令它在子孙后代那里得到应用和妥善保管。别墅由内外左右完美地铺展开来，而且别墅的外形还强调块体组合，使建筑带有明显的雕塑感。无论如何，它向我们证明了一座超现代的建筑形式也可以提升自然景观的荣耀而不是降低其荣耀。

**△ 阳台外观**

尽管赖特设计的流水别墅是超现代化的建筑，但其设计和建筑结构都深深地植根于其所在的自然地理位置。

## 帝国大厦（EMPIRE STATE BUILDING）

1931年　美国纽约　施里夫，拉姆和哈蒙建筑公司设计　商业建筑

石灰石包覆、耸入天空近半公里的曼哈顿帝国大厦，可以使游客饱览方圆130公里（81英里）范围内激动人心的景色。40多年来，它曾长期雄踞世界第一高楼的宝座，但它是于西方经济危机时期落成，也就是华尔街（Wall Street）崩盘、美国陷入前所未有的经济大萧条时期，因而备显珍贵。

中央大厅

为了遵守新法规，大厦在建时尽量减少阳光的遮蔽，从而使光线能够到达地面，而且还必须考虑将随时投下的建筑阴影降低到最低限度。但随着工程的进展，一连串的罚款显然不可避免。帝国大厦是最大的商业神庙，仅耸立在第五大道地上的建筑就有381米（1 250英尺）高。大厦的尖顶原本打算作为飞艇的系留塔，但激烈的上升气流使这种行为过于危险而放弃。1951年，在大厦顶部架设了广播天线，这样，整座大厦的高度就达到了443.5米（1455英尺）。久经沧桑的帝国大厦证明是能够经得起考验的建筑：1945年7月，一架轰炸机撞入大厦北部，大楼居然没有倒塌，大火也仅在40分钟内就被扑灭。20世纪30年代，经济大萧条期间大厦一度空置，所以早期被戏称为“空国大厦”。直至“二战”时，政府办公室的大批入住，开辟了摩天大楼的辉煌时代。今天，帝国大厦既是一座蓬勃发展的商业楼宇，又是国家发展的历史纪念碑。

### 施里夫，拉姆和哈蒙建筑公司设计

该建筑设计公司成立于1929年，所接手的第一项工程就是举世瞩目的帝国大厦。里士满·H.施里夫（1877—1946）出任该建筑的首席设计师。他的主顾约翰·雅各布·拉斯各布曾问他：“楼房能盖多高而不至于倒塌？”大厦就这样，在410天建成，共节省了近900万美元的预算。其后，该设计公司又承建了许多摩天大楼，但没有一座能与之媲美。

### 帝国大厦的相关数字

帝国大厦共有103层，安装了73部电梯，6 500扇窗户，总重量为33万吨。它仍然是现代的一个奇迹，而且深受人们的喜爱。

## 克莱斯勒大厦（CHRYSLER BUILDING）

1930年 美国纽约 威廉·范·艾伦 商业建筑

克莱斯勒大厦是较好体现装饰艺术的一座大厦，由威廉·范·艾伦（1883—1954）设计。位于曼哈顿人行道一侧的克莱斯勒大厦，高度超过319米1047英尺。让我们暂时从高空回到地面，来看一下克莱斯勒大厦这座典型的装饰艺术建筑的大厅，这里有丰富的大理石和铬钢装饰。克莱斯勒大厦是受克莱斯勒汽车制造公司的创建者沃尔特·P.克莱斯的委托建造的。当时，他希望能够建造一座世界上最高的建筑，但是不久，也就是一年之后，帝国大厦就夺得了此项桂冠，并一直保持到1974年。大厦通体采用银白色，并饰有像汽车散热器帽盖的装饰物，这是主人显赫汽车制造帝国的标记。在塔顶端，不锈钢尖顶似乎就像一架巨大的六角手风琴一样引人注目。

**顶冠的建造**

镍钢合金打造的7层顶冠是在克莱斯勒大厦的穹顶之内秘密组装完成，并从里面升起。

## 胡佛水坝（HOOVER DAM）

1935年 美国内华达州拉斯韦加斯附近 戈登·考夫曼 大坝

1935年，胡佛水坝一经完成就立刻被誉为世界第八大奇迹。它是第一座所耗费掉的砖石超过了吉萨大金字塔（the Great Pyramid）的单体建筑。此外，它还为2 500万饥渴的美国人提供了可靠的饮用水，同时每天还大约输送280万千瓦的电能。虽然看起来有点令人敬畏，但它仍不乏为一件出色的建筑艺术作品。工程最初是由英国出生的建筑师戈登·考夫曼（Gordon Kaufmann）采取克制的装饰艺术风格设计的。他因设计圣塔·安尼塔跑马场（the Santa Anita Racetrack）和在加利福尼亚设计带有豪华西班牙殖民风格（Spanish-Colonial-Style）的房屋而使自己声名鹊起。考夫曼将大坝及其附属建筑，以一个完全令人信服的、如同电影画面一样流畅的整体，呈现在世人面前。而他雇用的设计师和艺术家，又给这座强大的建筑赋予了和蒙德·胡德设计的洛克菲勒中心（见第433页）大致相同的建筑细节。

**现代奇迹**

近222米高，跨度大约为379米的胡佛水坝工程极其庞大，动用了大批的人力物力并耗时近五年才建成。

**曼哈顿的天际线**

从工业化时代开始，摩天大楼就构成了纽约鲜明的都市天际线。采用艺术装饰风格的克莱斯勒大厦，尤以优雅、银色的外表和层次分明的尖顶成为纽约的一道独特风景。而这些无非都向世界宣布了商品财富时代的来临。

## 法古斯鞋厂（FAGUS FACTORY）

1910年 德国阿尔费尔德安德莱纳河 瓦·格罗皮乌斯和阿道夫·迈耶 工业建筑

1911年，刚刚合伙不久的年轻德国建筑师瓦·格罗皮乌斯（Walter Gropius，见下页）和阿道夫·迈耶（Adolf Meyer，1881—1929）接受了卡尔·本赛特的委托，共同设计了由美国联合制鞋机械有限公司资助的位于莱茵河上的法古斯鞋厂。建筑的主旨一定要体现出该公司试图摆脱数百年制鞋传统的决心。鞋厂的墙面几乎全都采用玻璃材料，并由纤细的砖柱分割，以一个清晰的现代设计来回敬传统的设计形式。框架结构退居在正立面之后，因此，钢铁和玻璃的外立面就像一个悬挂的窗帘，这种流线型设计很快在全世界范围内被复制。集优雅和功能为一体的法古斯鞋厂设计也并非是空穴来风，而是受到USM位于马塞诸塞州的贝弗利玻璃工厂的影响，这座工厂由英国出生的工程师欧内斯特·L.瑞森（1852—1917）设计。瑞森的《钢筋混凝土建筑》（1912年）一书对欧洲的现代主义风格有着巨大的影响。

**透视式风格**

玻璃继续在建筑的拐角处延伸，在建筑技术允许的条件下，使其如同逻辑一样通透、实用。

## 斯坦纳住宅（STEINER HOUSE）

1910年 奥地利维也纳 阿道夫·卢斯 住宅

捷克建筑师阿道夫·路斯（Adolf Loos，1870—1933）为画家斯坦纳（Lily Steiner）和她的丈夫设计建造的这座住宅，可谓是“空间计划”观念住宅的代表。这座高三层的白色水泥和玻璃建造的建筑背立面所呈现出的纯净几何特征，一直以来都被认为是一种合理的现代住宅模式，但前面就非常不同。地方规划当局规定位于郊区的斯坦纳住宅只能建造成限高为一层的复折屋顶式房屋。为了应对这种空间与形式上的限制，卢斯只能在复折屋顶上做文章。他就将其无限延伸，甚至在房屋的背立面延伸至3层楼的高度。因为其后立面频繁出现在建筑书籍当中，以至于许多学者和历史学家纷至沓来一睹它的容貌。人们都难以相信这种结构会出现在那个时代，所以他们猜测要么这座建筑曾经被拆毁过，要么就完全是重建的产物。同年，卢斯这位才华横溢的建筑师还发表了他的著作《建筑》一书；两年后，卢斯在其发表的著名的《装饰与罪恶》一书中指出，“那种费钱费心的装饰，被他视为是一种腐化，甚至是犯罪。”

**不同的立面设计**

斯坦纳住宅的后立面所呈现出的简洁几何特征，与前立面宽矮的弯曲复折屋顶设计截然不同。

## 包豪斯校舍（BAUHAUS）

1926年 德国德绍 沃尔特·格罗皮乌斯 教育建筑

1919年，由沃尔特·格罗皮乌斯设计的德国包豪斯校舍在魏玛成立。教学楼的设计完全体现了现代主义的功能第一，艺术要为社会大众服务，而不单是为某个富有阶层服务的原则。1925年，校舍迁移到德绍（Dessau）后，由格罗皮乌斯设计的新校园也是包豪斯想法的体现。如今，这里已被列入《世界遗产名录》。

大师住宅的内部景观

奇怪的是，一直到1927年前，学校都没有开设建筑课程，尽管包豪斯校舍（见第430页和第431页）的建筑主体，即学校的主体建筑已经完工。建筑的外立面主要采用钢筋混凝土的悬挑结构并以砖墙填充，而且大面积使用动感的螺旋上升形式铁框玻璃幕墙。这座工厂似的建筑包括教学室、工作室、餐厅、集会室以及学生和工作人员的宿舍、住宅。1932年，在纳粹的棍棒下，包豪斯校舍被迫关闭，并在建筑师路德维格·密斯·凡·德罗（Ludwig Mies van der Rohe，见第443页）的指导下迁往柏林。大多数教学工作人员和学生离开德国后，将现代主义的信念传播到世界各地。第二次世界大战后，幸存下来的德绍校园和几个附属建筑，在包豪斯德绍基金会（the Bauhaus Dessau Foundation）的主持下，现已改为设计学院。

**大师的住宅**

在距离校舍不远的地方，包豪斯大师和教授们的住宅也同时规划并建立起来。

### 沃尔特·格罗皮乌斯

格罗皮乌斯（1883—1969）出生于德国柏林。1910年，在与阿道夫·迈耶建立联系之前，他一直为彼得·贝伦斯工作。1919年，他创建包豪斯校舍，但在1933年纳粹上台后，移居英国后不久，于1937年移民到美国，成为哈佛大学建筑学院的教授，由他参与设计的建筑有美国驻雅典大使馆（1960年）、巴格达大学（1960年）和纽约泛美航空公司大楼（1963年）等。

## 施罗德住宅（SCHRODER HOUSE）

1924年 荷兰乌得勒支
里特维尔德 住宅

施罗德住宅深受荷兰画家皮埃特·蒙德里安的影响，而蒙德里安和杰瑞特·里特维尔德（1888—1964）二人都是荷兰风格派运动的创始人。深深植根于功能主义的风格派运动主张纯粹的抽象和淳朴，外形被高度抽象为几何形状，而且颜色只使用黑、白等原色调。施罗德住宅似乎就是为了验证风格派理论而修建的。所以，这座建筑看起来就像一件家具一样有趣。在如同蒙德里安画作中三维版似的外立面后，上层房间不再被看成是局限墙壁内的闭合整体，而是根据自己的结构、功能和地位属性，构成或大或小的房间。家具也成为建筑的一个重要组成部分，并与建筑一道构成一件精致的传统手工艺术品。或许这也没什么值得大惊小怪的，因为里特维尔德在成为建筑师之前，就是一名训练有素的宝石钟表商兼家具木工师。这块璀璨的宝石只是他众多作品中较重要的一件而已。

## 范内尔工厂（VAN NELLE FACTORY）

1930年 荷兰鹿特丹
约翰·安德烈·布林克曼 工厂

位于斯希河畔（the Schie River）的这家工厂，是为一个集咖啡、茶叶和烟草包装于一体的工厂而设计建造。传送带横跨主要通道并源源不断地为楼内的工厂提供原材料。工厂的建筑主体是由钢铁与玻璃外立面砌成的玻璃幕墙，而曲线设计的接待大楼似乎要将游客的汽车一并揽入怀中。类似于船舶的舰桥餐厅就位于工厂的顶楼。这是一家真正的现代工厂，出自约翰·布林克曼（Johannes Brinkmann）的设计。现在整座建筑已改成集办公室、会议室和展览室为一体的现代综合性建筑，并已被列入《世界遗产名录》。

## 克夫霍克住宅

1927年 荷兰鹿特丹
J.J.P奥德 住宅

克夫霍克住宅是这条街上既简洁、精确又低矮的功能性住宅，它代表了早期现代住宅的优雅与真实现状。房屋设计出自J.J.P奥德（1890—1963），他是一位受风格派影响的社会主义建筑师，同时他还担任鹿特丹市政住房的主建筑师。克夫霍克住宅虽然以现代风格呈现，但它却是使用砖头和木材等传统材料建成。克夫霍克住宅作为一种有特色的建筑，参加了1932年举办的纽约国际时尚展，同时参展的还有勒·柯布西耶和密斯·凡·德罗等大师的作品。1933年，奥德离开了住房与城市规划设计行业，转而继续自己感兴趣的实践活动。

## 希尔沃叙姆市政厅

1931年 荷兰希尔沃叙姆
威廉·马里努斯·杜多克 民用建筑

这座卓越的砖结构市政厅坐落在希尔沃叙姆郊外的一处景观园林内，是沿英式花园城市住宅兴建的一座荷兰新城镇。建筑外观线条或许给人以威严感，但内部空间却宽敞、明亮并充满了精美的设计。建筑师威廉·杜多克（1884—1974）首先在布雷达的皇家军事学院接受训练，而后成为一名工程师，当然，堡垒和兵营就自然是他的第一件设计作品。希尔沃叙姆市政厅略带军营色彩的设计，同样表明了他的军事背景。在后来的民用建筑设计生涯中，也与此息息相关。尽管明确的现代风格弱化了其所代表的权力职能，但大楼的中央庭院和高耸的塔楼不由得让人想起了中世纪市政大厅的设计与规划形式（见公众大楼，第267页）。自1915年被任命为希尔沃叙姆公共工程局局长以来，杜多克将近40年的精力都投入到这座新城镇的设计与规划当中。

## 巴塞罗那世界博览会德国馆（GERMAN PAVILION， BARCELONA）

1929年 西班牙巴塞罗那 密斯·凡·德罗 公共建筑

密斯·凡·德罗（1886—1969），以著名的密斯哲学"少即是多"而闻名。他试图通过华丽的材料和完美的细节建立一种沉思、中立的完整空间。1929年，他为巴塞罗那世界博览会设计的德国馆（见第432页）是20世纪最美丽的建筑之一。同时，也证明远离德国的现代建筑始祖包豪斯（见第441页）又诞生了一种新的建筑形式。这座建筑以钢铁、玻璃、大理石、缟玛瑙石和雪花石膏等新建筑材料来表现光洁平直的精确美；以材料本身的纹理来表现质感美；此外，它还暗含了日本古代建筑的传统：采取一种开放的、连绵不断的空间划分来将景观相连接，以此作为繁忙世博会中一个安静的空间。坐在密斯设计的优雅巴塞罗那坐椅上，游客可以在闪光的墙壁上观看光影模式的变化，同时，还可以欣赏到整座城市的景观。在密斯看来，建筑最佳的处理方法就是直接切入建筑的本质——空间、构造、模数和形态。博览会结束后该馆也随之被拆除，其存在时间虽不足半年，但它所产生的影响一直在延续，并于1981年至1986年间又重建了该建筑最初的形式。1937年，密斯移民到美国，在那里他又参与设计了一些开创性的作品，其中就包括位于纽约的西格拉姆大厦（见第475页）。

**会馆展出**

在其开放式设计的内部展览空间，最显著的是展馆中没有任何展示作品，因为它本身就是最好的展品。

## 吐根哈特住宅（TUGENDHAT HOUSE）

1930年 捷克布尔诺 密斯·凡·德罗 住宅

两层高的吐根哈特住宅坐落在现捷克布尔诺（Brno）的山坡上，它基本上就是密斯德国馆的一个翻版。设计规划基本相同，也体现了对丰富材料的使用。首层超大的起居间面积为24米×12米（80英尺×40英尺），密斯以他驾轻就熟的方式对空间进行了分割，用一段玻璃隔墙将空间分割为会客室、书房和餐室三个部分。较长的一侧采用大面积的落地窗处理手法，并可像车窗一样升起或降落。在内部，丰富的色彩材料被广泛利用：玛瑙石隔墙和一段圆形黑檀木隔墙与白色的羊毛地毯相映成趣。黑色的窗帘是以老式的生丝和白天鹅绒材料制成。大多数受包豪斯风格影响的房屋在这个时候开始减缓，密斯采用了维也纳阿道夫·卢斯（Adolf Loos，见第440页）的建筑手法，大量使用昂贵、豪华的建筑材料。自此，密斯细致而又丰富的现代主义风格越来越受到处于上升阶段的资产阶级的青睐。

**开放的空间，开放的景观**

落地玻璃幕墙和开放式的内部设计产生了自由和开放的空间，并使整个内部空间向外部世界自由地扩散。

## 萨沃耶别墅（VILLA SAVOYE）

1929年 法国巴黎普瓦西 勒·柯布西耶 住宅

极具现代激进设计感的萨沃耶别墅是位于巴黎郊区的一座独立建筑，一直以来都被作为勒·柯布西耶"居住的机器"（machines for living）这句格言的注解。这句名言出自于他1923年发表的最有影响力的《走向新建筑》（*Vers une Architecture*）一书。萨沃耶别墅不仅阐释了勒·柯布西耶的建筑理念，而且还就20世纪的人们如何生活进行了阐释。

1922年，勒·柯布西耶与他的表妹皮尔瑞·吉纳瑞特（Pierre Jeanneret, 1896—1967）在位于巴黎的塞夫尔大街（rue de Sevres）35号，一道开始了他们的职业生涯。1925年，在巴黎展览上，他设计的新精神馆（Pavillon de L' Esprit Nouveau）是一栋白色的预制房屋并以立体派画家布拉克（Braque）和毕加索（Picasso）的画作作为装饰，此外还有一棵大树耸立在馆中央的位置。一经展出即受到巴黎前卫人士的追捧。很快，他的"居住的机器"的格言也得以向现实转化。

萨沃耶别墅就是这些房屋中最显著的例子。底楼是精致小巧的车库，而通过螺旋楼梯和连续的折形坡道就可到达开放式大厅，这里则采用连续的卧式长窗设计，以便能最大限度

### 基本结构

萨沃耶别墅是一个宅基为矩形中空、轻薄的混凝土框架结构，底层（柱托的架空层）依然采用被勒·柯布西耶称为鸡腿式（piloti）的建筑结构。

### 勒·柯布西耶（LE CORBUSIER）

勒·柯布西耶出生于瑞士（Swiss），原名为查尔斯·爱德华·让纳雷（Charles-Edouard Jeanneret, 1887—1965），少年时曾就读于故乡的钟表技术学校。其后，分别在巴黎师从于建筑师奥古斯特·贝瑞（Auguste Perret），并在德国的贝伦斯（Peter Behrens）事务所开始了其职业生涯。在其投身建筑的一开始，就将自己的名字改为勒·柯布西耶。从1922年起，他以这个名字为巴黎的新贵们设计了一系列的纯白色现代派别墅（见第472页和第473页）。

萨沃耶别墅的屋顶庭院

地获取阳光。

主房间可以通向屋顶花园或庭院，并一直延伸到白色混凝土墙壁上广阔无垠的天空。别墅外观轻巧，空间通透，简洁的装修带给人以自由开放的健康生活。尽管在理论上这是一座超现代的设计，但萨沃耶别墅也巧妙地对400年前帕拉第奥（见第288页）创作的理想别墅进行了再创作。总之，萨沃耶别墅是综合理性、浪漫与理想的建筑形式，它是对第一次世界大战和经济衰退之后的黑暗、破坏和绝望势力的一种有力反击。在第二次世界大战期间，别墅曾一度荒废，但其后又被精心修复。

## 瑞士学生会馆（PAVILLON SUISSE）

1932年　法国巴黎
勒·柯布西耶　大学

本着宁静简朴的精神，勒·柯布西耶为巴黎的大学城（Paris' s Cité Universitaire）设计的瑞士学生宿舍，采用的就是一个钢架镶嵌混凝土面板的结构。同样，建筑底层也是由混凝土柱托架起的空层，进而使底层几乎完全开放。严密设计的学生房间分布在对称的四个楼层中，而公用房间和入口大堂则设在毗邻学生宿舍的凹壁塔中。这座建筑的设计表明勒·柯布西耶已摆脱了直线设计的束缚，并开始探索一种更坚实、更巨大的建筑形式，而这在很大程度上与他的白色别墅设计理念相反。

## 斯坦因别墅（VILLA STEIN）

1927年　法国巴黎
勒·柯布西耶　住宅

尽管勒·柯布西耶鼓吹以工业的方法大规模地为工人阶级建造房屋，但在现实中，他却为有钱人设计犹如艺术品一般的房屋。斯坦因别墅是受迈克尔·斯坦因（Michael Stein，美国作家格特鲁德·斯坦因的哥哥）、他的妻子萨拉（Sarah）以及文化部长加布里埃·德蒙基（Gabrielle de Monzie）的委托而建造。架空的底层上是中空的立方体，它还包括两个主要的楼层和空中花园等建筑。雕塑楼梯、悬挑的挑檐和连续的卧式长窗也是它的特点。此外，别墅还专门设立了佣人房间。这座别墅现已改为一座公寓住宅。

## 帕米欧结核病疗养院

1933年 芬兰图尔库附近帕米欧
阿尔瓦·阿尔托 公共建筑

帕米欧结核病疗养院就像一艘航行在绿色海洋中的白色远洋渡轮。同时，它也是年轻的阿尔瓦·阿尔托（Alvar Aalto，1898—1976）最出色的成就之一。疗养院与自然环境完美结合的现代主义布局，将复杂而又满足广大患者对健康的迫切需要摆在了设计的重要位置。

疗养院悬挑结合的仿翅翼结构为每一层都带来充沛的阳光。顶层优雅的病房建有长长的具有良好保护措施的阳台，在这里可以欣赏花园并可眺望远方的森林。

## 马利亚别墅（VILLA MAIREA）

1939年 芬兰努玛库
阿尔瓦·阿尔托 住宅

为工业实业家哈利·古利克森（Harry Gullichsen）和他的妻子梅尔（Maire）设计的马利亚别墅，标志了现代主义建筑的一个转折点：建筑开始回归自然，开始向统一、有情感和温情建筑转变。建筑使用许多温润的材料，如木材、砖和瓷砖等，并将古老的建筑与永恒的生活方式巧妙地结合起来。入口部分有深入花园的廊道，很明显将自然揽入到生活当中。简洁的几何构图房间内，由柱子支撑，而柱栏要么由藤蔓缠绕，要么由木条装饰。

## 德拉萨瓦尔馆（DE LA WARR PAVILION）

1935年 英国苏塞克斯郡贝克斯希尔 埃里·希门德尔松和塞吉·切玛耶夫 公共建筑

坐落在爱德华公寓住宅（Edwardian apartment blocks）旁的德拉萨瓦尔馆，是由移民德国的建筑师埃里·希门德尔松（Erich Mendelsohn，1887—1953）和俄罗斯建筑师塞吉·切玛耶夫（Erich Mendelsohn，1900—1996）通过竞争而获得了此项设计工作。在德拉萨瓦尔馆落成典礼上，约克公爵和公爵夫人（Duke and Duchess of York，即乔治六世国王和英国伊丽莎白女王）亲自为其剪彩，贝克斯希尔市长（the Mayor of Bexhill）激动地将其形容为“民族运动的一个伟大组成部分……这是一种能使人放松、高兴的文化，迄今黑暗和凄凉的英国度假村，已经迫使我们的同胞不得不寻求在外国的土地上寻找这种文化。”此外，建筑颇具异国情调。这是英国第一座大型的焊接钢架建筑，并且是该国第一座基于现代风格的公共建筑。前利物浦大学建筑系教授查尔斯·赖利（Charles Reilly）曾经写道：“宽敞的内部和螺旋楼梯优雅地盘绕在玻璃圆柱形的建筑内，这些都是我们所梦想的，但我们谁都没敢以这么大的规模、并以这么大的手笔来呈现它。”

**鲜活的新思想**
两个移民建筑师，而且切玛耶夫还是一位室内设计师兼舞蹈演员，通力合作将贝克斯希尔（Bexhill）打造成一座具有活力的英国海滨度假胜地。

## 伦敦海波因特（HIGHPOINT， LONDON）

1935年 英国伦敦 贝特霍尔德·鲁伯金 住宅

海波因特是受办公设备巨头西格蒙德·基士得耶的委托，专门为其名下的公司员工打造的一处理想单元住宅楼。今天，它仍然作为海盖特（Highgate）一个非常受欢迎的住宅项目，耸立在广袤的伦敦高地上。这座清新典雅的建筑是由移民建筑师贝特霍尔德·鲁伯金（Berthold Lubetkin, 1901—1990）设计，在此之前，他凭伦敦动物园企鹅池，以及他的前卫工作室——建构合作事务所（Tecton）而名噪一时。在奥雅纳工程顾问有限公司（Ove Arup, 1896—1988，这位才华横溢的丹麦工程师最近才在伦敦安顿下来）的帮助下，鲁伯金为世人呈现了这座漂亮的建筑——海波因特。

海波因特采用的是明亮的白色双十字结构共有7层，64家住户以集中形式供热，高高的天花板入口大堂内的直梯，可将人们送抵所要去往的楼层。原本这里还设有茶馆。每家住户的客厅都是朝阳设计，而卧室则朝北。

**社会主义理想**

鲁伯金新近刚刚从俄罗斯考察归来，在那里，他对工人的住房建筑进行了广泛研究。

## 教育与卫生部

1943年 巴西里约热内卢
奥斯卡·尼迈耶 政府建筑

一系列的混凝土遮阳屏板（遮阳板）为这栋15层的办公大楼平添了雕塑感般的力度。从右侧开始呈直角的大楼底部是一个带有景观屋顶区域，这里面分别是露天剧场和展厅。混凝土塔身披覆着粉灰色花岗岩，而位于基础部分的则是由定制的蓝白相间瓷砖镶嵌，其中的一幅瓷砖壁画就出自坎迪多·波尔蒂纳里（Candido Portinari）之手。

## 巴西圣弗朗西斯科教堂

1943年 巴西帕普哈
奥斯卡·尼迈耶 礼拜场所

以序列波浪式混凝土抛物线呈现的巴西圣弗朗西斯科教堂位于度假胜地潘普利亚，是奥斯卡·尼迈耶（Oscar Niemeyer）和工程师乔吉姆·卡多佐（Joaquim Cardozo）完美搭档的产物。中殿和教堂的唱诗班上覆盖了两座伟大的混凝土拱顶，而钟楼和入口门廊都是独立设计。光线穿过入口处及祭坛拱顶上的垂直百叶窗，可以为教堂提供充足的光照。叠加于混凝土墙壁上的是鲜活的蓝、白和棕色的马赛克。这项饱受争议的设计在保守的天主教徒间挑起了大量仇恨。

## 灵格托菲亚特工厂（LINGOTTO FIAT FACTORY）

1923年 意大利都灵灵格托 贾科莫·麦特·特鲁科 工业建筑

当时宣称“展现未来的第一建筑”（以对速度的痴迷来打破旧习的艺术运动），灵格托菲亚特工厂在建设之初就从未打算建成为一件艺术作品，特别是一件伟大的建筑作品。然而，它以史无前例的规模，无尽的线路以及围绕其屋顶的比赛赛道，体现甚至被定义为那个时代许多年轻意大利艺术家和建筑师们的精神。

这是早期钢筋混凝土工业建筑的一个真正杰出的例子，工厂设计不是出自建筑师之手而是由工程师贾科莫·麦特·特鲁科（Giacomo Matte-Trucco）设计的。1923年建造完成，由两个平行的5层生产区间构成，并与带有楼梯和卫生间的辅助服务楼连接。当时，该厂就建有欧洲最长的生产线。

工厂内部的螺旋斜坡道

从某种程度上说，麦特·特鲁科的设计很好地解决了在一个独立的建筑结构中如何能更好地组织生产，并体现凝聚力的现代工厂的需求。原材料由底层进入，经过一系列的生产线，最后在顶层出现的是整装好的汽车，然后在屋顶2.4公里（1.5英里）长的测试跑道进行测试。测试跑道一下子就抓住了公众的想象力，在其鼎盛时期，它所带来的势必是一种视觉与听觉的刺激。迂回环绕的内部螺旋坡道，不仅可以使汽车上上下下，而且车间的高管们也可以随时检查豪华汽车的生产进度。

一切美好的事物都会有结束的那一天，工厂也不例外，最终它还是于1982年关闭。虽然这里已不再生产汽车，但它又以一种新的形式展现在我们面前。自20世纪80年代后期以来，在热那亚（Genoese）建筑师伦佐·皮亚诺（Renzo Piano）的指导下，对这

## 贾科莫·麦特·特鲁科

这位意大利海军出身的建筑师兼工程师贾科莫·麦特·特鲁科（1869—1934）最主要的成就之一，就是设计了灵格托菲亚特工厂。正如他自己经常形容的，他不是一个未来主义建筑师，而正如菲亚特创始人乔瓦尼·阿涅利（Giovanni Agnelli）所给出的简短回答，“他是一名工程师”。乔瓦尼·阿涅利是一位通过科学管理和大规模生产来与美国福特（Ford）汽车展开竞争的汽车制造商。尽管麦特·特鲁科本人很谦逊，但他还是成为早期现代主义建筑师中一位英雄式的人物。

里进行了大规模的改造。以前的工厂现已改为画廊、咖啡馆、餐馆、表演场所、宾馆、牙科学校、学生宿舍、会议中心，或者恰当地称这里为都灵（Turin）理工汽车工程学院的所在地。菲亚特阿涅利家族资助的豆荚状美术馆，现就位于屋顶的轨道上。

**楼顶赛道**
测试赛道设置在距地面21.3米（70英尺）高的位置上，在屋顶的边缘修筑了边坡，以防止汽车在测试时从楼顶飞出跑道。

## 奥尔维托飞机库

1942年　意大利中部奥尔维托温布里亚
奈尔维·皮耶·路易吉　工业建筑

1935年至1942年之间，意大利工程师奈尔维·皮耶·路易吉（Pier Luigi Nervi，1891—1979）为意大利空军设计了一系列混凝土飞机机库。奥尔维托（Orvieto）飞机库就是这种多机库中的第一座，建于1938年。它的落成为其后的飞机库结构和形式奠定了基础。长而尖的桶拱形穹顶为飞机库内提供充足的光源；十字形的骨架从复杂的三角边梁处升起，预制的肋骨则采用钢筋混凝土材质。独特的菱形格设计既结实又非常美观。德军在1944年撤退时，曾试图将其摧毁，但大多数肋骨框架仍然保存完好，充分证明了它的坚固与耐用。

## 法西斯会馆（CASA DEL FASCIO）

1935年　意大利北部的科摩
朱塞佩·泰拉尼　民用建筑

这座耸立在科摩大教堂前的雄伟建筑出自意大利法西斯建筑师朱塞佩·特拉尼（Giuseppe Terragni，1904—1943）的设计。作为法西斯党（Fascist Party）地方的总部，在战争结束后改为此名，并一直作为市政办公地点，如宪兵站和税务办公室就设在这里。 整座建筑看上去像一个巨大的魔方（Rubik’s Cube），但本身却是一个非常严肃的建筑体系。混凝土网格覆盖外立面，而建筑主体则由大理石包覆。如今，到处断裂的网格表明建筑本身并不太牢固。建筑内部的布局是采用悬臂式楼梯及办公室围绕在装有顶棚的巨大天井周围的设计形式。

# 传统主义建筑
## 1900—1940

**20世纪，新建筑形式的前进方向远远不止包豪斯一个。在世界各地，建筑师们不仅继续传承着自己本民族的历史与传统，而且还学会了如何重塑建筑的气魄与风格。有些建筑师则完全蔑视所谓的分类，他们为那些雄心勃勃的客户开展创作，并且达到了一定的水平。**

20世纪的新古典主义或传统主义（Traditionalism）是在不同的传统文化和地区文化背景基础上发展起来的，并在伟大的民主和最残暴的独裁统治国家大行其道。纽约的宾夕法尼亚车站（Pennsylvania Station，见第453页）就是对古罗马卡拉卡拉浴场（见第115页）深深眷恋的再现，并起到了很好的轰动效应；而战后阿尔伯特·施佩尔（Albert Speer）为柏林设计的人民大会堂（Grosse Halle），其规模更是空前绝后。然而还有些建筑师，竭尽可能地将现代关切和功能与古老的形式有机地结合在一起，比如查尔斯·霍顿（Charles Holden，见第457页和第458页）的设计就堪称现代古典主义的典范。同样，埃德温·卢泰恩（Edwin Lutyens）将印度的传统设计与英国的古典主义联姻（见第455页）诞生了一种既浪漫而又实际的建筑，同时似乎也标志了大英帝国“愉快地”将主权让渡给独立的印度政府。另外，还有些建筑形式又与前一段时间流行的艺术装饰太相似了，虽然现代却与包豪斯现代主义的狭隘性背道而驰。当然，也有一些独一无二的建筑，如阿斯马拉（Asmara，见第464页）的东正教大教堂（Orthodox Cathedral）和波茨坦（Potsdam）设计的爱因斯坦塔（the Einstein Tower，见第461页）等都属于此类。

### 歪曲的历史

自20世纪20年代起，有人试图以这样的方式讲述20世纪的建筑：好像这是一个流畅的进程，从工艺美术运动（Arts and Crafts Movement）、包豪斯到一个包罗万象、风格自由的现代主义功能性等。通过下面几页的陈述或许大家能够清楚，这是一场华丽的自欺欺人，甚至是彻头彻尾的欺骗。建筑的发展是丰富的、复杂的而且往往是在矛盾中不断发展前进的。

◁ 柏林的奥林匹克体育场（the Olympic Stadium），出自建筑师沃纳·马齐（Werner March）的设计，建于1935—1936年间。整座建筑的设计深受纳粹统治者巨型建筑原则的影响，是巨型建筑的一个典型实例。

# 建筑元素

传统主义在20世纪以多种形式出现。从本质上讲，此时许多建筑师并不反对历史的进程，他们所反对的是那些似乎故意拒绝先例的年轻的现代主义者们。此外，他们也非常赞成使用最好的材料和最优秀的工匠。

◁ **罗马拱门**

“罗马竞技广场”就是在新的政治制度下，将古罗马建筑很好地诠释为一个既具有前瞻性又具有传统的改进创新的典范。

**中世纪塔楼的更新** ▷

传统主义者证明古典设计可以为现代服务，斯德哥尔摩市政厅尽管就其规模和野心来说，明显是一座20世纪的建筑，但就其形式而言却能令人想起一座伟大的中世纪小镇大厅。

▽ **复杂历史因素的整合**

在斯大林时代，根据最高指示建造的、七座相似的被喻为“七姐妹”建筑中的莫斯科商务部，就部分参照了纽约市政大楼和塞维利亚大教堂的摩尔塔设计。

◁ **印度教和莫卧儿风格**

新德里总督府的阶梯式屋顶就是混合使用了印度教和莫卧儿建筑的先例，设计师埃德温·路特恩斯(Edwin Lutyens)将英国爱德华时代的古典主义和印度的传统设计进行了有机的结合。

△ **首要形式**

立方体是许多伟大传统建筑的核心要素，如斯德哥尔摩市立图书馆的这种方圆相接的造型，出自埃里克·贡纳·阿斯普伦德的设计，它代表了北欧古典主义设计的胜利。

## 宾夕法尼亚车站（PENNSYLVANIA STATION）

1910年　美国纽约　麦金、米德和怀特　火车站

1963年，“任何一个城市只要肯付出代价就能最终获得所期待的仰慕”，《纽约时报》作出了这样的评论。拆除位于纽约第八大道（Eighth Avenue）的宾夕法尼亚车站，在当时被普遍认为是一场对伟大艺术的破坏。它也直接促使了纽约开始对重要建筑保护的重视。

长长的罗马多立克神庙立面和仿照卡拉卡拉浴场（见第115页）的大厅设计，使得宾夕法尼亚车站一直以来都是蔚为壮观的建筑。到站和出站的列车来往穿梭于同样精彩的火车站。

从1966年开始，这里已被用于所谓的商业发展；现在，美国的SOM设计所（Skidmor，Owings & Merrill，见第476页）正在为这里设计一座全新的火车站。

**罗马式的宏伟风格**

由顶棚覆盖的柱廊是人行道，在游客中的受欢迎程度颇高。此外，大厅内高高的窗子为室内提供了充足的光线。

## 林肯纪念堂（LINCOLN MEMORIAL）

1922年　美国华盛顿特区
亨利·培根　纪念碑

为纪念美国总统亚伯拉罕·林肯而建的纪念堂，是一座通体洁白的古希腊神殿式纪念堂。林肯纪念堂外廊四周共有36根石柱，象征着1865年林肯遇刺前划分的36个州。走进纪念堂，迎面是洁白、庄严的林肯坐像，它是著名的雕刻家丹尼尔·切斯特·法兰奇的创作。最早规划筹建纪念堂的时间，可以追溯到1867年，但直至44年后，才由建筑师亨利·培根（1866—1824）设计了此建筑。

林肯纪念堂的石材来自不同的州：外观白色大理石来自科罗拉多州，内部墙壁的石灰石来自印第安纳州，来自田纳西州的粉红色大理石铺就了这里的地板。

## 圣西蒙（SAN SIMEON）

1939年　美国加利福尼亚圣西蒙
朱丽娅·摩根　住宅

圣西蒙也被称为赫氏古堡，是威廉·兰道夫·赫斯特（William Randolph Hearst）这位出版业巨头的家园。这座摩尔人式的城堡共有165个房间，采用混凝土材料建成。除了来自艾勒哈卜拉（Alhambra，见第204页）的灵感外，在这里你还能看到隆达（Ronda）教堂塔楼和具有浓厚西班牙南部山城的影子。山坡上有花园、露台、游泳池和通道，在这里还可以俯瞰一望无际的太平洋。

此外，这里也不乏精美的内饰创作。花园由柱廊、蔓藤架和比例协调的艺术作品构成，其中包括一座面对着海神游泳池的希腊罗马神庙正立面设计（见上图）。

## 明治神宫（MEIJI SHRINE）

1920年　日本东京　未知　礼拜场所

相对于喧嚣的城市生活，这里无疑是一个精神的避难所。这座神社位于东京（Tokyo）市中心，最初是由10万多志愿者为纪念明治天皇（Emperor Meiji）和他的妻子昭宪（Shoken）皇后而修建。明治神宫是东京最大的神社，建于1915年，“二战”时遭受了毁灭性破坏，在1958年进行了重建和恢复。

鸟居入口

从日本全国各地移植到这里的12万株参天大树，为这里创造了一座天然的森林公园。明治神宫的设计灵感可以追溯到18世纪的神殿建筑风格。设计简单，而且尤为特殊的是，明治神宫建筑所用的都是未经任何加工处理或涂漆的原木。此外，建筑使用的颜色也仅限于白绿两种（绿色主要是铜等装饰物的颜色）。有限的装饰仅限于高悬在神社屋檐上的方形灯笼和象征日本皇室的菊花徽标。

信徒和游客要穿过遮阳蔽日的森林、修葺整齐的公园、庙宇式的定制路灯、鹅卵石铺就的小径和地方企业捐赠给神道僧侣（Shinto monks）的木制酒桶等这些带有浓郁日式建筑装饰元素后，就可以进入神宫了。随后，通过两座鸟居（torii，传统的入口），其中第二座鸟居是日本最大的木制鸟居。正殿前有两座寺庙样的亭阁，分别是净盆和洗手漱口处。接下来，虔诚的朝圣者就可以在位于一棵树前的祈福牌架上挂好心愿牌，最后穿过装饰丰富的殿门，就可到达神宫的主体建筑，并可进入雄伟的大殿了。在这里，可以将钱投向祭坛，然后拍手呼唤神灵的庇佑。

### 明治天皇（EMPEROR MEIJI）

出生于1852年的明治天皇，史称“开明统治者”。他使日本从一个孤立的封建国家，脱胎换骨成为一个工业强国。他动议将朝廷从京都迁至东京；引入义务教育；改穿西式服装，并在1893年下达造舰诏书，带头实行扩军备战。1894年至1895年间，亲自指挥了甲午中日战争。1904年至1905年又发布宣战诏书，挑起日俄战争。到他1912年去世时，日本已成为世界上一个主要强国。

### 重建传统

与20世纪50年代东京周围其他不断进行重建的历史建筑不同的是，明治神宫只使用恰当的传统建筑材料，正如神宫内部图片所展示的那些松木和铜等材料。

## 总督府（VICEROY'S HOUSE）

1930年 印度新德里 埃德温·卢泰恩爵士 住宅

1912年，当英属印度（British Raj）的首都从加尔各答（Calcutta）迁到新德里时，就开始了总督府的建造。这座占地规模宏大的英印式（Anglo-Indian）建筑堪称设计上的杰作，是英国建筑师埃德温·卢泰恩（Edwin Lutyens）的大手笔制作。即使是今天，它仍然以绝对的自信，统领着新德里的建筑，傲然屹立在拉西那山（Raisina Hill）上。印度独立后，这座建筑更名为什特拉帕提·伯哈旺（Rashtrapati Bawan），也就是总统府的所在地。

总督府邸最突出的就是其巨大的穹顶设计。它采用壮丽的粉红色和奶油砂岩石打造，而且可以确定的是，这座穹顶一定是世界上最优秀、最原始的穹顶之一。基于桑契大窣堵婆（见第144页）的设计原理，在干热的新德里，它如同在阴冷潮湿的伦敦圣保罗大教堂（见第326页）的穹顶一样，再次创造了建筑历史的魔法奇迹。

卢泰恩的天才设计是构想建筑一座不仅规模宏大，而且还具有布杂艺术（Beaux-Arts）装饰的皇宫。它不仅要体现出新古典风格的相关原则，还要将印度丰富的传统建筑元素纳入其中。所以，印度的本土特色，诸如查特里斯（chattris，印度穹顶式亭阁），就被巧妙地穿插在来自欧洲和古典传统的建筑元素当中。所呈现的自然是一种真正融合不同设计的建筑形式，彼此交相辉映。

### 埃德温·卢泰恩爵士

埃德温·卢泰恩（1869—1944）是艺术与手工艺建筑师厄内斯特·乔治（Ernest George）的学生，在使自己成为传承古典大师雷恩的发明精神之前，他还设计了许多精美的住宅（详见第423页）。仅在新德里的布局与建设中，卢泰恩就留下了许多庄严、雄壮且规模浩大的建筑。

埃德温·卢泰恩

这座建筑采用的是集中式，即府邸居于中央位置，通过前面铺设的一大段宽阔的楼梯就可以进入穹顶下的王宫大厅（The Durbar Hall）。大厅的两旁是令人印象深刻的英国王室人员接见外宾的房间，通过敞向花园的走廊就可以进入精美的莫卧尔式花园（Mughal Garden）。四翼分别是原来的总督办公室、生活区以及贵宾客房。

**融合的设计**
总督府是一座融合了古典、欧式及印度本土设计理念的建筑。

## 新德里的圣马丁驻军教堂（ST MARTIN' S GARRISON CHURCH, NEW DELHI）

1930年 印度新德里 阿瑟·高登·苏斯史密斯 礼拜场所

圣马丁驻军教堂现在是一所当地儿童学校及印度教堂的集会场所。始建之初，这里是印度的军队教堂。它的确有一种军事堡垒的味道：巨大的砖墙和强健的塔楼几乎没有任何装饰。然而，它也是一件最伟大的艺术品，它出自埃德温·卢泰恩（见第455页）的助手阿瑟·高登·苏斯史密斯（Arthur Gordon Shoosmith, 1888—1974）的创作。从外表看，它就像是一个单一的大石块，然而却有一个慷慨、崇高并令人震撼的内部。日光从墙上仅有的几个窗口投入教堂内，这种设计可以使这里逃脱新德里炎炎的烈日。大规模的钢筋混凝土骨架支撑着中殿的拱顶。60多年来，疏忽管理曾一度使这里濒于破败，但自20世纪90年代开始，对其进行了部分修复，如屋顶等。

## 义隆谷大坝（ELAN VALLEY DAMS）

1904年 威尔士中部赖厄德义隆谷 威尔士中部城市伯明翰的工程设计部 大坝

首次到访威尔士中部（mid-Wales）义隆水坝的游客无须作过多的准备，这座水坝在1904年开始对公众开放。建设这座令人印象深刻的工程是为远在118公里（73英里）以外的城市伯明翰（Birmingham）提供水源。大坝顶部的塔楼，可能会被误认为是英国巴洛克大师尼古拉·霍克斯莫尔（Hawksmoor，见第328页）和约翰·凡布娄（John Vanbrugh，见第329页）的作品。事实上，义隆谷大坝也常常被人们深情地称为"伯明翰的巴洛克"。面对大规模粗糙的花岗岩石块，这里最优秀的建筑当属潘尼·格里格水坝（Pen Y Garreg Dam）和格里格·督都（Garrge Dudu）水渠，以及每天控制流量高达300万升（6 600万加仑）的铜穹顶覆盖的福尔塔（Foel Tower）。大雨过后是水坝最壮观的时刻，水流如同万马奔腾般一泻而出。第二阶段的水坝建设位于附近的克莱文峡谷（Claerwen Valley），并于1956年完工。

**潘尼·格里格水坝（Pen Y Garreg Dam）**
当地开采的岩石只适用于水坝的内部建筑使用。而大坝表面，则是由威尔士南部运送而来、手工凿制而成的花岗岩铺就。

## 伦敦大学议事大楼（SENATE HOUSE， UNIVERSITY OF LONDON）

1937年　英国伦敦　查尔斯·霍顿　大学

这座非凡的波特兰石塔议事大楼是伦敦大学的焦点建筑。原本，查尔斯·霍顿（1875—1960）被要求在格鲁吉亚·布卢姆斯伯里设计一座更为雄心勃勃的建筑，拥有两座塔楼和17座庭院。然而，设计师还是尽其所能地将其建造成一座宏伟的建筑：一系列基于希腊和罗马建筑的建筑形式才免去了繁冗的外部装饰细节，但还是以一座强有力的石头建筑呈现在世人面前。石体表面的建筑内部毫无钢框架支撑，霍顿认为他所要的是一座至少要屹立500年的建筑，所以只有传统的砖混结构才是最适合的建筑材料。内部是一系列精致的房间，其中就包括一流的图书馆，这里装饰精美，有橡木细工制作、大理石、青铜和彩色玻璃。

**议事大楼**
波特兰石塔耸立在一个海灰色科尼什（Cornis）花岗岩的基座上，并稳步地向上延伸至天空中。

## 伦敦英国皇家建筑师学会建筑

1934年　英国伦敦
戈雷·沃纳姆　机构建筑

坐落在乔治亚式底座上的这栋风格谨慎的公寓楼建造于1920年，是英国皇家建筑师学会（RIBA）的总部。代表了里程碑式建筑的伦敦英国皇家建筑师学会建筑，庄严而又不失漂亮。它是20世纪30年代建筑工艺的代表，如精致的雕刻、刻字和蚀刻玻璃等。此外，建筑所选用的材料都是非常强韧而有力度的，而装饰细节，如灯具、门把手及扶手则又会带给你另一种惊喜。

## 伦敦55百老汇

1929年　英国伦敦
查尔斯·霍顿　商业建筑

查尔斯·霍顿，这位滴酒不沾、禁烟的素食贵格会教徒（Quaker），遇见了他人生的知己也是他的客户——品格恬静的公理会教友（Congregationalist）弗兰克·佩克（Frank Pick，1878—1941）。1933年，佩克成为负责众所周知倡导新艺术、工程和建筑的伦敦客运局公营公司行政长官（Chief Executive of the London Passenger Transport Board）。在20世纪20年代后期，他选择霍顿来设计可以俯瞰圣詹姆斯公园（St James's Park）的新伦敦地铁总部。佩克要求这里要有充足的光线，而霍顿设计的如同古代金字塔庙式、钢架结构并由石头包覆的办公大楼内，绝不会错过半点阳光。设计采用传统的十字形，53米（174英尺）高的钟楼位于十字基础之上。当这座建筑竣工时，它就一举成为伦敦最高的办公楼。 建在圣詹姆斯公园站的平台地基上，建设采用由低矮的基地向四翼上办公楼延伸的步骤。尽管采用了激进的设计形式，但是围绕其基地周围还饰以了传统的雕塑作品。

## 亚诺斯高夫地铁站（ARNOS GROVE UNDERGROUND STATION）

1932年 英国伦敦 查尔斯·霍顿 地铁站

早在20世纪20年代初期，查尔斯·霍顿就开始为弗兰克·佩克（Flank Pick，设计师兼伦敦交通营业集团副总裁）设计新的地铁站，如伦敦55百老汇（见第457页），但直到30年代，他才真正步入到地铁站的设计行列中，从诸如皮卡迪利线（the Piccadilly Line）开始。当时，霍顿陪同佩克开展了一次德国、斯堪的纳维亚、荷兰等国家和地区的建筑之旅，尤其是参观了威廉·杜多克的希尔沃叙姆市政厅（见第442页）和斯德哥尔摩贡纳尔·阿斯普朗德的设计，这些建筑都给他们留下了深刻的印象。最能代表霍顿设计的地铁站就是伦敦北部的亚诺斯高夫地铁站，它是将古罗马与现代荷兰设计以及英国工艺完美结合的产物。镶有玻璃的高大圆形大厅，上面覆盖以凸出的檐口设计。此外，在这座建筑中，霍顿将传统与现代材料发挥到了极致，即钢筋混凝土与砖和铜等材料的完美搭配。这是一座集功能、古老秩序及永恒传统为一体的伟大建筑。

**霍顿的标记**
大量的曲线设计、外露的砖墙、混凝土和协调的几何比例等，这些都是霍顿设计伦敦地铁站的主要特征。

## 诺威奇市政厅

1938年 英格兰诺福克诺威奇
C·H.詹姆斯和S·R.皮尔斯 民用建筑

这座带有斯堪的纳维亚风格及高达56米（184英尺）峻拔挺立钟塔的市政厅，就坐落在诺威奇的市场广场上，阶梯的顶端还有威猛的青铜狮子护卫在左右。市政厅是20世纪30年代，英国针对以白色立方体为代表的现代主义包豪斯建筑做出反击而修建。无论就其线条简洁的形式，还是高度复杂的工艺结构都彰显了这座建筑无与伦比的实力。它将传统与现代完美地集为一身。

## 斯德哥尔摩市政厅

1923年 瑞典斯德哥尔摩
拉格纳尔·厄斯特堡 民用建筑

将中世纪的典雅、现代的优雅与浪漫集为一身的斯德哥尔摩市政厅，犹如一艘航行中的大船，宏伟壮丽。内部也绝不会令你失望：金色大厅（Golden Hall）的墙面上共有超过1 800万块镀金玻璃拼成的马赛克图画；蓝厅（其实不是蓝色），大堂内的管风琴就有1万多支音管；二层的斯德哥尔摩市议会大厅，最具特色且最漂亮的显然是其船形的屋顶设计。此外，整座大楼外还有巨大的柱式庭院环绕。总之，无论厅内还是厅外都是令人叹为观止的工艺细节。

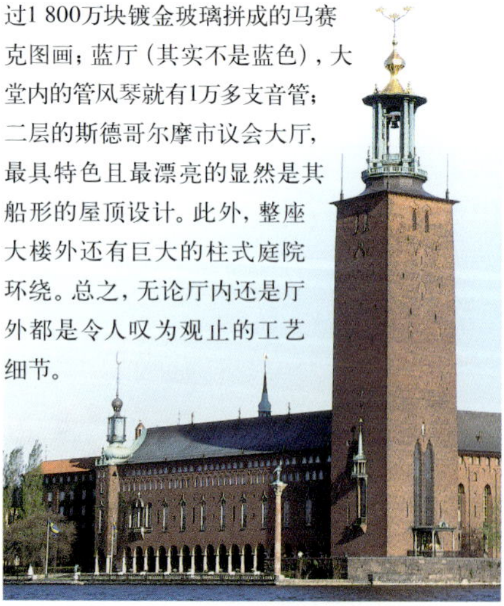

## 邯锡教堂（NOTRE DAME DU RAINCY）

1923年　法国巴黎附近勒兰西　奥古斯特·佩雷　礼拜场所

位于巴黎东北部约13公里（8英里）的勒兰西（Le Raincy）镇，有一个非常奇怪甚至有点缺陷的教堂，但这些都丝毫不妨碍其成为一座独特的建筑。由奥古斯特·佩雷设计的这座教堂，完全是以一座战争纪念馆的性质而修建，所以，建筑的主体完全是由钢筋混凝土打造。事实上，这也是混凝土原料第一次使用在这种场合及背景下。因为诸如此类的建筑，如果不是出于其他的原因，出于规矩或礼貌都要使用石头或大理石建造。所以，时至20世纪80年代，裸露的表面已使得教堂的外观非常残破。滚动的维修计划将涉及替换原来所使用的原材料，如将早已恶化的混凝土逐步取代，但原来的设计形式仍会保留。

教堂内，高耸且细长的柱子越接近混凝土拱顶时就缩减得越窄，此外，大面积的开窗设计也像金属网格般围绕着教堂的内部空间，使整座建筑看起来愈接近地面愈显轻盈，最后只有几个单薄的构件将建筑物和地面连在一起。这种结构使得人们犹如站在中世纪哥特式教堂中一样，如同置身于温莎的圣乔治教堂或剑桥大学的国王学院教堂（见第257页）等建筑中一样。当然，教会的塔楼无疑就是中世纪灵感的产物。

## 卡尔·马克思大院（KARL MARX HOF）

1930年　奥地利维也纳　卡尔·恩　公寓住宅

20世纪20年代，“红色维也纳”市政府积极地推进维也纳作为一个福利化都市的进程，因此，在维也纳市建造了大量福利住宅，其中最为典型的就是由城市建筑师卡尔·恩（1884—1957）设计的卡尔·马克思大院。他本打划在1 328个严密设计的单位中容纳5 000人，还提供诸如托儿所、图书馆、洗衣房、医务所、巨大的社区花园以及其他社会服务部门等相关配套设施。事实上，房屋落成后，实际占地面积仅为规划中18.5%就满足了卡尔·恩设计的所有设计需求，因为所有的建筑梦想都实现了。1923年至1934年间，维也纳市共建成6.4万套新公寓，提供住房或安置了近十分之一的人口。1934年，在奥地利内战期间，马克思大院遭到奥地利军队的轰炸和纳粹准军事部队的袭击。1989年至1992年间，已对其进行了完全恢复，今天，它又自豪地恢复了原来的名字。

### 世界最长的公寓楼

有轨电车站经过马克思大院的两端总共要停四站。全长1 100米（3 610英尺），这是世界上最长的一栋单一住宅建筑。

## 斯图加特火车站（STUTTGART STATION）

1928年 德国斯图加特 保罗·博纳兹 火车站

早在1913年，保罗·博纳兹（1877—1956）就完成了斯图加特火车站的设计工作，但建设时间被一直推迟到“一战”之后。该火车站的设计早已远离浪漫而转向持重的军人风格，似乎预示了希特勒的建筑师阿尔伯特·施佩尔（见第462页）和沃纳·马齐设计风格的到来。但博纳兹并不是纳粹分子，他在1940年离开德国前往土耳其。2013年，在此将落成新的地铁和国际火车站，而这次的设计将由德国建筑师英恩·霍文及其合作伙伴工程师弗雷·奥托（见第483页）联袂打造。

**粗犷强悍的建筑**

新罗马式（Neo-Romanesque）的火车站显得既雄伟又精致。粗犷石灰石包覆的墙壁和塔楼就像是一座伟大的11世纪城堡。

## 汉堡的智利大厦（CHILEHAUS， HAMBURG）

1924年 德国汉堡 弗里茨·赫格 商业建筑

这座令人敬畏、高达10层的船舶样建筑——智利大厦是专为汉堡船舶所有人亨利·斯洛曼（Henry Sloman）设计的，此人在与智利（Chile）的硝酸钾贸易中积累了大量的财富。设计师弗里茨·赫格（ Fritz Hoger，1877—1949）亲自操刀设计的这座大厦，最受摄影师青睐的拍摄角度就是这座建筑的东南角。这里的外观为红褐色，参差交错的阳台，像船上的甲板；而曲线形的墙壁，恰与船首的形状相吻合。尽管大量引用了海上航行细节，如栏杆、舷窗样的窗子、阳台以及秃鹰的艏饰像（借用智利盾徽中的形象）等，而本地人更愿意将其比喻成一块烙铁。这是因为赫格在成为一名工程师前，是一名工匠学徒。所以，在这样的背景下，在这座经久不衰的建筑上，就不难找到那些无所不在的细节装饰。总之，这座建筑已成为汉堡最热门的景点之一。

**诠释传统**

建造智利大厦大约使用了480万块红砖，在波罗的海沿岸古老的汉萨（Hanseatic）同盟城市的启发下，将传统的红砖建筑进行了重新演绎。

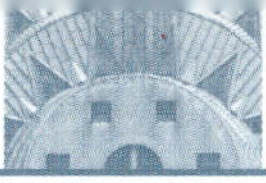

## 爱因斯坦塔（EINSTEIN TOWER）

1921年　德国波茨坦　埃瑞许·孟德尔松　实验室

"一战"期间，埃瑞许·孟德尔松（Erich Mendelsohn）还是一名德国炮兵军官时，他就对未来的建筑做了大量研究。后来，这些新奇的想法就表现在为著名的物理学家爱因斯坦及其研究小组建立天文台和实验室的设计当中。这座曲线顺畅的白色建筑看上去更像是黏土制成的一个模型，然而实际上却是一座砖混结构的建筑。建筑本身没有任何先例可言，尽管它看起来有点像童话书里老太太住的鞋店。孟德尔松声称，这座表现传统主义的建筑是受音乐理论和爱因斯坦理论的启发而设计的。关于设计师的这项声明，我们无从定论，但设计师的确是为我们所有科学家当中，最具有创新精神的伟大科学家爱因斯坦设计了与之相匹配的建筑。如今，在很大程度上，这座国家纪念建筑仍能为波茨坦天体物理研究所（the Potsdam Astrophysical Institute）提供服务。

**持续的使用**

建筑本身包括宿舍以及工作室，因为，从事研究工作的人就没有什么昼夜之分，每天24小时不间断地工作就是他们的作息时间。

## 布雷斯劳百年纪念会堂（CENTENNIAL HALL， BRESLAU）

1913年　波兰弗罗茨瓦夫下西里西亚　马克斯·伯格　民用建筑

这座钢筋混凝土建筑是建筑史上的一个里程碑。它是布雷斯劳（Breslau）为庆祝联合国百年战役（the Battle of Nations，1813），即拿破仑被普鲁士、奥地利、俄罗斯和瑞典盟军打败而兴建的。钢筋混凝土设计是现代结构工程师亚威利·格勒（Willi Gehler，1876—1953）与城市建筑师马克斯·伯格（Max Berg，1870—1947）密切协作的产物。纪念堂的中心是一个开阔的圆形空间，由钢和玻璃构成的灯笼式穹顶直径达62米（203英尺），并由32根以上的混凝土肋骨支撑，这里可容纳1万多人。它所呈现出四叶片形状的对称设计，让人不由得联想起伊斯兰建筑师锡南的穹顶设计（见第207页）。大窗子在墙壁上逐级递升，使得内部巨大的空间更加令人叹为观止。整个工程总共耗时不到两年，这应完全归功于机器的自动化，是它大大地促进了建设的速度。布雷斯劳在"二战"中几乎全城覆灭，但百年纪念会堂却侥幸地幸存下来，如今这里已改为人民大会堂（The People's Hall）。

## 柏林奥林匹克体育场（OLYMPIC STADIUM，BERLIN）

1936年 德国柏林 维纳尔·马赫 体育馆竞技场

这座奥林匹克体育场已成为柏林的建筑之星，今天仍然可以使用。2006年，举办世界杯足球赛（FIFA World Cup）之际，还对这里进行了重新翻修。70年前，莱妮·里芬斯塔尔（Leni Riefenstahl）在这里拍摄了著名的纳粹纪录片——奥林匹克运动会。而现存的奥林匹克体育场及周边的广场，是为1936年柏林奥运会（Berlin Olympics Games）而建造的。原本，维纳尔·马赫（Werner March，1894—1976）为该场馆设计了钢框架结构，但后来根据希特勒的命令，在完成的建筑主体上又用石头进行了包覆。但这不是说，希特勒反对现代的钢架结构建筑，而是他认为，这种结构更适合于工业和军事建筑，完全不适用于民用里程碑式建筑的形式。马赫是在纳粹上台前接受委托负责此项工程的设计，并打算为其打造一个完全现代化的外观。然而，能容纳11万个座位的体育场的确是一个令人印象深刻的地方，而且今天依然如此。希特勒希望：这里将是“雅利安”（Aryan）运动超人们证明其体育优势的地方。但他的幻想还是破灭了。1936年，美国黑人田径明星杰西·欧文斯（Jesse Owens）在这里赢得了四块奥运金牌。

**明确性与对称性**
清晰的建筑结构和严谨的对称性是纳粹时代典型的建筑形式。

## 柏林空军部

1936年 德国柏林
恩斯特·扎格比尔 政府建筑

恩斯特·扎格比尔（Ernst Sagebiel，1892—1970）设计了位于柏林郊外的国际飞机场（Berlin Tempelhof Airport）以及位于威廉大街 （WilhelmStrasse）和莱比锡大街（Leipziger Strase）交汇处古典形式的办公大楼。这里是赫尔曼·戈林（Hermann Goering）的总部，并且在当时的未来几年内，都是世界最具破坏性空中力量中心的所在地。这座建筑体现其军事本质的同时，也是当时欧洲最大的办公楼。在摆脱了被破坏的命运后，这里一度成为德意志民主共和国政府的第一个办公所在地。今天，它已改为德国财政部（the German Finance Ministry）的总部。

## 希特勒总理府

1938年 德国柏林
阿尔伯特·施佩尔 政府建筑

这座肃穆的条带状古典建筑是阿尔伯特·施佩尔（Albert Speer，1905—1981）为阿道夫·希特勒设计的总理府。尽管由坚固的石头工艺打造，周身却充满了戏剧性。自威廉大街步入这座自命不凡建筑的正门入口，你会意识到这是座具有欺骗性的建筑，纵深不及一个单人房间长的走廊却可以进入希特勒近400平方米（4 306平方英尺）的办公室。设计和建造这座浩大的总理府动用了第三帝国大量的资源和4 000名工匠与其他劳动力。1945年，围困柏林期间，这栋大楼被严重损坏。

## 新圣玛丽亚火车站（SANTA MARIA NOVELLA STATION）

1936年 意大利佛罗伦萨 乔瓦尼·米凯卢奇 火车站

建于1932年的新圣玛丽亚火车站是乔瓦尼·米凯卢奇（1891—1991）领导下的一个建筑师团队共同设计建造的成果。在法西斯墨索里尼执政期间就开始动工修建，当时，他信誓旦旦地承诺要打造一个可以跟古罗马任何建筑和城市相媲美的建筑。与希特勒不同的是，墨索里尼并没有选择新古典建筑而是更欢迎米凯卢奇的“理性主义”建筑形式。由石头装饰的建筑内部呈现精致的比例与光影交错，使它绝对能够赢得这样一种评价：既不现代也不古典。由诺曼·福斯特和工程师奥雅纳（Arup）设计的地下附属建筑已于2008年竣工，以壮观的玻璃屋顶呈现在了世人面前。

**火车站内部景观**

低低的天花板以及当地石头包覆的内部，毅然选择横向延伸，不仅是强大实力的体现，更是强调了建筑的重点，又凸显了实用性。

## 米兰中央火车站（MILAN CENTRAL STATION）

1931年 意大利米兰 尤利西斯·斯塔奇尼 火车站

这座庞大的米兰中央火车站大厅有200米（656英尺）长，72米（236英尺）高。它的24个站台都分别置身于延伸近341米（1 119英尺）长的巨大钢檐篷庇护下。1906年，在开展对原始车站的改造竞赛中，萨基·坎托尼（Arrigo Cantoni）获得了该车站的设计工作，但最终由于设计太过温和而被淘汰。1912年，展开了第二次竞争，这次尤利西斯·斯塔奇尼（Ulisse Stacchini，1871—1947）获得了胜利。“一战”使施工一再推迟，9年后，车站竣工时，已是墨索里尼（Mussolini）政权时期。斯塔奇尼在“二战”期间修改了他的设计，汲取了未来主义建筑师安东尼奥·桑·伊利亚（Antonio Sant Elia）从古罗马浴场设计中获得的理念。所以，我们所看到的是在英勇坚毅、犹如悬崖般的外表下的一种自由无畏的装饰风格，尽管使用了令人欷歔不已的马赛克、陶瓷、彩色玻璃和浅浮雕雕塑等装饰细节。

**巨兽的美丽**

的确，这座火车站不仅巨大而且看似有点笨拙，然而，米兰中央火车站传承了纽约大中央车站（New York's Grand Central Station）的传统。

## 阿斯马拉玛丽亚姆东正教大教堂（MARIAM ORTHODOX CATHEDRAL，ASMARA）

1938年　厄立特里亚阿斯马拉　爱德华·卡瓦尼瑞　礼拜场所

在这里可以将厄立特里亚（Eritrean）首都的景观尽收眼底。这是在20世纪30年代，意大利帝国主义从这里向东非地区蔓延扩张时，才发展起来的一座城市。这座教堂是集力量、瞩目与独特美丽为一身的伟大设计。马赛克镶嵌的教堂入口，两旁分别竖立着一对独立的红色石塔，采用独特的“猴头”设计形式。每一座塔楼上都冠以肃穆的白色几何钟楼，而石塔本身的屋顶设计就像一个圆顶草屋。

**马赛克的入口**

教堂的入口处镶嵌着红色陶瓷镶嵌片。20世纪50年代，意大利画家耐尼·圣圭内蒂·波吉将马赛克装饰分为七个垂直的装饰板，从而为我们呈现了令人印象最深刻的装饰形式。

1920年，在这座科普特教堂原址上，建筑师盖洛（Gallo）将其重新设计为一座新的教堂。同样，20世纪30年代后期，也就是我们现在看到的，是经过建筑师爱德华·卡瓦尼瑞（Eduardo Cavagnari）重新设计的教堂。他的天才设计归功于将两个完全无关的传统因素相结合，即20世纪30年代的意大利的理性主义和东非高地的民间建筑传统相结合，最终当然是为我们呈现了一座不可思议的建筑。现代的中殿配以古老的柱廊式大殿，而且到处都充斥着圣徒和虔诚信徒的壁画装饰。

## 阿斯马拉因佩罗电影院（CINEMA IMPERO， ASMARA）

1937年　厄立特里亚阿斯马拉　马里奥·梅西纳　电影院

凭借其高贵、帝国似的红色立面，因佩罗电影院将辉煌的古罗马设计与徽章等建筑元素发挥得淋漓尽致。它是阿斯马拉市（Asmara）主要干道哈奈特大街（Harnet Avenue）上最好的建筑物之一。修葺一新的大厅也同样令人印象深刻。最初，因佩罗电影院是一个更大的娱乐中心的组成部分，在添加了两个画廊、保龄球馆和一家鸡尾酒酒吧之后，使其独立出来。它是这座城市的9家电影院之一，另外两家很特别的影院分别是：拥有滑动屋顶的首都影院（The Capital）和看起来就像百夫长游行的罗姆电影院（The Roma）。20世纪30年代，阿斯马拉市采用最典型的建筑规划方式将每一个个体都纳入到城市整体规划中来，并使其成为其中的一个有机组成部分。尽管电影院是一个娱乐场所，但没有任何理由将它从高尚的民用建筑排除，而且它为整座城市添光增彩。在阿斯马拉，装饰艺术与意大利的理性设计完美结合，赋予了这座城市以独特的风貌。

**悠久的里程碑**

电影院高耸的立面、干净利落的几何线条和舷窗式设计的窗子，已使其成为阿斯马拉市中心一个具有里程碑意义的建筑长达70年之久。

## 迈阿密罗利海滨酒店（THE RALEIGH HOTEL， MIAMI BEACH）

1940年　美国佛罗里达迈阿密海滨　劳伦斯·默里·迪克森　酒店

1928年，劳伦斯·默里·迪克森（1901—1949）从纽约移居到迈阿密，并开始为建筑师舒尔茨和韦弗效力。到了1931年，他已拥有了丰富的实践经验，并以惊人的速度开展了他自己的设计工作。20世纪30年代和40年代期间，他共完成了38家宾馆、87栋公寓楼、220户住宅、两个住宅发展规划和33家店铺的设计。而迪克森一向是以设计最流行的迈阿密海滨酒店而闻名。这其中就包括维克多酒店（1937年）、罗利酒店（1940年）、马林酒店（1939年）、潮汐酒店（1936年），参议员酒店（1939年）和丽嘉大酒店（1940年）等。

迪克森的风格以复杂著称。他并不是将时尚的装饰艺术或影院外立面照搬到高层酒店的设计当中，而是将感性曲线与建筑的形式和功能进行“双剑合璧”。位于柯林斯大道八层的罗利酒店就是迈阿密海滩第一个度假村式酒店，这座精致的民用酒店拥有令人骄傲的稻草屋顶的海滩小屋和潟湖游泳池等景致。

**风格与实质**

自20世纪90年代修葺一新后的罗利酒店证明，装饰艺术不仅仅是一个华丽的风格装饰，还是提升建筑功能最有利的助手。

## 纽约埃尔多拉多公寓大楼

1931年　美国纽约　埃默里·罗思　公寓

如同电影特写镜头般的28层装饰艺术公寓大楼高高耸入曼哈顿的天空。位于中央公园西部的埃尔多拉多公寓大楼是埃默里·罗斯（Emery Roth，1871—1948）系列设计当中的第四座，并且是其中规模最大的设计。建筑布局是围绕一个U形的庭院展开，因为这种布局，可以使充足的阳光进入186座公寓的1 300个房间。门前建有一对高耸的塔楼，夜晚由红色装饰灯打亮，塔楼的上半部分模仿了塞维利亚大教堂（Seville Cathedral，见第268页）吉拉尔达塔（The Giralda Tower）的设计；与此同时，它也为斯大林设计的莫斯科七姐妹建筑提供了灵感。罗斯本人是一个孤儿，13岁时就孤身从捷克斯洛伐克（Czechoslovakia）前往芝加哥讨生活。19世纪90年代，在辗转到纽约之前，他一直是伯纳姆（Burnham）和鲁特（Root）动态企业的制图员。埃尔多拉多公寓大楼以其未来般的雕刻细节、几何般装饰和图案、对比材料的使用和纹理，使其一举成为纽约最优秀的艺术装饰建筑之一。

## 汽车与高速公路（CARS AND FREEWAYS）

由工程师弗里茨·托德（1891—1942）设计的德国高速公路是继纵横欧洲与北非之间的古罗马大道之后的又一条著名公路。从这时开始，汽车虽然发展历史较晚，却帮助人们展开了比以往任何时候都更快、更远的旅程。同时，汽车的发展也促进了新建筑形式的出现，并威胁到原有建筑的存在。

**高速公路**
德国的高速公路网是世界上第一个真正现代化的道路管理系统，可以将人口与工业大中心快速、直接、有效地连接在一起。

过去也有快速公路，但当时，弗里茨·托德只设计了仅限于汽车通行的公路。波特兰水泥混凝土行车道和微妙的曲率，使在直道行驶的汽车最高时速可达每小时160公里，弯道可达每小时150公里。此外，这些外形出色的公路还成就了自己的美学与工程定律，并以其促使汽车远离旧城镇和村庄的设计而大受肯定。深受德国高速公路的影响，美国总统艾森豪威尔于1956年，通过立法修建了穿越美国境内长达7万公里的州际公路，这项工程是一个耗时近30年的浩大工程。不久，这些快速干道两旁的新型建筑也如同雨后春笋般，以自己独特的建筑风格呈现在世人面前，从服务站到整个购物广场再到商业综合大楼等一应俱全。同时，它还刺激了城镇的扩张，在一些地方甚至带动整座城市的发展，开始拆除任何不利于公路发展的无论任何年代的建筑。与此同时，汽车本身的增长也致使新城市与住宅形式的出现。

**复式公路枢纽**
虽然在乡村采取了简单、直接的路线设计，但是道路位于路口处的交叉纵横，使这里也成为一个极其复杂的体系，正如位于英国伯明翰附近的M6干道所呈现的"面条式公路枢纽"。

## 莫斯科国立大学（MOSCOW STATE UNIVERSITY）

1953年　俄罗斯莫斯科　列弗·弗拉基·鲁德涅夫　大学

是斯大林著名的“七姐妹”建筑设计之一，其建筑的目的是与曼哈顿的摩天大楼一决高低。国立大学的中心塔高240米，共36层，最上面冠以红星，其顶部的红星包含一间小屋和一个展望台，重达12吨。中心塔的周围还有四个翼，它们分别是学生教室、演讲厅、图书馆、办公室和食堂。建筑前还有俄罗斯著名学者的雕塑，这些雕塑都好像满怀信心地凝视着苏维埃的未来。列弗·鲁德涅夫（1885—1956）设计的这座建筑，据说仅走廊的长度就达33公里，包含5 000多个房间。当时，建筑的主要劳动力是囚犯，其中包括许多被关押的德国战俘，而且这些战俘一直被关押到20世纪50年代中期。鲁德涅夫最初痴迷于罗马式设计，后来又转移到新古典主义，并最终迎合了斯大林式的强大、兼收并蓄的风格。

**混合风格的塔楼**
该塔楼混合了俄罗斯的哥特式和巴洛克式设计，呈现了一座激动人心的雄伟建筑。

## 莫斯科地铁（MOSCOW METRO）

1935年　俄罗斯莫斯科　多种风格　地铁站

莫斯科地铁是世界上规模最大的地铁之一，它一直被公认为世界上最漂亮的地铁，享有“地下艺术殿堂”之美称。每个车站都由国内著名建筑师设计，站内装饰有大理石、马赛克、雕塑以及璀璨明亮的枝形吊灯。这些“人民的宫殿”于20世纪30年代起，在斯大林的命令下陆续开始修建，它是将苏联的建筑形式与装饰艺术联姻，并以最英勇的形式表现出来的杰出代表。但大多数的艰苦劳作都是出于强迫的劳动。

1935年5月，第一条线路起始于索科尔尼基线，共13站。克鲁泡特金站的大理石墙壁是从救世主大教堂中挪用到此，而仅仅是出于满足即时的需要。沿新库日涅茨基站站台摆放的大理石长凳，与19世纪的拜占庭风格大教堂中的坐椅如出一辙。革命广场站，矗立着76个英雄苏联士兵、工人和集体农场劳动者的雕像。马雅可夫斯基站（Mayakovskaya）也许是所有车站中最好的一座，上面装饰着马赛克镶嵌面板，描绘的主题是“在苏联土地上的一天”：苏维埃工人迎着朝阳，辛苦并快乐地在工厂田间地头开始一天的劳作，夕阳西下时，幸福地回到他们的家中。此外，还有一直飙升到拱顶的顶部闪闪发光的镀铬柱子。共青团站（Komsomolskaya）是军队专线，设计得如同拜占庭式大教堂一般非同寻常。

**阿尔巴特街站**
这是华丽的、庞大的阿尔巴特街地铁站。地面上的入口处设计形状如同苏联红星。

# 当今世界建筑
## 1945年起

**似乎在一夜之间，世界上好像几乎每个建筑都变成了密斯·凡·德罗办公大楼或勒·柯布西耶的公寓大楼的缩小版。早在20世纪50年代反击现代主义主流普遍盛行时，就是勒·柯布西耶这位建筑大师与设计巨匠本人扛起了这面大旗。到20世纪末，现代主义建筑已呈现出万花筒般的多元风格。**

战前旗帜鲜明的现代主义，现在已无法区分，这在建筑界确实引起一阵骚动与不安。但自勒·柯布西耶充满魔力的朗香教堂（见第473页）始，现代建筑开始以其有序的、几何序列为特征而再次繁荣兴盛起来；此外，在新思维方式的带动下，人们也开始对艺术、神学、历史和建筑环境等因素进行了重新思索和定位。历史已不再认为亨利·福特所宣传的是“废话”，而是一座宝库，有待人们的探索与发现。20世纪60年代末，机智而又明晰的建筑形式从美国发起，但并非仅此而已，一种以剪贴风格为主的建筑形式开始出现，并被冠以“后现代主义”。其中最杰出的代表就是罗伯特·文丘里，他的《建筑的复杂性和矛盾性》（1964）一书成为建筑界的圣经。针对密斯·凡·德罗的著名格言：“少即是多”，文丘里提出了“少则厌烦”的看法。在他眼里建筑必须具有包容性、平民主义和趣味性等特质。这对于那些任性的客户所资助的精明的建筑师来说的确是件很靠谱的事情。但当这种诙谐建筑从洛杉矶蔓延到中国的上海，并淹没了整个20世纪80年代的城市时，出现了一股无聊的情绪，后现代主义也开始逐渐令人感到厌烦。

### 计算机辅助设计革命

更为有趣的是，越来越多的新形式建筑依赖于计算机的辅助设计（CAD，见第429页）。当年轻的工程师彼得·赖斯应要求设计出大胆的波浪式悉尼歌剧院（见第484页）屋顶时，他就利用了计算机的计算功能与积分表来帮助测算这座将要在未知水域展开航行的建筑。但在短短几年内，计算机除可以帮助建筑师设计令人耳目一新的建筑外，甚至还引领设计走向疯狂。因为在建筑竖立起之前，人们就知道它的样式与规模，即使它们看起来还如同屏风一样不堪一击的时候。到20世纪90年代，在世界的大部分地区，计算机辅助设计软件几乎全部取代了原始的绘图板和丁字尺等建筑绘图工具。

◁ 伦敦地标：诺曼·福斯特为伦敦瑞士再保险公司设计的、素有“小黄瓜”昵称的圣玛丽斧就是基于闪烁外露的斜钢网格框架建造的。

## 建筑元素

“二战”结束后，现代运动看似激进的确定性开始受到无数建筑设计新奇方法的挑战。新技术、新材料促使并鼓励了创新。与此同时，也许它也激发了新的社会和政治理想。

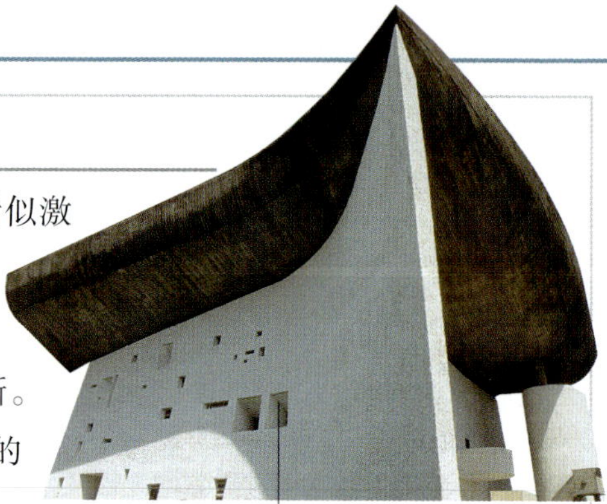


△ **不规则的形式**
勒·柯布西耶凭借具有巨大影响力的法国朗香教堂设计，有力地向世人展示了艺术、情感以及功能可以成为意义与形式的孵化器。

△ **“之”字形窗子**
当代建筑师采用了彻底的新设计方向，如丹尼尔·利伯斯金德设计的、位于柏林犹太博物馆上的这些高度程式化的窗子，就如同闪电划破天际般锋利。

△ **帐篷式屋顶**
这种重量轻、抗拉力强的织物式体育场屋顶，是专门为1972年召开的慕尼黑奥运会而设计的。它出自轻巧建筑设计先锋派弗雷·奥托之手，很快这种形式就在世界各地被广泛复制或重新演绎。

△ **外部升降机**
建筑物内部运行机理开始在其外部建筑中显现，是由理查德·罗杰斯和伦佐·皮亚诺缔造的一种流行趋势。这是由罗杰斯为伦敦的劳合社建筑设计的一个外部升降机。

△ **通信设备**
摩天大楼可以作为通信用途的塔楼。位于芝加哥约翰汉考克大厦（the John Hancock）顶部的天线，已经成为一种程式化的设计形式，看起来也许有点像导弹的造型。

▽ **犹如雕塑般的建筑**
奥斯卡·尼迈耶采用混凝土和玻璃建造的巴西利亚大教堂（1970），是建筑接近纯粹雕塑的代表。在受到了世界各地广泛赞誉的同时，也展示了混凝土建筑设计是赢得普遍欢迎的原因。

## 范斯沃斯住宅

1951年 美国伊利诺伊普拉诺
密斯·凡·德罗 住宅

这座高雅的国际风格乡村建筑是专为一位名叫范思沃斯（Farnsworth）的单身女医生设计的周末度假住宅。“工”字形钢架分别从上下托举两块混凝土石板，落地的玻璃则从前后依附在钢架上，使整座建筑的形状就像一个充满魔力悬浮的玻璃盒子。整个钢架结构都经过焊接、喷砂、防腐和喷漆处理，所以，表面非常润滑流畅。内部设施包括壁炉、厨房和卫生间，而且管道被巧妙地隐蔽了起来。

## 第22号住宅案例研究

1960年 美国洛杉矶
皮埃尔·凯尼格 住宅

第22号住宅案例研究（Case Study House No.22）悬挂在洛杉矶陡峭的岩壁上，一直是电影、书籍、杂志和广告中的大热门，但真正使其名噪一时的是由朱利·舒尔曼（Julius Schulman）所拍摄的一幅描绘夜幕降临到这座城市时，时尚休闲人士在这间绝妙房间休憩的场景的照片。英国建筑师诺曼·福斯特（Norman Foster，生于1935年）曾这样描写：“这里，几乎缥缈地徘徊在灯火璀璨的洛杉矶城市上空，而整座城市就宛如一块展开的地毯铺在它下面；优雅、轻盈、简洁透明的外观设计将其严谨的设计规划巧妙地掩盖，并使其成为可能。如果非要我选择一个拍照角度，一个瞬间，我宁愿成为这座建筑的设计者，这一点是毋庸置疑的。它的形象与精湛的工艺，无疑将成为当代建筑师的试金石。”此后，凯尼格仍继续进行钢架结构房屋的设计，而其所有设计都非常注重建筑与其周围环境的协调一致。

## 第21号住宅案例研究

1958年 美国洛杉矶
皮埃尔·凯尼格 住宅

皮埃尔·凯尼格（1925—2004）在他还是美国南加州大学的一名学生时，就设计了第一座钢铁和玻璃住宅。当《建筑与艺术》杂志的老板约翰·伊坦斯寻找一位年轻并具有创新精神的建筑设计师，来为其一直进行住宅案例研究计划设计同样具有创新精神的住宅时，自然而然地，凯尼格就成为了最好的选择。

第21号住宅案例研究（Case Study House No.21）是一个完美决然的现代家居，设计师将日本庭园的禅意与流动的内部单层空间完美地结合起来。水流在屋顶和墙壁上漫流，以及可以穿过浮动地板的微风。总之，这样的设计为漫长的洛杉矶夏季带来意想不到的惬意与凉爽。制冷效果是如此有效，以至于这里从未安装过空调。当然，这座住宅也对“酷”的含义做了最有效的注解，即放松、惬意的生活。所以，这里也曾多次出现在好莱坞电影场景中。凯尼格在其生前还完成了对这座住宅的改进工作。

## 伊姆斯住宅（EAMES HOUS）

1949年 美国洛杉矶
查尔斯·埃姆斯 住宅

查尔斯·埃姆斯（1907—1978）将一座两层的工棚为自己和妻子改造成一座住宅，分为工作室和卧室。此项改造成为第8号住宅案例研究计划的一个案例。钢骨架开槽上是透明和半透明面板，并且是以不同的材料和颜色制作而成。位于建筑南端的挑高客厅占用了整座建筑17个隔断中的8个，所以它的确称得上是一座别具特色的建筑。

## 昌迪加尔（CHANDIGARH）

1962年 印度旁遮普邦东部 勒·柯布西耶 城市

1947年8月，印巴分治时，旁遮普省被一分为二。位于西旁遮普省的原首府拉哈尔（Lahore）被划分给巴基斯坦，东旁遮普则留在印度，因此它需要一个新的首府。城址选择在一个略微倾斜的平原上，而不完全沿喜马拉雅山麓的走势，全城共点缀着24个村庄。村庄的发展速度出乎意料地迅速，所以将这里按照它的名字命名为昌迪加尔，并成为新城市的首府。

城市的原始规划是由纽约建筑师阿尔伯特·迈耶主持，但后来因其助手马修·诺维奇死于1950年8月，因而退出了该城的规划设计工作。同年年底，柯布西耶被任命为继任设计师，他与瑞士建筑师皮埃尔·让纳雷、英国的麦克斯·弗莱和简·德鲁共同合作参与了此项城市设计。新的城市规划设计的确令人震撼。勒·柯布西耶主要的设计工作是负责行政中心，即高等法院（1956年）、书记处（1962年）及议会处（1962年）的设计工作。在议会处，我们所看到的是如同雕塑般自由挥洒而又高度和谐的建筑。议会处大致呈方形，后面弯曲柱廊内是伟大的圆形大厅，大厅上覆盖着巨大的牛角形曲面筒壳来为大厅提供照明和通风，独特的设计使其产生了吸引眼球的重要作用。

**昌迪加尔议会处**

既神秘又现代的昌迪加尔议会处，其牛角状的门廊，仍然保持着50年前建造完成时的视觉冲击力。

### 勒·柯布西耶（LE CORBUSIER）

“二战”结束后，勒·柯布西耶（见第444页）风格转向采用黑色浪漫建筑架构的形式，其特点往往是注重对混凝土原材料的使用。20世纪50年代，他设计了许多具有深刻精神内涵并充满智慧的建筑，尤其以拉·图雷特修道院和朗香教堂为代表。他在印度展开的工作，即使有争议，但仍然是崇高并值得肯定的。1957年后，尤其是印度的工作经历，加之妻子伊冯娜的去世，使其以更加谦逊的态度度过了他的晚年时光。

## 朗香教堂（NOTRE DAME-DU-HAUT）

1955年 法国东部朗香 勒·柯布西耶 礼拜场所

坐落在法国东部的一座小山上，小教堂取代了毁于“二战”中的一座19世纪教堂。教堂屋顶采用钢筋混凝土的薄壳结构，屋顶在教堂的南面和东面向外深深地挑出，向上卷曲在白色墙体上，中殿内的南墙上开有一系列大小不一、错落有致并装有彩色玻璃的孔洞为这里提供光源。屋顶是由隐藏在墙壁中的钢柱支撑，墙体本身并不起支持作用，所以在屋顶与墙面之间有约10厘米的缝隙，由透明的玻璃镶嵌，从而围绕中殿形成了一道光晕，使内部充满扑朔迷离的氛围。中殿周围还有3座小塔，每座小塔内都涂以不同的色彩。此外，教堂内的音响效果绝佳：内部声响犹如天籁之音；教堂外，东墙上的弧度也可以使牧师布道的声音传播得更远。教堂陈设具有丰富的象征意义，一方面抽象得犹如毕加索的画作；另一方面又自然得如圣母的赞美诗般纯净。毫无疑问，这座教堂证明了欧洲当代建筑师也可以创造出神圣的礼拜场所。

**崇高的精神**

勒·柯布西耶的朗香教堂将他的战后设计工作推到了新的高度。

## 联合公寓（UNITE D’ HABITATION）

1952年 法国马赛
勒·柯布西耶 住宅

勒·柯布西耶的联合公寓是针对建造廉价住房的大胆尝试。这座12层的公寓一共可容纳337家住户，涵盖了23种户型。其内部设计要远比其外表还要复杂得多。整个布局设计就如同叠加的红酒架一样，两户共3层，共用贯穿整个中间层的一条公共通道。楼顶还建有儿童游乐场和一个游泳池。 在楼中间还专门开辟了一层作为商店，这里甚至还有旅馆。这座钢筋混凝土建筑就坐落在公园内，而且还采用了他的经典设计——底层是由柱子高高架起的悬空结构。

## 雅乌尔房屋（MAISONS JAOUL）

1956年 法国巴黎讷伊塞纳河畔
勒·柯布西耶 住宅

这两栋位于巴黎郊区讷伊塞纳河畔(Neuilly-sur-Seine)的房子标志着勒·柯布西耶完全背离了他30年前所建造纯白色别墅的设计理念。到现在为止，他的创作已经进入到其生活与艺术的黑体诗阶段，建筑材料的选择以原生态甚至粗野的材料为主。这不可避免地引起了许多争议，正如美国游唱歌手鲍勃·迪伦(Bob Dylan)弃用原声吉他而改为电吉他，在歌迷中引起骚动与不满一样，10年来，雅乌尔房屋也一直遭到非议。

洞穴式内部、舒适的氛围和拱形屋顶投下的自然光亮使得雅乌尔房屋无论从哪个角度，都是一座令人愉快的房屋设计。承重的砖墙支撑混凝土砖石拱顶。这也是“粗犷主义”审美的开端。让原材料彼此产生有力的对抗，这种风格对于不成熟的设计师来说可能是场灾难，但在勒·柯布西耶手里却成就了另一种崇高的建筑形式。

## 哥本哈根的耶斯柏森办公室（JESPERSEN OFFICE， COPENHAGEN）

1955年 丹麦哥本哈根 阿纳·雅格布森 商业建筑

耶斯柏森办公室整体建筑特点可以描述为：秩序、重点突出、细致入微的设计和犹如手工艺品般的工艺技艺。其整体效果非常特别：就好比是将一座地地道道的现代建筑以古老的手工艺技能来表现。阿纳·雅格布森（Arne Jacobsen, 1902—1971）一直就是一位训练有素的工匠兼建筑师。他的许多经典设计一直都很受追捧，如耶斯柏森办公室，就是对一种纯粹生活精神的体现，简单而又不失漂亮。1955年，他设计的3107号椅子（已售出500万把），就曾在刘易斯·莫利（Lewis Morley）1963年拍摄的英国应召女郎克里斯蒂娜·基勒（Christine Keeler）海报中出现过；他的餐具更是斯坦利·库布里克（Stanley Kubrick）于2001年拍摄的开创性电影——《太空奥德赛》（*Space Odyssey*）中的精致布景。在耶斯柏森办公室内，你所期望20世纪50年代的那种轻盈质感，会扑面而来，然而在西格拉姆大厦你却很少会有这样的体会。

## 皮瑞利大厦（PIRELLI TOWER）

1956年 意大利米兰 吉奥·庞蒂 商业建筑

2002年4月18日，68岁的路易吉·吉诺·法苏洛驾驶着他的轻型飞机降落在26层、127米（417英尺）高的皮瑞利大厦顶层。当时，人们以为纽约“9·11”恐怖袭击又要上演了。没有人清楚到底发生了什么（或许是飞行员操作失误），但它确实将全世界的目光聚集到这座由建筑师吉奥·庞蒂和工程师奈尔维合力打造的米兰第一高楼皮瑞利大厦身上。1928年，庞蒂创办《多莫斯》杂志，同时，他还是著名的工业设计师和室内设计师，他与当时最前卫的天才们开展了广泛的合作。庞蒂说：“我热爱建筑，无论是古代抑或是现代……无论它是异想天开、冒险还是郑重的创作；也不论其是抽象还是比喻的形式，只要它能鼓舞我们的精神并启迪我们的思想。” 的确，正如他所说的，庞蒂喜欢所有的风格，并且还很擅长各种风格的建筑。在这里，在原倍耐力轮胎厂的原址上，他建造了一座高32层的摩天大楼，建筑通体呈流线型，重力支撑仅依靠两侧犹如机翼般的剪力墙筒。如今，这里是令人敬畏的伦巴第大区政府的办事处。

**锥形的区别**

皮瑞利大厦两侧逐渐呈锥形的拐角设计，使其与方盒子式的摩天大楼有着明显的区别。

## 西格拉姆大厦（SEAGRAM BUILDING）

1958年 美国纽约 密斯·凡·德罗 商业建筑

密斯在等待了35年后，终于设计了他梦寐以求的玻璃幕墙大厦——西格拉姆大厦。雄踞于距纽约公园大道27米（89英尺）长的花岗岩阶梯广场和两座长方形水池后。这栋优雅的38层摩天大楼傲然耸立在纽约的天空下。密斯的第一件设计作品可以追溯到1919年，那是较这座更酷、更精细的申克尔式（Schinkelesque）设计，是一种更为自由的建筑设计形式，当初的设计灵感是来自古希腊，但免去了所有外部繁冗的装饰。西格拉姆大厦精致挑高的大堂、豪华电梯、琥珀色玻璃，配以镶嵌青铜的窗格以及由菲利普·约翰逊（Philip Johnson，见第488页）为此设计的大饭店。总之，西格拉姆大厦的经验值得珍惜：自信、定制的设计。总之，密斯为20世纪的美国建造了一座真正伟大的建筑。

**模仿但从未被超越**

壮观而又不失精致的西格拉姆大厦，一直都是被效仿的对象，但从未被超越。

## 利华大厦（LEVER HOUSE）

1952年 美国纽约 斯基德莫尔、奥因斯和梅里尔事务所 商业建筑

利华大厦在多方面开创了现代办公大楼的先河：全玻璃幕墙“板式”高层建筑的新手法，成为当代风行一时的样板。受美国肥皂和洗涤剂制造商利华兄弟公司（Lever Brother）的委托，由斯基德莫尔、奥因斯和梅里尔建筑设计事务所（SOM，见第476页）设计。他们的首席设计师，戈登·本沙夫特（Gordon Bunshaft，1909—1990）借鉴了柯布西耶和密斯·凡·德罗（尚未设计西格拉姆大厦）的早期设计成果。1992年，利华大厦被确定为历史文物，1998年SOM对其进行了全面整修和维护。

**花园大厦**

办公大厦上部20层坐落在底下2层呈横向伸展的裙楼之上；同时，也采用了柯布西耶式的架空底层结构，其上则是作为空中花园对外开放。

## 科罗拉多斯普林斯美国空军学院

1962年　美国科罗拉多　斯基德莫尔、奥因斯和梅里尔建筑设计事务所　军队建筑

美国空军学院（the US Air Force Academy）拥有足以令他们感到自豪的建筑。他们在自己的小册子里这样描述这座建筑：“这座时尚的现代建筑将宏伟的规模与神奇的环境结合起来，创建一座令国人骄傲的不朽建筑。由铝管和彩色的玻璃组合而成的折叠三角形尖角……鲜活地体现了现代化的飞行。”总之，它是再恰当不过的建筑了。

沃尔特·纳什设计的礼拜堂

于第一个十年冷战（the Cold War）期间建立的空军学院，象征着美国意识到空中力量在对抗苏联（the Soviet Union）方面的重要性。它既是一座众所周知20世纪中期的现代建筑，同时也是低矮、顺滑和沉稳的军事建筑。1954年开始建造（第一级学生于1959年毕业），73平方公里（28平方英里）的校园是于1962年，与沃尔特·纳什（Walter Netsch，生于1920年）设计的具有奉献精神的礼拜堂一并完成。多信仰的教堂内部设计带给人的震撼丝毫不逊于直插入天的外部设计。竖井内明亮的光线，穿透镶嵌在隔断中色彩丰富的染色玻璃，形成了扑朔迷离的神秘氛围。作为国家历史文物兼蓬勃发展的学校——空军军官学校，尽管位置偏远，但这里每年都吸引了上万名慕名而来的游客。1958年建造的建筑在今天看来，还像刚落成一样鲜活。

### 斯基德莫尔、奥因斯和梅里尔建筑设计事务所

斯基德莫尔、奥因斯和梅里尔建筑设计事务所（SOM）成立于1936年。该事务所自成立以来一直致力于在美国推广国际风格的建筑形式，将美国式的魄力与雄心勃勃的现代设计完美地结合。该设计事务所早期最知名的设计就是利华大厦（见第475页）。如今，SOM正负责开展在纽约命运多舛的世界贸易中心原址上建造自由塔的设计工作。

**学院礼拜堂**

这所礼拜堂一直以来都被形容为“战斗机密集阵”，因为其压得低低的尾翼就像随时准备起飞迎接战斗的飞机一样。

## 肯尼迪国际机场环球航空公司候机楼

1962年 美国纽约 埃罗·沙里宁 机场

埃罗·沙里宁（Eero Saarinen）为环球航空公司（TWA）设计的奇特的候机楼位于纽约艾德威尔德（Idlewild，现在约翰肯尼迪机场）内，一直都被视为是抽象的飞行符号的代表。与令乘客感到压抑的大多数候机楼不同的是，这座建筑不仅让旅客感到精神一振，而且向人们展示了混凝土结构也同样可以使人感到愉快。

沙里宁自己在形容这座迷人的建筑时，这样说："建筑本身就表达了旅行的戏剧性、特殊性和兴奋性……之所以选择这种设计形式，目的是要在人们心中留下一种向上飞行的质感。"许多被所谓现代主义纯洁性束缚的建筑师，在看到这件作品时，都被这种自由的混凝土曲面惊呆了。然而，它又与2000年年初故作幼稚的"标志性"建筑不同，沙里宁的设计是真正大胆的大师杰作。由于其设计的超前性，以至于使它为之服务的飞机都显得老套。

**着陆终端**

它还证明了建筑可以不必高耸入云就能够唤起一样的翱翔精神。阳光从窗户和建筑之间的缝隙中投射进来，所以，无论乘客在候机楼的任何位置都如同置身于外面的天空下。候机楼与纽约大中央车站（Grand Central station）一样，作为美国运输设计重要历史建筑的一部分，进行了长期的关闭并整修。总之，最初针对沙里宁设计的争议被稀释和淡忘，候机楼已于2005年重新开放。

### 埃罗·沙里宁（Eero Saarinen）

埃罗·沙里宁（1910—1961）出生于芬兰的基尔科努米。他在巴黎学习雕塑，其后又在耶鲁大学学习建筑，后来加入了他父亲的建筑设计行列。他的设计如同雕塑，正如他在底特律（见第478页）附近的通用汽车公司技术中心、环球航空公司候机楼、密西西比的圣路易斯纪念拱门（Gateway Arch）的设计中所表现出的那样，他可以自由地游走在现代主义和自由表达主义之间，而且还游刃有余。

**候机楼内部景观**

候机楼的每一个细节都以乘客为导向定制设计，从楼梯、酒吧、出闸口和售票处到坐椅、标志以及电话亭等，都被统一到一个完全令人信服的服务体系当中。

## 伊利诺伊理工学院皇冠厅

1956年 美国伊利诺伊芝加哥
密斯·凡·德罗 大学

伊利诺伊理工学院皇冠厅（The Crown Hall）是一座开放式的方盒子建筑，完美地展示了密斯·凡·德罗这位现代主义巨匠是如何以最小的空间结构来覆盖尽可能大的空间的设计理念；同时，还创造了正式建筑与经典之间的联系。悬垂的屋顶由8个“工”字梁支撑，内部空无一柱，整个空间布置完全靠屏风进行自由的分割。沿楼梯向下可到位于地下室的工作间、卫生间、工程服务间及办公室。关于皇冠厅，密斯这样写道：“它具有科学的特质，但它本身不是科学……它是保守的，因为它基于建筑的永恒基础，即秩序、空间与比例。”

## 通用汽车公司技术中心

1955年 美国密歇根沃伦
埃罗·沙里宁 工业建筑

被誉为“工业凡尔赛宫”的通用汽车公司技术中心（GM Technical Center）是一座以负责研发为主的3层建筑。中心围绕一个长方形的湖面布置，湖面上竖立着一座具有科幻风格（sci-fi-style）的水塔。依附在骨架填充板材之间的缝隙则由用于飞机舷窗的氯丁橡胶密封垫圈密封，这些不开启的窗户与墙壁齐平并将其染成深绿色以吸收光与热；几乎找不到任何的空调设备，都被设计师巧妙地安装在假天花板夹层中。该中心对后来的“高科技”设计产生了巨大的影响，其中英国建筑师诺曼·福斯特和理查德·罗杰斯就深受这座建筑的影响。

## 纽约古根海姆博物馆

1959年 美国纽约
弗兰克·劳埃德·赖特 艺术画廊

弗兰克·劳埃德·赖特关于这座位于第五大道的著名的博物馆曾这样写道：“完全不属于我们尘世中所认知的任何事物或主题，仅是节奏性的色彩和造型所构成的美感，就是纯粹为了艺术而艺术的一座精神殿堂。”难道他真的认为站在一个螺旋坡道的角度上欣赏画作，就是一个伟大的主意吗？我们或许永远也不会明白他的设计初衷！

尽管古根海姆博物馆（The Guggenheim

**建筑展**

几乎很少有能与赖特的建筑艺术相匹配的展览，或许人们到访这里的真正动机本身就是为了一睹古根海姆博物馆——这座完全不符合纽约风格的建筑，而不是这里举办的艺术品展出。

竖井中央上的穹顶

Museum）有着这样或那样的缺点，它仍然不失为一座光荣甚至是略微有点疯狂的建筑，而且它还将混凝土技术运用推到了极致。

就其设计的本质而言，它的内部设计就像一个贝壳，由一个螺旋坡道围绕中心的混凝土竖井向外向上伸展，直到覆以玻璃穹顶的顶端。在设计之初，他本打算使参观者搭乘电梯到博物馆的顶层，然后沿着坡道而下进行参观。然而，展廊却是从一层就已经开始，所以，游客不得不爬上坡道参观。1992年，古根海姆博物馆再次增建了一座由石灰石包覆的10层附属建筑，出自建筑师格瓦德梅、西格尔和其他相关人员的共同设计。这就为游客提供了可以直立欣赏挂在平整墙壁上画作的机会。赖特会给我们留下更深刻的印象吗？也许不能。正如他所说的那样，他的目标就是“犹如世界上从未存在的美丽交响乐一般，演奏一曲不间断的建筑与绘画的美丽音符”。

### 弗兰克·劳埃德·赖特

弗兰克·劳埃德·赖特（1867—1959）出生在威斯康星的理查兰德。他最初从事研究工程，并为芝加哥的建筑师路易斯·沙利文工作。1887年，他开始设计他的第一座房子，而且婚姻幸福，在芝加哥的郊区橡树园定居下来，这是一所位于市郊的“草原式”住宅。从1900年开始，他的设计开始走“流线型”路线，之后与情妇私奔而成为一个花花公子。中年时期，在经历了一系列的丑闻与不幸后，尽管其后的建筑设计已陷入媚俗的形式，但这仍不妨碍他成为一个伟大的建筑设计明星。

## 布林莫尔橡胶厂

1951年 威尔士南埃布韦尔布林莫尔
建筑合作伙伴 工业建筑

在“二战”后的几年里，位于埃布韦尔的布林莫尔橡胶厂（B' rynmawr Rubber Factory）为该地区提供了大量急需的就业机会。它是由一个充满理想的年轻建筑师团队和丹麦籍英国工程师奥·雅纳（Ove Arup，1895—1988）共同设计完成的。当代英国评论家雷纳·班汉姆（Reyner Banham）这样评价这座建筑：“它是英国自圣保罗教堂以来，能给人留下最深刻印象的建筑。”这是一座能与勒·柯布西耶和阿尔瓦·阿尔托最上乘作品相媲美的建筑。它也是“一战”后英国可以列举建筑中首屈一指的建筑，但可悲的是它已被拆毁。

## 基尔布赖德东的圣布莱德教堂

1964年 苏格兰拉纳克郡
尔斯皮、基德和科亚 礼拜场所

烟囱一样的塔楼和没有窗户无限延展的建筑主体，使得圣布莱德（St Bride）教堂远看就好似一座发电站，但只要你靠近它，你就会发现它作为教堂的神圣精神氛围。教堂内部由具有无限想象力的6扇隐藏天窗为其提供光源。它明显带有位于里昂郊外朗香教堂的影子，但这座教堂的砖墙设计比那座修道院全混凝土建筑要温暖得多。尔斯皮（Gillespie）、基德（Kidd）和科亚（Coia）为罗马天主教堂创作了一系列有影响力的设计，其中就包括位于卡德罗斯被废弃的圣彼得学院，这座教堂也深受勒·柯布西耶的影响。

## 莱斯特大学工程馆（ENGINERING BUILDING， LEICESTER UNIVERSITY）

1963年 英国莱斯特 詹姆斯·斯特林爵士和詹姆斯·戈温 大学

这栋明亮的橙色大楼耸立在娴静的莱斯特大学校园内，工程馆的新大楼在英国建筑领域引起了不小的轰动。詹姆斯·斯特林（James Stirling，1926—1992）和詹姆斯·戈温（James Gowan，生于1923）通过这座建筑有力地证明了在忠于现代派建筑本质的同时，又可以摆脱现代建筑直白的直线条的可能性。主体建筑的附属建筑很有趣但同时也颇受争议。在英国除了贝特霍尔德·鲁伯金（Berthold Lubetkin）的芬斯伯里健康中心（Finsbury Health Centre），恐怕很难看到如此受苏联影响的建筑了，也很难在一个远离海洋的内陆城市找到一座类似于为船舶服务码头似的建筑，而不是某大学的科研中心。在格拉斯哥出生，并在利物浦接受教育的斯特林，从某种程度上来说，是一位以直观思维为主的设计师，他认为建筑应高于任何一种艺术形式，而在当时，“美”这个词在他的建筑同行中可是一个令他们不屑的词。充满质疑、不断变化的艺术风格，并以多种形式进行设计创作是斯特林的典型特点。在这里，他与他的格拉斯哥伙伴戈温（Gowan）一道，共同缔造了莱斯特大学工程馆这件最上乘的作品。

**学习工厂**
这座耸立在莱斯特大学的工程馆是一座修长得犹如工厂般的塔楼，封闭的基座底层和完全透明的玻璃顶棚恰好形成一定角度。

## 伦敦国家剧院（NATIONAL THEATRE， LONDON）

1976年 英国伦敦 丹尼斯·拉斯顿爵士 剧院

经过多年的游说，伦敦国家剧院终于在1967年开始动工修建，但却在10年后才完成。它最终展现在人们面前的是一座混凝土建筑，如同一座矮平的古典神庙般逐级攀升在泰晤士河南岸。这座具有挑战性的建筑由丹尼斯·拉斯顿（Denys Lasdun，1914—2001）设计完成，是由一个复杂、相互关联的建筑群组成，共设有3座礼堂：奥利维（the Olivier），它的敞开式舞台是受古希腊埃皮达鲁斯圆形剧场的启发而设计的；利特尔顿（the Lyttelton）礼堂内设有一个镜框式的舞台；科茨洛（the Cottesloe）是专门为实验剧搭建的黑盒子剧场。尽管它是一座非常成功的剧院和流行的聚会场所，但却并不为大多数人所接受。威尔斯亲王形容它为“以聪明的方式，在伦敦中心地带建造了一座没有遭受到任何反对的核电站”。此外，这座大厦的后部没有与交通建立任何联系，不能不说这是它的最大败笔。

**戏剧般的景观**
这3座礼堂均与一直通向阶梯形长条护栏环绕的阳台相连。在这里为人们提供了观赏伦敦城市中心风光的绝佳视觉角度。

## 塞恩斯伯里视觉艺术中心（SAINSBURY CENTRE FOR VISUAL ARTS）

1978年 英国诺福克诺威奇 诺曼·福斯特勋爵 大学

犹如一座超现代、超细致飞机库造型般的塞恩斯伯里视觉艺术中心是诺曼·福斯特（Norman Foster，生于1935年）动态办公室设计的众多高科技建筑之一。公共艺术画廊和英国东安格利亚大学（the University of East Anglia）的教学楼以及这座绚丽的银色大厦就位于学生公寓附近，隐蔽在丹尼斯·拉斯顿设计的阶梯式混凝土金字塔下。塞恩斯伯里视觉艺术中心墙体的末端几乎全部由玻璃打造，将建筑内部精心锻造的预制骨架昭然若揭。开放式的内部空间与夹层内充满了自然与人为两种光源；同样，整齐划一也是这里的特点，因为所有的管道都设在如同三明治般的夹层结构中。

**重建后的变化**
塞恩斯伯里视觉艺术中心现已被白色面板部分包覆。此外，1991年，新月形楼翼的修建已将建筑延伸至地下。

## 巴西利亚国会大厦（CONGRESS BUILDING， BRASILIA）

1960年 巴西中部 奥斯卡·尼迈耶 政府建筑

虽然在巴西中部荒原上建设新首都——巴西利亚——已被写入了巴西宪法，但它对于几代巴西人来说无疑更像是一场不能实现的梦。直至1956年，这个梦终于变成了现实，巴西总统库比切克任命规划师卢西·奥科斯塔（1902—1998）和建筑师奥斯卡·尼迈耶（Oscar Niemeyer）在短短的5年时间内，在一个荒原上设计和建造起一个新首都。而他们也不负众望，圆满地完成了任务。

在这浩大的城市规划中，尼迈耶亲自设计了政府区的主要建筑——国会大厦。紧邻西侧的“荆棘皇冠”（巴西利亚大教堂，见第470页），将现代的戏剧性与简单融为一体，这是到访此处留给每一位游客的印象。大厦由两院会议厅和办公楼组成。前者为一长的扁平体，上面并置一仰一覆的两个碗形体，上仰的是众议院会议厅；下覆的是参议院会议厅。中部则是高耸的办公楼，它是由玻璃桥相连的两栋双子办公楼，内部分设大堂、办公室、餐厅等功能区。国会大厦前面是一块狭长的中央公园。曾经人们可以从这里穿过公园的斜坡，步行至横向扁平体和双子塔之间的平台以及两个造型奇异的穹顶（这种设计想法源自于一种亲民的理念，即让每一位巴西利亚人都感觉到国会就是人民自己的国会）。但1964年的军事政变，使这一想法付出了沉重的代价，所以，在接下来的几年里，平台几乎成为军队的炮台。即使在巴西恢复民主后，出于安全等问题的考虑，仍将这座旷世绝作与世隔绝起来。

### 奥斯卡·尼迈耶

里约热内卢出生的奥斯卡·尼迈耶（生于1907年），为世人带来了前所未有的感性现代主义建筑杰作。他声称，他的设计灵感来自其工作室外的海洋远景、山脉的轮廓以及女性的婀娜身姿。最能代表其一生卓越成绩的有：潘普利亚（1943年）波浪形的礼拜堂、巴西利亚大教堂（1970年）和尼泰罗伊（1996年）当代艺术博物馆等，这些建筑设计大多都可以归纳为巴洛克风格的建筑设计形式。

**艺术作品**
作为一座惊人的旷世奇葩，巴西利亚国会大厦至今仍所向披靡。

## 东京奥林匹克体育馆（NATIONAL GYMNASIUMS， TOKYO）

1964年 日本东京 丹下健三 运动竞技场

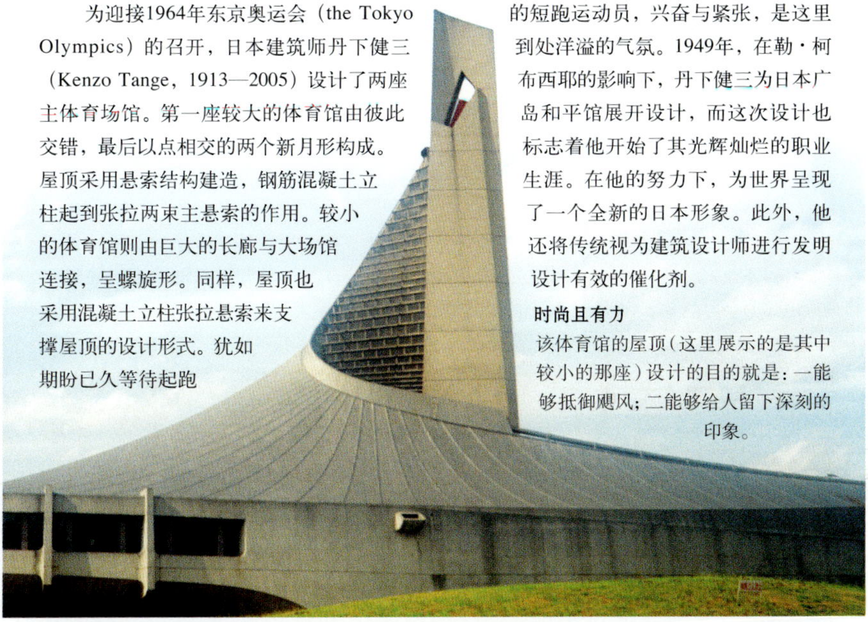

为迎接1964年东京奥运会（the Tokyo Olympics）的召开，日本建筑师丹下健三（Kenzo Tange，1913—2005）设计了两座主体育场馆。第一座较大的体育馆由彼此交错，最后以点相交的两个新月形构成。屋顶采用悬索结构建造，钢筋混凝土立柱起到张拉两束主悬索的作用。较小的体育馆则由巨大的长廊与大场馆连接，呈螺旋形。同样，屋顶也采用混凝土立柱张拉悬索来支撑屋顶的设计形式。犹如期盼已久等待起跑的短跑运动员，兴奋与紧张，是这里到处洋溢的气氛。1949年，在勒·柯布西耶的影响下，丹下健三为日本广岛和平馆展开设计，而这次设计也标志着他开始了其光辉灿烂的职业生涯。在他的努力下，为世界呈现了一个全新的日本形象。此外，他还将传统视为建筑设计师进行发明设计有效的催化剂。

**时尚且有力**

该体育馆的屋顶（这里展示的是其中较小的那座）设计的目的就是：一能够抵御飓风；二能够给人留下深刻的印象。

## 德国慕尼黑奥林匹克体育场（OLYMPIC STADIUM， MUNICH）

1972年 德国慕尼黑 甘特·班尼奇和弗莱·奥托 运动竞技场

这一革命性屋顶设计是由德国的甘特·班尼奇（Gunther Behnisch，生于1922年）和弗莱·奥托（Frei Otto，生于1925年）共同打造，制作过程采用计算机辅助设计和严格的数学计算以确定建筑结构和流动形状。经过多年的研究，出自奥托设计的顶棚采用半透明的聚氯乙烯（PVC）材料，呈圆锥形，然后采用钢立柱张拉网索的钢缆进行支撑。虽然1972年奥运会因以色列运动员被阿拉伯恐怖分子杀害而黯然失色，但体育场的设计与1936年为了证明德国“雅利安”种族优越性的奥运会，展示了两个截然不同的德国形象，当时奥运会是在维纳尔·马赫设计的柏林奥林匹克体育场（见第462页）举行。班尼奇曾历任战时U艇指挥官，而奥托则是前德国空军战斗机飞行员，由他们两位负责设计一座象征着一个新兴、民主和乐观的德国新体育馆，同时还要摒弃纳粹建筑的那种沉重和刻板。直至2005年，当球队搬到由赫尔佐格（Herzog）和德梅隆（Meuron）设计的新专用体育馆前，可同时容纳8万个座位的奥林匹克体育场一直是拜仁慕尼黑（the Beyern Munich）足球俱乐部的主场。如今，奥林匹克体育场已成功转型为一个巨大的电影院和表演场地。总之，它仍然是深受人们喜爱的建筑之一。

**流动的屋顶**

如同帐篷一样的聚氯乙烯和聚酯材质制成的屋顶流动在奥林匹克馆、游泳池以及主田径体育场的上空。

# 悉尼歌剧院（SYDNEY OPERA HOUSE）

1973年　澳大利亚悉尼　约恩·乌松　剧院

空中俯瞰悉尼歌剧院的景观

悉尼歌剧院是从1957年开始构思设计，后来由丹麦建筑师约恩·乌松（生于1918年）设计并且中选，与奥雅纳工程顾问有限公司的工程师彼得·赖斯通力合作共同打造而成。位于贝尼朗岬角上的歌剧院，处在悉尼港湾的一个半岛上，外观为三组巨大的壳片，耸立在相对屋顶而较为平凡的基座上。由于政治纷争和巨大的成本超支，使这位建筑师于1966年愤然离开澳大利亚，所以这座神奇的船帆建筑是在主设计师缺席的状态下建造完成的。21世纪初，他被重新邀请对建筑的部分设计进行了修改，并且以他的名字命名的设计室——乌松厅——于

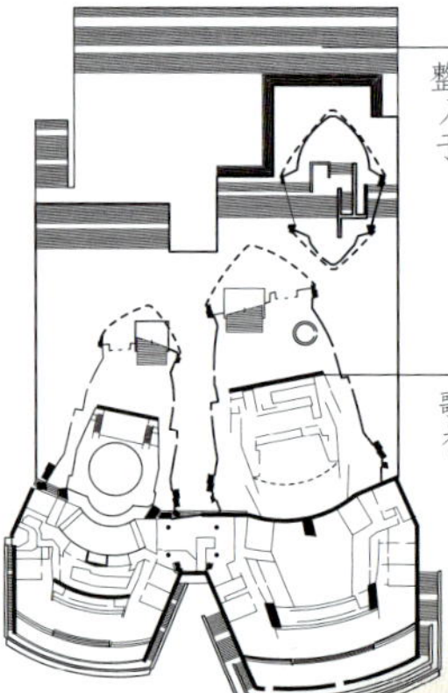


△ 建筑平面图
贝壳下牢固的基座为185米×120米（607英尺×394英尺）的现浇钢筋混凝土结构。

▽ 歌剧院内部
可容纳观众2 679人的音乐厅（见下图）；歌剧厅较音乐厅小，仅有1 547个座位。每年，都有超过200万的人参加这里举办的各种各样的活动。

2004年开始对外开放。

贝壳形状的尖屋顶是由2 194块弯曲形混凝土预制件构成，并用了近350公里（217英里）长的钢缆拉紧拼制。整座建筑共有房间1 000个，每年举办各种大大小小的活动近3 000场。1973年，普罗科菲耶夫的歌剧《战争与和平》就是在这里举办了首演，这或许也是建筑师和客户之间真实与理想关系的确切描述。

△ **外观细节**
6 225平方米（67 006平方英尺）的玻璃建筑穿插在钢筋混凝土建筑之间。

## 蓬皮杜艺术与文化中心（POMPIDOU CENTRE）

1977年　法国巴黎　伦佐·皮亚诺、理查德·罗杰斯和彼得·赖斯　艺术画廊

1971年，通过国际设计比赛而进入法国国立乔治·蓬皮杜艺术与文化中心的设计，是由英国建筑师理查德·罗杰斯（Richard Rogers，生于1933年）、意大利建筑师伦佐·皮亚诺（Renzo Piano，生于1937年）和爱尔兰结构工程师彼得·赖斯三人合力打造的。而该小组引起的轰动是：他们是在最后一刻公布了竞选设计。

**蓬皮杜建筑的管道设计**

法国总统乔治·蓬皮杜（Georges Pompidou）于1969年上台执政。虽然他平息了一场一年以前几近于第二次法国大革命的政治动乱，但从众多个参与设计比赛团队中，评选出的建筑造型风格本身却引起了一场建筑革命。大厦的支架由钢管柱构成，楼板可上下移动，楼梯及所有设备是完全暴露的敞开结构。其中包括自动扶梯均被有机玻璃的圆形长罩所覆盖，并外露在建筑的主要立面之外。这种从内到外方法的设计和结构产生了丑陋的“大肠结构主义”（Bowellism）一词，以及许多描绘理查德·罗杰斯（他持续数年使用这种做法）的漫画都是将他的肠子悬挂在衣服外。讽刺归讽刺，蓬皮杜艺术中心依然不失为一个天才的设计，吸引了整整一代渴望从直线与混凝土方盒子的桎梏中寻求突破创新的建筑师、工程师和艺术家的注意。有趣的是，负责中心开幕的是素有“混凝土音乐”大师之称的伊安尼斯·桑那奇斯（Iannis Xenakis），他曾是柯布西耶的助手。为迎接2000年新千禧年的到来，由伦佐·皮亚诺对蓬皮杜中心进行了整修。

**蓬皮杜的展出内容**

大规模的以红、白、蓝为主色调的建筑内涵盖了博物馆、现代艺术、图书馆、工业设计中心以及音乐声学协调研究所五大部分。

### 彼得·赖斯（Peter Rice）

彼得·赖斯（1935—1992）是一位杰出的工程师和数学家，20世纪后期关键建筑，诸如蓬皮杜艺术中心、悉尼歌剧院以及得克萨斯休斯敦的德梅尼勒画廊等都有他的倾情参与。从赖斯起，越来越激进的建筑师与具有丰富想象力的工程师之间的合作，不断地重新界定了设计结构的极限。

## 阿布拉克斯住宅

1982年 法国巴黎马恩河谷镇
建筑设计室 住宅

建筑师里卡多·波菲尔（Ricardo Bofill，生于1939年）这位泰罗尼亚建筑工人的儿子，建立了自己的激进派风格工作室——建筑设计室，地点就位于巴塞罗那郊区的一座20世纪60年代末的水泥厂内。凡事皆有可能，这座位于巴黎市郊的新式复杂住宅设计就充分地证明了这一点。巨大的预制混凝土包覆的外墙与新古典装饰细节是这座建筑的显著特色。很显然，这座大厦与20世纪60年代和70年代那种呆板、没有灵魂的设计是有着截然的区别，因为它更富有戏剧性的效果：除了其古典装饰细节外，主要还得益于对18世纪浴场建筑特别情有独钟的英国建筑师彼得·霍奇金森的影响。然而，波菲尔设计的建筑与其前辈们还是有着本质的区别的，这种风格的实验在法国的蒙彼利埃仍在继续，一些古典装饰细节也越来越引入到公寓内部的设计当中。

## 罗浮宫玻璃金字塔

1989年 法国巴黎
贝聿铭 博物馆

这座位于罗浮宫核心入口处，全新的现代玻璃金字塔（Grand Pyramid）出自建筑师贝聿铭（Ieoh Ming Pei，生于1917年）的设计。曾广受争议，有人认为它破坏了博物馆建筑的完整性，而如今它却成了罗浮宫的象征。由金属架支撑的反射玻璃制成的金字塔，出于对称的考虑又分别在其周围建造了两个较小的金字塔，穿过这座玻璃金字塔就可以进入博物馆大厅和一个购物广场。

## 里斯本的东方火车站（ORIENTE STATION，LISBON）

1998年 葡萄牙里斯本 圣地亚哥·卡拉特拉瓦 火车站

为迎接1998年里斯本世界博览会（Expo 98）的到来，开始筹建里斯本东方火车站。该车站是由西班牙建筑师圣地亚哥·卡拉特拉瓦（见第489页）设计的，现在是城际列车、地铁及巴士旅客的主要中转站。高高的火车站台为游客提供欣赏万国公园——世博园区绝佳的欣赏角度。站台上的屋顶是由无数座玻璃和钢铁搭造的金字塔，这些金字塔由一排排细长的类似于手掌或巨型百合花形状的分支钢支柱支撑。 位于地面层的是犹如巨大洞穴的售票大厅、扶梯、上下直梯、吊桥梁等设施构造，而连接的管道等都是由大量的混凝土拱骨支撑。从万国公园进入，旅客穿越一个机翼般的钢铁和玻璃遮阳篷就可到达这里。另一边的巴士停车处，轻轻弯曲的檐篷，也许是在回应着不远处的海浪。

**车站入口**
卡拉特拉瓦的火车站以创新的钢架桁架组装的创新形式，呈现出哥特式风格潜移默化的影响。这里看到的是铁路站台入口处的遮阳篷。

## 美国电话电报公司大厦（AT& T BUILDING）

1984年　美国纽约　菲利普·约翰逊　商业建筑

这座197米（646英尺）高的曼哈顿摩天大楼在其竣工之初就饱受争议。它是由美国建筑师菲利普·约翰逊（Philip Johnson，1906—2005）为美国电话电报公司设计。对于有着建筑界“教父”之称的菲利普·约翰逊来说，这座建筑只不过是一个传统的办公楼穿着粉红色的花岗岩和古典奇装异服的俗套建筑罢了。它的外形就像在18世纪时巨大的衣柜一样，上面冠以一座分离式三角楣。而巨大的穹顶大厅也不过是大理石与镀金的媚俗盛宴。电话电报公司大厦（现为索尼大厦，Sony）也许是菲利普·约翰逊试图建造的一座最高建筑。在其建筑生涯开始之前，他曾历任制作人、出资者到后来的纽约现代艺术博物馆的首任建筑部主任。1932年，与历史学家亨利·罗素·希区柯克合著《国际式风格》（*The International Style*）一书，通过此书向纽约人介绍了现代主义运动。约翰逊还是一个聪明、风趣的人，因为他视建筑为一场游戏，因此，他不停地转换自己的风格，从现代主义、历史主义、后现代主义再到解构主义等，都是他不断尝试把玩众多形式中的几种。

**后现代庸俗文化**

不同寻常的分裂式山墙及粉红色外观，AT&T大厦仍是纽约最令人难忘的摩天大楼之一。

## 劳埃德大厦（LLOYDS BUILDING）

1986年　英国伦敦　理查德·罗杰斯　商业建筑

在20世纪80年代中期，人们正处于“贪婪是好事”的文化背景下。而当伦敦城和华尔街到处都充斥着高度的贪婪时，管道纵横的劳埃德大厦就好像一座炼油厂出现了。可仅在10年之内，它就已经成为伦敦最流行的建筑景观之一。

整个暴露的建筑结构与三釉玻璃窗环绕在位于建筑中心的巨大天井上，所有的建筑工作都是从底部开始。从这里，攀上裸露的自动扶梯就可以到达楼上的办公区。从理论上讲，这种结构使持续扩展或分期扩建成为可能，在设计中有意将用钢板包裹的楼梯塔和主要管线，以及部分结构暴露在建筑外部，就像一个巨大的麦卡诺（Meccano）组合玩具模型，向上和向外延伸。虽然这种组装还尚未发生，但也不是现实的需要。

**未来的形式**

像从雷德利·斯科特导演指导的《刀锋战士》（*Blade Runner*）中的场景一样，未来派的劳埃德大厦代表了英国“高技术派”（High-Tech）风格，劳埃德大厦是理查德·罗杰斯的代表作之一。

## 里昂斯特拉斯火车站（LYON SATOLAS STATION）

1994年 法国里昂 圣地亚哥·卡拉特拉瓦 火车站

就像一个展翅欲飞的巨鸟，这座如雕塑般雄劲有力的火车站，每天都迎来送往着里昂圣埃克苏佩里机场（St Exupery airport）的乘客。虽然具有高度的戏剧性，但这的确是由法国国家铁路当局确认的建筑行为。另外，这座火车站还拥有强大的每小时运行300公里（186英里）的高速列车（TGV trains），而乘坐现代火车旅行，可能远远要比乘坐拥挤的飞机航班刺激得多。

**内部景观**

里昂斯特拉斯火车站要比环绕在其周围的汽车停车场高出40米（131英尺）以上。两个混凝土高耸的拱顶高120米（394英尺），由下面的钢拱托举，彼此倾斜，建立一个清晰明确的正弦或波峰形状。此外，它还是一个450米（1 476英尺）深隧道的入口，通过这里可以到达下面的站台。两个拱门的一端也下降到地面并汇集在一起，形成鸟嘴的样子。而拱门的另外一端却如同展翅的铁翅膀，由支撑杆支撑。这样的设计可以有效地遮挡阳光，同时也达到了建筑师所要求的具有雕塑质感的目的。事实上，卡拉特拉瓦一直认为，他的建筑取材来自于眼睛而不是鸟的造型。

在内部，对拱的高度成就了里面高耸的大堂。主厅130米（426英尺）长、100米（328英尺）宽、39米（128英尺）高。无论在空间还是结构上，它都可以与埃罗·沙里宁设计的肯尼迪国际机场环球航空公司候机楼（见第477页）相媲美。但是，由于该站只对相对较少的列车服务，就其蔚为壮观的建筑和工程来说，让人觉得相对于全负荷运营的火车站而言，过于空旷。 另外，空间占用上也可以用奢侈来形容，在这里你不会有任何拥挤的感觉。

**圣地亚哥·卡拉特拉瓦**

1951年，他出生在瓦伦西亚，在前往苏黎世攻读工程之前，接受了有关建筑的培训，并于1981年开始了自己的设计实践。从那时起，他广泛涉猎了多方面的设计领域。其中，最具代表性的作品是瓦伦西亚的艺术科学城，这是一个巨大的骨状结构画廊，坐落在城市边缘就像漂白的恐龙化石骨架。

**双翼火车站**

卡拉特拉瓦为里昂机场设计的这座火车站充满了活力与动感，拥有超越现有的高速火车的轨道设计，真正完美体现了飞行似的轻盈感。

# 绿色建筑（GREEN BUILDINGS）

1968年，阿波罗8号（Apollo 8）传回的照片使我们看到我们所生活的这颗蓝色星球在深邃的太空中，就犹如一颗宝石，它的美丽与脆弱共同展示在世人面前，所以，环保运动势在必行。20世纪80年代末，“绿色”已成为主流。对于建筑设计师来说，就意味着建筑也要更有效地利用能源。

早在20世纪60年代，就有了最初的向绿色建筑方面的努力，此时期建筑设计大部分是受弗兰克·劳埃德·赖特的影响，其特点是不协调而且过于自我。从那时起，伦佐·皮亚诺、诺曼·福斯特和拉尔夫·厄斯金等建筑师都认为：民用和商业建筑不仅可以以超现代的形式进行设计，还应该是绿色环保的，要尽可能地减少燃料的使用，最大限度地减少二氧化碳的排放量，并优化水源的再利用。

由于认识到全球变暖迫在眉睫，而不是一个遥远的威胁时，这就对住宅楼宇的环境友好性提出了巨大挑战。这期间不乏许多古怪和个性化绿色家园的出现，但是现实却需要一个真正行之有效、具有吸引力并且能够适应大型房屋规划的绿色建筑。首先出现在伦敦郊外的一个先导计划就是称为“零能耗之村”的建筑，由比尔·邓斯特（生于1959年）设计。它就像一座21世纪的英国园林城市，这座复杂的建筑规划共有100户家庭另加工作区，它是英国第一次尝试实现“碳中性住宅”的生活方式。由于住宅在二氧化碳排放量中占很大比例（在美国，高达30%），所以绿色将是这种彩色建筑外观的主要颜色和功能标志，并且在未来几十年都会一直使用。

**零能耗之村**

贝丁顿的零能源开发项目（The Beddington Zero Energy Development）只利用当地的可再生能资源，如贮藏雨水以及通过生活用水的循环再利用来减少自来水的使用。

**伦敦方舟**

拉尔夫·厄斯金设计的方舟是欧洲最节能的建筑。

## 毕尔巴鄂古根海姆博物馆（GUGGENHEIM MUSEUM， BILBAO）

1997年 西班牙毕尔巴鄂 弗兰克·盖里 美术馆

这座具有高度曝光率的毕尔巴鄂古根海姆博物馆，出自加拿大裔美国加州建筑师弗兰克·盖里的设计。博物馆选址于城市的门户之地——旧城区边缘、内维隆河南岸的艺术区域，一条进入毕尔巴鄂的主要高架通道穿越基地一角，博物馆确实吸引了大量游客。是否仅凭这家博物馆就能促使当地经济蜕变，一直都是一个颇具争议的问题。但这似乎并不重要，它并不影响古根海姆博物馆作为一座古怪的雕塑与光荣娱乐建筑的本质。但是却招致了众多馆长的抱怨，因为画廊的策划总是举步维艰：大多数人前来这里参观的目的是来欣赏建筑而非某次展览。但是无论怎样，有趣而又美丽的古根海姆博物馆总会令每一位到访这里的游客笑逐颜开。

**码头边画廊**

建筑表面以钛金属包覆，河面粼波浩荡，光影上下相逐使这座建筑就像一群飞掠而过的海鸥。

## 泰特现代美术馆

2000年 英国伦敦
赫尔佐格和德·穆龙 艺术画廊

泰特现代美术馆位于泰晤士河南岸与圣保罗大教堂隔岸相望，连接它们之间的是由诺曼·福斯特设计的横跨泰晤士河的千禧大桥。内部采用钢筋结构的美术馆原本是一座气势宏大的发电厂，后改造为一个非常受欢迎的大型现代艺术画廊。原来的设计出自贾尔斯·吉尔伯特·斯科特（1880—1960）之手，他是利物浦的哥特式大教堂和泰晤士河西岸圣公会巴特西电站的建筑设计师。其后，两名年轻的建筑家雅克·赫尔佐格（Jacques Herzog，生于1950年）和皮埃尔·德·穆龙（Pierre de Meuron，生于1950年）将巨大的涡轮车间改造成一座艺术殿堂。他们的解决办法简单但有力、有效，即将车间、木板阁楼、咖啡屋等改造成具有主要通道和集散地功能的大厅。中心的地理位置、有争议的艺术、庄严华美的建筑等诸多因素都使得泰特现代艺术馆成为广受欢迎的建筑。唯一可能令人遗憾的就是，有时这里拥挤得就像是座商场或机场的航站楼。

## 柏林犹太博物馆

1999年 德国柏林
丹尼尔 里伯斯金 博物馆

这座为纪念被纳粹屠杀的柏林犹太人而修建的纪念馆以其一系列空置的房间而闻名，并以此来象征失去生命的受害者。外观由镀锌金属片覆盖，采用斜线处理的窗口和不规则的横割等使它没有明显的入口，所以，只能从旁边一座巴洛克式风格建筑的上下楼梯进入博物馆。置身于这个奇异的空间中，共有三条线路贯穿于其中：一条通往冰冷的铁塔；一条通往室外花园；最后一条通往一个迷宫般的画廊。但所有的房间毫无例外都是空置的。建筑师以其高明的手法向人们传递了无言的信息。

**毕尔巴鄂古根海姆博物馆**

一系列直角组合而成并由石灰岩和钛金属包覆的曲线复杂设计，缔造了一座有着惊人美丽的博物馆建筑。玻璃幕墙不仅使建筑具有通透感，而且也使展品免受阳光的直接照射。

## 美国辛辛那提（CINCINNATI）当代艺术博物馆

2003年 美国辛辛那提 扎哈·哈迪德 博物馆

这出自巴格达出生的英籍建筑师扎哈·哈迪德（Zaha Hadid，生于1950年）的天才设计。从入口处进入这座神奇的建筑后，它会指引你开始一段建筑的发现之旅，哈迪德将其描述为“城市地毯”之旅。进入建筑内部，整个地面曲线慢慢向上延伸，渐走渐上，引导游客来到一个悬吊的夹层坡道和通往陈列室入口的登陆口。在这里建筑师营造了一种动态的公共空间，仿佛就像一块地毯漂浮在大厅中。到达画廊得经过一个曲折蜿蜒的楼梯，在相互联系的形式中，不时地为游客展现各种意想不到的景观。

从外表看，博物馆的外观就犹如拼图玩具：两种截然不同的材质构成的立面，一种为有着抛光的波状表面；另一种则看起来像由一块块独立的混凝土块雕刻而成，悬浮在门厅上方。在建筑内，通道循环的系统，使你无法透视陈列室的整个内景，但还是令人非常兴奋和激动。

哈迪德一直以建构式绘画设计而闻名，将机能与空间逻辑相结合，创造出令人赞赏的建筑是她一直坚持的信条。

**令人吃惊的概念**
博物馆外观展示了一个抽象、浮雕般的设计形式，既有秩序又是一个微型景观。此外，建筑师还经常使用几何构图形式或难以预测的材料。

## 国会大厦（REICHSTAG）

1999年 德国柏林 诺曼·福斯特 政府建筑

国会大厦最初是由保罗·瓦罗特（Paul Wallot，1841—1912）设计完成，并于1894年对外开放，这里就是第二帝国议会的所在地。1933年2月27日晚，它被秘密烧毁。这里也是希特勒宣布国家进入紧急状态，开始他的极权主义政权的地方。1945年，大厦在柏林被围困后进一步损毁，在1958年后，只进行了简单的重建。1990年，德国统一后，诺曼·福斯特（Norman Foster）全权负责国会大厦的重建工作，并恢复大厦的原有功能。福斯特的主要工作就是改建国会大厅和正上方的穹顶，他保留了穹顶的外观并采用两个斜坡道节节攀升的高技术，新玻璃穹顶取代了旧砖石结构。此外，在两个坡道之间采用探测光和反射倒锥等技术将光线引入到议会大厦的会议厅。虽然被世人忽视了几十年，但现在这里仍是游客前往的重要旅游景点之一。

**玻璃穹顶及天花板**
参观者可以通过螺旋式的斜坡向下俯视议会厅内与会的成员，又可以沿斜坡走出这座重建的帝国大厦。

## 30圣玛丽斧（ST MARY AXE 30）

2004年 英国伦敦 诺曼·福斯特 商业建筑

从紧凑的伦敦广场前螺旋上升，它所取代的是1992年由一枚炸弹炸毁的波罗的海交易所大楼，30圣玛丽斧（另见第34页至37页）因其植物的外观素有“小黄瓜”的昵称。其实，这是一个以激进且非正统布局形式呈现的办公建筑设计。高180米（591英尺），共41层，该建筑的平面沿螺旋形排布，并在被分隔为1层或6层的内庭中盘旋而上，所以，又被称为“空中花园”。此外，建筑每升高一层旋转5度，同时旋转的还有“空中花园”，它可以为陈腐的办公室提供新鲜的空气和阳光。

这套建筑系统包括两个部分：办公区幕墙和内庭幕墙。在外层设有通风的窗口，因此在炎热的天气，幕墙中间的热空气上升，通过外墙上的窗子自然地排放到室外。这种天然的烟囱有效地降低了对空调的依赖。最顶上的二层是具有高度戏剧性的旋转餐厅，上面覆盖锥形玻璃穹顶。这座伟大的现代设计让人想起詹姆斯·邦德这位特工的总部，它出自艺术指导肯·亚当的设计。

**攀升**

在两个主楼梯间内，每间的台阶都是1 037级。此外，还设有不同速度的电梯23部。

## 让·马里·吉巴乌文化中心（JEAN-MARIE TJIBAOU CULTURAL CENTRE）

1998年 新喀里多尼亚 努美阿 伦佐·皮亚诺 民用建筑

让·马里·吉巴乌文化中心一面俯瞰平静的潟湖；另一面与太平洋的平特杰堡文化中心相对。自从其建造以来都一直致力于寻求新卡纳克喀里多尼亚（New Caledonia）和南太平洋土著卡纳克（ Kanak）人对本土文化的认同感。这些神奇的建筑物体现了卡纳克村（Kanak）的精神，其规模的确大得惊人。伦佐·皮亚诺（Renzo Piano，生于1937年）沿着中央长廊将10间程式化的卡纳克小屋，轻描淡写地串联在密集的种植园周围。这些传统的茅屋内设有展览空间、图书馆、会议室、学校教室、演讲厅和餐厅。此外，建筑群还面向周围的花园开放。

**外部与内部的百叶窗**

外部木质的百叶窗和内部玻璃天窗可以调整释放热空气并将通过的微风捕获，还可抵御飓风的侵袭。

# 术语表

**顶板**（ABACUS）：（圆柱）上缘的一块平板，柱头最上面的部分，称为顶板。

**叶形装饰**（ACANTHUS）：一种莨苕类植物，它的叶片鲜美而肥厚，因形似盛满花草的花篮，而作为科林斯柱头上的装饰。

**雅典卫城**（ACROPOLIS）：古代在此建有神庙和公共建筑，同时又是古希腊城市的重要防卫要塞。在古希腊遗址中，最有名的当属建造于雅典黄金时期的雅典卫城。

**土坯**（ADOBE）：把黏土放在模型里晒干后制成的土块，主要用在非洲、南美和中亚等地。

**美学**（AESTHETICS）：美学是研究什么是美的科学。以建筑作为研究对象时，就是从审美范畴、人的审美意识和美感经验等来研究建筑的美。

**广场**（AGORA）：是希腊人聚集在一起进行议政、交往的社会活动中心。

**通道**（AISLE）：教堂或大厅的中央通道。

**高凸浮雕**（ALTO-RELIEVO）：见浮雕雕刻。

**回廊**（AMBULATORY A）：环绕在教堂环形殿周围的回形走廊，为仪式专用通道。

**露天圆形剧场**（AMPHITHEATRE）：一种圆形或椭圆形建筑，在露天的中央广场周围有逐渐向外斜上升的阶梯式座位，有角斗士格斗或其他展示等用途。

**环形殿**（APSE）：位于教堂东端的半圆形区域，通常包含一个祭坛。

**无侧柱式**（APTERAL）：是用来描述一种古典风格建筑形式的术语，这种形式的建筑在两端设有柱子，但建筑的两侧却没有柱子支撑。

**高架渠**（AQUEDUCT）：是一组由桥梁、隧道或沟渠构成的输水系统，是罗马人引水以供饮用或灌溉的设施。

**阿拉伯花饰**（ARABESQUE）：一种建筑表面装饰，由复杂、互相交织的曲线或几何图案构成。

**拱廊**（ARCADE）：由柱子支撑的一连串拱形结构，有时独立，有时依附在墙壁上，并形成过道。

**拱门**（ARCH）：上端是弧形结构，在门口由弧线相交。

**楣梁**（ARCHITRAVE）：古典柱式顶部的最低部分，作为支撑物水平放在圆柱顶部的横梁。

**弧形式**（ARCUATED）：建筑中对拱形形式的使用。

**无柱式**（ASTYLAR）：一个用来描述没有柱式装饰的立面建筑术语。

**天井**（ATRIUM）：宅院中房子和房子或房子和围墙所围成的露天空地；但院落四周有屋顶。

**华盖**（BALDACCHINO）：一个由柱子支撑的独立冠状支篷，象征性的庇护在祭坛、王位或陵墓上（ciborium，也称为祭坛天盖）。

**洗礼堂**（BAPTISTERY）：用于施洗礼的教堂一部分，或专用于施洗礼的建筑。

**破风板**（BARGEBOARD）：用于屋顶木质横梁末端的木板，通常带有装饰。

**巴洛克风格**（BAROQUE）：17世纪至18世纪早期的一种建筑风格。追求戏剧性是这种风格的一贯主张。

**浅浮雕**（BAS-RELIEF）：见浮雕雕刻。

**底座**（BASE）：建筑最低的那部分结构。

**巴西利卡**（BASILICA）：是古罗马的一种公共建筑形式，其特点是平面呈长方形，主要作为公共行政管理的建筑形式。后来的教堂建筑即源于此。

**倾斜的墙壁**（BATTER）：指墙面呈倾斜而不是与地面垂直的状态。

**分隔墙**（BAY）：柱子支撑墙面的中间部分。

**讲坛**（BEMA）：是指早期基督教教堂的神职人员所站的一处略高于地面的位置。

**浮雕**（BOSS）：一个装饰性的旋钮，用于覆盖拱顶或天花板的接头部位。

**托架**（BRACKET）：一个凸出的物体，用以支撑其他物品的重量。

**遮阳板**（BRISE-SOLEIL）：建筑上用以抵挡强烈阳光的一块固定不动的挡板。

**粗野主义**（BRUTALISM）：用来描述一种建筑风格的术语，通常是指勒·柯布西耶将毛糙、沉重与粗鲁等元素运用到建筑中来的一种风格形式。

**扶壁**（BUTTRESS）：用于支撑或加固墙壁，通常由砖块或石头砌成的一种结构。

**拜占庭式**（BYZANTINE）：一种拜占庭帝国的建筑结构，与宗教建筑密切相关，尤其是巴西利卡。

**钟塔**（CAMPANILE ）：指教堂的钟楼，通常是独立于其他建筑之外。

**悬臂**（CANTILEVER）：从墙壁（或横梁、阳台）由一个悬挂的连接构件连接固定。

**柱头**（CAPITAL ）：柱子最顶端的部分。

**商队旅馆**（CARAVANSERAI）：一个为大篷车、旅客提供休息的公共空间，主要出现在西亚和北非等地。

**女像柱**（CARYATID）：代替柱子作为建筑支撑物的女性雕像。

**城垛**（CASTELLATION）：某些建筑物凸出的部分，如堞炮塔或角楼，起到支撑或掩蔽的作用，并使建筑更像一座堡垒。

**内殿**（CELLA ）：希腊神庙内的主要房间，一般这里都是陈设神像的地方。也被称作纳奥斯（naos）。

**定心**（CENTRING）：用于支撑拱门或拱顶的临时脚手架。

**祭坛**（CHANCEL）：位于教堂的东部，是专门为合唱团和神职人员准备的地方。

**附属礼拜堂**（CHAPELS）：与教堂做礼拜相分离的地方，通常是教堂内的私人祈祷处。

**礼拜堂**（CHEVET）：位于教堂的东端，通常包括后殿和走廊。

**丘里盖拉风格**（CHURRIGUERESQUE）：17、18世纪出现在西班牙和墨西哥的一种建筑风格，是以丘里盖拉家族命名的风格。奢侈、华丽的装饰细节是这种风格的显著特点。

**华盖**(CIBORIUM):同前页第二列“华盖”(BALDACCHINO)。

**天窗**(CLERESTORY ):建筑的一个组成部分,毗邻下面建筑上升的部分并含有窗子。

**回廊**(CLOISTERS):带有屋顶或拱顶的通道,将教堂与寺院的其他部分连接起来。

**花格镶板**(COFFERS):由凹陷或凹进的正方形或八角形面板镶嵌的天花板。

**柱廊**(COLONNADE):按一定间距排列的一系列或一排柱子,柱上常有额枋,有时还有附属的拱门。

**柱子**(OLUMN):圆形直立的支撑物,包括柱基、柱身和柱头等部分构成。

**复合柱式**(COMPOSITE):见order。

**托架**(CORBEL):一个小的凸出物件将横向物体支撑起来。

**科林斯柱式**(Corinthian order):首先出现在雅典,但在罗马获得发展。这种柱式以精心装饰的柱头为特点。柱头以毛茛叶纹装饰,而弃用爱奥尼克式的涡卷纹。

**檐口**(CORNICE):古典柱式的顶部。

**中庭**(CORTILE):通常由拱廊围合成的庭院。

**城垛**(CRENELLATION):指宫殿或要塞上的垛子,作战时可作为战士的掩体,同时还设有武器的使用空间。

**蔓草花纹雕饰**(CROCKET):一种石头装饰雕刻,通常出现在尖顶和尖塔的边缘。

**十字形**(CRUCIFORM):一种十字形建筑结构,如基督教的教堂。

**穹顶**(CUPOLA):悬垂的半球体建筑上,筑成弧形的部分。

**十字形**(CROSSING):一种空间布局形式,通常耳堂会横穿教堂的中殿和祭坛。

**齿饰**(DENTILS):用于爱奥尼克柱式和科林斯柱式飞檐上的一小块装饰物。

**双柱廊**(DIPTEROS):就是在建筑的四周以双排排列的柱子装饰。

**多立克柱式**(Doric order):分为希腊多立克柱式和罗马多立克柱式,这种柱式的柱身有典型凹槽,柱头带有简单的凹凸带形装饰。

**屋顶窗**(DORMER):指一种开在倾斜屋顶上的天窗,这种窗子有其自身的屋顶和山墙。

**副柱头**(DOSSERET):建筑柱头上的石块或厚板起到附属支撑上面拱门的作用。

**双层穹顶**(DOUBLE-SKINNED DOME):穹顶的拱形结构与外部之间形成的夹层,起到保护的作用。它是伊斯兰建筑的典型建筑元素。

**鼓座**(DRUM):圆筒状的外壳可以用于支撑穹顶或圆屋顶。

**钟形圆饰**(ECHINUS):圆形铸模用来支撑多立克柱头上的小顶板。

**折中派**(ECLECTIC):一种混合的建筑元素,将不同历史时期和风格的建筑元素混搭在一起。

**嵌墙柱**(ENGAGED COLUMN):一种将柱子依附于或部分砌入墙壁或墙墩的形式。亦称外加柱式或附属柱式。

**檐部**(ENTABLATURE)希腊或罗马柱式的上部,由枋、檐壁和飞檐等部分构成。

**柱中微凸线**(ENTASIS):是指柱身向外凸出的曲线,目的是在于造成一种笔直的视觉感官印象。

**外立面**(FAÇADE):建筑的外观。

**扇形拱**(FAN VAULT):一种拱顶的形式,肋骨从一个点分别向外辐射,并最终形成一个扇形结构。

**花彩**(FESTOON):在檐壁每隔一定距离出现的雕刻装饰,以水果和花束形成的花环形状,并在两端分别饰以丝带。

**屋脊饰**(FINIAL):尖顶或山墙上的小装饰。

**火焰式**(FLAMBOYANT):法国晚期形容哥特式的一个术语,用来描述雕刻成火焰形状的窗口装饰。

**尖顶塔**(FLIECHE):是指从屋脊上升的细长螺旋尖塔,往往位于十字布局之上。

**凹槽**(FLUTE):指柱身上的垂直沟槽。

**飞扶壁**(FLYING BUTTRESS):是位于侧厅外的柱墩发券平衡中厅的侧推力。为了增强稳定性常在柱墩上砌有尖塔。

**檐壁**(FRIEZE ):古典建筑位于柱顶和飞檐之间的部分。

**三角楣**(GABLE):欧式建筑斜尖屋顶上常见的一种三角形装饰。

**滴水兽**(GARGOYLE):奇形怪状抑或有趣的动物形状的屋顶排水口,通常是以怪诞的形状、人物或动物等造型出现。

**希腊十字**(GREEK CROSS):中央穹顶和它四面的筒形拱构成等臂的十字,因此得名为希腊十字。

**哥特式**(GOTHIC):一种中世纪欧洲出现的建筑形式,以石头穹顶、塔楼和飞扶壁为主要特征,目的是希望通过复杂而精微的思考而得到天主的眷顾。

**网格规划图**(GRIDIRON PLAN):一种城市规划的办法,可以追溯到古典时代,成直角分布的街道形成网格形状。

**交叉拱**(GROIN):两拱交叉形成的拥挤边缘或两个拱顶的表面形成的形状。

**扎梁臂**(HAMMER-BEAM):一臂固定于一垂直表面上,另一臂水平伸出以支撑一个水平的架子或其他重物。

**天井**(HYPAETHRAL):用以描述一个没有屋顶的露天建筑。

**多柱式建筑**(HYPOSTYLE):一个大空间的屋顶由许多列柱支撑。通常是用来描述埃及神庙柱子的那种森林般宏伟幽深的建筑形象。

**工形梁**(I-BEAM):工形梁指横截面形式为“工”字形的梁。

**方形蓄水池**(IMPLUVIUM):是指罗马建筑中的天井,在这里设有接雨水的深盆。

**爱奥尼克柱式**(IONIC):见 order。

**拱顶石**(KEYSTONE):顶石,拱顶建筑物或墙的最上面一层石头。

**石亭**(KIOSK):一个开放亭或凉亭,通常由支柱支撑。大多数用在土耳其或伊朗的建筑中。

**采光塔**（LANTERN）：一种圆形开放式结构，通常设置在屋顶或建筑的穹顶上。

**门楣**（LINTEL）：一种建筑元素，指建筑物的出入口，又指安装在出入口能开关门框上的横木装置。

**凉廊**（LOGGIA）：画廊或房间敞向花园的部分，有时有柱子装饰，有时可能是建筑的一部分，也有可能是独立的建筑。

**通风疏格**（LOUVRE）：是指大厅或房间屋顶的开口部分，是一种排烟装置。

**半圆壁**（LUNETTE）：墙壁上或凹陷于天花板上的半圆形开口。

**堞口**（MACHICOLATION）：城墙上如齿状的矮墙，守军可由此向敌军泼热水、滚石头进行防御。

**风格主义**（MANNERISM）：一种在16、17世纪流行于意大利、法国和西班牙的建筑风格。它的主要特点是故意夸大事物的本来面貌，以此产生戏剧化和强而有力的影像。

**古埃及墓室**（MASTABA ）：一种埃及墓葬的形式，建于地面之上，带有斜坡和平屋顶。

**正厅**（MEGARON）：迈锡尼和希腊建筑中的主厅。

**排档间饰**（METOPE）：是多立克风格檐壁与三陇板之间的方形部分，通常装饰有雕塑。

**宣礼塔**（MINARET）意为尖塔，是清真寺建筑的一个部分，专门用作宣礼。

**标准组件**（MODULAR）：是一个由许多标准部件组合而成的系统或部门，便于组装或灵活便捷地使用。

**模矩**（MODULOR）：勒·柯布西耶认为在那无止境的比例中发现的极有秩序的选择标准。

**巨型独石**（MONOLITH）：一个单一的大石块，通常以柱子或纪念碑的形式出现。

**马赛克**（MOSAIC）：一种地板或墙壁的表面装饰，是由许多小型石头、大理石或玻璃镶嵌在水泥、砂浆或胶泥中。

**线脚**（MOULDING）：一般是指檐口线脚，通过高低而形成的凸面和凹面来显示，通常位于墙壁或柱子上。

**竖框**（MULLION）：窗扇中起分隔作用的直竖支板。

**挑檐石**（MUTULE）：三陇板与多立克檐口之间的凸出的平板装饰。

**内殿**（NAOS）：见cella。

**前廊**（NARTHEX）：教堂开放的门廊，或进入教堂的前厅部分。

**中殿**（NAVE）：教堂的中心部分为公众所使用的空间。

**新古典主义**（NEO-CLASSICISM）：18世纪晚期，欧洲古典主义最后也是最激进的一个阶段。它的特点是极力避免不必要的装饰，而强调建筑的几何比例。

**壁龛**（NICHE）：墙壁中的凹陷设计，目的是用来安置雕塑或装饰物品。

**方尖碑**（OBELISK）：高大的石头锥形碑体，断面呈正方形，顶端呈角锥形。

**眼状孔**（OCULUS）：在穹顶的最高处开的一个窗口或开口。

**双弯曲线**（OGEE）：具有反向弯曲端点的双曲弓，主要应用于线脚或拱门。

**尖顶拱**（OGIVALE）：一个用来描述法国哥特式建筑特点的结构。

**柱式**（ORDER）：柱式包括柱身、柱上檐部和柱下基座等艺术形式。用于支撑古典柱式的顶部，典型的柱式有：

**多立克柱式**（DORIC）：见order。

**爱奥尼克柱式**（Ionic order）：最早出现在小亚细亚，这种柱式的特点是柱头有涡卷纹的装饰物。

**科林斯柱式**（CORINTHIAN）：见order。

**托斯卡柱式**（Tuscan order）：是罗马柱式中最简单的一种形式，以其未加修饰的檐壁而闻名。

**混合柱式**（Composite order）：一种罗马柱式的形式，将爱奥尼克柱式和科林斯柱式的元素综合在一起使用。

**有机建筑**（ORGANIC）：每个建筑的形式、它的构成以及与之有关的各种问题的解决，都要依据各自的内在因素来思考，力求合情合理。这种思想的核心就是“道法自然”。

**凸肚窗**（ORIEL）：一种投影式凸窗，下面用梁托或支架支撑。

**宝塔**（PAGODA）：中国或日本的分层建筑，通常与佛教相关的一种建筑形式。

**帕拉第奥主义**（PALLADIANISM）：一种受安德烈亚·帕拉第奥影响的古典风格建筑运动，它在17、18世纪的英国大行其道。

**三角形楣饰**（PEDIMENT）：神庙古典柱式顶部上的三角山墙。

**三角穹窿**（PENDENTIVE）：穹隅在正方形平面上的四角上，砌拱顶而形成的球面三角形部分。

**围柱式建筑**（PERIPTERAL）：建筑周围用柱廊环绕。

**列柱围廊式**（PERISTYLE）：一个开放的空间或建筑周围由柱子或柱廊围绕。

**主厅**（PIANO NOBILE）：建筑物的主层，包含主要的生活区，但位于地上一层。

**墙墩**（PIER）：一种坚实的砖石支撑物，通常要比柱子粗壮。

**壁柱**（PILASTER）：一种略微从墙壁凸出的矩形柱。

**柱子**（PILLAR）：一种垂直的任何形状的结构用于建筑物的支撑。

**鸡腿式建筑**（PILOTI）：（法语）平面首层用柱子架空，将上面几层离地托起。这是勒·柯布西耶钟爱的一种建筑形式。

**尖顶**（PINNACLE）：位于尖塔或角楼顶部的球形物。

**柱基**（PLINTH）：柱子底部的方形底座或任何建筑地基的凸出部位。

**墩座墙**（PODIUM）：一段连续的矮墙，形成上面建筑的底座。

**柱厅**（PORTICO）：一个带有屋顶并至少一端由柱子支撑的结构，通常都依附于建筑并作为其入口。

**门廊**（PRONAOS）：神庙前的一个开放式前庭，侧面有墙壁，前面由柱子支撑的一种建筑结构。

**通廊**（PROPYLAEUM）：古典建筑的入口处，通常位于神庙前。

**舞台**(PROSCENIUM):古典时期的剧院舞台。在现代剧场中,是指帷幕与乐队之间的空间。

**塔门**(PYLON):砖石塔中央设置的入口,它是进入古埃及神庙的入口。

**双轮战车**(QUADRIGA):一种经典的由四匹马拉动的勇士战车雕塑形式。

**隅石**(QUOIN):是指墙角的石头,一般会在视觉方面带来力度感的一种基石。

**浮雕**(RELIEF CARVING):浮雕一般是指附属在另一平面上的装饰。浅浮雕是指浮雕中凸出部分跟周围平面差距不大;高浮雕是指起伏大,视觉效果突出的装饰手法。

**文艺复兴建筑**(RENAISSANCE):14世纪至16世纪的一种建筑风格,此时期主要见证了恢复和重新使用古罗马建筑标准和主题。另见order。

**拱肋**(RIB):拱肋是拱桥主拱圈的骨架。

**十字梁隔屏**(ROOD SCREEN):教堂十字架下的屏障,位于中殿的东端,位于圣坛与会堂之间以示分隔。

**洛可可式**(ROCOCO):一种从巴洛克风格演变而来的建筑形式。通过使用各种材料,来达到丰盛的观赏效果。

**罗马式**(ROMANESQUE):6世纪,源于对罗马文化的兴趣而出现的一种建筑风格。它的特点是对圆拱和巴西利卡的使用。

**玫瑰窗**(ROSE WINDOW):哥特式建筑的特色之一,指中世纪教堂正门上方的大圆形窗,内呈放射状,镶嵌着各种美丽的彩绘。亦称圆花窗。

**小圆窗**(ROUNDEL):一种小的圆形窗口或开口,通常是出于装饰的目的。

**粗面光边石工**(RUSTICATION):一种粗糙的砖石,彼此由凹陷平滑的边缘接触,从而在外墙形成了丰富的纹理对比效果。

**隔板**(SCREEN):隔墙,通常采用石头或木材等材质,用于分割房间。

**六肋拱顶**(SEXPARTITE VAULT):是指拱顶包括6个分割间。

**柱身**(SHAFT):是指位于柱基与柱头之间的部分。

**薄壳拱顶**(SHELL VAULT):由壳面与支座环构成,壳面厚度做得很薄,可以起到横梁的承重作用。

**底面**(SOFFIT):建筑的底部。

**三角壁**(SPANDREL ):拱的拱背线与相邻线脚之间的墙面或镶板,特指拱背线左右曲线与包含的直角之间的装饰空间。

**尖顶**(SPIRE):一个高大锥形结构,通常位于塔楼或屋顶上。

**角拱**(SQUINCH):拐角处的砌体填料,在一个正方形内角呈对角线设置的结构,以创造一个八角形的上部空间。

**拱廊**(STOA):独立的门廊,用于聚会的地点。

**过滤拱**(STRAINER ARCH):一种嵌入在两墙之间的拱门,通常跨越在过道或中殿之上,从而起到防止墙壁倾斜的作用。

**带状饰**(STRAPWORK):一种装饰,包括一系列相互交织的条带。

**粉饰灰泥**(STUCCO):耐用的薄胶泥,用薄灰浆或薄泥浆充填或粉饰的灰泥,由石膏、石灰石和沙子混合而成。

**舍利塔**(STUPA):早期的佛教圣祠,通常覆以半球形状的穹顶。

**柱基**(STYLOBATE):上面放置基座、柱子或塑像的大楼或平板建筑物的砖石底座。

**上部结构**(SUPERSTRUCTURE):基础以上的建筑。

**镶嵌物**(TESSERA):小型的玻璃片、石头或大理石等做成的马赛克。

**公共浴场**(THERMAE):罗马的公共浴场。

**圆顶墓葬**(THOLOS):一种带有穹顶的墓葬建筑。

**横梁式**(TRABEATED):使用柱梁的建筑形式。

**窗花格**(TRACERY): 叶形饰在尖顶的交叉拱门之间形成的一块曲线、常为裂片状的空间,在哥特式的窗花格交织线条和马蹄形拱的装饰上尤为多见。

**耳堂**(TRANSEPT):十字形教堂的一部分,与建筑的主体成直角。

**围梁**(TRANSVERSE):门楣中心在窗子或大门的过梁和供梁之间构成的空间。

**教堂拱廊**(TRIFORIUM):教堂侧廊上层的走廊或露天通道,典型的是位于中殿连拱和高侧窗之间的一层通道。

**三陇板**(TRIGLYPHS):多立克式希腊建筑在梁以上的部分,有垂直的凹槽及齿状物装饰。

**凝灰岩**(TUFA )一种由火山灰形成的岩石,构成了意大利西海岸的典型特征。

**隧道拱顶**(TUNNEL VAULT):拱顶最简单的一种形式,以很深的拱形为特征。亦称桶拱。

**托斯卡**(TUSCAN ):见order。

**门楣中心**(TYMPANUM):山墙的三角面部分。亦指门口上的门楣与拱门之间的部分。

**拱顶**(VAULT):一种拱形结构,通常由石头或砖块建造,形成穹窿状覆盖物的顶部。

**前厅**(VESTIBULE):位于通往主要房间前面的房间或门厅,可做接待室。

**高架桥**(VIADUCT):修建在峡谷上空的形状像桥梁的路段,通常由拱形跨度组成。

**涡形花样**(VOLUTE):爱奥尼克或科林斯柱式上,向上卷的柱头形式,见order。

**拱石**(VOUSSOIRS):一种楔形石块,用来形成拱门或拱顶。

**圆花窗**(WHEEL WINDOW):见rose window.

**圆顶帐篷**(YURT):蒙古包式便携式住宅,类似于帐篷,为中亚游牧民族广泛使用。

**塔庙**(ZIGGURAT):由逐层收进的泥砖平台构成的高矗金字塔形建筑,是美索不达米亚神圣的建筑形式。

# 致谢


我由衷地感激托马斯·柯森（Thomas Cussans）和比阿特丽斯·加利利（Beatrice Galilee）两位对此书所作出的努力和研究；感谢科博尔特（cobalt id）高效、善良的工作团队所作出的艰苦卓越贡献；此外，还要感谢DK的德布拉·沃尔特（Debra Wolter）对此书的出版发行；以及所有的建筑师，尤其是那些早于伊姆贺特普（Imhotep）的那些建筑师们，因为除了其伟大的建筑作品外，对于他们我们知之甚少，还要感谢这些伟大建筑师的主顾们，因为正是他们为我们提供如此丰富永恒的主题。还要特别感谢劳拉（Laura）、比阿特丽斯·格雷斯（Beatrice Grace）和佩德罗（Pedro）本书所付出的爱与耐心。

### 出版商致谢

Dorling Kindersley would like to thank Ed Wilson and Sam Atkinson for editorial assistance, and Claudia Dutson for floor-plan illustrations. Cobalt id would like to thank the following for their help with this book: Gill Edden, Steve Setford, and Klara and Eric King for their invaluable editorial assistance, and Hilary Bird for indexing. Thank you also to Adam Howard (invisiblecities.co.uk); and to Katy Harris, Kathryn Tollervey, and all at Foster and Partners.

### 图片版权

The publisher would like to thank the following for their kind permission to reproduce their photographs:

Abbreviations key: t = top; b = bottom; l = left; r = right; c = centre; rh = running header.

**1t** Getty/Nabeel Turner; **2** Getty/Jorg Greuel; **4** Corbis/Jon Spaull; **5** Corbis/Michael S. Yamashita; **6** Corbis/Massimo Listri; **8br** Alamy/Mark Lewis; **8l** Getty/Masao Mukai; **8tr** Getty/Macduff Everton; **9cl** Alamy/AA World Travel Library; **9cr** Alamy/PCL; **10-36rh** Alamy/Brand X Pictures; **10b** Alamy/Panorama Stock Photos Co Ltd; **11ct** Alamy/Robert Fried; **12r** Getty/David James; **12tl** Corbis/Paul Almasy; **14** Alamy/FrenchStockOne; **16** Corbis; **18b** Corbis/Stapleton Collection; **18t** Corbis/Michael S. Yamashita; **20tl** Corbis/Danny Lehman; **20tr** Alamy/wim wiskerke; **22b** Alamy/Danita Delimont; **23** Getty/Ed Pritchard; **24** Alamy/Colin Walton; **26b** Alamy/Michael Jenner; **27cb** iStockphoto/Sharon Kaasa; **27t** Corbis/M. ou Me. Desjeux, Bernard; **28b** Alamy/Peter Barritt; **28tl** Corbis/Jacques Langevin Sygma; **29tr** Mary Evans Picture Library; **30cl** Alamy/guichaoua; **31cr** Alamy/William S. Kuta; **31t** Getty/Michael Dunning; **32b** Alamy/travelstock44; **32tl** Mary Evans Picture Library; **33t** Alamy/Aerofilms; **34bl** Norman Foster and Partners; **34br** Norman Foster and Partners; **34cr** Norman Fuster and Partners; **34tl** Alamy/Dominic Burke; **35bl** Norman Foster and Partners; **35br** Norman Foster and Partners; **35t** Norman Foster and Partners; **36bl** Norman Foster and Partners; **36br** Norman Foster and Partners; **36tr** Norman Foster and Partners; **37** Norman Foster and Partners; **38** Getty/Ary Diesendruck; **40bl** Corbis/Diego Lezama Orezzoli; **41** Alamy/Photo Network; **41tl** Mary Evans Picture Library; **42b** Alamy/Robert Harding Picture Library Ltd; **43br** Alamy/Mary Evans Picture Library; **44** Alamy/Robert Harding Picture Library Ltd; **46b** Getty/Robert Harding; **46c** Alamy/Peter Aprahamian; **46cl** Alamy/Robert Harding Picture Library Ltd; **46cr** Alamy/Sergio Pitamitz; **46tr** Alamy/Jon Arnold Images; **47b** Corbis/Dean Conger; **47tr** Corbis/Charles & Josette Lenars; **48b** Alamy/Robert Harding Picture Library Ltd; **48tl** Corbis/Gianni Dagli Orti; **49br** akg-images/Erich Lessing; **49tl** Corbis/Historical Picture Archive; **50bl** Alamy/bildagentur-online.com/th-foto; **50bl** Corbis/Roger Wood; **50cr** Alamy/POPPERFOTO; **50tr** Alamy/Sergio Pitamitz; **52** Getty/Will & Deni McIntyre; **56bl** akg-images/Hervé Champollion; **56cl** akg-images/Andrea Jemolo; **56tl** Alamy/Tor Eigeland; **57tr** Alamy/TNT Magazine; **58b** Corbis/Carmen Redondo; **60** Getty/Ian McKinnell; **63tr** Alamy/Nicholas Pitt; **64** Getty/Cosmo Condina; **66-81rh** Alamy/James Schaedig; **66b** Alamy/Michael Dwyer; **66ct** Alamy/Mireille Vautier; **67br** Corbis/Gianni Dagli Orti; **68** Alamy/archivberlin Fotoagentur GmbH; **70b** Alamy/Peter M. Wilson; **70cl** Alamy/Danita Delimont; **70cr** Alamy/Sarkis Images; **70ct** Alamy/AM Corporation; **70tl** Alamy/Sarkis Images; **70tr** Alamy/Megapress; **71b** Alamy/PCL; **71tr** Alamy/Angel Terry; **72b** Alamy/Sarkis Images; **72tr** Alamy/archivberlin Fotoagentur GmbH; **73b** Alamy/Nelly Boyd; **73tr** Alamy/Peter M. Wilson; **74bl** Alamy/AM Corporation; **74tl** Alamy/Jon Arnold Images; **75tl** Alamy/Andre Jenny; **76** Getty/Ryan Fox; **78b** Alamy/Glen Allison; **78c** Alamy/Beren Patterson; **78cl** Alamy/J Marshall - Tribaleye Images; **78cr** Alamy/Mireille Vautier; **78tr** Alamy/Shaun Higson; **79b** Alamy/Beren Patterson; **79tr** Alamy/J Marshall - Tribaleye Images; **80c** Alamy/Robert Harding Picture Library Ltd; **81b** Alamy/FrameZero; **81tr** Alamy/Danita Delimont; **82** Getty/Fergus O'Brien; **84-133rh** Alamy/Bill Marsh Royalty Free Photography; **84b** akg-images; **85tr** Alamy/The Photolibrary Wales; **86t** akg-images/Erich Lessing; **87br** Alamy/Rob Bartee; **88** Alamy/dfwalls; **90b** Alamy/Jon Bower; **90cl** Alamy/Sue Clark; **90tl** Alamy/Adam Eastland; **90tr** Alamy/Aliki Sapountzi/aliki image library; **91bl** Alamy/Eric Ghost; **91br** Alamy/Mervyn Rees; **91cl** Alamy/Andre Jenny; **91cr** Alamy/Danita Delimont; **91tl** Alamy/Andrew Carruth; **91tr** Alamy/David Hosking; **92b** Alamy/PCL; **93b** Alamy/Travel-Shots; **93ct** Getty/Bridgeman Art Library; **94bl** Mary Evans Picture Library; **94tl** Alamy/nagelestock.com; **95br** Corbis/Bettmann; **95tr** Alamy/Michael Booth; **97br** Alamy/Peter Domotor; **97tl** Alamy/Andrew Morse; **98cb** akg-images; **98tr** Alamy/Mervyn Rees; **99b** Mary Evans Picture Library; **101tl** Corbis/Araldo de Luca; **103br** Alamy/dfwalls; **103tl** Mary Evans Picture Library; **104** Alamy/ImageState; **106cr2** Alamy/Ian Dagnall; **107bl** Alamy/Adam Eastland; **107br** Corbis/Vanni Archive; **107cl** Alamy/Ian M Butterfield; **107tl** Corbis/Dave G. Houser; **107tr** Alamy/Carol Dixon; **108tr** Alamy/Ian M Butterfield; **110bl** Corbis/Charles E. Rotkin; **111br** akg-images/Joseph Martin; **112b** Alamy/Gary Cook; **114tr** Alamy/Martin Jenkinson; **115br** Alamy/nagelestock.com;

**115t** Alamy/Adam Eastland; **116** Corbis/Alinari Archives; **117b** Alamy/Oliver Benn; **118tr** Alamy/DIOMEDIA; **119** Alamy/TNT Magazine; **120b** Corbis/Historical Picture Archive; **120tr** Alamy/Nick Gregory; **121tl** Alamy/Brian Hamilton; **122** Alamy/Nicholas Pitt; **124bl** Alamy/Aliki Sapountzi/aliki image library; **124cb** Alamy/Tom Spalding; **124cr** Alamy/Mark Harmel; **124tr** Alamy/Terry Smith Images; **125b** Alamy/Chuck Pefley; **126cl** Alamy/Peter M. Wilson; **126tl** Alamy/Bora; **127tr** Alamy/Blueberg; **128br** Alamy/Worldwide Picture Library; **129br** Conway Library, Courtauld Institute of Art; **131bl** Alamy/LifeFile Photos Ltd; **133br** Getty/J P De Manne; **133ct** Getty/David Toase; **134** Getty/Todd Gipstein; **136-159rh** Alamy/ephotocorp; **136b** Alamy/ImageState; **137br** Alamy/Mary Evans Picture Library; **139tr** Alamy/ephotocorp; **140** Getty/Jeremy Bright/Robert Harding; **142b** Alamy/Profimedia.CZ s.r.o.; **142c** Alamy/J Marshall - Tribaleye Images; **142cl** Corbis/Bob Krist; **142cr** Alamy/Robert Preston; **142tr** Alamy/Travel Ink; **143br** Corbis/Paul Almasy; **143t** Alamy/AM Corporation; **144b** Corbis/Dallas and John Heaton/Free Agents Limited; **144tr** Alamy/World Religions Photo Library; **145b** Corbis/Charles & Josette Lenars; **145tr** Corbis/Historical Picture Archive; **146b** Alamy/J Marshall/Tribaleye Images; **146tr** Alamy/J Marshall/Tribaleye Images; **147b** Alamy/f1 online; **148br** Alamy/Steve Allen Travel Photography; **148t** Corbis/Lindsay Hebberd; **149b** Alamy/Cephas Picture Library; **149tr** Alamy/F. Jack Jackson; **150** Getty/Jerry Alexander; **152b** Corbis/Kevin R. Morris; **152cr** Corbis/Jose Fuste Raga; **152tl** Alamy/Tibor Bognar; **152tr** Alamy/JG Photography; **153b** Getty/Jill Gocher; **153tr** Alamy/ImageState; **154b** Alamy/Robert Harding Picture Library Ltd; **154tr** Alamy/Gavin Hellier; **155bc** Alamy/Rolf Richardson; **155tr** Alamy/Nic Cleave Photography; **156** Alamy/AM Corporation; **158t** Alamy/ImageState; **159br** Alamy/Henry Westheim Photography; **160** Alamy/Neil McAllister; **162-187rh** Alamy/Steve Allen Travel Photography; **162bl** DK/Laurence Pordes, Courtesy of The British Library, **162r** Alamy/Eddie Gerald; **163tr** Corbis/Asian Art & Archaeology, Inc.; **164** Getty/Jean-Marc Truchet; **166b** Alamy/Robert Fried; **166c** Alamy/Keren Su/China Span; **166cl** Alamy/Jon Arnold Images; **166cr** Alamy/Sarkis Images; **166tl** Alamy/Alex Griffiths; **166tr** Corbis/Ric Ergenbright; **167b** Alamy/View Stock; **167tl** Alamy/Robert Harding Picture Library Ltd; **168tr** Alamy/Sarkis Images; **169b** Alamy/AM Corporation; **169c** Corbis/Liu Liqun; **170bl** Alamy/Panorama Stock Photos Co Ltd; **170tr** Alamy/Panorama Stock Photos Co Ltd; **171tr** Alamy/Mark Dyball; **172bl** Alamy/Jon Arnold Images; **172tl** Alamy/ImageState; **173tr** Alamy/G P Bowater; **174b** Alamy/Tibor Bognar; **174tr** Alamy/David Sanger Photography; **175br** Corbis/Keren Su; **175cl** Corbis/Kelly-Mooney Photography; **176** Getty/Paul Chesley; **177br** www.world-heritage-tour.org; **177ct** Getty/Jean-Marc Truchet; **178** Getty/Orion Press; **180br** Alamy/Michel Friang; **180c1** Corbis/Michael S. Yamashita; **180c2** Corbis/Robert Essel NYC; **180cl** Alamy/Photo Japan; **181b** Corbis/Sakamoto Photo Research Laboratory; **181tl** Corbis/Archivo Iconografico, S.A.; **182b** Alamy/Danita Delimont; **182tr** Corbis/Michael Freeman; **183br** Corbis/Archivo Iconografico, S.A.; **183t** Corbis/Sakamoto Photo Research Laboratory; **185b** Alamy/ImageState; **186cl** Alamy/Pat Behnke; **186ct** Corbis/Bernard Annebicque SYGMA; **190-221rh** Corbis/Royalty-Free; **190ct** akg-images; **191tr** Alamy/Israel images; **192bl** The Art Archive/British Library; **193t** Alamy/Ace Stock Limited; **194** Alamy/Jon Arnold Images; **196bl** Alamy/Eddie Gerald; **196br** Alamy/Peter Adams Photography; **196c** Corbis/Vittoriano Rastelli; **196cl** Alamy/Yvette McGreavy; **196cr** Alamy/Worldwide Picture Library; **196tl** Alamy/Jon Arnold Images; **196tr** Alamy/Robert Harding Picture Library Ltd; **198b** Alamy/Bill Lyons; **199bl** Alamy/World Religions Photo Library; **199ct** Alamy/Sylvia Cordaiy Photo Library Ltd; **200** Alamy/Robert Harding Picture Library Ltd; **201br** akg-images/Gérard Degeorge; **201ct** Alamy/Israel images; **202** akg-images/Erich Lessing; **203b** Alamy/Ken Welsh; **204bl** Alamy/B&Y Photography; **204cb** Alamy/Peter M. Wilson; **204tl** Alamy/Hideo Kurihara; **204tr** Alamy/Andrew Bargery; **205br** Alamy/WiteLite; **205tr** Alamy/Stock Connection; **206b** Alamy/Sarkis Images; **206tl** Corbis/Michael Nicholson; **208bl** Alamy/Expuesto - Nicolas Randall; **209bl** Alamy/Sergio Pitamitz; **209tr** Alamy/World Religions Photo Library; **210** Alamy/Robert Harding Picture Library Ltd; **212b** Alamy/f1 online; **212c** Alamy/Geoffrey Morgan; **212cr** Alamy/Tibor Bognar; **212tl** Alamy/Neil McAllister; **212tr** Alamy/Chris George; **213bl** Alamy/Robert Harding Picture Library Ltd; **214br** Alamy/Paul Bernhardt/Paul Doyle Pics; **214ct** Alamy/Paul Doyle; **215b** Getty/James P Blair; **215tr** Alamy/Alan Copson City Pictures; **216bl** Alamy/Sergio Pitamitz; **216tl** Corbis/Arthur Thévenart; **217b** Alamy/ImageState; **217cl** Alamy/Geoffrey Morgan; **218b** Corbis/Brian A. Vikander; **218tl** Alamy/Chris George; **219br** Alamy/Neil McAllister; **219tr** Alamy/World Religions Photo Library; **221bl** Alamy/Tibor Bognar; **221tr** Alamy/Indiapicture; **222** Alamy/Robert Harding Picture Library Ltd; **224b** Alamy/Robert Estall photo agency; **225br** Corbis/Bettmann; **225tl** DK/Laurence Pordes, Courtesy of The British Library; **227br** Alamy/Bildarchiv Monheim GmbH; **227tl** Mary Evans Picture Library; **228** Alamy/Hideo Kurihara; **230c** Alamy/James Hughes; **230cb1** Mary Evans Picture Library; **231c** Corbis/Ruggero Vanni; **232b** Corbis/Adam Woolfitt; **232tr** Alamy/David Noton Photography; **233br** Alamy/tim gartside; **233tr** Alamy/CuboImages srl; **234** Getty/Robert Frerck; **236b** Alamy/Bildarchiv Monheim GmbH; **236bl** Alamy/Bildarchiv Monheim GmbH; **236tl** Alamy/Michael Juno; **238b** Alamy/Robert Harding Picture Library Ltd; **238tr** Alamy/Bildarchiv Monheim GmbH; **240cl** Corbis/Judyth Platt/Eye Ubiquitous; **240tr** Alamy/Ken Welsh; **241b** Alamy/Leslie Garland Picture Library; **242ct** Alamy/Bertrand Collet; **243br** Alamy/Tor Eigeland; **243ct** Alamy/Bildarchiv Monheim GmbH; **244** Alamy/

Ian M Butterfield; **246b1** Corbis/Ric Ergenbright; **246b2** Alamy/Brian Harris; **246b4** Alamy/Pawel Libera; **246cr** Alamy/Visual&Written SL; **246tl** Alamy/Bildarchiv Monheim GmbH; **247cr** Alamy/Bildarchiv Monheim GmbH; **247tr** Corbis/Ruggero Vanni; **248bl** DK/Centre des Monuments Nationaux; **248ct** Alamy/J. Schwanke; **249** Alamy/Robert Harding Picture Library Ltd; **250br** Chartres Convention & Visitors Bureau; **250tl** Alamy/Bildarchiv Monheim GmbH; **252b** Alamy/David A. Barnes; **252tr** Corbis/Paul Almasy; **253cb** Alamy/images-of-france; **253tr** Alamy/Kristin Piljay; **254tr** Alamy/Chris Warren; **256b** Alamy/eye35.com; **257cb** Alamy/Antony Nettle; **257tr** DK/King's College, Cambridge; **258tr** Alamy/Rob Rayworth; **259b** Corbis/E.O. Hoppé; **259tr** Mary Evans Picture Library; **260tc** Alamy/Geoffrey Morgan; **261** Alamy/Bildarchiv Monheim GmbH; **262c** Alamy/Bildarchiv Monheim GmbH; **263b** Alamy/lookGaleria; **263tr** Alamy/Bildarchiv Monheim GmbH; **264tl** Corbis/José F. Poblete; **265br** Alamy/Worldwide Picture Library; **265tl** Alamy/Sarkis Images; **266bl** Alamy/Bildarchiv Monheim GmbH; **267b** Alamy/Hideo Kurihara; **268tr** akg-images/Schütze/Rodemann; **270** Getty/Toyohiro Yamada; **272-303rh** Alamy/Andrew Bargery; **272c** Alamy/Robert Harding Picture Library Ltd; **273c** Alamy/Visual Arts Library (London); **273tr** DK/Laurence Pordes, Courtesy of The British Library; **274t** akg-images/Rabatti - Domingie; **276** Alamy/Eyebyte; **278b** Alamy/World Travel Images; **278c** Corbis/Araldo de Luca; **278tr** Corbis/Vanni Archive; **279tr1** Corbis/Yann Arthus-Bertrand; **279tr2** Corbis/Francis G. Mayer; **280bl** Alamy/Kobi Israel; **280tr** Alamy/Gary Cook; **281bl** Corbis/Massimo Listri; **281t** Corbis/Dennis Marsico; **283b** Corbis/Angelo Hornak; **283tr** Alamy/Robert Harding Picture Library Ltd; **284bl** akg-images/Jürgen Sorges; **284cl** The Art Archive/Palazzo Farnese Caprarola/Dagli Orti (A); **285tr** Bridgeman Art Library; **286b** Alamy/AM Corporation; **286tr** Alamy/CuboImages srl; **287bl** Corbis/Adam Woolfitt; **287tr** Alamy/CuboImages srl; **288b** Corbis/Jim Zuckerman; **289bl** Alamy/Stock Italia; **290** Alamy/Joern Sackermann; **292bl** Alamy/Andre Jenny; **292br** Alamy/images-of-france; **292c** Corbis/Richard T. Nowitz; **292tr** Corbis/Stefano Bianchetti; **294bl** Corbis/Adam Woolfitt; **294t** Alamy/AM Corporation; **296bl** Alamy/Bildarchiv Monheim GmbH; **296t** Alamy/Joern Sackermann; **297br** Alamy/Bernie Epstein; **297tl** Alamy/Bildarchiv Monheim GmbH; **299br** Alamy/David Noble Photography; **300b** Alamy/eye35.com; **300tr** Alamy/nagelestock.com; **301br** Alamy/Justin Kase; **303b** Alamy/mediacolor's; **304** Getty/Toyohiro Yamada; **306-339rh** Alamy/Doug Young Travel; **306br** Mary Evans Picture Library; **307tr** Alamy/Classic Image; **308** Corbis/Massimo Listri; **309br** akg-images; **309tl** Alamy/POPPERFOTO; **310** Alamy/allOver photography; **312b** Corbis/Stephanie Colasanti; **312c1** Alamy/guichaoua; **312c2** Corbis/Ruggero Vanni; **312cl** Alamy/G P Bowater; **312cr** Alamy/Bildarchiv Monheim GmbH; **312tr** Alamy/rochaphoto; **313b** Alamy/culliganphoto; **314bl** Alamy/Phil Robinson/PjrFoto; **315tr** Corbis/Arte & Immagini srl; **316b** Alamy/Bildarchiv Monheim GmbH; **316ct** Corbis/Vanni Archive; **319b** Alamy/Ken Welsh; **319tl** akg-images/Nimatallah; **320b** Alamy/Jon Arnold Images; **320ct** DK/Max Alexander, Courtesy of l'Establissement public du musée et du domaine national de Versailles; **321br** Alamy/AM Corporation; **322tr** Alamy/G P Bowater; **323cb** Alamy/Bildarchiv Monheim GmbH; **323cr** Alamy/Peter M. Wilson; **324c** Getty/Michael Busselle; **325cl** Alamy/Anthony Eva; **325tr** Alamy/H.Souto; **326b** DK/Sean Hunter; **326tr** Alamy/Classic Image; **327cb** Corbis/Angelo Hornak; **327tr** Alamy/The Hoberman Collection; **329tl** Alamy/BL Images Ltd; **330** Getty/Keith Macgregor; **332cl** Alamy/bildagentur-online.com/th-foto; **332cr** Alamy/Bildarchiv Monheim GmbH; **332ct** Alamy/Bildarchiv Monheim GmbH; **332tr** Alamy/Bildarchiv Monheim GmbH; **333b** Alamy/Hideo Kurihara; **334b** Alamy/Jon Arnold Images; **334ct** Alamy/Maximilian Weinzierl; **335bl** Alamy/nagelestock.com; **335tr** Alamy/Bildarchiv Monheim GmbH; **336bl** Alamy/Bildarchiv Monheim GmbH; **336tr** Alamy/Bildarchiv Monheim GmbH; **337br** Alamy/AM Corporation; **337tr** Alamy/Bildarchiv Monheim GmbH; **338b** Alamy/Rolf Richardson; **340** Getty/Peter Gridley; **342-371rh** Alamy/VStock; **342cl** Mary Evans Picture Library; **343cl** Corbis/Archivo Iconografico, S.A.; **343cr** akg-images; **344** Corbis/Adam Woolfitt; **346br** Alamy/archivberlin Fotoagentur GmbH; **346c** Alamy/Robert Harding Picture Library Ltd; **346cr** Alamy/Bildarchiv Monheim GmbH; **346tr** Alamy/Lebrecht Music and Arts Photo Library; **347tl** DK/Courtesy of the Centre des Monuments Nationaux; **348br** Alamy/images-of-france; **349b** Alamy/David A. Barnes; **349ct** Corbis/Stefano Bianchetti; **350** Getty/John Lawrence; **352b** Alamy/Bildarchiv Monheim GmbH; **353tl** Alamy/John Stark; **354bl** Alamy/Bildarchiv Monheim GmbH; **354tr** DK/Sean Hunter; **355b** Alamy/geogphotos; **355tr** Alamy/Trevor Smithers ARPS; **357b** Corbis/Yann Arthus-Bertrand; **358c** Alamy/Bildarchiv Monheim GmbH; **359b** Alamy/Michael Diggin; **360bl** University library, Helsinki; **362tr** Alamy/Jon Arnold Images; **363** Alamy/Steve Allen Travel Photography; **364** Alamy/Stock Connection; **366b** Alamy/ImageState; **366bl** Alamy/Danita Delimont; **366cr** Corbis/Robert Holmes; **366tr** Alamy/Danita Delimont; **367b** Alamy/David R. Frazier Photolibrary, Inc.; **368tl** Alamy/Andre Jenny; **369br** Alamy/Folio Inc; **369cr** Alamy/Mervyn Rees; **369tr** Alamy/DCstockphoto.com; **371b** Alamy/Visions of America, LLC; **371cr** Alamy/Andre Jenny; **372** Alamy/David Lyons; **374-423rh** Alamy/Steve Sant; **374c** Corbis/Hulton-Deutsch Collection; **375cr** Corbis/Bettmann; **376b** Alamy/POPPERFOTO; **377tl** Corbis/Bettmann; **378** Getty/John Lawrence; **380b** Alamy/Bryan Eveleigh; **380c** Corbis/Hulton-Deutsch Collection; **380tl** Alamy/Mark Dyball; **380tr** Alamy/Elmtree Images; **381bc** Corbis/Bob Krist; **381bl** Alamy/Sarkis Images; **381cr** Corbis/Angelo Hornak; **383br** Corbis/Hulton-Deutsch Collection; **383c** Alamy/

Nigel Hicks; **384bl** Corbis/Hulton-Deutsch Collection; **384tl** Mary Evans Picture Library; **385br** Corbis/Hulton-Deutsch Collection; **385tr** Alamy/POPPERFOTO; **386cl** Alamy/Fotofacade; **386tr** Alamy/Ian Goodrick; **387b** Corbis/PoodlesRock; **387cl** Alamy/POPPERFOTO; **387tr** Mary Evans Picture Library; **388br** Corbis/Bernard Annebicque SYGMA; **388tr** Alamy/Glenn Harper; **389** Getty/Todd Gipstein; **390cb** Alamy/David Fisher; **390tl** Mary Evans Picture Library; **391b** Alamy/J. Schwanke; **391t** Alamy/Bildarchiv Monheim GmbH; **392c** Corbis/Angelo Hornak; **393ct** Corbis/Art on File; **394** Alamy/Henry Westheim Photography; **395br** Corbis/Bettmann; **395tl** Corbis/Bettmann; **396** Getty/Colin Molyneux; **398bl** Corbis/Gillian Darley; Edifice; **398br** Alamy/Howard Harrison; **398cl** Alamy/Bill Bachman; **398cr** Alamy/Peter Schneiter; **398tl** DK/Linda Whitwam, Courtesy of Trinity Church, Boston; **398tr** Alamy/Maciej Wojtkowiak; **399b** Alamy/Bildarchiv Monheim GmbH; **401tr** Alamy/Robert Stainforth; **402br** Alamy/The Photolibrary Wales; **402t** Alamy/Detail Heritage; **403ct** Alamy/Ian M Butterfield; **404br** Alamy/Warren Kovach; **404c** Alamy/Dominic Burke; **405br** Alamy/John Goulter; **405tr** Alamy/Rolf Richardson; **406bl** Corbis/Gail Mooney; **407** Corbis/Gail Mooney; **408** Alamy/ImageState; **410b** Alamy/David Noton Photography; **410cl** Alamy/scenicireland.com/Christopher Hill Photographic; **410cr** Alamy/Robert Harding Picture Library Ltd; **411bl** Corbis/Pitchal Frederic SYGMA; **411tr** Corbis/Roger Wood; **412t** Alamy/Cro Magnon; **415bl** Alamy/Hideo Kurihara; **415tr** Mary Evans Picture Library; **416bl** Alamy/Peter M. Wilson; **417c** akg-images/Hilbich; **419** Alamy/G P Bowater; **422b** Alamy/Bildarchiv Monheim GmbH; **423b** Corbis/Gillian Darley; Edifice; **423tl** Alamy/Arcaid; **424** Alamy/ImageState; **426b** Alamy/Thinkstock; **426tr** Alamy/Mary Evans Picture Library; **427br** Alamy/Lebrecht Music and Arts Photo Library; **428b** Corbis/Reuters; **429br** Adam Howard/invisiblecities.co.uk; **430** Alamy/Bildarchiv Monheim GmbH; **432b** Alamy/Neil Setchfield; **432c** Alamy/Arcaid; **432cl** Alamy/VIEW Pictures Ltd; **432cr** Corbis/G.E. Kidder Smith; **432tr** Corbis/Thomas A. Heinz; **433br** Corbis/Farrell Grehan; **433tl** Alamy/Jon Arnold Images; **434cl** Alamy/VIEW Pictures Ltd; **434tl** Alamy/VIEW Pictures Ltd; **435tr** Alamy/VIEW Pictures Ltd; **437bl** Alamy/LifeFile Photos Ltd; **438** zefa/masterfile/David Zimmerman; **440bl** akg-images/Erich Lessing; **440tr** Alamy/Bildarchiv Monheim GmbH; **441b** Alamy/Bildarchiv Monheim GmbH; **441tl** Alamy/Bildarchiv Monheim GmbH; **442br** Alamy/Bildarchiv Monheim GmbH; **442cl** Alamy/Bildarchiv Monheim GmbH; **443b** akg-images/Erich Lessing; **443tl** Corbis/Francesco Venturi; **444b** Corbis/Edifice; **445br** Alamy/Directphoto.org; **445tl** Corbis/Edifice; **446b** Alamy/VIEW Pictures Ltd; **447bl** Corbis/Hulton-Deutsch Collection; **447cr** Photographer's Direct/Marcos Issa /Argosfoto; **447tr** Corbis/Angelo Hornak; **448b** Corbis/Francesco Venturi; **448ct** Corbis/Francesco Venturi; **449br** Photographer's Direct/Gin Angri fotografo; **450** Alamy/Kevin Foy; **452bl** Alamy/Jeff Greenberg; **452br** Alamy/Nicholas Pitt; **452c** Alamy/Jayne Fincher.Photo Int; **452tr** DK/David Borland; **453bl** Alamy/suzanne bosman; **453cr** Alamy/David Nixon; **453t** Corbis/Underwood & Underwood; **454b** Alamy/Neil Setchfield; **454tr** Alamy/Neil Setchfield; **455b** Alamy/Indiapicture; **455tr** Corbis/Bettmann; **456b** Alamy/Alan King; **456ct** Photographer's Direct/EDIFICE/Adrian Mayer; **457bl** Alamy/Adam Parker; **458bl** Alamy/Elmtree Images; **458tr** Alamy/Mike Chinery; **459b** Alamy/Art Kowalsky; **460b** Alamy/Stephen Roberts; **460tr** Corbis/Hulton-Deutsch Collection; **461c** Corbis/Arnd Wiegmann/Reuters; **462c** Alamy/Ianni Dimitrov; **463b** Alamy/CuboImages srl; **463tr** Corbis/Michael S. Yamashita; **464bl** Corbis/Chris Hellier; **464tr** Alamy/Jack Barker; **466b** Getty/Duncan Wherrett; **466tr** Getty/Three Lions; **468** Alamy/Tim Ayers; **470b** Alamy/Jon Arnold Images; **470c1** Alamy/archivberlin Fotoagentur GmbH; **470c2** Corbis/Jonathan Blair; **470c3** Alamy/Jiri Rezac; **470tr** Alamy/wim wiskerke; **471br** Corbis/Michael Freeman; **471tl** Alamy/VIEW Pictures Ltd; **472b** Corbis/Chris Hellier; **473bl** Alamy/VIEW Pictures Ltd; **473tl** Alamy/Bildarchiv Monheim GmbH; **474b** Alamy/Stock Italia; **475br** Corbis/Bettmann; **475tr** Corbis/Angelo Hornak; **476b** Alamy/Andre Jenny; **476tl** Alamy/Jeff Greenberg; **477b** Corbis/Angelo Hornak; **477tr** Corbis/Angelo Hornak; **478bl** Corbis/David Sailors; **480b** Alamy/Elmtree Images; **481br** Cobalt id/Marek Walisiewicz; **481t** Alamy/Dominic Burke; **482b** Alamy/Worldwide Picture Library; **483br** Corbis/Michaela Rehle/Reuters; **483t** Alamy/Andrew Morse; **484bl** Alamy/David Ball; **486b** Alamy/AA World Travel Library; **487b** Alamy/Jon Arnold Images; **487tr** Cobalt id/Paul Reid; **488br** Corbis/Grant Smith; **488ct** Corbis/Alan Schein Photography; **489b** Alamy/Bildarchiv Monheim GmbH; **489tl** Corbis/Annebicque Bernard Sygma; **490b** Corbis/Humphrey Evans/Cordaiy Photo Library Ltd; **490tr** Alamy/VIEW Pictures Ltd; **491t** Alamy/WoodyStock; **492** Alamy/Donald Nausbaum; **494bl** Alamy/Robert Harding Picture Library Ltd; **494tr** Alamy/VIEW Pictures Ltd; **495br** Corbis/Jacques Langevin Sygma; **495tr** Alamy/Greenshoots Communications; **496-512rh** iStockphoto/Cristian Nitu.

Every effort has been made to trace the copyright holders. The publisher apologizes for any unintentional omissions and would be pleased, in such cases, to place an acknowledgment in future editions of this book.